最新羊病诊疗实用技术指南

杨光勇　周改玲　郑　洪　张新春　孙可印　主　编

中原农民出版社
·郑州·

图书在版编目（CIP）数据

最新羊病诊疗实用技术指南 / 杨光勇等主编.
—郑州：中原农民出版社，2018.10
ISBN 978-7-5542-2007-8

Ⅰ．①最… Ⅱ．①杨… Ⅲ．①羊病-诊疗-指南
Ⅳ．①S858.26-62

中国版本图书馆CIP数据核字（2018）第223520号

出版社：中原农民出版社
地址：郑州市经五路66号
邮政编码：450002
办公电话：0371-65788655
购书电话：0371-65724566
交流QQ：1093999369
发行单位：全国新华书店
承印单位：新乡市天润印务有限公司
开本：710mm×1000mm   1/16
印张：26
字数：385千字
版次：2018年10月第1版   **印次：**2018年10月第1次印刷
书号：ISBN 978-7-5542-2007-8   **定价：**78.00元

前　言

养羊业是我国现代农业的重要产业。羊肉性温,且鲜嫩味美,易于消化。它既能御风寒,又可补身体,最适宜于冬季食用,深受人们欢迎。同时随着人民群众生活水平的提高,羊肉消费量呈直线上升,促进了养羊业的快速发展,在养殖业中所占比重不断增加,然而羊病却成了养羊业发展的瓶颈。因此,羊病诊疗技术的普及、水平的提高已成为当前畜牧兽医技术人员的一项重要任务。根据需要,我编写了《最新羊病诊疗实用技术指南》一书。本书共分为八章:羊病诊疗综述、羊的传染病、羊的寄生虫病、羊的普通内科疾病、羊的营养代谢疾病、羊的中毒性疾病、羊的外科疾病、羊的产科疾病。全书理论与实践相结合,对绵羊和山羊疾病的诊断预防和治疗做了详细的阐述,通俗易懂,易于操作,是养羊业的实用参考书。

随着科学的发展,羊病的诊疗技术也日新月异,发展迅速。同时,由于作者水平有限,书中不足之处,敬请广大读者和专家教授批评指正。

编　者

2018 年 6 月

目录

第一章

羊病诊疗综述

　　羊在生长发育过程中所发生的疾病是多种多样的，根据其性质，一般分为传染病、寄生虫病和普通病三大类。羊病防治必须坚持"预防为主"的方针，认真贯彻《中华人民共和国动物防疫法》和《家畜家禽防疫条例》，采取加强饲养管理、搞好环境卫生、开展防疫检疫、定期驱虫、预防中毒等综合性防治措施，将饲养管理工作和防疫工作紧密地结合起来，以取得防病灭病的综合效果。

第一节
羊病的预防及传染病的扑灭措施

一、羊病的预防措施

（一）加强饲养管理

1. 坚持自繁自养　羊场或养羊专业户应选养健康的良种公羊和母羊，自行繁殖，以提高羊的品质和生产性能，增强对疾病的抵抗力，并可减少入场检疫的劳务，防止因引入新羊带进病原体。

2. 合理组织放牧　牧草是羊的主要饲料，放牧是羊群获取营养需要的重要方式。因此，合理组织放牧与羊的生长发育好坏、生产性能的高低有着十分密切的关系。应根据农区、牧区草场的不同情况以及羊的品种、年龄、性别的差异，分别编群放牧。为了合理利用草场，减少牧草浪费和减少羊群感染寄生虫的机会，应推行划区轮牧制度。

3. 适时进行补饲　羊的营养供给主要来自放牧，但当冬季草枯、牧草营养下降或放牧采食不足时，必须进行补饲，特别是对正在发育的幼龄羊、妊娠期和哺乳期的成年母羊补饲尤其重要。种公羊如仅靠平时放牧，营养需要难以满足，在配种期间则更需要保证较高的营养水平。因此，种公羊多采用舍饲方式，并按饲养标准喂养。

4. 妥善安排生产环节　养羊的主要生产环节是鉴定、剪毛、梳绒、配种、产羔、育羔、羔羊断奶和分群。每一生产环节的安排，应尽量在较短时间内完成，以尽可能增加有效放牧时间，如某些环节影响放牧，要及时给予适当的补饲。

（二）搞好环境卫生

养羊的环境因素主要包括羊舍、场地、用具、鼠害、虫害、饲草、饮水等，环境卫生状况的好坏与疾病的发生存在着密切的关系。

为了净化周围环境、减少病原微生物的滋生和传播疾病的机会，对羊的圈舍、活动场地及用具等要经常进行清扫，保持洁净、干燥。粪便和污物要及时清除，并堆积发酵。饲草饲料应尽量保持新鲜、清洁和干燥，防止发霉变质。要有固定的牧业井或以流动的河水作为饮用水，有条件的地方可建立自动饮水池，以保证饮水的卫生。

蝇、蚊、蜱等节肢动物是病原体的宿主或携带者，常可作为某些传染病和寄生虫病的传播媒介，因此，消灭或减少这些媒介昆虫的数量，在预防传染病和寄生虫病方面有着重要的意义。通过清除羊舍周围的杂物、垃圾和杂草堆，填平死水坑，也可以用喷灯火焰喷烧昆虫聚居的墙壁、用具的缝隙，或以火焰焚烧昆虫聚居的垃圾，也可用烤箱将水槽或用具进行消毒，以杀灭这些物品上的昆虫虫卵，减少昆虫的来源。可采用倍硫磷、溴氰菊酯（敌杀死）等杀虫剂每月在羊舍内外和蚊蝇容易滋生的场所喷洒2次，但不可以喷洒于仓库、鱼塘等处。4～9月是蜱的活动季节，应定期进行药浴，以杀死羊体表寄生的媒介蜱，避免将其带入圈舍并在圈舍内定居，给疾病的防治带来隐患。

灭鼠对于预防羊病具有重要意义。灭鼠工作可以从两方面进行。一方面根据鼠类的生态学特点防鼠、灭鼠。圈舍最好使用钢门，密封，使鼠类不能进入圈舍。采用混凝土制作墙面、地面，若发现洞穴，应及时封堵，使鼠类无藏身之处。应经常保持圈舍及场区周围的整洁，及时清除饲料残渣，将饲料保藏在鼠类不能进入的房舍内，使鼠类得不到食物。另一方面则是采用多种方法直接杀灭鼠类。除采用捕鼠器具捕杀外，最常用的是药物灭鼠，较常用的药物有敌鼠钠盐、安妥等。敌鼠钠盐对人、畜毒性低，常用于住房、圈舍、仓库灭鼠，比较安全，常用0.05%的药饵，即将本品用开水配成5%的溶液，然后按0.05%与谷物或其他食饵混匀即可。投放毒饵需连续4～5天，因为多次少量食入比一次大量食入效果更佳。敌鼠钠盐是一种抗凝血药物，鼠类食后可使其内脏、皮下等处出血而死亡。使用时应慎防发生人畜中毒，如发生中毒，可用维生素K_1注射液解救。

（三）严格执行检疫制度

检疫是应用各种诊断方法（临床的、实验室的），对羊及其产品进行疫

3

病（主要是传染病和寄生虫病）检查，并采取相应的措施，以防疫病的发生和传播。为了做好检疫工作，必须有一定的检疫手续，以便在羊及其产品流通的各个环节中，做到层层检疫，环环紧扣，互相制约，从而杜绝疫病的传播蔓延。羊从生产到出售，要经过出入场检疫、收购检疫、运输检疫和屠宰检疫，涉及外贸时，还要继续进出口检疫。出入场检疫是所有检疫中最基本、最重要的检疫，只有经过检疫而未发现疫病时，方可让羊及其产品进场或出场。羊场或养羊专业户引进羊时，只能从非疫区购入，经当地动物检疫部门检疫，并签发检疫合格证明书；运抵目的地后，再经本场或专业户所在地动物检疫部门验证、检疫并隔离观察 1 个月以上，确认其健康者，经驱虫、消毒，没有注射过疫（菌）苗的还要补注疫（菌）苗，然后方可与原有羊混群饲养。羊场采用的饲料和用具，也要从安全地区购入，并在使用前进行清洗和消毒，以防疫病传入。

（四）有计划地进行免疫接种

疫苗接种能激发羊体产生对某种传染病的特异性抵抗力，使其对该种疫病由敏感转为不易感。除某些烈性传染病外，某一地区流行的疫病具有相对的稳定性，养殖场应对本地区常见疫病进行免疫接种，这是有效预防和控制传染病的重要措施之一。各地区、各羊场存在的传染病不同，预防这些传染病所需的疫苗也就不同，免疫期长短也不一样。因此，羊场往往需要多种疫苗来预防不同的传染病，应根据各种疫苗的特点和本地区的疫病流行特点，制订合理的免疫计划。

1. 免疫接种前的检查　免疫接种前，首先要对羊群进行详细的检查和了解，重点是羊群的健康状况、年龄、怀孕、泌乳以及饲养管理条件等。健康羊接种疫苗后会产生较强的免疫力。幼龄、年老、体弱的羊接种疫苗后产生免疫力较差，也可能引起较明显的接种反应。怀孕母羊，特别是临产前的母羊，在接种时，由于驱赶、捕捉等影响或由于疫苗所引起的反应，有时会发生流产或早产，或可能影响胎儿的发育。因此，对幼龄、体弱、患有慢性病和怀孕后的母羊，最好推迟接种。其次，对免疫所用的疫苗，在使用前要逐瓶检查，发现破损、瓶塞松动、没有标签或标签不清、过有效期、色泽和性状不符、没有按规定方法进行保存的疫苗，都禁止使用。

2.接种时的注意事项　要准备好预防接种的表格和给羊编号的器具。兽医人员接种时需穿工作服和胶鞋,必要时戴口罩,工作前后均需洗手消毒,工作中不吸烟和吃食物。接种时应严格执行消毒盒无菌操作。吸取疫苗时,用乙醇棉球消毒瓶塞,瓶塞上固定一专用针头吸取药液,吸液后不拔出,上盖乙醇棉球,以便再次吸取。疫苗使用前必须充分振荡,使其均匀混合后方可使用。免疫血清则不用振荡,为不吸取沉淀,可边吸取边注射。须经稀释后才能使用的疫苗,应按说明书的要求进行稀释。已经打开或稀释过的疫苗,必须当天用完,未用完的处理后弃之。注射时每只羊用1个针头,以防针头传播疾病。针筒排气,溢出的药液应吸于乙醇棉球上,并将其收集于专用瓶内,用过的乙醇或碘酊棉球和吸入注射器内尚未用完的药液都放入专用瓶内,集中销毁。

3.接种的常用疫苗及用法　常用于羊的疫苗种类很多,其保存、运输和使用方法应严格按照说明书要求执行,使用前要注意其品种、数量、有效期和瓶签上的说明。

(1)羊快疫、羊猝疽、羊肠毒血症三联苗　用来预防羊快疫、羊猝疽、羊肠毒血症,在2～15℃冷暗干燥处保存,有效期1年。无论大小羊,一律肌内或皮下注射5毫升,注射后第14天产生免疫力,免疫期6个月。使用前充分振荡使其均匀。冬季严防冻结,注射后部分羊有轻度跛行,可自行恢复。

(2)羊厌氧五联苗　用来预防羊快疫、羊猝疽、羔羊痢疾、羊肠毒血症和羊黑疫,在2～15℃冷暗干燥处保存,有效期1年。无论大小羊,一律肌内或皮下注射5毫升,注射后第14天产生免疫力,免疫期12个月。使用前充分振荡使其均匀。冬季严防冻结,注射后部分羊有轻度跛行,可自行恢复。

(3)羊黑疫菌苗　用来预防羊黑疫,在2～15℃冷暗干燥处保存,有效期1年。皮下注射,成年羊3毫升,羔羊1毫升,注射后第14天产生免疫力,免疫期12个月。使用前充分振荡使其均匀。冬季严防冻结,注射后部分羊有轻度跛行,可自行恢复。

(4)羊黑疫、羊快疫混合苗　用来预防羊黑疫和羊快疫,在2～15℃冷暗干燥处保存,有效期1年。无论大小羊,一律肌内或皮下注射3毫升,注射后第 14 天产生免疫力，免疫期 12 个月。使用前充分振荡使其均匀。冬季严防冻结，注射后部分羊有轻度跛行，可自行恢复。

（5）羊链球菌氢氧化铝苗　用来预防山羊和绵羊链球菌病，在 2～15℃冷暗干燥处保存，有效期 1 年。无论大小羊，一律皮下注射 3 毫升。3 月龄以下的羔羊第 1 次注射后于第 14～21 天再注射 1 次，剂量仍为 3 毫升，注射后第 14～21 天产生免疫力，免疫期 6 个月。使用前充分振荡使其均匀。冬季严防冻结，否则，疫苗效力减弱或失效。

（6）羊链球菌弱毒冻干苗　用来预防绵羊链球菌病，在 0～5℃冷暗处保存，有效期 1 年。成年羊皮下注射 1 毫升，注射后第 14～21 天产生免疫力，免疫期 12 个月。现用现稀释，稀释后的疫苗限于 4 小时内使用。

（7）羊大肠杆菌病疫苗　用来预防羊大肠杆菌病，在 2～15℃冷暗干燥处保存，有效期 1 年。3 月龄以上的羊皮下注射 2 毫升，3 月龄以下的羔羊皮下注射 0.5～1 毫升，注射后第 14～21 天产生免疫力，免疫期 6 个月。个别羔羊注射后可能出现 1～2 天的体温升高、食欲下降、精神不振、轻度跛行等现象，短时间内可自行恢复。

（8）羔羊痢疾氢氧化铝苗　用来预防羔羊痢疾，在 2～15℃冷暗干燥处保存，有效期 1 年。此苗专供怀孕母羊用，分娩前 20～30 天皮下注射 2 毫升，于分娩前 10～20 天再次皮下注射 3 毫升，注射后第 10 天产生免疫力，免疫期 6 个月。使用前充分振荡使其均匀，若有较少粗的颗粒也可使用，冰冻的疫苗不能使用。注射时要谨慎，以免引起孕羊机械性流产。

（9）无毒炭疽芽孢苗　用来预防绵羊炭疽。绵羊颈部或后腿皮下注射 0.5毫升，注射后第 14 天产生免疫力，免疫期 12 个月。

（10）无毒炭疽芽孢苗（浓缩苗）　用来预防绵羊炭疽。1 份浓缩苗加 9份氢氧化铝胶液稀释后，皮下注射 0.5 毫升，注射后第 14 天产生免疫力，免疫期 12 个月。

（11）Ⅱ号炭疽芽孢苗　用来预防绵羊、山羊炭疽。皮下注射 1 毫升，注射后第 14 天产生免疫力，免疫期 12 个月。

（12）布氏杆菌 2 号苗　用来预防山羊、绵羊布氏杆菌病，在 2～15℃冷暗干燥处保存，有效期 2 年。臀部肌内注射 0.5 毫升，饮水免疫时按每只羊内服 200 亿菌体计算，于 2 天内分 2 次饮，免疫后第 14～21 天产生免疫力，绵羊的免疫期18个月、山羊的免疫期12个月。3月龄以内的羔羊和孕羊均不能注射。

（13）布氏杆菌5号弱毒冻干菌苗　用来预防山羊、绵羊布氏杆菌病，在0～8℃保存，有效期1年。皮下或肌内注射，每只10亿活菌。室内气雾每只25亿活菌，室外气雾（露天避风处）每只50亿活菌，饮服或灌服每只250亿活菌，免疫后第21天产生免疫力，无论是绵羊还是山羊，免疫期均为12个月。

（14）布氏杆菌无凝集原菌苗　用来预防山羊、绵羊布氏杆菌病。孕羊除外，无论大小，每只皮下注射1毫升（含菌250亿）或每只口服2毫升（含菌500亿），免疫后第14～21天产生免疫力，无论是绵羊还是山羊，免疫期均为12个月。

（15）破伤风明矾沉降类毒素　用来预防羊破伤风。无论绵羊还是山羊，每只颈部皮下注射0.5毫升，注射后第2年，再注射1次，免疫期可持续48个月。

（16）破伤风抗毒素　用来紧急预防和治疗羊破伤风。皮下或静脉注射，预防量为10 000～20 000国际单位，治疗量为20 000～40 000国际单位，免疫期2～3周。

（17）C型肉毒梭菌苗　用来预防羊肉毒梭菌中毒症。无论是绵羊还是山羊，颈部皮下注射4毫升，免疫期12个月。

（18）山羊传染性胸膜肺炎氢氧化铝苗　用来预防山羊传染性胸膜肺炎。山羊皮下或肌内注射，6月龄山羊每只5毫升，6月龄以内羔羊每只3毫升，免疫期12个月。

（19）羊肺炎支原体氢氧化铝灭活苗　月龄预防山羊、母羊支原体性传染性胸膜肺炎。颈侧皮下注射，成年羊每只3毫升，6月龄以内羔羊每只2毫升，免疫期18个月。

（20）羊流产衣原体油佐剂卵黄囊灭活苗　用来预防羊衣原体性流产。羊怀孕前或怀孕后1个月内，每只羊皮下注射3毫升，免疫期12个月。

（21）羊痘鸡胚化弱毒冻干苗　用来预防绵羊痘和山羊痘，−15～20℃保存，有效期3年。使用时，用生理盐水做25倍稀释，摇匀，无论羊体大小，一律皮下注射0.5毫升。注射后第6天就可产生抗体，免疫期12个月。

（22）羊口疮弱毒细胞冻干苗　用来预防绵羊、山羊口疮。每只羊于口唇黏膜内注射 0.2 毫升，免疫期 5 个月。

（23）狂犬病疫苗　用来预防羊的狂犬病。每只羊皮下注射 20～25 毫升。如果羊已被狂犬病病犬咬伤，可立即用此苗注射 1～2 次，两次间隔 3～5 天。

（24）羊伪狂犬病疫苗　用来预防羊的伪狂犬病。每只羊颈部皮下注射 5 毫升，免疫期 6 个月。严防疫苗被冻结。

（五）做好消毒工作

消毒是贯彻"预防为主"方针的一项重要措施。其目的是消灭传染源散播于外界环境中的病原微生物，切断传播途径，阻止疫病继续蔓延。羊场应建立切实可行的消毒制度，定期对羊舍（包括用具）、地面土壤、粪便、污水、皮毛等进行消毒。

1. 羊舍消毒　一般分为两个步骤：第一步进行机械清扫；第二步用消毒液消毒。机械清扫是搞好羊舍环境卫生最基本的一种方法。据试验，采用机械清扫方法，可使羊舍内的细菌数减少 20% 左右；如果清扫后再用清水冲洗，则羊舍内的细菌数可减少 50% 以上，清扫冲洗后再用药物喷雾消毒，羊舍内的细菌数可减少 90% 以上。

用化学消毒液消毒时，消毒液的用量，以羊舍内面积用药 1 升 / 米^2 计算。常用的消毒药有 10%～20% 石灰乳溶液、10% 漂白粉溶液、0.5%～1% 菌毒敌、0.5%～1% 氯异氰尿酸钠、0.5% 过氧乙酸溶液等。消毒方法是将消毒液盛于喷雾器内，先喷洒地面，然后喷墙壁，再喷天花板，最后再开门窗通风，用清水刷洗食槽、用具，将消毒药味除去。如果羊舍有密闭条件，可关闭门窗，用福尔马林熏蒸消毒 12～24 小时，然后开窗通风 24 小时。福尔马林的用量为 12.5～50 毫升 / 米^3，加等量水一起加热蒸发，无热源时，也可加入高锰酸钾 30 克 / 米^3，即可产生高热蒸发。在一般情况下，羊舍消毒每年可进行 2 次（春秋各 1 次）。产房的消毒，在产羔前应进行 1 次，产羔高峰时进行多次，产羔结束后再进行 1 次。在病羊舍、隔离舍的出入口处应放置浸有消毒液的麻袋片或草垫；消毒液可用 2%～4% 氢氧化钠溶液、1% 复合酚（对病毒性疾病），或用 10% 克辽林溶液（对其他疾病）。

2. 地面土壤消毒　土壤表面可用 10% 漂白粉溶液、4% 甲醛溶液或

10% 氢氧化钠溶液。停放过芽孢杆菌所致传染病（如炭疽）病羊尸体的场所，应严格消毒。例如首先用漂白粉溶液喷洒地面，然后将表层土壤掘起 30 厘米左右，撒上干漂白粉，并与土混合，将此土妥善运出掩埋。其他传染病所污染的地面土壤，则可先将地面翻一下，深约 30 厘米，在翻地的同时撒上干漂白粉，用量 0.5 千克 / 米²，然后用水阴湿，压平。如果放牧地区被病原体污染，一般利用自然因素（如阳光）来消除病原体；如果污染的面积不大，则应使用消毒药消毒。

3. 粪便消毒 羊的粪便消毒方法有多种，最实用的方法是生物热消毒方法，即在距羊场 100 ~ 200 米以外的地方设一堆粪场，将羊粪堆积起来，上面覆盖 10 厘米厚的沙土，堆放发酵 30 天左右，即可用作肥料。

4. 污水消毒 最常用的方法是将污水引入污水处理池，加入化学药品（如漂白粉或其他氯制剂）进行消毒，用量视污水量而定，一般 1 升污水用 2 ~ 5 克漂白粉。

5. 皮毛消毒 羊患炭疽、口蹄疫、布氏杆菌病、羊痘、坏死杆菌病等，其羊皮、羊毛均应消毒。应当注意，羊患炭疽时，严禁从尸体上剥皮；在贮存的原料皮中即使只发现一张患炭疽的羊皮，也应将整堆与它接触过的羊皮进行消毒。皮毛的消毒，目前广泛利用环氧乙烷气体消毒法。消毒时必须在密闭的专用消毒室或密闭良好的容器（常用聚乙烯或聚氯乙烯薄膜制成的帐篷）内进行。在室温 15℃ 时，每立方米密闭空间使用环氧乙烷 0.4 ~ 0.8 千克，维持 12 ~ 48 小时，相对湿度在 30% 以上。此法对细菌、病毒、真菌均有良好的消毒效果，对皮毛等产品中的炭疽芽孢也有较好的消毒作用。但本品对人畜有毒性，且其蒸汽遇明火会燃烧乃至爆炸，故必须注意安全，具备一定条件时才可使用。

（六）实施药物预防

羊场可能发生的疫病种类很多，其中有些病目前已研制出有效的疫（菌）苗，还有不少病尚无疫（菌）苗可供利用；有些病虽有疫（菌）苗但实际应用还有问题。因此，用药物预防这些疫病便显得尤为重要。药物预防是指将适量的药物拌入饲料中或溶解在饮水中，让羊群自行采食或饮用而进行的群体药物预防。常用的药物有磺胺类药物、抗生素以及抗真菌药（克霉唑等）。磺胺类药、四环素族抗生素，常拌入饲料或混于饮水中使用。药物占饲料或饮水的比例因药物种类不同而异，如磺胺类药物的预防量为 0.1% ~ 0.2%，四环素族抗生素预防量为 0.01% ~ 0.03%，一般连用 5 ~ 7 天，必要时可酌情延长。但如长期使用化学药物预防，容易产生耐药性菌株，影响药物的预防效果，因此，要经常进行药敏试验，选择有高敏感性的药物用于防治，并且最好将几种药物交替使用，这样可延缓耐药性菌株产生的速度。此外，成年羊口服土霉素等抗生素时，常会引起肠道菌群失调等副作用，应注意。

抗菌增效剂是一类广谱抗菌药，与磺胺药并用能显著增强疗效，又能与一些抗生素（如四环素、庆大霉素）起协同作用，在疫病防治上具有广阔的应用前景。目前常用的抗菌增效剂有三甲氧苄氨嘧啶和二甲氧苄氨嘧啶，按 1 : 5 的比例与磺胺药混合使用，可使磺胺药的抗菌效力提高数倍至数十倍。三甲氧苄氨嘧啶和磺胺药的复方制剂如复方磺胺嘧啶和复方新诺明等，对多种传染病有良好疗效，口服量为每次用 20 ~ 25 毫克 / 千克体重，2 次 / 天。二甲氧苄氨嘧啶的抗菌作用与三甲氧苄氨嘧啶相似，其价格较低，毒性反应较小，口服后吸收较差，在胃肠道内保持较高抑菌浓度，故常以其复方制剂（复方二甲氧苄氨嘧啶）防治肠道感染，剂量和用法与复方新诺明相同。

饲料添加剂可促使羊体生长发育，且可增强器抗感染的能力。目前广泛使用的饲料添加剂中，含有各种维生素、无机盐、氨基酸、抗氧化剂、抗生素、中草药等，且每年都在改进添加剂的成分和用量，以便不断提高羊的生产性能和抗病能力。

目前国内已有促菌生、乳康生、调痢生、健复生等 10 余种制剂。这类制剂的特点是，具有调整动物肠道菌群比例失调、抑制肠道内病原菌增殖、防止幼羔腹泻等功能，并有促进动物生长、提高饲料利用率等作用。本品粉剂可供拌料（用量为饲料的 0.1% ~ 2.0%），片剂可供口服，应避免与抗菌药物同时服用。

（七）组织定期驱虫

驱虫是指用驱虫药或杀虫剂杀灭存在于羊体内或体表寄生虫的全过程。

对羊进行驱虫是对寄生虫病进行积极预防的重要措施。

在羊驱虫前最好禁食，夜间不放不喂，早晨空腹时进行投药。但由于几乎所有的驱虫药都不能杀灭蠕虫，子宫中的虫卵或已排入消化道和呼吸道中的虫卵均不能被杀死。若羊在驱虫过程中或驱虫尚未结束前到处游走，排泄物中含有大量虫卵或崩解的虫体节片，势必会到处散布，污染草原或周围环境。驱虫的全过程应在专门的场所进行，直到被驱出的病原物质排泄完毕后才能将羊放出，驱虫后排出的粪便应进行生物发酵，做无害化处理。

成熟前驱虫主要应用于某些蠕虫，是趁一种蠕虫在动物宿主体内尚未成熟排卵之前的驱虫，该方法的优点：①可将虫体消灭于成熟产卵之前，这就从根本上防止了虫卵或幼虫对外界环境的污染。②可阻断宿主病程的发展，有利于保护羊的健康。成熟前驱虫的时间要根据寄生虫的生活史、流行病学特点以及所用驱虫药的性能而定。

目前，对寄生虫病的防治多采用定期驱虫，一般1年2次，多安排在每年3~4月和10~12月，这样有利于羊的抓膘和安全越冬。常见的驱虫药很多，如对肝片吸虫特效的肝蛭净；能驱除多种线虫的左旋咪唑；驱除多种绦虫和吸虫的吡喹酮；驱除部分吸虫、大部分绦虫和几乎全部线虫的丙硫苯咪唑；既可驱除线虫，又可杀灭多种体外寄生虫的阿维菌素和伊维菌素。在实践中，应根据本地羊的寄生虫流行情况选择适当的药物、给药时机和给药途径。

药浴是防治羊体外寄生虫病（特别是羊螨病、羊蜱病）的重要手段。常用的药物有蝇毒磷、磷丹、螨净、溴氰菊酯、杀灭菊酯等。药浴可在药浴池内或使用特制的药淋装置进行。

（八）预防毒物中毒

某种物质进入机体，在组织与器官内发生化学或物理化学的作用，引起机体功能性或器质性的病理变化，甚至造成死亡，此种物质称为毒物；由毒物引起的疾病称为中毒。中毒病的发生主要是由于羊采食了有毒饲草饲料、过量食入某种添加剂、误食农药或过量使用化学药物进行治疗所引起。

1.预防中毒的措施

（1）防止羊采食有毒植物 山区、农区或草原地区生长的大量野生植物，是羊的良好天然饲料来源，但有些植物对羊是有毒的。如玉米、高粱等的幼苗和亚麻籽中均含有较多量的氰苷，氰苷本身无毒，但在酶、细菌或胃酸的作用下可转化为有毒的氢氰酸，从而造成氢氰酸中毒，使羊陷入组织缺氧状态而窒息死亡。为了减少或杜绝中毒的发生，要做好有毒植物的鉴定工作，调查有毒植物的分布，不在生长有毒植物的区域内放牧或实行轮作，铲除毒草。

（2）禁止饲喂霉变饲料　要将饲料贮存于干燥、通风的地方，以防发生霉变。饲喂前要仔细检查，一旦发霉变质，应弃之不用。

（3）注意饲料的调配和贮藏　有些饲料本身含有有毒物质，饲喂时必须加以调制。如棉籽饼含有一种叫棉酚的物质，对羊具有蓄积性毒性，经高温处理后可减毒，减毒的棉籽饼与其他饲料混合饲喂则不会再发生中毒。有些饲料，如马铃薯，若贮藏不当，其中的有毒物质龙葵素会大量增加，对羊有害，因此应贮存在避光的地方，防止变青发芽，饲喂时也要同其他饲料按一定比例搭配。

（4）妥善保存农药及化肥　一定要把农药和化肥放在仓库内，由专人负责保管，以免被羊当作饲料或添加剂误食，引起中毒。被污染的用具或容器应消毒处理后再使用。对其他有毒药品，如灭鼠药的运输、保管、使用也必须严格，以免羊接触后发生中毒。

（5）防止水源性毒物　对喷洒过农药和施用过化肥的农田排放水，禁止饮用。对工厂附近排出的水或池塘内的死水，不宜让羊饮用。

2. 中毒病羊的急救　羊发生中毒时，要查明原因，及时进行紧急救治，救治疫病原则：

（1）除去毒物　有毒物质如是经口摄入，初期可用胃管洗胃，用温水反复冲洗，以排出胃内容物。在洗胃水中加入适量的活性炭，以提高洗胃效果。如中毒发生时间较长，大部分毒物已进入肠道时，应灌服泻药。一般用盐类泻药，如硫酸钠或硫酸镁，口服 50 ~ 100 克。在泻剂中加活性炭，有利于吸附毒物，效果更好。也可用清水或肥皂水反复给病羊深部灌肠。对已经吸收入血液中的毒物，可从颈静脉放血，放血后随即静脉输入相应剂量的 5% 葡萄糖生理盐水或复方氯化钠注射液，有良好效果。大多数毒物可经肾脏排出，所以利尿排毒有一定效果，可用利尿素 0.5 ~ 2 克，或醋酸钾 2 ~ 5 克，加适量水给羊口服。

（2）应用解毒药 在毒物性质未确定之前，可使用通用解毒药。其配方是：活性炭或木炭末 2 份，氧化镁 1 份，鞣酸 1 份，混合均匀，每只羊口服 20 ~ 30 克。钙配方兼有吸附、氧化及沉淀 3 种作用，对于一般毒物都有解毒作用。如毒物性质已确定，则可有针对性地使用中和解毒药（如酸类中毒口服碳酸氢钠溶液、石灰水等，碱类中毒口服食用醋等）、沉淀解毒药（如 2% ~ 4% 鞣酸或浓茶，用于生物碱或重金属中毒）、氧化解毒药（如静脉注射 1% 亚甲蓝溶液，1 毫升 / 千克体重，用于含生物碱类的毒草中毒）或特异性解毒药（如解磷定只对有机磷中毒有解毒作用，对其他毒物无效）。

（3）对症治疗 心脏衰竭时，可用强心剂；呼吸功能衰竭时，使用呼吸中枢兴奋剂；病羊不安时，使用镇静剂；为了增强肝脏解毒能力，可大量输液。

二、传染病的扑灭措施

（一）疫情诊断及紧急接种

当羊群发生传染病时，应及时诊断和上报疫情，并通知邻近单位做好预防工作。

1. 隔离病羊和报告疫情 当羊群发生疑似传染病时，已发病的羊要迅速与健康羊进行隔离，派专人管理。对病羊停留过的地方和污染的环境、用具进行消毒。对已死亡的病羊尸体要保留完整，未经检查不能剖检。病羊的皮、肉、内脏未经检验不许食用。并立即向当地上级有关部门报告疫情，特别是疑为口蹄疫、炭疽、羊痘、痒病、蓝舌病等一类或二类传染病发生时，一定要迅速向县级以上防疫部门报告，并通知邻近单位及有关部门做好预防工作。

2. 临床诊断 用感官或借助一些简单器械如体温计、听诊器等直接对病羊进行检查。对于某些有典型症状的临床病例一般不难做出诊断。但对于发病初期尚未显现临床特征或非典型病例及无症状的隐性病羊，临床诊断只能提出可疑病的大致范围，须借助其他诊断方法才能做出确诊。

3. 流行病学诊断 流行病学诊断是在疫情调查的基础上进行的，可在临床诊断过程中进行，一般要弄清下列有关问题：

（1）查明本次疫病流行情况　查明最初发病的时间、地点，随后蔓延的情况。疫区内病羊的品种、数量、年龄、性别。查明其感染率、发病率和死亡率。

（2）查清疫情来源　查清本地以前是否发生过类似疫情，附近地区有无此病的发生，本次发病前是否从其他地方引进过羊、畜产品或饲料，输入地有无类似疫情存在。

（3）查清此病途径和传播方式　查清本地羊饲养、放牧情况，羊群流动、收购、调拨及卫生防疫情况，交通检疫、市场检疫和屠宰检疫情况，当地的地形、河流、交通、气候、植被分布和野生动物、节肢动物的流动情况，它们与疫病的发生和传播有无关系。

4.病料送检　及时采集病料，送实验室诊断，以确定疫情。

5.紧急接种　为了迅速控制和扑灭疫病的流行，对疫区和受威胁区尚未发病的羊要进行紧急免疫接种。

（二）隔离封锁

1.隔离　根据诊断结果，可将全部受检羊分为病羊、可疑病羊和假定健康羊3类，以便分别对待。

（1）病羊　有典型症状的或类似症状的和其他特殊检查呈阳性的羊都应进行隔离。隔离场所要禁止闲杂人员、畜禽出入和接近。工作人员出入应遵守消毒制度，隔离区内的工具、饲料、粪便等未经彻底消毒处理，不得运出。没有治疗价值的病羊，应根据国家有关规定进行严格处理。

（2）可疑病羊　临床无症状，但有与病羊及其污染物、环境的接触史，如同群、同槽、同牧，使用共同的水源、用具等，应将其隔离看管，限制其活动，详细观察，出现症状按病羊处理。经过一定时间不发病，可取消限制。

（3）假定健康羊　无症状也没有与病羊接触的羊群可划分为假定健康羊，应与上述两类羊严格隔离饲养，加强消毒和相应的保护措施，立即进行紧急接种，必要时可根据情况分散喂养或转移至偏僻牧地。

2.封锁　当爆发某些严重传染病时，如口蹄疫、炭疽、气肿疽、羊痘等传染病，除应严格隔离病羊外，还应采取划区封锁的措施，以防止疫病向安全区域扩散和健康羊误入疫区而被传染。立即报请当地政府划定疫区范围进行封锁，按照检疫制度要求，对病羊情况进行治疗、急宰和扑杀等处理。对被污染的环境和物品进行严格消毒。病死羊尸体应深埋或无害化处理。在最后一只病羊痊愈、急宰和扑杀后，根据本病的潜伏期，再无疫情发生时，经过全面的终末消毒后，可解除封锁。

（三）病死羊的处理

对患传染病死亡的羊，其尸体应做无害化处理，严禁食用。无害化处理的方法有以下几种：

1. 深埋法　即挖一深坑将病羊尸体掩埋，坑的长度和宽度以容纳侧卧的羊尸体即可。坑的深度为从尸体表面至坑沿不少于 2.0 米，放入尸体前，将坑底铺上 2 ~ 5 厘米厚的石灰，尸体投入后，将污染的土壤也一起放入坑内，然后再撒上一层石灰，填土夯实。掩埋的地方应选择在远离生活区、养殖场、水源、草场及道路，地势高，地下水位低，并能避开水流、山洪冲刷的僻静地方。此法简便易行，但不是彻底的处理方法，因此，烈性传染病尸体不宜掩埋。

2. 焚烧法　多用于烈性传染病病羊尸体的处理，焚烧的地方应选择在远离村庄的下风处，将尸体置于尸坑内进行焚烧。有条件的地方也可送火化场焚烧，该法既能销毁尸体，又能彻底消灭病原，但焚烧尸体时要注意防火。

3. 化制法　将病羊尸体放入特制的容器中，进行烧煮炼制，以达到消灭病原体和处理尸体的目的。

（四）羊粪便的无害化处理

粪、尿中的微生物和寄生虫以及粪、尿经过一定化学变化所产生的大量有害、有毒、恶臭的物质通过对水、空气、土壤的污染而对人畜造成很大的危害。因此，羊的粪、尿必须进行无害化处理。其处理方法为堆肥生物发酵处理，即将清理的粪便集中堆放，使肥堆内的温度达 50 ~ 70℃，连续堆放 15 ~ 30 天，粪便中的绝大部分病原微生物、寄生虫虫卵和杂草种子都已被杀死。具体方法是在水泥地或铺有塑料膜的地面，也可在水泥槽中，把粪堆成长条状，高 1.5 ~ 2.0 米，宽 1.5 ~ 3.0 米，长度视场地大小和粪便的多少而定。

第二节
羊病的诊疗和检验技术

一、病羊的识别和临床诊断

（一）病羊的识别

1. 采食和放牧观察　健康羊饲喂时，争先恐后快速采食，食欲旺盛；在夏季放牧时，挑吃鲜嫩牧草，行动敏捷。病羊，饲喂料时常不参加采食，食欲不佳，远离羊群，呆立于围栏、墙边或卧地不起；放牧时低头不食或很少采食，跟在羊群后面，严重时可停止采食。羊表现出舔食泥土、吃草根等慢性营养不良嗜癖，食欲减退或废绝，表明羊患病。若想采食而不敢咀嚼，则预示羊的口腔和牙齿可能有病变。

2. 神态和反刍观察　健康羊精神饱满，行动敏捷，对周围环境敏感。病羊精神迟钝，喜欢躺卧，垂头。健康羊休息时先用前蹄刨土，然后屈膝而卧，在躺卧时多为右侧腹部着地，成斜卧姿势，将蹄自然伸展；当受到惊吓时立即惊起，有人走近时立即远避，不容易被捕捉；羊群休息时分布均匀，有正常反刍行为。病羊则不加选择地随地躺卧，常在阴湿的角落卧地不起，挤成一团，有时羊向躯体某个部位弯曲，呼吸急促；当受到惊吓时无力逃跑。健康羊在采食后休息期间反刍和咀嚼持续而有力，每分咀嚼40～60次，反刍2～4次。病羊的咀嚼和反刍次数明显减少而且表现无力，严重时停止。可以用手按压左侧肷部，触诊瘤胃，正常羊瘤胃发软而有弹性，病羊瘤胃发硬而臌胀。

3. 排粪观察　健康羊排便顺畅，粪便呈椭圆形，两头尖，有时粪球连接在一起，较软，粪便颜色为黑色，有时稍浅，采食青草时排出的粪便呈墨绿色。病羊排便时常出现拱腰努责现象，粪便干结无光泽或者稀臭，混有黏液、脓血、虫卵等，肛门周围、臀部及尾部常被粪尿玷污而不洁。当由冬春枯草期放牧改为夏季青草期放牧时，有暂时性腹泻症状，此为正常现象。

4.尿液观察　健康羊每天排尿3～4次，尿液清亮、无色或稍黄。羊排尿次数过多或过少和尿量过多或过少，尿液的色泽发生变化以及排尿时痛苦、失禁或闭尿，均为羊患病的表现。

5.被毛观察　健康羊被毛整洁、紧密、不脱落，有油汗，表面有光泽。触摸羊头部时，羊知觉敏感。病羊被毛粗乱、焦黄枯干、无光泽、易脱落，有时毛有黏结，常带有污物。健康羊的皮肤红润有弹性。病羊皮肤苍白、干燥、增厚、弹性降低或消失，有痂皮、龟裂或肿块等，甚至流脓液。若羊患螨病时，常表现为被毛脱落、结痂、皮肤增厚及蹭痒擦伤等现象。除此之外，还应注意观察羊有无水肿、炎症肿胀和外伤等。

6.头部状况观察　羊头部的状态能反映出羊是否健康。健康羊眼神明亮、耳朵灵活。反之，若羊目光呆滞、流泪，眼鼻分泌物增多，头部被毛粗乱，则为病态表现。羊患有某些疾病时，可导致头部肿大。

通过对上述6点观察发现的可疑病羊，须做进一步检查，方可确诊。

（二）临床诊断

临床诊断法是诊断羊病最常用的方法。通过问诊、视诊、嗅诊、触诊、听诊和叩诊所发现的症状表现及异常变化，综合起来加以分析，往往可以对疾病做出诊断，或为进一步检验提供依据。

1.问诊　是通过询问畜主或饲养员，了解羊发病的有关情况。询问内容一般包括：发病时间、发病头数、病前和病后的异常表现、以往的病史、治疗情况、免疫接种情况、饲养管理情况以及羊的年龄、性别等。但在听取其回答时，应考虑所谈情况与当事人的利害关系（责任），分析其可靠性。

2.视诊　是观察羊的表现。视诊时，最好先从离病羊几步远的地方，观察羊的肥瘦、姿势、步态等情况；然后靠近病羊详细观察其被毛、皮肤、黏膜、结膜、粪尿的情况。

（1）肥瘦　一般急性病，如急性臌胀、急性炭疽等，病羊身体仍然肥壮；相反，一般慢性病，如寄生虫病，病羊身体多瘦弱。

（2）姿势　观察病羊一举一动是否与平时相同，如果不同，就可能是有病的表现。有些疾病表现出特殊的姿势，如破伤风表现为四肢僵直、行动不灵便等。

（3）步态 一般健康羊步态活泼而稳定。如果羊患病时，常表现行动不稳或不喜行走。当羊的四肢肌肉、关节或蹄部发生疾病时，则表现为跛行。

（4）被毛和皮肤 健康羊的被毛，平整而不易脱落，富有光泽。在病理状态下，被毛粗乱蓬松，失去光泽，而且容易脱落。如患螨病的羊，患部被毛成片脱落，同时皮肤变厚变硬，出现蹭痒和擦伤。在检查皮肤时，除注意皮肤的颜色外，还要注意有无水肿、炎性肿胀、外伤以及皮肤是否温热等。

（5）黏膜 用右手拇指与食指拨开上下眼睑观察结膜颜色，健康羊结膜为淡红色，湿润。病羊的结膜呈苍白、发黄或赤紫色。如苍白色多为贫血病，呈黄色多为黄疸病，呈蓝色多为肺脏、心脏患病，发红色并带有红点、血丝或呈紫色，是由于严重的中毒或传染病引起的。

（6）鼻 健康羊的鼻腔黏膜潮湿红润，鼻孔周围干净，鼻孔内无污物堵塞，也无黏液流出。病羊鼻腔黏膜潮红、苍白、发黄或发绀；鼻孔内有发臭的污物，鼻孔周围有大量鼻液和脓液，常打喷嚏，有时有虫体喷出，如羊鼻蝇幼虫；用手碰触鼻孔，能感到温度偏高。

（7）口腔 用食指和中指从羊嘴角处伸进口腔将舌拉出，检查舌面。用拇指和其余四指从两侧向两嘴角用力挤压，羊嘴会自然张开，即可进行口腔检查。健康羊的口舌湿润平滑，舌面红润，口腔干净无异味。病羊口舌干燥、粗糙，口内有黏液和异味，舌面有苔，呈黄、黑赤、白色或有溃烂、脓肿现象。

（8）粪便 羊的粪便主要检查其形状、硬度、色泽及附着物等。正常时，羊粪呈小球形，没有难闻臭味。病理状态下，粪便有特殊臭味，见于各型肠炎；粪便过于干燥，多为缺水和肠弛缓；粪便过于稀薄，多为肠机能亢进；前部肠管出血，粪便呈黑褐色，后部出血则呈鲜红色；粪内有大量黏液，表示肠黏膜有卡他性炎症；粪便中混有完整谷粒和粗纤维，表示消化不良；混有纤维素膜时，表示为纤维素肠炎；混有寄生虫及其节片时，体内有寄生虫。

（9）呼吸 正常时，羊每分钟呼吸 12～20 次。呼吸次数增多，见于热性病、呼吸系统疾病、心脏衰竭及贫血、腹压升高；呼吸次数减少，主要见于某些中毒病、代谢障碍病和昏迷。

3. 嗅诊　诊断羊病时，嗅闻分泌物、排泄物、呼出气体及口腔气味也很重要。如肺坏疽时，鼻液带有腐败性恶臭；胃肠炎时，呼气呈腐败腥臭或恶臭；消化不良时，可从呼气中闻到酸臭味。

4. 触诊　触诊是用手指或手指尖感触，并稍加压力，以便确定被检查的各个器官或组织是否正常。触诊常用以下几种方法：

（1）皮肤检查　主要检查皮肤的弹性、温度、有无肿胀和伤口等。羊的营养不好，或得过皮肤病，皮肤就没有弹性。高热时，皮肤温度会升高。

（2）体温检查　一般用手触摸羊的耳根、躯干或后肢内侧，通过皮肤的温度来检查羊是否发热。但最准确的方法是用体温表测量。在给病羊量体温时，先把体温表的汞柱甩下去，润湿后缓慢插进羊的肛门，体温表的1/3留在肛门外，然后滞留3～5分。羊的体温，一般幼羊比成年羊高一些，热天比冷天高一些，运动后比运动前高一些，这都是正常的生理现象。羊的正常体温为38℃左右，低于或高于这一指标都属于非健康状态。当体温变化超过2℃时，要进行严格的检查诊断，并予以治疗。

（3）脉搏检查　通过切脉或听诊器听诊可以检查羊的脉搏，听诊部位在左胸侧壁前第3～6肋骨之间。将手伸进羊后股内侧进行切脉，按股动脉处，健康羊脉搏均匀，每分钟70～80次。检查时，注意每分钟跳动次数和强弱等，病羊脉搏的跳动次数和强弱都和健康羊不同。

（4）体表淋巴结检查　主要检查颌下、肩前、髋下、颈浅淋巴结。当羊患有泰勒虫病时，常表现出肩前及髋下淋巴结肿大。羊发生结核病、伪结核病、羊链球菌病时，体表淋巴结往往肿大，其形状、硬度、温度、敏感性及活动性等也会发生变化。

（5）人工诱咳　检查者站立在羊的左侧，用右手捏压气管前3个软骨环，羊有病时，就容易引起咳嗽。羊发生肺炎、胸膜炎、结核时，咳嗽低弱；发生喉炎及支气管炎时，则咳嗽强而有力。

5. 听诊　是利用听觉来判断羊体内正常的和有病的声音。最常用的听诊部位为胸部（心、肺）和腹部（胃、肠）。听诊的方法有两种：一种是直接听诊，即将一块布铺在被检查的部位，然后把耳朵紧贴其上，直接听取羊体内的声音；另一种是间接听诊，即用听诊器听诊，无论用哪种方法听诊，都应当把病羊牵到清静的地方，以免受外界杂音的干扰。

（1）心脏听诊　心脏听诊区位于羊左侧肘突内的胸部。健康羊的心脏随着收缩和扩张产生"嘣"第1心音和"咚"第2心音，第1心音低、钝而长，与第2心音的间隔时间较短。第2心音高、锐而短，与第1心音的间隔时间较长。两个心音构成一次心搏动，听诊时要注意两个心音的强度、节律和性质有无异常。

第1、第2心音均增强，常见于热性病的初期。第1、第2心音均减弱，常见于心脏机能障碍的后期、渗透性胸膜炎和心包炎。第1心音增强并伴有明显的心搏动增强和第2心音的减弱，多见于心脏衰弱的晚期。单纯第2心音增强，常见于肺气肿、肺水肿和肾炎等病理过程。若在以上两种心音以外还存在其他杂音，如摩擦音、拍水音产生第3心音，常见于胸膜炎、创伤性心包炎、瓣膜疾病。

（2）肺脏听诊　健康羊每分钟呼吸 12～20次，用耳朵直接听诊羊的胸部，可以听到"噗噗"的正常呼吸音，如果听到呼噜音或捻发音表明呼吸系统有问题。

肺脏听诊时，用听诊器听取肺脏在吸气和呼气时由肺脏直接发出的声音。一般可听到以下6种声音：

1）肺泡呼吸音　听诊健康羊的肺部，在吸气时可听到"呋"的声音，呼气时可听到"呼"的声音，它是空气在毛细支气管和肺泡之间通气时发出的声音，其音性柔和。当病羊发热时呼吸中枢兴奋，局部肺组织代偿性呼吸加强，肺泡呼吸音增强或过强，常见于支气管炎和支气管黏膜肿胀等。

2）支气管呼吸音　声音较粗，类似"哧"的声音，在羊呼气时容易听到，在肺的前下部体重较明显，它是空气通过声门裂隙时所发出的声音。如果在广大肺区都可听到支气管呼吸音，而且肺泡呼吸音相对减弱，则为支气管呼吸音增强，多见于肺炎的肝变期。

3）干啰音　当支气管发炎时，分泌物黏稠或炎性水肿造成支气管狭窄时，听到的类似笛音、哨音、"咝咝"声等粗糙而响亮的声音，常见于慢性支气管炎、支气管肺炎和肺线虫病。

4）湿啰音　当气管内有稀薄的分泌物时，随呼吸气流形成的类似漱口音、沸腾音或水疱破裂音，常见于肺水肿、肺充血、肺出血、各种肺炎及急性支气管炎等。

5）捻发音 当肺泡内有少量液体存在时,肺泡随气流进出而扩张、收缩,此时即产生一种细小、断续、大小相等而均匀,似用手指捻搓头发时所发出的声音。多见于慢性肺炎、肺水肿等发生肺实质性病变时。

6）摩擦音 类似粗糙的皮革相互摩擦时发出的断续性声音。常见有两种情况:一种是胸膜摩擦音,发生于肺脏与胸膜之间,多见于纤维素性胸膜炎、胸膜结核等,此时胸膜发炎,有大量纤维素沉积,使胸膜变得粗糙,当呼吸运动时互相摩擦而发出的声音;另一种是心包摩擦音,在纤维素性心包炎时,听诊心区伴有随心脏跳动的摩擦音。

（3）腹部听诊 主要是听取胃肠蠕动的声音。在健康羊的左侧肷窝处可听到瘤胃的蠕动音,其声音由远及近、由小到大,呈"噼啪""沙沙"声,当蠕动高峰时,声音由近及远、由大到小,直到停止蠕动,这两个过程为一次收缩运动,经过一段休止后再开始下一次的收缩运动,平均每2分4~6次。当羊发生前胃迟缓或患发热性疾病时,瘤胃蠕动音减弱或消失。在健康羊的右侧腹部可听到短而稀少的流水音或漱口音,即为肠蠕动音。当肠炎初期,肠音亢进,呈持续高昂的流水音。发生便秘时肠音减弱或消失。

6.叩诊 是用手指或叩诊锤来叩打羊体表部分或体表的垫着物（如手指或垫板）,借助所发声音来判断内脏的活动情况。羊叩诊方法是左手食指或中指平放在检查部位,右手中指由第2指节成直角弯曲,向左手食指或中指第2指节上敲打。叩诊的音响有:清音、浊音、半浊音、鼓音。清音,为叩诊健康羊的胸廓所发出的持续、高而清的声音。浊音,为健康状态下,叩打臀部及肩部肌肉时发出的声音。在病理状态下,当羊胸腔积聚大量渗透液时,叩打胸壁出现水平浊音。半浊音,为介于浊音和清音之间的一种声音,叩打含少量气体的组织,如肺缘,可发出这种声音;羊患支气管肺炎时,肺泡含气量减少,叩诊呈半浊音。鼓音,如叩打左侧瘤胃处,发出鼓响音;若瘤胃臌胀,则鼓响音增强。

二、羊病常见症状的快速诊断

（一）流产

可以根据流产胎儿的体长和体表发育情况,判定母羊流产时的妊娠期。

妊娠 30 天时胎儿体长 1 ~ 4 厘米，可以看到鳃裂，体壁已经合拢，各个器官均已形成。妊娠 60 天时胎儿体长 5 ~ 8 厘米，硬腭裂已封闭，四肢骨内开始沉积盐类。妊娠 90 天时胎儿体长 15 ~ 16 厘米，唇部及眉部出现细毛，可区分胎儿性别，角痕出现。妊娠 120 天时胎儿体长 25 ~ 27 厘米，唇及眉部出现细毛。妊娠 130 天时胎儿眼睛睁开。妊娠 145 天时胎儿体长 43 厘米左右。妊娠 150 天时胎儿体长 30 ~ 50 厘米，全身密布卷曲细毛，乳门齿及前臼齿均已出现，有乳门齿 4 ~ 6 颗。

引起胎儿临床的病因虽然很多，但下列疾病是引起妊娠母羊流产的主要原因：

1. 布氏杆菌病　绵羊流产率达 30% ~ 40%，其中有 7% ~ 15% 的死胎。妊娠母羊流产前 2 ~ 3 天，精神萎靡，食欲废绝，喜卧，常由阴门流出黏液或带血的黏液分泌物。山羊敏感性更高，常于妊娠后期发生流产，新感染的羊群流产率高达 50% ~ 60%。

2. 沙门菌病　妊娠母羊流产发生于产前 6 周，精神沉郁，食欲减退，体温 40.5 ~ 41.6℃，有时腹泻。流产第 1 年羊群损失约 10%，严重者可高达 40% ~ 50%。

3. 胎儿弯曲菌病　妊娠母羊流产发生于产前 1 ~ 1.5 个月，流产率可达 50% ~ 60%。

4. 李氏杆菌病　妊娠母羊有神经症状，昏迷，有时转圈，流产发生于妊娠 3 个月以后，流产率达 15%。

5. 口蹄疫　羊在口腔、蹄部出现水肿时，妊娠母羊可发生流产。

6. 地方流行性流产　绵羊流产常发生于第 2 胎，多为死胎。山羊流产大多数发生于第 1 或第 2 胎，通常只流产 1 次。

7. 土拉杆菌病　妊娠母羊体温高达 40.5 ~ 41℃，流产和死胎。

8. 衣原体病　妊娠母羊以发热、流产死胎和产出弱羔为特征。流产通常发生于妊娠的中后期。羊群中首次发生时流产率可达 20% ~ 30%，流产前数日食欲减退，精神不振。流产后常发生胎衣不下。

9. 绵羊传染性阴道炎　妊娠母羊体温高达 41.7℃，常引起流产。

10. 支原体性肺炎　妊娠母羊除主要表现肺炎症状外，还可发生流产。

11. Q 热　病羊发生肺炎和眼病，妊娠母羊流产率达 10% ~ 15%。

12. 内罗毕绵羊病 妊娠母羊体温升高持续 7 ~ 9 天，常发生流产。

13. 边界病 妊娠母羊有神经症状，抽搐颤抖。最明显的症状是流产，常娩出瘦弱胎儿或干尸化胎儿。

14. 弓形体病 妊娠母羊流产发生于妊娠后期，多见于产前 1 个月左右，损失不超过 10%。

15. 住肉孢子虫病 妊娠母羊发热、贫血、淋巴结肿大、腹泻，有时跛行，共济失调，后肢瘫痪。可以发生流产，部分胎儿死亡。

16. 蜱传热 妊娠母羊体温高达 40 ~ 42℃，约有 30% 母羊流产。

17. 脾性脓毒血症 妊娠母羊体温升高至 40 ~ 41.5℃，持续 9 ~ 10 天，可引起流产。

18. 中毒病 许多中毒性疾病都可以引起妊娠母羊流产，常常群发。

19. 灌药错误 妊娠母羊流产发生于用药后 1 ~ 2 天。

20. 妊娠毒血症 妊娠母羊流产发生于产前 1 ~ 2 周。

21. 维生素 A 缺乏 妊娠母羊发生流产、死胎、弱胎及胎衣不下。

22. 安哥拉山羊流产 妊娠母羊应激性流产发生于妊娠 90 ~ 120 天，胎儿常为活产，习惯性流产的胎儿发生水肿而引起死亡。

（二）死胎和羔羊死亡

1. 败血症和恶性水肿 主要发生于剪耳号以后，病羊体温升高。剖检可见心壁、肾脏和其他器官出血，通常可看到剪耳号伤或脐部受感染。股内侧上部发黑，组织肿胀，内含有污秽不洁的血液和气体，

2. 肠毒血症 病羊抽搐、昏迷、软肾症。肠壁脆弱，肠腔内含有乳脂样内容物。

3. 黑疫 见于有肝片吸虫流行的地区，剖检病羊尸体可见肝内有坏死组织，皮肤发黑，心包内液体增多。

4. 黑腿病 本病与恶性水肿相似，但当切开病羊病变部位时，可见肌组织发干。

5. 破伤风 主要发生于羔羊剪耳号之后，病羊体态特征为木马样僵直。

6. 羊口疮 病羊有并发症时可引起死亡，特征是唇部、鼻镜及小腿上有黑痂。

7. 脐病　病羊脐部发炎，可引起败血症和关节炎，跛行。

8. 羔羊痢疾　羔羊腹泻带血便，常导致死亡。

9. 钩端螺旋体病　妊娠母羊分娩时多产死胎，3 月龄的羔羊也可感染，呈现出血尿、黄疸、贫血、体温升高的症状。

10. 梭菌感染　可造成妊娠母羊产死胎和羔羊死亡。

11. 布氏杆菌病　妊娠母羊产死胎或弱羔羊，流产，弱羔羊常因冻、饿而死。

12. 胎儿弯曲菌感染　妊娠母羊流产出死胎或即将死亡的羔羊。

13. 李氏杆菌感染　妊娠母羊流产出死胎或即将死亡的羔羊，母羊有转圈症状。

14. 弓形体病　妊娠母羊流产出死胎或即将死亡的羔羊，在胎膜子叶绒毛的末端有白色针尖状的坏死灶。

15. 链球菌子宫感染　妊娠母羊流产出死胎或即将死亡的羔羊，体温升高，阴门有不洁排出物。

16. 坏死性肝炎　病羊持续性腹泻，肝肿大，且有许多坏死区。

17. 绿头苍蝇侵袭　发生于剪耳号或犬、狐狸、乌鸦咬啄之后。

18. 球虫病　病羊排血便，剖检可见肠道发炎。

19. 肺炎　病羊体温升高，痛苦地咳嗽，呼吸困难，喘息。

20. 饲喂混乱　母羊患乳腺炎或其他疾病，以致羔羊不能哺乳，可导致死亡。

21. 麻痹　发生于羔羊剪耳号之后 1～2 周，也可发生于断尾或去势之后，是由于皮下和肌肉形成脓肿所致。

22. 酚噻嗪中毒　妊娠母羊分娩前 2 周灌药，可导致产死胎。

23. 碘缺乏和甲状腺肿　病羊有时甲状腺肿大。

24. 地方性共济失调　病羔羊步态蹒跚、肢体麻痹，以致死亡。

25. 分娩时受到损伤　正常生产的健康羔羊可因分娩时受到外力作用导致损伤，可使肝、脾、肺破裂之时窒息死亡。

26. 产羔过程中冻饿　气候寒冷、未及时哺乳或发生急症均可导致羔羊死亡。

（三）突然死亡

1. 羊快疫　病羊痛苦、胀气、昏迷而死。皱胃发炎或坏死，肾变软，脾变软而成髓样，腹腔有渗出液。

2. 肠毒血症　多群发于青年羊。可死于痉挛（主要是羔羊）、昏迷（主要是成年羊）、肾脏肿大或呈软肾症。表现为小肠内空虚，若有内容物呈乳酪样，肠壁脆弱易破裂，心包液增多，心肌出血。本病特征是体温不升高。

3. 羊黑疫　发生于有肝片吸虫的地区，对体况良好的青年羊最为典型。在肝脏上有小面积的灰色坏死区。

4. 炭疽　通常一经发现即死亡，尸体膨胀，口鼻及肛门流出煤焦油样血液。本病原则上禁止解剖，若错误地做了剖检，可发现脾肿大而柔软，全身具有出血性素质，胃、肠严重出血。

5. 公羊肿头病　肝脏明显有新近的肝片吸虫感染。剥皮以后，可见皮肤内面呈深红色或黑色。病羊死前无挣扎，心包有积液，主要见于公羊。组织内有黄色液体，体温升高。通常发生于牴架之后。先眼睑肿胀，然后波及头部、颈部或胸下部。

6. 沙门菌感染　工作充血，肠系膜淋巴结肿大，脾脏肿大，有不同程度的胃肠炎，呈流行性。

7. 破伤风　主要见于羔羊，常发生于剪耳号或剪毛之后。特征为肌肉僵硬和牙关紧闭，而后发生强直性痉挛，常因胀气而迅速死亡，鼻腔内有泡沫，有时生殖道排出黑色且有不良气味的液体。

8. 羔羊痢疾　病羊排出稀薄带有血液的粪便，然后迅速死亡。

9. 败血症　与恶性水肿相似。全身性出血，特别是淋巴结和肾脏。

10. 急性片形吸虫病　病羊结膜苍白，肝脏肿胀发黑。肝内有肝片吸虫造成的出血通道，腹腔有大量淡红色渗出液。

11. 严重的寄生虫感染　病羊严重贫血，皱胃有大量捻转胃虫，肥胖的羊贫血而死亡，一般见于羔羊及青年羊。若在湿热季节，寄生虫严重感染的牧场，羊可因感染寄生虫而死。

12. 胀气病　病羊腹围膨大，特别是左侧更为明显。常见于大量饲喂青草后。

13. 急性肺炎　病羊流鼻涕，咳嗽，急性者突然死亡。主要发生于产羔母羊，多见于吃青草的状况下。大多为突然发病，跌倒、挣扎、麻痹、昏迷而死。用含有草酸的植物饲喂可促进本病的发生，有的突然死亡，有的可能延迟数日死亡，注射钙制剂可以挽救。

14. 草地抽搐　与低钙血症相似，但更易兴奋，单独用钙制剂无效，需加镁制剂联合应用。

15. 植物中毒　羊采食了产生氢氰酸的植物或含有硝酸钠的植物。主要症状是口吐泡沫，臌气，呼出气体中带有杏仁味，死前黏膜发红或发绀。刺激性植物可引起肠胃炎。其他有毒植物可引起蹒跚、痉挛、狂躁或昏迷。

16. 砷中毒　主要见于羊发生腐蹄病后的浸浴治疗，易发生胃肠炎。

17. 全身性中毒　其症状因药物的化学性质不同而异，如刺激性会引起胃肠炎，士的宁会引起抽搐等。

18. 急性黄疸　皮肤及内部器官黄染，步态蹒跚，迅速消瘦，尿呈褐色或红色。尸体发黄，肝脏呈橘黄色，肾脏呈黑色。

19. 运输死亡　羊在运输过程中，常因装卸时发生死亡。特征是麻痹，后肢跨向外方，爬卧姿势，由于低血钙所致。

20. 结石　主要见于阉羊，有时发生于种公羊，病羊因精神沉郁而死。剖检尸体时可发现结石。

21. 日射病和热射病　被毛较厚的羊，若在日光暴晒下或密闭拥挤的羊舍内，均易发生。

（四）延迟数日死亡

1. 恶性水肿　有些病羊可延迟数天死亡。

2. 黑腿病和败血症　绵羊常常延迟数天后死亡，伤口周围的皮肤和皮下组织有炎症变化，主要发生于剪毛、药浴、剪耳号或其他手术之后。母羊产羔后从产道排出黑色分泌物，体温升高。

3. 沙门菌感染　有些病羊可延迟数天死亡，体温升高，胃肠道充血，腹泻。

4. 肠毒血症　慢性型精神沉郁，腹泻，食欲减退，死后1小时左右肾脏呈现软肾症病变。

5. 羊快疫　有些病羊可延迟 1～2 天死亡。

6. 公羊肿头病　粪便数天后死亡，肿胀组织内含有清朗的黄色液体，但在败血症病例里则含有暗红色液体。

7. 破伤风　大部分病羊数天后死亡，痉挛、僵直、胀气。

8. 羊口疮　口疮发生于羔羊口鼻部、面部。病羊可能继发细菌性感染，有并发症者常引起死亡。

9. 肉毒毒素中毒　羊采食富含腐败蛋白质饲料后，可引起体温降低，肌肉迟缓性麻痹。

10. 李氏杆菌感染　病羊进行转圈运动或呆立不动，很少死亡。有些病羊发生流产和繁殖障碍。

11. 肺炎　病羊流鼻涕、咳嗽、气喘、体温升高。症状因原因而异，大部分数天后死亡，因误灌药物造成的异物性肺炎，症状严重者可迅速死亡。

12. 妊娠中毒症　病羊体温不升高，发病慢，有时表现迟钝、失明、麻痹，尸体剖检可发现有脂肪肝，常怀双羔。

13. 亚急性中毒性黄疸　病羊死亡多见于发病的后期。

14. 低钙血症　病羊患低钙血症可延迟数天死亡。

15. 植物中毒　许多病羊表现出特征性的植物中毒症状，往往数天后死亡。

16. 四氯化碳中毒　羊有灌服四氯化碳史，往往数天后死亡。

17. 龟头炎　见于阉羊，包皮稍周围有局部炎症，病羊精神沉郁、不安，昏迷后数天死亡。

18. 光敏感　羊有采食光敏感植物史，表现瘙痒，无毛部位肿胀。

（五）腹泻

1. 肠毒血症　羔羊腹泻时间很短，突然死亡。成年羊病程较长，尸体剖检可见肾脏软化，心包积液，肠壁脆弱。

2. 沙门菌感染　病羊发生胃肠炎，腹泻。尸体剖检可见肝脏充血，肺脏充血水肿，心冠脂肪有针尖大小出血点或心肌斑点状出血。

3. 副结核病　病羊表现为持续性腹泻。尸体剖检可见大肠黏膜增厚而有皱缩。

4. 败血症　羊患败血症时常伴发肠炎,排水样稀便。尸体剖检可见心肌、肾脏和其他脏器弥漫性点状出血。

5. 黑痢虫病　尸体剖检时可见小肠内有寄生虫。

6. 球虫病　侵袭 4 周龄至 6 月龄的小羊,剖检尸体时可见肠壁上有黄色大头针样结节,小肠有绒毛乳头瘤。

7. 青草饲喂　羊长期吃干草之后突然给予多汁饲料,可引起腹泻。

8. 饲养紊乱　大量饲喂饼渣或不适当的干饲料,羊常常发生腹泻。

9. 中毒　许多中毒都可引起羊腹泻,例如砷、磷以及所有刺激性毒物和某些植物性毒物。

10. 矿物质不足和不平衡　铜不足、钴不足和其他矿物质不平衡均可引起羊腹泻,病羊贫血,步态蹒跚。

11. 羔羊发育不良　羔羊主要表现为消瘦、流鼻液及生长迟缓。

(六)流鼻液和咳嗽

1. 放线杆菌感染　放线杆菌感染后的鼻腔病灶,有时可见大量鼻液。

2. 肺寄生虫　尸体剖检可在羊的肺脏中发现肺丝虫。

3. 鼻蝇幼虫　羊鼻腔内有鼻蝇幼虫,且有地方性病史。

4. 肺炎　肺炎有 14 种类型,其共同特点是咳嗽,体温升高,精神沉郁,食欲废绝。

5. 灌药错误　灌药失误可引起羊异物性肺炎。

6. 植物损伤　某些具有刺激性气味的植物能够引起羊发生肺炎,致使鼻液大量分泌。

7. 鼻阻塞　由于圈舍内灰尘过大,可引起羊鼻阻塞。

(七)惊厥

1. 肠毒血症　羔羊在死亡之前发生惊厥,尸体剖检可见肠壁脆弱,软肾变化,心包积液。

2. 破伤风　鼻液步态蹒跚,肌肉痉挛,全身僵直,角弓反张。常发生于剪耳号、去势、剪毛之后。

3. 士的宁中毒　羊过量用药可引起痉挛,导致死亡。

4. 植物刺激　有些植物能够引起羊肌肉痉挛、抽搐,步态蹒跚及惊厥。

5. 转圈病　病羊转圈，精神紊乱，最后惊厥或昏迷。

6. 乳热病　羊有时步态蹒跚，出现惊厥现象。

7. 酮血症　病羊常发生惊厥，酮试验为阳性。

8. 中毒　农药、杀虫剂、重金属及药物等的中毒，均能引起羊的神经系统紊乱。

（八）黄疸

1. 钩端螺旋体病　病羊表现流产、分娩死胎、排出血尿、可视黏膜黄染。

2. 毒血症黄染　病羊的皮肤和可视黏膜发黄，尿液色泽变黄。渐进性消瘦或突然死亡。

3. 铜中毒　由于羊采食了富含铜的植物或补铜过量而使肝脏受损。

4. 光敏感　羊除了黄疸外，皮肤会脱落和坏死。

5. 面部湿疹　在沼泽、青绿的草场放牧，易引起羊面部和乳房湿疹。

6. 肝炎　有机化合物、微生物、寄生虫等因素，均可造成肝脏功能的损伤，从而诱引羊肝炎病的发生。

（九）头部肿胀

1. 公羊肿头病　通常发生于受伤之后，伤口局部含有黄色渗出液，机体衰竭，突然死亡。

2. 放线杆菌病　病羊头面部有多处肿块，或者下颌、面部的骨头肿大。

3. 干酪样淋巴结炎　病羊下颌淋巴结肿大。

4. 羊口疮　主要感染羔羊，鼻镜和面部有黄色或黑色结痂。

5. 蝇蛆侵袭症　羊被蝇蛆侵袭引起蜂窝组织炎，局部皮下肿胀，体温升高，机体衰竭，病灶周围的羊毛被分泌物所浸润。

6. 光过敏　羊受光照之后，耳部及鼻镜的皮肤发红，然后水肿，有炎性渗出物渗出。

7. 肿瘤　羊头部的肿瘤可引起头部肿大。

8. 草籽脓肿　羊头部出现脓肿时，手术切开脓肿可检查到草籽的存在。

9. 变态反应　由于饲料刺激或昆虫刺螫等因素，引起羊头部肿胀的过敏反应。

（十）其他部位肿胀

1. 干酪样淋巴结炎　受害的病羊其淋巴结肿大，切开时可见具有典型的黄绿色豆渣样脓块。

2. 局部感染　病羊可发生局部肿胀。

3. 脓肿　由于异物或其他原因所引起，肿胀处含有脓液。

4. 腹肌破裂　肿胀位于腹部下面或后腿前方，若使羊仰卧并用手按压，肿胀即消失。

5. 腹部胀气和扩张　病羊发生瘤胃臌气时，可使腹部左侧膨胀。

（十一）跛行

1. 腐蹄病　当羊患有腐蹄病时，蹄壳脱落，跛行。

2. 关节炎　羔羊剪耳号、断尾之后，由于外伤引起关节炎，行走困难。

3. 羊口疮　当羊患有羊口疮时，蹄部受损，跛行。

4. 蹄脓肿　当羊患有蹄脓肿时，发生急性跛行，趾间有黄绿色尿液，甚至可波及深层组织。

5. 蹄叶炎　羔羊患蹄叶炎时呈急性跛行，大多数严重病例蹄壳脱落。

6. 草籽脓肿　羊蹄部发生草籽脓肿时，行进时步态僵硬或跛行。

7. 药浴后的跛行　对羊蹄药浴后，蹄部感染了某些致病性微生物，导致行走困难。

8. 跌伤、损伤及骨折　当羊跌伤、损伤及骨折后，均能引起跛行。

（十二）皮肤发黑

1. 黑疫　发生于肝片吸虫地区，病羊突然死亡，皮肤发黑，心包积液。

2. 肠毒血症　主要危害羔羊，有时可见腹部和腿部内侧的皮肤发黑，肠腔空虚，肠壁脆弱，心包积液。

3. 恶性水肿和黑腿病　病羊突然死亡，受感染的皮肤局部发黑。

4. 乳腺炎　当羊患乳腺炎病程较长时，可见乳房发黑，病变可延伸至腹部。

三、病理剖检技术

（一）剖检注意事项

剖检所用器械要预先用高压灭菌器进行消毒。剖检前应对病羊或病变部位进行仔细检查，如怀疑为炭疽病时，应先采耳尖血涂片镜检，排除后方可进行剖检。剖检时间越早越好，一般不应超过 24 小时，特别是在夏季，尸体腐败后影响观察和诊断。剖检时应保持环境清洁，注意消毒，尽量减少对周围环境和衣物的污染，并做好个人防护。剖检后将尸体和污染物做深埋处理，在尸体上撒上生石灰或 10% 石灰乳、4% 氢氧化钠溶液、5% ~ 20%漂白粉溶液等消毒剂。污染的表层土壤铲除后投入坑内，埋好后对埋尸地面要再次进行消毒。

（二）剖检方法和程序

为了全面系统地观察尸体内各组织、器官所呈现的病理变化，尸体剖检必须按照一定的方法和程序进行。尸检程序如下：

1. 外部检查　外部检查主要包括羊的品种、性别、年龄、毛色、特征、营养状况、皮肤等一般情况的检查，死后变化，口、眼、鼻、耳、肛门及外生殖器等天然孔检查，并注意可视黏膜的变化。

2. 剥皮与皮下检查

（1）剥皮方法　尸体仰卧固定，由下颌间隙经过颈、胸、腹下（绕开阴茎或乳房、阴户）至肛门做一纵切口，再由四肢系部经其内侧至上述切线做 4 条横切口，然后剥离全部皮肤。

（2）皮下检查　应注意检查皮下脂肪、血管、血液、肌肉、外生殖器、乳房、唾液腺、舌、眼、扁桃体、食管、喉、气管、甲状腺、淋巴结等的变化。

3. 腹腔的剖开和检查

（1）腹腔剖开与腹腔脏器的取出　剥皮后使尸体左侧卧位，从右侧欹窝部沿肋骨弓至剑状软骨切开腹壁，再从胯关节至耻骨联合切开腹壁。将此三角形的腹壁向腹侧翻转即可暴露腹腔。检查有无肠变位、腹膜炎、腹水、腹腔积血等异常。在横膈膜之后切断食管，用左手插入食管断端握住食管向后牵拉，右手持刀将胃、肝脏、脾脏背部的韧带和后腔静脉、肠系膜根部切断，即可取出腹腔脏器。

（2）胃的检查　从胃小弯处的瓣皱胃孔开始，沿瓣胃大弯、网瓣胃孔、网胃大弯、瘤胃背囊、瘤胃腹囊、食管、右侧沟线路切开，同时注意内容物的性质、数量、质地、颜色、气味、组成及黏膜的变化，特别应注意皱

31

胃的黏膜炎症和寄生虫，瓣胃的阻塞状况，网胃内的异物、刺伤或穿孔，瘤胃内容物的状态等。

（3）肠道的检查　检查肠外膜后，沿肠系膜附着缘对侧剪开肠管，重点检查内容物和肠系膜，注意肠内容物的质地、颜色、气味和黏膜的各种炎症变化。

（4）其他器官的检查　主要包括肝脏、胰脏、脾脏、肾脏肾上腺等，重点注意这些器官的颜色、大小、质地、形状、表面、切面等有无异常变化。

4.骨盆腔器官的检查　除输尿管、膀胱、尿道外，重点检查公羊的精索、输精管、腹股沟、精囊腺、前列腺、外生殖器官，母羊的卵巢、输卵管、子宫角、子宫体、子宫颈与阴道。重点观察这些器官的位置及表面和内部的异常变化。

5.胸腔器官的检查　割断前腔静脉、后腔静脉、主动脉、纵隔和气管等与心脏、肺脏的联系后，即可将心脏和肺脏一同取出。检查心脏时应注意心包液的数量、颜色，心脏的大小、形状、软硬度、心室和心房的充盈度，心内膜和心外膜的变化。检查肺脏时，重点注意肺脏的大小变化、表面有无出血点和出血斑、气管和支气管内是否有寄生虫等。

6.脑的取出和检查　先沿两眼的后沿用锯横向锯断，再沿两角外缘与第1锯相接锯开，并与两角的纵锯正中线一致，然后两手握住左右两角用力向外分开，使颅顶骨分成左右两半，即可露出脑。应注意检查脑膜、脑脊液、脑回和脑沟的变化。

7.关节的检查　尽量将关节弯曲，在弯曲的背面横切关节囊。注意囊壁的变化，确定关节液的数量、性质及关节面的状态。

四、实验室诊断

1.注意事项

（1）取材要合理　不同的疾病要求采集不同的病料。怀疑是哪种疾病，就应按照哪种病的要求取材，这样送检目的明确。例如：若怀疑发生了羊炭疽，则应采集病羊的末梢血液和炭疽痈的水肿液或分泌物，并制成血涂片。若怀疑为巴氏杆菌病，则应采集病羊的血液，并制成血涂片。当病羊死亡，还应采集其心脏、肝脏、脾脏、肺脏、肾脏及血液，并制成相应涂片。若怀疑发生了结核，则应采集病羊的痰液、乳汁、粪便、尿液、精液、阴道分泌物、溃疡渗出物及脓液。当病羊已死亡，可采集两块 2 厘米² 大小的病变组织。有明显神经症状者，必须采集脑脊髓样。有黄疸、贫血症状者，必须采集肝、脾、血液等。若怀疑发生了口蹄疫，则应采集水疱皮及水疱液。如果不能确定是何种疫病，就应全面取材，也可以根据症状和病理剖检变化而有所侧重。

（2）取材要可靠　如有数只羊发病，取材时应选择症状和病变典型、有代表性的病例，从处于不同发病阶段的病羊采集病料。取材动物最好未经抗菌或杀虫药物治疗，否则会影响微生物学和寄生虫学的检验结果。

（3）病羊死后取材要及时　病羊死后应立即采集病料，最好不超过 6 小时。如果拖延过久，组织易发生变性和腐败，不仅有碍病原微生物的检出，而且影响病理组织学检验。

（4）防止感染和散菌（毒）　如怀疑病羊或尸体已感染了炭疽杆菌、巴氏杆菌、结核杆菌、布氏杆菌或口蹄疫病毒等烈性病原，则在采集病料时应特别注意防止病原再次感染和扩散。尤其是怀疑为炭疽时，如发展迅速，体表有浮肿，天然孔出血，尸僵与血凝不全，尸体迅速膨胀等，则禁止剖检，严防炭疽杆菌污染环境。

（5）做好病料采集登记工作　剖检取材之前，应先对病情、病史加以了解和记录，并详细进行剖检前的检查。病料采集后，应及时填写记录。

（6）采集病料的器械要严格进行灭菌消毒　除病理组织学检验材料及胃肠内容物等，其他病料均应以无菌方式采集。器械及盛病料的容器须事先进行灭菌。其方法如下：①刀、剪子、镊子、针头和注射器等沸腾消毒 30 分。②试管、平皿、玻璃瓶、陶瓷器皿及棉花拭子等可用高压灭菌、干热灭菌。③软木塞、橡皮塞可置于 0.5% 石炭酸溶液中煮沸 10 分。④载玻片经酸碱处理后洗涤擦干备用。

（7)病料采集顺序　为了减少污染的机会，应先采集微生物学检验材料，然后再采集病理组织学材料。应将每种微生物学检验材料分别装入不同的灭菌器皿中。而且每采集一种病料，需要更换一套无菌器械。器械不足时，可将用过的器械用乙醇棉球擦拭干净，然后在火焰上充分消毒，待冷却后才可用来采集另一种病料。

2. 微生物学检验的取材方法

（1）血液采集　主要包括 4 种形式。

1）全血采取　用已灭菌的 20 毫升注射器吸取 5% 无菌柠檬酸钠溶液 1 毫升，然后从静脉采血 10 毫升，混匀后注入灭菌试管或容器中。

2）血清采取　以无菌方式取适量血液，放入无菌的器皿中，使之凝结，待血清充分析出后，以无菌吸管或注射器将血清移入另一灭菌容器中。

3）心血采集　在右心房处，先用烧红的铁片烧烙心肌表面，再用灭菌吸管或注射器刺入心房，吸出后注入无菌试管或器皿中。

4）血片制备　以末梢血液、静脉血或心血，制作血片数张，供血常规、细胞学或寄生虫学检验。

（2）乳汁采取　乳房、乳房附近的毛及术者的手均须用消毒液清洗消毒，将最初挤出的 3 ~ 4 股乳汁弃去，然后采取适量的乳汁于无菌的器皿中。

（3）脓液采集　开放的化脓灶可用灭菌拭子蘸取脓液放入试管中。最好用注射器刺入未破溃的脓肿吸取脓液数毫升，注入无菌的容器中。

（4）病羔尸体和流产胎儿的采集　将尸体或流产胎儿表面消毒后，装入送检箱送检。

（5）淋巴结或实质器官采集　将淋巴结周围的脂肪一同采集，其他器官可在病变部位采集 1 ~ 4 厘米^{3}的小块，分别置于无菌的容器中。

（6）肠管采集　选取适宜的肠段 6 厘米左右，两端扎结，自结扎线的外端剪断，置于无菌玻璃容器或塑料袋中。

（7）皮肤采集　取有病变的皮肤 10 厘米^2，置于无菌容器中，疑为炭疽时，可割取整个耳朵，用浸过 3% 石炭酸溶液的纱布包裹后，装在塑料袋中。

（8）骨采集　采取完整的管骨一块，剔除筋肉，表面撒上食盐，用浸过 3% 石炭酸溶液的纱布包裹后，装在塑料袋中。

（9）玻片标本的制备　取浓汁、胸水等液体制成涂片。取肝脏、脾脏、肺脏、胃、淋巴结、脑髓等组织制成触片。取致密结节、坏死组织、带有硫黄颗粒的浓汁等，还可制成压片。每种材料至少做两张玻片标本，供镜检备用。

第三节
给药方法与合理用药

一、常见给药方法

（一）口服法

口服法给药是最常用的治疗方法，一般有下列几种方法：

1. 自行采食法 多用于大群羊的预防性治疗或驱虫，将药物按一定的比例拌入饲料或饮水中，任羊自行采食或饮用。大群羊用药前，最好先做小群的毒性和药效试验。

2. 长颈瓶给药法 适用于稀的药液。当给羊灌服稀薄药液时，可将药液倒入细口长颈的玻璃瓶、胶皮瓶中，拍嘴巴，给药者右手拿药瓶，左手喂食，中二指自羊右嘴角伸入口中，轻轻压迫舌头，羊口即张开，然后将药瓶口从左嘴角伸入羊口中，并将左手抽出，待瓶口伸到舌头中段，即拍瓶底，将药液灌入。

3. 药板给药法 此法专用于舔剂。舔剂不流动，在口腔中不会向咽部滑动，因而不致发生误咽。用竹制或木制的药板给药。药板长 30 厘米、宽厘米、厚 3 毫米，表面要光滑。给药者站在羊的右侧，左手将开口器放入羊口中，右手持药板，用药板前部抹取药物，从右嘴角伸入口内到达舌根部，将药板翻转，轻轻按压，把药抹在舌根部，待羊下咽后，再抹第 2 次，如此反复进行，直到把药给完。

（二）灌肠法

灌肠法一般用于排除或软化粪便，也可用于注入营养物质，以增强抵抗力，或经肠给药用于治疗腹泻及动物麻醉等。

灌肠法是将药物配成液体，直接灌入直肠内。羊一般用小橡皮管灌肠。先将直肠内的粪便排出，然后在橡皮管前端涂上凡士林，插入直肠内，把橡皮管的盛药部分提高到超过羊的背部。灌肠完毕后，拔出橡皮管，用手压住肛门或拍打尾根部，以防药物排出。药液的温度应与体温一致。

（三）胃管法

1. 经鼻腔插入　先将胃管插入鼻孔，沿下鼻道慢慢送入，到达咽部时，有阻挡感觉，待羊进行吞咽动作时趁机送入食管，如不吞咽，可轻轻来回抽动胃管，诱发吞咽。胃管通过咽部后，如进入食管，继续深送会感到稍有阻力，这时要向胃管内用力吹气，如见左侧颈沟有起伏，表示胃管已进入食管。如胃管误入气管，多数羊会表现不安、咳嗽，继续深送，毫无阻力，向胃管吹气，左侧颈沟看不到波动，用手在左侧颈沟胸腔入口处摸不到胃管，同时胃管末端有与呼吸一致的气流出现。此时应将胃管抽出，重新插入。如胃管已入食管，继续深送，即可到达胃内，此时从胃管内排出酸臭气味，将胃管放低时则流出胃内容物。

2. 经口腔插入　先装好木质开口器，用绳固定在羊头部将胃管通过开口器的中间孔，沿上腭直插入咽部，借吞咽动作可顺利进入食管，继续深送，胃管即可到达胃内。胃管插入正确后，即可接上漏斗灌药，药液灌完后，再灌少量清水，然后取掉漏斗，往胃管内吹气，使胃管内残留的液体完全入胃，然后折叠胃管，慢慢抽出。该法适用于灌服大量水剂及有刺激性的药液。患有咽炎、咽喉炎和咳嗽严重的病羊，不可用胃管灌药。

（四）注射法

注解法是将无菌的液体药物，用注射器注入羊体，注射前，要将注射器和针头用清水洗净，煮沸30分。注射时，要排除注射器内的空气。

1. 皮下注射　是把药液注射到羊的皮肤和肌肉之间。羊的注射部位是在颈部或股内侧皮肤松软处。注射时，先把注射部位的毛剪净，涂上碘酊，用左手捏起注射部位的皮肤，右手持注射器用针头斜向刺进皮肤，如针头能左右自由活动，即可注入药液。注毕拔出针头，涂上碘酊，凡易于溶解的药物、无刺激的药物，均可进行皮下注射。

2. 肌内注射　是将无菌的药液注入肌肉较多的部位。羊的注射部位是在颈部。注射针与皮肤垂直刺入，深度为1～2厘米，刺激性小、吸收缓慢的药物，可采用肌内注射。

3. 静脉注射 将无菌的药液直接注射到静脉中，使药液随血流很快分布全身，迅速发生药效。羊的注射部位是颈静脉。注入方法是先用左手按压静脉靠近心脏的一端，使其怒张，右手持注射器，将针头向上刺入静脉内，如有血液回流，则表示已插入静脉内，然后用右手推动活塞。将药液注入，药液注射完毕后，左手按住刺入孔，右手拔针，在注射处涂擦碘酊即可。如药液量大，也可使用静脉输液器，其注射分两步进行，先将针头刺入静脉，再接上静脉输液器。注意药液输入静脉时，绝对不能含有气泡。不宜皮下或肌内注射的药物，多采用静脉注射。

4. 气管注射 将药物直接注入气管内。注射时，多取侧卧保定，且头高臀低，将针头穿过气管软骨环之间，垂直刺入，摇动针头，若感到针头确已进入气管，接上注射器，抽动活塞，见有气泡，即可将药液缓缓注入，如欲使药液流入两侧肺中，则应注射两次，第 2 次注射时，须将羊翻转，卧于另一侧。该法适用于治疗气管、支气管和肺部疾病，也常用于肺部驱虫。

5. 羊瘤胃穿刺术 当羊发生瘤胃臌气时，可采用本法，穿刺部位是在左肷窝中央臌气最高的部位。其方法为局部剪毛，碘酊消毒，将皮肤稍向上移，然后将套管针或普通针头垂直地或朝右肘头方向刺入皮肤及瘤胃壁，气体即从针头排出，然后拔出针头，碘酊消毒即可。必要时可从套管针孔注入防腐剂或消沫药。

（五）皮肤及黏膜给药

通过皮肤和黏膜吸收药物，使药物在局部或全身发挥治疗作用，常用的给药方法有滴鼻、点眼、刺种、皮肤局部涂擦、药浴、浇泼、埋藏等。

（六）药浴

为了预防和治疗羊的体外寄生虫病，如蜱、疥螨、羊虱等，常需在这些体外寄生虫活动的季节或夏末秋初进行药浴，如果某些病羊需要在冬季进行药浴，一定要注意保暖。根据药浴的方式可以分为池浴、淋浴和盆浴 3 种形式，池浴和淋浴主要用于具有一定规模的养殖场，而盆浴则主要被养殖规模较小的专业户所采用。

1. 药浴液的配制 目前羊常用的药浴液有溴氰菊酯、螨净、舒利宝等，药液应使用饮用水按说明书进行配置，通过加热使药浴液的温度保持在

20 ~ 30℃。

2.药浴方法

（1）池浴法　药浴时应由专人负责将羊赶入或牵拉入药浴池，另有人手持浴叉负责在池边照护，将背部、头部尚未被浸湿的羊压入药液内使其浸透。当有拥挤互压现象时，应及时处理，以防药液呛入羊肺或淹死现象。羊在入池 2 ~ 3 分后即可出池，使其在广场停留 5 分后再放出。

（2）淋浴法　是在池浴的基础上进一步改进提高后形成的药浴方法，优点是浴量大，速度快，节省劳力，比较安全，质量高。目前我国许多地区均已逐步采用。淋浴前应先清理好淋浴场进行试淋，待机械运转正常后，即可按规定浓度配制药液，淋浴时应先将羊群赶入淋场，开动水泵进行喷淋，经 2 ~ 3 分淋透全身后即可关闭水泵，将淋毕的羊赶入围栏中，经 3 ~ 5 分即可放出。

（3）盆浴法　在适当的盆、缸中配入好药液后，通过人工将羊逐个进行洗浴的方法。

3.应遵循的原则　药浴应选在晴朗、温暖、无风的天气，于日出后的上午进行，以便药浴后羊毛很快干燥。羊在药浴前 8 小时停止饲喂，入浴前 2 ~ 3 小时饮足水，防止羊因口渴而误饮药液造成中毒。大规模进行药浴前，应选择体质较差的 3 ~ 5 只羊进行试浴，无中毒现象发生时，方可按计划组织药浴。先浴健康羊，后浴病羊，妊娠 2 个月以上的母羊或有外伤的羊暂时不药浴。药液应浸满全身，尤其是头部，药浴后羊在阴凉处休息 1 ~ 2 小时即可放收，如遇风雨应及早赶回羊舍，以防感冒。药浴结束后 2 小时内不得母子合群，防止羔羊吸奶时发生中毒。药浴最好在剪毛后 10 天进行，效果较好。对患疥螨病的羊，第 1 次药浴后 1 ~ 2 周应重复药浴 1 次。羊群若有牧羊犬，也应一并药浴。药浴期间工作人员应佩戴口罩和橡皮手套以防中毒。药浴结束后，药液不能任意倾倒，应清除后深埋地下，以防动物误食而中毒。

二、合理用药问题

（一）各种脱水及水中毒的鉴别

机体内存在的液体称为体液。体液约占成年羊体重的 70%，其中细胞体内液占体重的45%，细胞外液（包括血浆，胸、腹腔液，细胞间液等）占体重的25%。体液中含有阳离子和阴离子，细胞外液中阳离子以 Na^+ 和 Mg^+ 占绝大多数，阴离子以 Cl^- 和 HCO_3^- 为主要成分。细胞内液中阳离子以 K^+ 和 Mg^{2+} 占绝大部分，阴离子以 HPO_4^{2-} 和蛋白质为主，体液中这些电解质的主要功能是维持渗透压与水平衡，维持神经肌肉的兴奋性。液体或任何离子的丢失，都会引起羊的异常而产生一系列症状。因此，在羊病治疗中，常常涉及补液问题。在某一具体疾病中，究竟怎样确定补液量，这是兽医工作中经常接触到的问题。补液合理，可使病羊迅速恢复健康；补液若不合理，往往会加速死亡或发生医疗事故。

1. 等渗性脱水　水与钠同时减少，病羊的血浆为等渗液，故称为等渗性脱水。常见于羔羊痢疾、胃肠炎等。在腹泻时，丢失大量的细胞外液，但由于机体自身调节，细胞内外液仍然维持等渗，因此，在细胞内外液之间不发生水的转移，结果循环血量和组胞间液明然减少，细胞内液量正常。病羊表现皮肤弹性降低，血压下降甚至发生休克。循环血量减少，血液相对浓缩。肾血流量减少，肾小球滤过量降低，同时，醛固酮和抗利尿激素增多，引起肾小管对 Na^+、H_2O 重吸收作用加强，导致尿量减少。治疗原则是补充生理盐水或复方盐水。

2. 高渗性脱水　水的丢失过多，此时血浆渗透压增高，故称为高渗性脱水。见于病羊不吃不喝，使水源断绝时。另外出汗过多、大量应用脱水剂及消化液大量丢失等情况均可引起高渗性脱水。由于细胞外液渗透压增高，细胞内液渗透压相对较低，则细胞内水向细胞外液转移，因而循环血量只有轻度下降，而细胞内则严重脱水。表现口腔干燥、口渴。皮肤弹性减退，尿少而比重增高。大脑细胞脱水时出现昏迷症状，治疗原则是补充5%葡萄糖溶液。

3. 低渗性脱水　体液中钠的丢失过多，使血浆渗透压过低，称为低渗性脱水，循环血量特别是细胞间液明显减少。表现出尿液初多后少、无力、厌食、眼窝下陷、血压下降。脑细胞水肿时昏睡、昏迷或休克。治疗原则是补充生理盐水高渗盐水。

4. 水中毒　在急性肾功能衰竭、水排出减少的情况下，输入低渗液过多而引起水中毒。治疗原则是停止摄水或补充高渗盐水。

（二）磺胺类药物和抗生素的应用

1. 单独使用

（1）磺胺嘧啶　服药间隔时间为 12 小时，据研究，给奶山羊静脉注射磺胺嘧啶钠 70 毫克 / 千克，生物半衰期为 1.82 小时，维持有效浓度时间为 3.44 小时，建议每天用药以 2 ~ 3 次为宜。

（2）磺胺甲氧嗪　过去认为用药间隔时间为 24 小时，即每天一次。据研究，给奶山羊静脉注射磺胺甲氧嗪 70 毫克 / 千克，生物半衰期为 7.01 小时 ±1 小时，有效浓度维持时间为 12.43 小时 ±2.05 小时。建议每天给药 1 ~ 2 次为宜。

（3）磺胺邻二甲氧嘧啶　据研究，给奶山羊静脉注射磺胺邻二甲氧嘧啶 50 毫克 / 千克。半衰期为 11.95 小时，有效血药浓度维持 23.46 小时。绵羊半衰期为 11.16 小时。据此，建议给羊注射时以 24 小时一次为宜。

（4）磺胺对甲氧嘧啶　据记载，用药间隔时间为 12 小时。据研究，奶山羊静脉注射磺胺对甲氧嘧啶钠 50 毫克 / 千克，生物半衰期为 4.38 小时，有效浓度维持时间为 3.63 小时 ±1.06 小时，可见，磺胺对甲氧嘧啶对奶山羊仅为短效磺胺。本实验中生物半衰期时间大于有效浓度维持时间，故可考虑适当加大剂量来延长其作用时间。

（5）磺胺间甲氧嘧啶　据研究，给奶山羊静脉注射磺胺间甲氧嘧啶 100 毫克 / 千克，生物半衰期为 1.45 小时，维持有效浓度的时间为 3.3 小时，为短效药物。建议对奶山羊应 3 ~ 4 小时给药 1 次。

（6）链霉素　过去认为肌内注射 1 小时后达高峰血浓度，一般在血中的有效浓度可维持在 6 ~ 12 小时，即每天注射 2 次。据研究，硫酸链霉素单独肌内注射 10 毫克 / 千克，吸收非常迅速，经 15 分，血药浓度均值达 2.3 微克 / 毫升。高出血药有效浓度 5 微克 / 毫升 2 倍多。达峰值时间 1.11 小时 ±0.35 小时，说明链霉素在奶山羊的有效血药浓度维持时间比其他家畜短。为保证疗效，建议肌内注射以每天 2 ~ 3 次为宜。

（7）红霉素　过去认为红霉素注射后，有效血药浓度可维持 10 ~ 12 小时。据研究，给奶山羊静脉注射红霉素 8 毫克 / 千克，消除生物半衰期时间为 2.78 小时 ±0.69 小时，有效浓度维持时间为 3.22 小时 ±1.65 小时。

（8）庆大霉素 据研究，给奶山羊静脉注射后，消除生物半衰期时间为 2.13 小时 ±0.75 小时，维持有效浓度时间约为 3 小时。建议每天给药 2～3 次为宜。

2. 联合应用抗菌药物 联合用药的目的是为了获得协同作用，从而提高抑菌或杀菌效果，更好地控制感染，降低毒性，减少或延长抗药性的产生。但临床实践证明，联合用药时并不是所有的药物比例都能获得所希望的增强效果，甚至少数情况下 5%～10% 疗效后有降低，因为联合用药可以发生相加、增强、无关、拮抗等 4 种关系。

在实践中，可以按照抗菌药物对细菌作用性质的不同，将其分为 4 类：第 1 类，繁殖期杀菌剂，如青霉素类、头孢霉素类等；第 2 类，静止期杀菌剂，氨基糖苷类，如链霉素、卡那霉素和新霉素等；第 3 类，速效抑菌剂，如四环素、土霉素、合霉素与大环内酯类抗生素等；第 4 类，慢效抑菌剂，磺胺类。

各类药物之间联合应用后的治疗效果各异。繁殖期杀菌剂和静止期杀菌剂联合应用时有增强杀菌的作用，例如青霉素与链霉素合用，在链霉素的作用下，细菌合成了无功能的蛋白质，但蛋白质合成并未停止，因此细菌菌体继续生长，体积增大，有利于青霉素阻碍细菌细胞壁黏肽合成，导致细胞壁缺损，胞浆内渗透压增高使细菌膨胀、变形，细菌溶解而死，青霉素破坏细菌细胞壁的完整性，也有利于链霉素等进入细菌菌体内而发挥作用。多黏菌素类和青霉素类或氨基糖苷类抗生素合用，均可使疗效增强。

上述第 1 类和第 3 类药物合用可降低抗菌效能，如青霉素类与四环素类合用，由于合用后两者使蛋白质的合成迅速被抑制，细菌处于静止状态，降低了青霉素干扰细菌细胞壁合成的功能，使其抗菌效能减弱。第 2 类和第 3 类药物合用可获得相加作用，一般不产生拮抗作用。第 3 类和第 4 类药物合用，由于都是抑制剂，一般可获得相加作用。第 1 类和第 4 类药物合用时一般无重大影响。在治疗流行性脑膜炎时，由于青霉素 G 透过血脑屏障能力较差，可与易透过的磺胺嘧啶合用而提高疗效。

3. 联合用药的对象

（1）病因未明 危及生命的、病因未明的严重感染。

（2）严重感染 如金黄色葡萄球菌感染、细菌性心内膜炎、败血症等。

使用单一药物难以控制。

（3）混合感染　单一抗菌药不能控制感染时可能为混合感染，如烧伤感染的复合创伤，腹腔脏器穿孔所引起的腹膜炎等。

（4）感染部位一般抗菌药不易透入　如结核性脑膜炎、结核杆菌的细胞内感染，可采用链霉素与易透入细胞内的异烟肼合用，以增强疗效。

（5）防止抗药性产生　当长期应用抗菌药而细菌易产生耐药性时，如结核病、革兰阴性菌所致的肾盂肾炎等需联合用药。

（6）抑制水解酶　异噁唑类与青霉素合用，前者抑制 β - 内酰胺酶活性，从而增强两者协同抗菌效果。

4.抗菌药物的临床选择　抗菌药物的选择首先取决于病原体的种类和性质，因此正确选用抗菌药物必定建立在对致病菌的临床正确判断并配合以病原菌的分离与药敏试验。

（1）疖、痈、呼吸道感染，败血症，脑膜炎　首选药物是青霉素 G（敏感株），或耐酶新霉素 (抗药株)，次选药物是四环素、红霉素、复方磺胺增效剂、卡那霉素、庆大霉素或先锋霉素。

（2）蜂窝织炎、丹毒、呼吸道感染、败血症　首选药物是青霉素 G，次选药物是四环素，红霉素或复方抗菌增效剂。

（3）气性坏疽　首选药物是青霉素 G 加破伤风抗毒素，次选药物是四环素加破伤风抗毒素。

（4）破伤风　首选药物是青霉素 G 加破伤风抗毒素。

（5）皮肤、内脏感染　首选药物是青霉素 G，次选药物是四环素、红霉素、庆大霉素及先锋霉素。

（6）肺炎、泌尿道感染　首选药物是多黏菌素或庆大霉素，次选药物是复方抗菌增效剂、卡那霉素、链霉素、四环素。

（7）李氏杆菌病　首选药物是链霉素，次选药物是四环素、红霉素及磺胺类药物。

（8）烧伤及其他感染　首选药物是庆大霉素或多黏菌素，次选药物是羧苄青霉素。

（9）细菌性痢疾　首选药物是复方磺胺增效削，次选药物是四环素类、黄连素及巴龙霉素。

（10）伤寒　首选药物为氨苄青霉素、甲砜霉素或复方磺胺增效剂。

（11）结核　首选药物为异烟肼加链霉素、异烟肼加利福平，次选药物为异烟肼加卡那霉素、利福平加乙氨醇。

（12）阴道、肠道、皮肤真菌病　首选药物为两性霉素、制霉菌素、灰黄霉素，次选药物为克霉唑、红霉素。

（13）山羊传染性胸膜肺类、非典型性肺炎　首选药物为四环素、土霉素、金霉素，次选药物为红霉素、链霉素。

（三）糖的应用

1.口服大量蔗糖　有人曾将60头怀孕奶山羊，随机分成3组，每组20只，A组每天喂给白糖250克，分两次拌入饲料中自食。B组每天喂给白糖150克，分两次拌入饲料中自食。C组为对照组。连续3天之后，A组羊精神沉郁，食欲明显下降，中等程度腹泻，喂至第5天，腹泻加重，停止喂糖。B组羊食欲稍减，有16只羊表现轻度腹泻，至第5天停喂。C组正常，停喂白糖第2天，腹泻停止，食欲恢复。另选20只怀孕羊（均为预产期前1个月），喂给250克白糖，第2天有18只羊腹泻（占90%）。

2.静脉注射大量浓葡萄糖液　给奶山羊静脉注射5%葡萄糖，可以被羊体利用，但注射大量10%～50%的浓糖，其结果是通过肾脏排除，使羊体水分减少，引起反刍与前胃运动抑制。

（四）盐类泻剂的应用

瘤胃是水的贮存和转运站。瘤胃中的水可被直接吸收进入血液，而血液中的水也可通过瘤胃壁进入瘤胃，这种双相扩散作用与渗透压有关，瘤胃内容物起着人工泵的作用。因此，当瘤胃积食或第3、第4胃阻塞伴发胃有多量液体与食物时，着大量使用盐类泻剂（如硫酸镁、硫酸钠、人工盐等）可造成高渗环境，使机体脱水。特别是在第3、第4胃阻塞时，瘤胃被液体充满，起不到下泻作用。因此，应用盐类泻剂时，应加足够量的水，使其浓度为4%～6%的溶液。

若病程过久，可用0.25%普鲁卡因500毫升/只，加入青霉素40万国际单位，从右肷窝部行腹腔注射，每天2次，连用2～3天，效果较好。

第二章

羊的传染病

近年来，以市场为导向，加之政策利导，有力推动了养羊业向标准化、规模化的生产方式转变。随着规模羊场的发展，必将带来羊的传染病的发生与流行。在羊的养殖过程中，传染性疾病较为常见。传染性疾病一旦在羊群中蔓延开，其破坏力大、传播迅速，没有相应的预防和隔离措施，损失惨重，后果不堪设想。而羊的传染性疾病主要有口蹄疫、羊快疫、口炎、碎死症、传染性脓包病、布氏杆菌病、羊破伤风、炭疽、肠毒血症等。传染性疾病种类较多，且伤害性大，一旦羊群患上传染性疾病，对于养殖者的损失是不可估量的。

第一节
病毒病

一、羊流感

【流行病学】该病主要发生于晚秋、冬季和早春气候寒冷的季节及气温温差大的天气，发病急，传播速度快，一旦有一只羊发病可以很快传染整群，无论绵羊、山羊，均可以感染发病，该病主要通过空气由羊的呼吸道感染，病毒首先在羊的上呼吸道繁殖，然后进入机体引起上呼吸道炎症和全身症状。羊发生流感最大的危害是造成怀孕羊流产，后期继发呼吸道感染，发生肺炎或者胸膜肺炎，由于反刍停止多继发羊酸中毒而死亡。

【主要症状】发病急，体温升高到 38 ~ 40℃。鼻塞不通，咳嗽，流浆液性鼻涕。病羊食欲减退或废绝，重者高热不退，喘促气急。部分病羊因食欲减退或废绝而出现瘤胃酸中毒或者机体酸中毒情况，造成羊死亡。

【防治措施】以解热解毒、镇痛消炎为主。①肌内注射复方氨基比林按 5 千克体重 1 毫升，或用 30% 安乃近按 5 千克体重 1 毫升，或用复方奎宁、百尔定、穿心莲、柴胡、鱼腥草等注射液。②为防止继发感染，可与退烧药物同时应用。青霉素 160 万国际单位，硫酸链霉素 100 万国际单位，加蒸馏水 10 毫升，分别肌内注射，每天 2 次。当病情严重时，也可静脉注射氨苄西林钠或者头孢菌素类按 20 ~ 30 千克体重 1 克，同时，配以皮质激素类药物，如地塞米松等治疗。③感冒通 2 ~ 6 片，1 天 3 次内服。④小柴胡冲剂配合清热解毒冲剂灌服。⑤感冒冲剂或者人治疗病毒性感冒的胶囊按人剂量的 2 倍灌服。⑥继发肺炎的用林可霉素、泰乐菌素、氟苯尼考、强力霉素配合治疗。⑦感冒后期如果出现酸中毒症状，用大黄苏打片或者碳酸氢钠配合健胃药治疗，严重的要用 10% 葡萄糖、葡萄糖酸钙、碳酸氢钠注射液静脉注射。⑧大群预防用清瘟败毒散、双黄连口服液、荆黄败毒散等清热解毒中药配合过瘤胃抗生素，可有效控制病情蔓延。

二、小反刍兽疫（羊瘟）

【流行病学】本病主要流行于非洲西部、中部和亚洲的部分地区。经患病动物和隐性感染动物的分泌物及排泄物中的病毒传播。自然宿主为山羊和绵羊，山羊比绵羊更易感，尤其 3 ~ 8 月龄的山羊最为易感。无年龄性，无季节性，多呈流行性或地方流行性。该病在我国各地有不同程度的发生。

【主要症状和病理变化】

1. 主要症状 本病潜伏期为 4 ~ 6 天，最长达 21 天。临床主要表现发病急，体温升高到 41℃ 以上，并可持续 3 ~ 5 天。病羊精神沉郁，食欲减退，鼻镜干燥。口鼻腔分泌物逐步变成脓性黏液，若患病羊尚存，这种症状可持续 14 天。发热开始 4 天内，齿龈充血，进一步发展到口腔黏膜弥漫性溃疡和大量流涎，这种病变可能转变成坏死。在疾病后期，咳嗽、胸部音以及腹式呼吸，病羊常排血样或者水样粪便。本病在流行地区的发病率可达 100%，严重暴发期死亡率为 100%，中等暴发致死率不超过 50%。

2. 病理变化 尸体剖检可见结膜炎、坏死性口炎等肉眼病变，在鼻甲、喉、气管等处有出血斑。严重时病变可蔓延到硬腭及咽喉部。皱胃常出现病变，而瘤胃、网胃、瓣胃较少出现病变，表现为有规则、有轮廓的糜烂，创面红色、出血。在大肠内，盲肠和结肠结合处呈特征性线状出血或斑马样条纹。淋巴结肿大，脾有坏死性病变。

3. 组织学变化 因本病毒对淋巴细胞和上皮样细胞有特殊亲和性，一般能在上皮样细胞和形成的多核巨细胞中形成具有特征性的嗜伊红性胞浆包含体，淋巴细胞和上皮样细胞的坏死，这具有病理诊断意义。

【鉴别诊断】本病应与牛瘟、羊传染性胸膜肺炎、巴氏杆菌病、羊传染性脓疱、口蹄疫和蓝舌病相鉴别。

1. 牛瘟 小反刍兽疫主要感染山羊，呈隐性感染，绵羊较少发病，牛及大型偶蹄兽动物呈隐性感染，鉴于世界上已基本根除牛瘟，所以基本可排除牛瘟。同时采用聚合酶链式反应技术可特异性地鉴别出来。

2. 羊传染性胸膜肺炎 在急性病例中两者均有呼吸道症状，但羊传染性胸膜肺炎由支原体引起，以浆液性和纤维素性肺炎和胸膜炎为主要病症，无黏膜病变和腹泻症状。

3. 巴氏杆菌病 在急性病例中两者均有呼吸道症状存在，但羊巴氏杆菌病由巴氏杆菌引起，以胸腔积水、肺炎和内脏器官发生出血性炎症为主，无溃疡性和坏死性口腔炎及舌糜烂。

4. 羊传染性脓疱 羊传染性脓疱是由副痘病毒引起，以口唇、眼和鼻孔周围的皮肤出现丘疹和水疱，并迅速变为脓疱，最后形成痂皮或疣状病变，即桑葚状病垢，但不出现腹泻症状。

5. 蓝舌病 蓝舌病是由蓝舌病病毒引起，以颊黏膜和胃肠道黏膜严重卡他性炎症为主，乳房和蹄冠等部位发生病变，但不发生水疱。小反刍兽疫无蹄部病变。

6. 口蹄疫 口蹄疫是由口蹄疫病毒引起，临床以口鼻黏膜、蹄部和乳房等处皮肤发生水疱和糜烂为特征。

【防治措施】

1. 预防 目前，一旦发现本病的发生，应严密封锁，扑杀病羊，隔离消毒。对本病的防控主要靠疫苗免疫。

（1）牛瘟弱毒疫苗 因为本病毒与牛瘟病毒的抗原具有相关性，可用牛瘟病毒弱毒疫苗来免疫绵羊和山羊进行小反刍兽疫的预防。牛瘟弱毒疫苗免疫后产生的抗牛瘟病毒抗体能够抵抗小反刍兽疫病毒的攻击，具有良好的免疫保护效果。

（2）小反刍兽疫病毒弱毒疫苗 目前，小反刍兽疫病毒常见的弱毒疫苗为 Nigeria75/1 弱毒疫苗和 Sungri/96 弱毒疫苗。该疫苗无任何副作用，能交叉保护其各个群毒株的攻击感染，但其热稳定性差。

（3）小反刍兽疫病毒灭活疫苗 本疫苗是采用感染山羊的病理组织制备，一般采用甲醛或氯仿灭活。实践证明，甲醛灭活的疫苗效果不理想，而用氯仿灭活制备的疫苗效果较好。

（4）重组亚单位疫苗 麻疹病毒属的表面糖蛋白具有良好的免疫原性。无论是使用 H 蛋白或 N 蛋白都作为亚单位疫苗，均能刺激机体产生体液和细胞介导的免疫应答，产生的抗体能中和小反刍兽疫病毒和牛瘟病毒。

（5）嵌合体疫苗 嵌合体疫苗是用小反刍兽疫病毒的糖蛋白基因替代牛瘟病毒表面相应的糖蛋白基因。这种疫苗对小反刍兽疫病毒具有良好的免疫原性，但在免疫动物血清中不产生牛瘟病毒糖蛋白抗体。

（6）活载体疫苗 将小反刍兽疫病毒的 F 基因插入羊痘病毒的 TK 基因编码区，构建了重组羊痘病毒疫苗。重组疫苗既可抵抗小反刍兽疫病毒强毒的攻击，又能预防羊痘病毒的感染。

2. 治疗 目前，没有特效的治疗药物，对发病羊必须按国家规定进行无害化处理；但对疑似病羊可试用研制了羊口疫、羊痘、小反刍兽疫三价高免抗体，小羊每只按 3～5 毫升肌内或者皮下注射、中羊按 0.3～0.5 毫升／千克体重、大羊按 0.2～0.3 毫升／千克体重肌内或者皮下注射，每天 1 次，用 2～3 天，配合疮痘瘟毒散按 4 克／千克体重，一般 3～6 天可有效地控制和治疗本病。

三、传染性脓疱

【流行病学】本病一年四季均可发生。但以春秋季发病最多，且呈地方性流行。绵羊、山羊最易感染，尤其是羔羊和幼羊。病羊和带毒羊是主要传染源。主要通过损伤的皮肤、黏膜传染。人类与病羊和带毒羊接触也可以感染，引起人的口疮。

【主要症状和病理变化】

1. 主要症状 潜伏期为 2～3 天，临诊上分为头型（唇型）、蹄型、乳腺炎型、外阴型、增生型和皮肤型（混合型）6 种类型。多为分别发生，但有时也可联合发生。

（1）头型 常见于绵羊羔、山羊羔，是本病的主要病型。一般在唇、口角、鼻和眼睑的皮肤上出现散在的小红斑，很快形成丘疹和小结节，进而形成水疱或脓疱，破溃后形成棕黄或者棕褐色的疣状硬痂，牢固地附着在真皮的红色乳头状增生物上，呈桑葚样外观，这种痂块经 10～14 天脱落而痊愈。口腔黏膜也常受害。在唇内侧、齿龈、颊内侧、舌和软腭上发生灰白色水疱，其外绕以红晕，继而变成脓疱和烂斑；或愈合康复，或因继发感染而形成溃疡，造成深部组织坏死，甚至部分舌头脱落，少数病例可以继发细菌性肺炎而死亡。

（2）蹄型 几乎只发生于绵羊，但近年山羊也时有发生，通常在四肢的蹄叉、蹄冠或蹄部皮肤上，出现痘样湿疹，亦按丘疹、水疱、脓疱的规律发展，破溃后形成溃疡，若有继发感染则发生化脓、坏死，常波及蹄骨，甚至肌腱或关节。病羊破行，长期卧地，病期漫长。也可能在肺脏以及乳房发生转移性病灶，严重者多因衰竭或败血症而死亡。

（3）乳腺炎型　病羔吮乳时，常使母羊的乳房的皮肤上发生丘疹、水疱、脓疱、烂斑或痂块，有时还会引发乳腺炎。

（4）外阴型　本型病例较为常见。病羊表现为外阴有黏液或脓性分泌物，在肿胀的阴唇及附近皮肤上常发生丘疹、水疱、脓疱、溃疡；公羊的阴囊及阴茎上发生脓疱和溃疡。

（5）增生性　本型病例近年来比较多见，主要是口腔黏膜、牙龈出现花菜样增生、皮肤出现疣状增生物，影响采食，本型临床治疗效果慢，且容易造成羔羊死亡。

（6）皮肤型　近年发生较多，本型除在口腔发生外，在体表皮肤、特别是腹下、四肢内侧出现结节，渗出物结痂比较坚硬，手触摸有针刺感。病羊常见局部淋巴结肿胀。皮疹、水疱或脓疱于 3 ~ 4 天破溃形成溃疡，于 15 天后愈合。如有继发感染，溃疡需经 3 ~ 4 周才能愈合。

人感染本病后，呈现持续性发热 2 ~ 4 天，发生口疮性口膜炎症后形成溃疡，或在手、前臂或眼睑上发生伴有疼痛的皮疹、水疱或脓疱。

2. 病理变化　病羊和带毒病理组织学变化以表皮的网状变性、真皮的炎症浸润和结缔组织增生为特征。

【诊断】根据临床症状特征（口角周围、皮肤有增生性桑葚痂垢）和流行病学资料，做初步诊断。必要时采集水疱液、溃疡面组织做实验室检验。

鉴别诊断时注意与口炎、羊痘、溃疡性皮炎、坏死杆菌病、蓝舌病的鉴别：

1. 口炎　口炎主要侵害幼羊，一般不出现体温升高及全身症状，病变只发生在口唇部。

2. 羊痘　病羊出现全身性的丘疹，且体温升高，全身反应严重，丘疹结节为扁平圆形凸出表面，且其界限明显，后呈脐状。

3. 溃疡性皮炎　是一种病毒性传染病，仅是皮肤发生溃疡性炎症。皮肤溃烂和组织被破坏为其特征。而传染性脓疱病的损伤是增生性的，仅在痂下有坏死溃疡。

4. 坏死杆菌病　主要表现组织坏死，而无水疱、脓疱的病变，也无疣状物的出现。

5. 蓝舌病　主要病变除病羊舌见蓝紫色外，口角部出现糜烂，有时可延伸到口腔黏膜，有严重的全身反应，体温升高，病死率高。本病由库蠓传播，病的发生具有严格的季节性。

【防治措施】

1. 预防

（1）接触和创伤感染　要防止黏膜和皮肤发生损伤，在羔羊出牙期应喂给嫩草，拣出垫草中的芒刺。加喂盐砖，以减少啃土啃墙。发现病羊要立即隔离，不要从疫区引进羊和购买畜产品；发生本病时，对污染的环境，特别是厩舍、管理用具、病羊体表和患部，要进行严格的消毒。在流行地区可以接种弱毒疫苗，以黏膜内注射或者皮肤划痕接种方法效果最好。

（2）坚持防重于治　从外地引进羊时，要严格检疫；夏季做好消灭库蠓的工作，保持羊舍清洁卫生，防止库蠓叮咬；患病羊用0.1%～0.2%的高锰酸钾溶液等对患部进行冲洗，溃疡面涂抹碘甘油或冰硼散，每天2～3次，并用磺胺类或抗生素类药物防止继发感染，同时，做好病羊的防治，保证营养均衡。

（3）免疫接种　耐过羊口疮的羊一般可获得较强的免疫力。由于本病免疫接种部位及方法不同，免疫效果亦不同，因此，免疫部位及途径对于防控本病也非常重要。

2. 治疗

（1）对唇型和外阴型的病羊　首先用0.1%～0.2%高锰酸钾浓液冲洗创面，再涂以2%龙胆紫、碘甘油、抗生素软膏等，每天1～2次。对于蹄性病羊，可将蹄部浸泡在福尔马林中1分，必要时每周重复1次，连续3次；每隔2～3天用3%龙胆紫，或1%苦味酸，或用10%硫酸锌乙醇溶液重复涂擦。对于严重病例可给予注射抗生素药物疗法，防止继发感染。人患本病是用对症疗法。

（2）用病愈羊全血或血清　治疗量为羔羊1.5～2毫升/千克。应用免疫血清做紧急预防和治疗对羔羊有较好疗效。每只大羊皮下注射10～20毫升，小羊为5～10毫升，必要时可重复注射1次。为防止继发感染可配合应用抗生素。每千克体重青霉素20万～60万国际单位，每千克体重链霉素 0.02 ~ 0.06 毫克，肌内注射，每天 2 次，或用磺胺类药物治疗。

四、羊痘

【流行病学】 病羊是主要的传染源，主要通过呼吸道感染，也可通过损伤的皮肤或黏膜侵入机体。饲养和管理人员，以及被污染的饲料、垫草、用具、皮毛产品和体外寄生虫等均可成为传播媒介。在自然条件下，绵羊痘病毒只能使绵羊发病，山羊痘病毒只能使山羊发病。本病传播快、发病率高，不同品种、性别和年龄的羊均可感染，羔羊较成年羊易感，细毛羊较其他品种的羊易感，粗毛羊和土种羊有一定的抵抗力。本病一年四季均可发生，我国多发于冬春季节。该病一旦传播到无病地区，易造成流行。

【主要症状和病理变化】

1. 主要症状

（1）绵羊痘

1）典型症状　绵羊痘的潜伏期一般为 4 ~ 21 天，病初体温升高到 40 ~ 42℃，精神沉郁，脉搏加快，呼吸急促，眼、鼻有浆液性、点液性或脓性分泌物流出。1 ~ 2 天后，在无毛或少毛部位，如眼、唇、鼻、乳房、外生殖器、尾下面和腿内侧等处，出现红斑（蔷薇疹）。经 2 ~ 3 天蔷薇疹发展至豌豆大，突出于皮肤表面成为苍白色坚实结节，再过 2 ~ 3 天有白细胞深入水疱内，液体混浊形成脓疱。此时温度再次上升，全身症状加剧，如未感染其他病原菌，约经 3 天，则脓疱内容物逐渐干燥，形成褐色或黑褐色痂皮，7 天左右，痂皮脱落，遗留瘢痕而疮愈。病程 3 ~ 4 周。

2）非典型症状　病变发展到丘疹期而终止，即所谓顿挫型。或痘疱内出血，使痘疱呈黑红色，称为出血痘或黑痘；继发感染坏死杆菌时，形成坏疽性溃疡，称为坏疽痘或臭痘，此即所谓恶性型，多以死亡告终，多见于营养不良、体质瘦的老、弱、孕羊以及幼羊。

（2）山羊痘

1）典型症状　山羊痘潜伏期平均 6 ~ 7 天，体温高达 40 ~ 42℃，精神不振，食欲减退或废绝，在尾根、阴唇、尾内、肛门周围、阴囊及四肢内侧均可发生痘疹，有时还会出现在头部、腹部、背部的毛丛中。痘疹大小不等，呈圆形红色丘疹或结节，迅速形成水疱、脓疱和痂皮，经过 3 ~ 4

周痂皮脱落，遗留瘢痕痊愈。羊痘发病后，常常伴发并发症，如呼吸道炎症、肺炎、关节炎、胃肠炎，病羊可在发病后死亡，特别是幼龄羔羊死亡率很高，此外，还会引起失明、关节炎、孕羊流产等。

2）恶性型的山羊痘　其表现为体温升高达41～42℃，精神萎靡，食欲废绝，脉搏加快，呼吸困难，喘息。结膜潮红充血，眼睑肿胀。鼻腔流出浆液脓性分泌物。经过1～3天，全身皮肤的表面出现扁平的突起，黄豆、绿豆或蚕豆大的红色斑疹（痘疹）。这些斑疹经过2～3天形成水痘（痘疱）。由斑疹过渡到疱疹持续5～6天。

3）石痘　在流行过程中，也可见到非典型症状。有些病例，病初的症状和典型痘相同，但病程多在丘疹期不再发展，结节仅稍增大而硬固，并不变成水疱，特称为石痘。

2. 病理变化　尸体的外部可以看到皮肤上各个时期的痘疹，眼结膜和鼻黏膜潮红肿胀，并有数量不等的黏液性或浆液性的眼屎和鼻液等。呼吸道和胃肠道的黏膜常见有出血性炎症，特征性病变是在咽喉、气管、肺和瘤胃、邹胃出现痘疹。特别是肺的病变与腺瘤很相似。部分死亡羊的肝脏也出现圆形溃疡，呈痘状形态。

【诊断】根据临床症状：毛稀处、乳房、四肢内侧、阴唇、包皮、尾部发生丘疹、水疱、脓疱或干痂等病变，可考虑是羊痘。临床应注意和口蹄疫区别。

【防治措施】

1. 预防

（1）加强饲养管理　每天仔细检查群状况，做到早发现早隔离，并建立严格的消毒防疫制度。严禁从疫区购买羊及羊肉、羊毛、羊皮等产品。发生疫情时，迅速隔离发病羊，做好场地环境消毒。当最后一只病羊恢复健康后21天，对圈舍进行彻底消毒后方可解除封锁。

（2）每年对羊群进行定期预防接种　是最有效的方法之一，常用疫苗为羊痘鸡胚化弱毒冻干疫苗，大、小羊一律尾部皮下注射0.5毫升，免疫力产生较快，免疫期为1年。

2. 治疗

1）对症治疗　对症状剧烈的羊发病严重期要对症治疗，用柴胡退烧，板蓝根或者双黄连抗病毒，抗生素防止感染，必要的时候可以用扑尔敏肌内注射或者氯化钙静脉注射，防止炎性渗出，可以提高治愈率。

2）药物治疗　病羊可用 0.1% 高锰酸钾溶液或双氧水冲洗患部，干后涂以碘酊、紫药水、硼砂软膏、四环素软膏、红霉素软膏等。体温升高时，为预防继发乳腺炎可肌内注射青霉素 160 万～ 320 万国际单位链霉素 0.1 ～ 0.2 毫克 / 千克，每天 1 ～ 2 次，羔羊酌减；或 10% 破胺嘧啶钠注射液，按 5 千克体重 1 毫升，肌内注射，每天 1 ～ 2 次，连用 3 天。

3）免疫力　病愈后的羊可产生终生的免疫力，用其血清对其他病羊进行治疗，大羊 10 ～ 20 毫升，小羊 5 ～ 10 毫升，皮下注射，连用 2 天。

五、口蹄疫

【流行病学】口蹄疫主要传染来源为患病家畜，其次为带毒的偶蹄野生动物（如黄羊）。主要是通过消化道和呼吸道传染，也可以经眼结膜、鼻黏膜、乳头及皮肤伤口传染。如果人或健康羊接触了病畜的唾液、水疱液及乳汁，都可能受到传染而发病。

【主要症状和病理变化】

1. 主要症状　绵羊和山羊病的潜伏期为 1 ～ 7 天，平均 2 ～ 4 天。主要症状是体温升高，食欲废绝，精神沉郁，跛行。乳头出现水疱，口腔的水疱多发生在口黏膜，舌上水疱少见。山羊口腔病变比绵羊多见，哺乳母羊乳房可见水疱，水疱多发生在硬腭和舌面上。母羊常流产。羊蹄子的水疱小，不像牛那么明显。乳用山羊有时可见乳头上有病变，奶量减少。哺乳羔羊特别容易得病，多发生出血性胃肠炎、心肌炎。也可能发生恶性口蹄疫，导致急性心脏停搏而死亡。死亡率可达 20% ～ 50%。

2. 病理变化　绵羊、山羊口腔病变有所不同。小羊有出血性胃肠炎。患恶性口蹄疫时，咽喉、气管、支气管和前胃黏膜有烂斑和溃疡形成，心脏舒张脆软，心肌切面有灰红色或黄色斑纹，或者有不规则的斑点，即虎斑心。

【诊断】本病的临床症状比较有特征，易于辨认，结合流行病的分析可以做出初步诊断。进一步确诊常须做实验室检验，但应注意与羊痘的区别。羊痘的面部病灶多见于皮肤，很少见于口腔黏膜。蓝舌病、口疮、溃疡性皮肤炎及腐蹄病都不产生水疱，因而容易区别诊断。

【防治措施】

1. 预防 ①严禁从发病地区引进羊及羊产品、饲料、生物制品等。来自无病地区的羊及其产品应进行检疫。检出阳性羊时，全群羊销毁处理，运载工具、羊废料等污染器物应就地消毒。②无口蹄疫地区一旦发生疫情，应采取果断措施，对患病羊和同群动物全部扑杀销毁，对被污染的环境严格、彻底消毒。③对口蹄疫流行区坚持免疫接种，用与当地流行毒株同型的口蹄疫灭活疫苗接种羊。④当受威胁区羊群发生口蹄疫时，应立即上报疫情，确诊后，划定疫点、疫区和受威胁区，实施隔离封锁措施，对疫区和受威胁区的未发病羊，进行紧急免疫接种。

2. 治疗 羊发生口蹄疫后，一般经 10 ~ 14 天便可自愈。为缩短病程，促进病羊早日康复，特别是防止心肌炎和继发感染造成死亡，在严格隔离条件下，应及时对病羊进行治疗。对病羊首先要加强护理，例如，圈棚要干燥，通风要良好，供给柔软饲料（如青草、面汤、米汤等）和清洁的饮水，经常消毒圈棚。在加强护理的同时，根据患病部位不同，给予不同治疗。

（1）口腔患病 用 0.1% ~ 0.2% 高锰酸钾、0.2% 福尔马林、2% ~ 3% 明矾或 2% ~ 3% 醋酸（或食醋）等溶液清洗口腔，然后给溃烂面上涂抹碘甘油或 1% ~ 3% 硫酸铜溶液，也可撒布冰硼散；影响采食的可以用普鲁卡因或利多卡因喷口腔，减少疼痛。

（2）蹄部患病 用 3% 来苏儿溶液、1% 福尔马林或 3% ~ 5% 硫酸铜溶液浸泡蹄子。也可以用消毒软膏（如 1 ：1 的木焦油凡士林）或 10% 碘酊涂抹，然后用绷带包裹起来。最好不要多洗蹄子，因潮湿会妨碍疫愈。

（3）乳房患病 应小心挤奶，用 2% ~ 3% 硼酸水冲洗乳头，然后涂以消毒药膏。

（4）恶性口蹄疫 对于恶性口蹄疫的病羊，应特别注意心脏机能的维护，及时应用强心剂和葡萄糖注射液或者口蹄心肌康。为了预防和治疗心肌炎及继发性感染，也可以肌内注射地塞米松、抗生素类药物。口服结晶樟脑，每次 1 克，每天 2 次，效果良好，而且有防止发展为恶性口蹄疫的作用。

六、羊狂犬病

狂犬病又名恐水病，是由狂犬病毒引起的为人畜共患的急性、直接接触性传染病。其特征是中枢神经系统发生紊乱，变为疯狂、意识紊乱，最后麻痹而死。

【流行病学】患狂犬病病的动物以及潜伏期带毒动物，野生犬科动物（如野犬、狼、狐等）常成为人畜狂犬病的传染源和天然的病毒宿主。患病动物主要经唾液腺排出病毒，以咬伤为主要传染途径，也可经损伤的黏膜和皮肤感染。

【主要症状和病理变化】

1. 主要症状　该病的潜伏期为3～8周，亦可长达1～2年或更长。疯羊的症状和其他病畜相似，起初容易兴奋，好斗，常舔咬受伤部位。如果不易舔到，即放声大叫，或者踏蹄不安，来往跑动。原来驯顺的羊变得暴躁，常舔咬其他家畜，甚至咬狗或攻击人。母羊常欺侮自己的小羊。如果喉头麻痹，唾液便不时流出口外。当喉头麻痹比较严重时，饮食难以下咽。兴奋亢进过程中也有沉闷少动，最后麻痹死亡。病期为3～5天，亦可延长到8天。有时被咬的羊并不发病，可是一旦出现标准症状，就难免发生死亡。

2. 病理变化　病羊尸体消瘦，可视黏膜呈蓝紫色，血液浓稠、不凝固，体表有伤口或裂伤，口舌黏膜糜烂，胃内空虚或充满异物，如木片、石片或碎玻璃。胃黏膜高度发炎，有许多出血点或糜烂。组织学检查时，有非化脓性脑炎，见海马角及延脑的神经细胞内常有特征性的嗜酸性包涵体（尼氏小体）。

【诊断要点】除根据特有症状及剖检时胃内有异物以外，对于病程自然发展而死亡的羊，可由脑组织（海马角、小脑或延脑）的涂片中检查有无尼氏小体来确定诊断。如果在疾病进行过程中杀死羊，不容易查到尼氏小体。也可进行病毒分离鉴定和血清学试验。

【防治措施】

1. 预防　①对于疯狗应立即捕杀。加强犬类管理，养犬须登记注册，并进行免疫接种。②对于被疯动物或可疑动物咬伤的羊，必须严格隔离，最少观察 3 个月，而且应及时用清水或肥皂水冲洗伤口，用 7% 浓碘酊彻底消毒。对于有价值的羊还应尽快注射狂犬病疫苗，或用狂犬病免疫血清，以防止发病。

2. 治疗　治疗被咬伤的羊时，用肥皂水冲洗伤口，再用 0.1% 氯化汞、2% ~ 5% 碘酊或 3% 苯酚溶液对伤口进行处理。同时在 24 小时内注射狂犬病弱毒苗，皮下注射 10 ~ 25 毫升，3 ~ 5 天再注射一次。

七、羊伪狂犬病

【病原】本病病原为伪狂犬病病毒，又称为阿氏病病毒，属于疱疹病毒科猪疱疹病毒 I 型。本病毒对外界环境抵抗力较强，如污染饲草上的病毒在夏季可存活 3 天，冬季可存活 46 天。病料在 50% 甘油盐水中于 4℃ 左右可保持毒力达 3 年之久。0.5% 石灰乳、2% 氢氧化钠溶液、2% 福尔马林溶液可迅速使病毒灭活。

【流行病学】病畜和带毒家畜以及带毒鼠类为本病的主要传染源，感染猪和带毒鼠类伪狂犬病毒要的天然宿主。羊或其他动物多与接触带毒猪、鼠有关，感染动物经鼻漏、唾液、乳汁、尿液等各种分泌、排泄物排出病毒，污染饲料、牧草、饮水、用具及环境。本病通过消化道、呼吸道途径感染，也可经皮肤、黏膜损伤以及交配传染，或者通过胎盘、哺乳直接传染。本病一般呈地方性或流行性流行，多在春冬季节发病。但近年来绵羊发病率比较高，可能与绵羊喜卧等生理特性有关。

【主要症状和病理变化】

1. 主要症状　在自然条件下，潜伏期为 2 ~ 7 天。羊感染伪狂犬病多呈急性。体温升高，精神萎靡，肌肉震颤，呼吸加快，出现奇痒。病羊卧地不起，食欲减退或拒食，咽喉部发生麻痹，流出带泡沫的唾液及浆液性鼻液。多于发病后 1 ~ 2 天内死亡，山羊患病病程可稍有延长。

2. 病理变化　皮肤擦伤处脱毛、水肿，其皮下组织有浆液性或浆性出血性浸润。组织病理学检查，肺瘀血、水肿，淋巴结肿大、出血，肝脏和脾脏有粟粒大小坏死点，中枢神经系统呈弥漫非化脓性脑膜脑脊髓炎及神经节炎，病变部位有明显的周围血管套以及弥漫的灶性胶质增生，同时伴有广泛的神经节细胞及胶质细胞坏死。

【诊断】在一般情况下，此病诊断不需要做实验室检查，可根据临床症状及流行病学资料判定。但在新发病地区还需要实验室进行病原学检查或者I血清学试验。伪狂犬病常需要与狂犬病、李氏杆菌病做鉴别诊断。

伪狂犬病与狂犬病的鉴别诊断：狂犬病病羊一般有被患病动物咬伤的病史，病羊兴奋时多有攻击性行为。病料悬液皮下接种家兔，通常不易感染。脑内接种，发病后无皮肤瘙痒症状。

伪狂犬病与李氏杆菌病的鉴别诊断：羊感染李氏杆菌后，一般无皮肤瘙痒症状。血液涂片染色镜检，可见单核细胞增多，病料观察，可发现革兰阳性的李氏杆菌。病料悬液接种家兔，不出现特殊的瘙痒症状。

【防治措施】

1. 预防　平时要加强饲养管理，提倡自繁自养，不从疫区引进种养。因生产需要购入种养时，一定要严格检疫。消灭圈舍和牧场内的鼠类，避免羊与猪接触或混合饲养。羊群中发现伪狂犬病后，应立即隔离病羊，对圈舍进行严格消毒。与病羊同群或同舍的其他羊应注射免疫血清。当出现新病例时，经14天后，再注射一次免疫血清。如果没有出现新病例，应对所有羊进行疫苗接种。

病愈羊血清中含有抗体，能获得长时期的免疫力。发病羊场，使用伪狂犬病氢氧化钠灭活疫苗，做2次肌内注射，间隔6～8天，注射部位为大腿内侧或颈部（第1次左侧，第2次改为右侧）。接种量:1～3月龄的羊，第1次接种2毫升，第2次3毫升;3月龄以上的羊，第1次和第2次均接种5毫升。

2. 治疗　用伪狂犬病免疫血清或病愈家畜的血清可获得良好效果，但必须在潜伏期内使用。所以发生本病后立即隔离病羊，用10%石灰乳、2%氢氧化钠溶液等对圈舍、污染的环境、饲养用具等进行消毒。要清除本病，只能通过血清检疫淘汰阳性羊，逐步净化羊群。

八、蓝舌病

【病原】

蓝舌病病毒属于呼肠孤病毒科的环状病毒属。病毒存在于病畜血液和各器官中，在康复畜体内存活达4～5个月。病毒抵抗力很强，在50%甘油中可存活多年，对 3% 氢氧化钠溶液和 2% 过氧乙酸溶液很敏感。已知本病毒有 24 种血清型，各型之间无交叉免疫力。

【流行病学】

绵羊易感，不分品种、性别和年龄，以 1 岁左右的绵羊最易感，吃奶的羔羊有一定的抵抗力。山羊的易感性较低。主要由各种库蠓等昆虫传播。当库蠓吸吮病畜的带毒血液后，病毒在虫体内繁殖，库蠓再叮咬绵羊时即可发生传染。本病多呈地方性流行。本病的分布与这些昆虫的分布、习性和生活史密切相关，多发生于湿热的夏季和早秋，特别多见于池塘河流多的低洼地区。

【主要症状和病理变化】

1. 主要症状　蓝舌病潜伏期为 3 ~ 8 天。病初体温升高达 40 ~ 42℃，稽留 2 ~ 5 天。表现厌食、委顿、流涎，口唇水肿延伸到面部和耳部，甚至颈部、腹部。口腔黏膜充血，后发绀，呈青紫色。在发热几天后，口腔连同唇、龈、颊、舌黏膜糜烂，致使吞咽困难；随着病的发展，有溃疡损伤部位渗出血液，致使唾液呈红色，口腔发臭。鼻流炎性、黏性分泌物，鼻孔周围结痂，引起呼吸困难和鼾声。有时蹄冠、蹄叶发生炎症，触之敏感，呈不同程度的跛行，甚至膝行或卧地不动。病羊消瘦、衰弱，有时便秘或腹泻，有时腹泻带血，早期有白细胞减少症。病程一般为 6 ~ 14 天，发病率 30% ~ 40%，病死率 2% ~ 3%，有时可高达 90%，患病不死的羊经 10 ~ 15 天症状消失，6 ~ 8 周后蹄部也恢复。怀孕 4 ~ 8 周的母羊遭受感染时，其分娩的羔羊中约有 20% 表现发育缺陷，如脑积水、小脑发育不足、回沟过多等。

2. 病理变化　主要见于口腔、瘤胃、心、肌肉、皮肤和蹄部。口腔出现糜烂和深红色区，舌、齿龈、硬腭、颊黏膜和唇水肿。瘤胃有暗红色区，表面有空疱和坏死。真皮充血、出血和水肿。肌肉出血，肌纤维变性，有时肌间有黏液和胶冻样浸润。呼吸道、消化道和泌尿道黏膜及心肌、心内外膜均有小点出血。严重病例，消化道黏膜有溃疡和坏死。脾脏通常肿大。肾和淋巴结轻度发炎和水肿，有时有蹄叶炎变化。

【诊断】根据典型症状和病变可以做临床诊断，如发热，白细胞减少，口和唇肿胀和糜烂，跛行，行动僵直，蹄的炎症及流行季节等可做出初步诊断。为了确诊可采集病料进行人工感染（最好采集早期病畜的血液，分别接种易感绵羊和山羊）或鸡胚或乳鼠和乳仓鼠分离病毒。也可进行血清学诊断，方法有补体结合试验、中和试验、琼脂扩散试验、直接和间接荧光抗体技术、酶标记抗体法、核酸电泳分析和核酸探针检测等，其中，以琼脂扩散试验较为常用。

牛羊蓝舌病与口蹄疫、牛病毒性腹泻黏膜病、恶性卡他热、牛传染性鼻气管炎、水疱性口炎、茨城病等有相似之处，应注意鉴别。

【防治措施】

1. 预防 对病羊要精心护理，避免烈日风雨，给以易消化的饲料，每天用温和的消毒液冲洗口腔和蹄部，必须注意病羊的营养状态。预防继发感染可用磺胺类药或抗生素。夏季宜选择高地放牧以减少感染的机会。夜间不在野外低湿地过夜。定期进行药浴、驱虫，控制和消灭本病的媒介昆虫库蠓，做好牧场的排水等工作。在流行地区，每年接种疫苗，有预防效果。

2. 治疗 本病无特效药物治疗，主要是对症治疗。口腔用食醋或 0.1% 高锰酸钾溶液冲洗，再用 1% ~ 2% 的明矾溶液或碘甘油涂抹溃烂面，也可以冰硼散外敷。蹄部患病时可先用 3% 克辽林或 3% 来苏儿洗净，再用碘甘油或土霉素软膏涂拭，一绷带包扎。严重病例可补液强心，用 5% 葡萄糖生理盐水 500 毫升和 10% 安钠咖 10 毫升静脉注射，每天 1 次。预防继发感染可用磺胺类药和抗生素。

九、山羊关节炎–脑炎

【病原】病原为山羊关节炎–脑炎病毒。山羊关节炎–脑炎病毒是一种反转录病毒。山羊关节炎–脑炎病毒虽能在山羊睾丸细胞、胎肺细胞、角膜细胞上进行复制，但不引起细胞病变。山羊关节炎–脑炎病毒与梅迪–维斯纳病的反转录病毒十分相似，血清学试验有交叉反应。

【流行病学】在自然条件下，山羊关节炎–脑炎的传染源主要是患病山羊（包括隐性病羊），病毒经乳汁可传递给羔羊，被污染的饲草、饲料、饮水等也可成为传染媒介。感染途径以消化道为主，只在山羊间相互感染发病，无年龄、性别、品系间差异，但以成年羊感染居多。一年四季都可发病，呈地方流行性。1985 年以来，我国甘肃、四川、陕西、山东和新疆等地先后发现本病。山羊关节炎脑炎琼脂试验呈阳性反应或有临床症状的羊，均为从英国引进的萨能奶山羊、吐根堡奶山羊及其后裔，或是与这些进口奶山羊有过接触的山羊。

【主要症状和病理变化】

1. 主要症状　被感染的山羊，在良好的饲养管理条件下，常常不出现临床症状或者症状不明显，只能通过血清学试验才能发现。一旦改变饲养管理、环境条件，或经过长途运输等应激因素刺激，则引起发病，表现出临床症状。其临床症状有的为关节炎型，主要发生于成年山羊，病程缓慢；有的为脑炎型，多见于羔羊；有的为间质性肺炎或间质性乳腺炎型（乳房硬肿）；也有混合发生的病例。

病山羊一般表现出 3 种临床类型：

（1）关节炎型　成年山羊最常见单侧或双侧腕关节的渐进性肿胀、跛行，往往波及前肢远端主要是伸肌腱鞘，并延伸到腕关节近侧。在进行性病例，关节明显肿胀、变硬，继之关节周围广泛纤维变性，胶原坏死和钙化，并形成骨赘。病的后期，寰椎和椎骨棘上方的黏液囊肿胀。跛行的程度变化很大，一些山羊表现轻度步态僵硬，可持续数年；而另一些山羊，关节迅速不能活动，常见前肢跪地膝行，甚至韧带和腱断裂而失去站立能力。病羊因长期卧地、衰竭或继发感染而死亡。病程 1～3 年。

（2）神经型　常发生于 2～6 月龄山羊羔。初期以后躯衰弱，一肢或两肢运动失调为特征，以后可发展为四肢麻痹，一般体温正常。病羔反应灵敏，能采食和饮水。有的膝反射或收缩反射消失，但多数正常。有时患肢肌肉明显萎缩。病程半月至数月，最终导致死亡。

（3）肺炎型　本型临床较少见，无年龄限制，病程 3～6 个月。病羊常有半年左右的体重下降和呼吸困难症状。症状在不知不觉中加剧，开始轻微，随后逐渐消瘦、衰弱、咳嗽、呼吸困难，肺部叩诊浊音，听诊有湿啰音。本型病例在临床上较为少见，病例有关节炎症状。病程多为 3～6 个月。

除上述 3 种类型外，哺乳期母羊偶尔也发生间质性乳腺炎型（乳房肿硬）。多发生于分娩后 1～3 天，乳房坚实或坚硬，仅能挤出少量乳汁，无全身症状，也没有细菌性乳腺炎的表现。

2. 病理变化　在关节炎病例中，有消瘦和多发性关节炎，几乎所有病例都有退行性关节病，通常伴有淋巴结肿大和弥漫性间质性肺炎。在脑炎型病例中，棕红色病灶可能涉及脑干、小脑及颈部脊髓的白质；病变是两侧性、非化脓性、脱髓性脑脊髓炎，通常也有轻度弥漫性间质性肺炎。

【诊断】根据临床症状、病理变化以及琼脂扩散试验阳性可做出诊断。进一步诊断可从患病山羊的骨膜细胞或脑细胞分离山羊关节炎－脑炎病毒。

目前，琼脂扩散试验在实践中已得到广泛应用，这种方法是山羊的抗体对山羊关节炎－脑炎病毒的反应，试验阳性表示山羊已感染了有活力的山羊关节炎－脑炎病毒，不必要求山羊有临床症状，因为一旦感染将保持终生。在证实诊断之前，将琼脂扩散试验结果与临床症状联系起来之所以重要，是因为琼脂扩散试验阴性时，表明这些临床症状是其他疾病而不是山羊关节炎－脑炎。

本病应注意与以下病区别诊断：

1. 传染性关节炎　本病与山羊关节炎－脑炎相比，多呈急性，跛行更为严重，嗜中性细胞增多。

2. 维生素 E 和硒缺乏　多引起以肌肉衰弱和跛行为特征的白肌病，虽然在临床上酷似山羊关节炎－脑炎，但其血清和组织含硒量低，用维生素 E 和硒治疗有效。

3. 李氏杆菌病　多表现为沉郁、转圈运动以及颅神经麻痹，早期磺胺类及抗生素治疗有效。

4. 脑灰质软化症　以失明、沉郁和共济失调为特征，早期维生素 B_1 治疗有效，而山羊关节炎－脑炎很少发生失明和沉郁。

5. 弓形体病　本病与山羊关节炎－脑炎临床表现有些相似，但可检出弓形体和弓形体抗体。

【防治措施】

1. 预防　在制订预防控制计划之前，首先用琼脂扩散试验确定羊群的感染率。如果羊群为山羊关节炎－脑炎血清学阴性，可通过羊群的封闭式管理及仅引进无山羊关节炎－脑炎种养，以保持羊群无病。定期对羊群进行山羊关节炎－脑炎检疫，监视羊群状态。一旦发现羊群感染了本病，可根据畜主的愿望及财力，选用防控和消灭措施：一是当羊群不大时，可全部扑杀，重新建立无山羊关节炎－脑炎羊场。二是有计划地对羊群进行定期检疫，及时扑杀阳性羊和隔离饲养新生羔羊，认真执行防疫措施，直到一年数次检疫表明羊群没有进一步山羊关节炎－脑炎病毒感染，再按无山羊关节炎－脑炎羊群管理。这种措施经澳大利亚、新西兰以及我国一些地方实施，实践证明是非常有效的防治措施。

2. *治疗*　对于本病尚无有效治疗方法。

十、绵羊溃疡性皮肤病

【病原】病原为一种病毒，病毒尚未分类，很像口疮病毒，但根据交互免疫试验，证明与口疮病毒并不是一种。

【流行病学】单独接触不能传播本病，但人工感染于划破的皮肤时，容易成功。在自然感染情况下，病毒是经过破伤而进入皮肤。包皮、阴茎及阴户的发病乃是通过交配传染的。

【主要症状和病理变化】症状根据发病部位而定。发病在唇及小腿者，最初症状为跛行，这是由于局部病灶所引起。病灶表现为溃疡，其大小与深浅不一，初期阶段即形成痂皮，将溃疡面遮盖起来。除去痂皮时，可见一无皮而出血的浅伤口。在痂皮与溃疡底部之间存在有乳酪样而无臭的脓汁。与口疮病灶不同，此种溃疡是由组织受到破坏所形成，而口疮病灶则是组织增生的结果面部病灶最常限于上唇缘与鼻孔之间的区域以及眼内角下方，溃疡性皮肤病的面部溃疡，也可能发于颊部。除了最严重的病例可使唇部穿孔以外，均不涉及颊黏膜。足部病灶可发生在蹄冠与腕部或跗部之间的任何部分。包皮炎的病灶开始于包皮孔，溃疡可部分或全部地围绕包皮孔。由于患病部分伴发水肿，故可造成包茎或嵌包茎。病灶可以蔓延到阴茎头。当溃疡面扩大时，可使公羊丧失交配能力。母羊阴户上的病灶并不像公羊那么大，但性质完全相同。通常先由下联合处开始发病，以后扩及整个阴唇，致使阴户水肿，但并不涉及阴道。

【诊断】诊断主要根据病灶特征。必须注意与口疮病灶相区别，其不同之处为：

1. *溃疡性皮肤炎*　发生于各种年龄的绵羊，而口疮却多限于小羊，成年羊很少发生。

2. 溃疡性皮肤炎　是溃疡性的，而口疮则为增生性质。此外，口疮疫苗不能使溃疡性皮肤炎得到免疫。因此，也可以对口疮免疫过的羔羊进行接种来进行诊断。

【防治措施】目前，尚无疫苗和特效疗法。在发现本病的地区，配种季节开始以前，必须对公羊严格检查，发现有任何包皮炎的症状时，应进行淘汰。

十一、绵羊梅迪-维斯纳病

【病原】梅迪－维斯纳病毒属于反录病毒科慢病毒属中的一员。病毒易在绵羊的室管膜脉络丛、肾、唾液腺等细胞培养物内增殖，但常需 2 ~ 3 周才出现细胞病变。在进行染色观察见到具有胞核呈马蹄状排列的多核巨细胞。病毒对乙醚、乙醇、氯仿、过碘酸盐、乙酸、胰蛋白酶敏感，在 pH 4.2 的条件下加热 50℃ 30 分可灭活。世界各国和梅迪－维斯纳病临诊、剖检相似的病羊，有各种不同的名称，它们由同一病毒的不同毒株引起或是由不同病原引起，尚不能完全肯定。

【流行病学】本病主要侵害羊，以绵羊最为易感，且多见于 2 岁以上的绵羊，山羊感染次之。本病一旦感染即终生带毒，在发病期病毒随唾液、鼻液、粪便排出体外，经消化道、呼吸道、皮肤接触等传染其他健康羊。

【主要症状和病理变化】

1. 主要症状　潜伏期 2 年以上，病程数月至数年，稍有恢复。梅迪病：掉群，逐渐消瘦，干咳，呼吸困难（特别是运动），呈现慢性间质性肺炎症状，病情进行性加重，直至死亡。维斯纳病：最初表现步态异常，运动失调和轻瘫，尤其是后肢，有时可见头部有异常表现，乳唇和颜面部肌肉震颤，病情缓慢恶化，最后陷入对称性麻痹死亡。

2. 病理变化

（1）梅迪病　主要见于肺和局部淋巴结。肺的体积和重量比正常增加 2 ~ 4 倍，呈灰黄色或暗红色，触之有橡皮样感，肺小叶间质明显增宽。组织学检查：可见血管、细支气管和肺泡周围淋巴细胞、单核细胞，弥漫性浸润，并伴发肺泡中隔的肥厚，淋巴样细胞结节状积聚，支气管淋巴细胞结和纵隔淋巴结也往往肿大。

（2）维斯纳病　羊通常无肉眼变化，老龄羊可见后肢骨骼肌显著萎缩。

（3）组织学变化　主要为弥漫性脑脊髓炎，淋巴细胞和小胶质细胞增生、浸润以及血管套现象。大脑、小脑、脑桥、延髓、脊髓的白质内出现脱髓鞘现象。

【诊断】

1. 病毒分离　在病的早中期，采集病羊的白细胞或脑、肺组织，做细胞培养，分离病毒。或采集神经型病羊的脉络丛，肺炎型病羊的肺组织和淋巴结，做乳剂后接种健羊的原代脉络丛细胞培养物或原代肺组织细胞培养物，随后用中和试验或荧光抗体技术鉴定。

2. 血清学实验　有补反、中和、琼扩，其中前两种抗体出现早（3～4周，2～3个月）持续数年，多用于诊断；琼扩多用于疫情调查和疫病检测。

3. 鉴别诊断　绵羊肺腺瘤病在临床上与梅迪病相似，呈现进行性呼吸困难、咳嗽，以死亡告终，潜伏期长达6～9个月，多发生于2～4岁绵羊。病期2～8个月，病变为肺内多量的灰色灶状结节，这些结节可融合成为很大的肿块，并常继发细菌感染，则形成脓肿，大小不一。局部如支气管、纵隔淋巴结增大，形成肿块（肿瘤转移所致），组织学特征是大单核细胞聚集及细支气管和肺泡管内皮细胞增生，肺泡中膈上常有乳头状上皮突起以及部分肺泡腔被阻塞，其他组织和器官通常不见病变，这与梅迪病不同。这两种病临床诊断相似（肺癌流液状稀鼻涕），主要依赖组织学检查予以鉴别。此外，血清学反应不同。

【防治措施】目前尚无有效疫苗防治本病，更无治疗办法。对有本病的羊或羊群应全部扑杀并做无害化处理。直接和间接接触者、圈栏、饲养用具等应用2%氢氧化钠溶液或4%苯酚溶液彻底消毒。严禁由疫区引进种羊。

十二、绵羊肺腺瘤病

【病原】绵羊肺腺瘤病又称绵羊肺癌或驱赶病，是一种以增生或肿瘤性病变并常转移为特征的疾病，其病原体是一种疱疹病毒。是由绵羊肺腺瘤病病毒引起的，该病毒属反转录病毒科乙型反转录病毒属。该病毒可在绵羊胚胎组织培养物和绵羊肺细胞中增殖，并产生细胞病变，同时可在巨噬细胞内见到核内包涵体。

【流行病学】绵羊肺腺瘤病在世界范围内发生。不同品种和年龄的绵羊均能发病，且以美利奴绵羊最为易感。主要呈地方性散发。本病的潜伏期长，出现临诊症状的多为 2 ~ 4 岁成年绵羊。绵羊肺腺瘤病在一个地区或牧场一旦发生，很难彻底消灭。本病一般都以死亡而告终。绵羊肺腺瘤病可经呼吸系统传播。病羊肺内肿瘤发展到一定阶段时，肺内出现大量分泌物，病羊通过呼吸及低头采食，将含有传染性病毒的悬滴或飞沫排至外界环境中或污染草料，被易感绵羊吸入而感染。尤其在密闭的圈舍中，羊拥挤，更有利于本病传播。随着天气逐渐变冷或阴雨气候，病羊的临诊症状如继发其他细菌性肺炎或绵羊进行性肺炎，则病程大大缩短。

【主要症状和病理变化】

1. 主要症状　绵羊肺腺瘤病潜伏期为数月至数年。自然病例出现临诊症状最早的为当年出生的羔羊，但多见于 2 ~ 4 岁的成年绵羊。实验室接种新生羔羊，3 ~ 6 周可引起发病，随着肺内肿瘤的不断增长，病羊表现呼吸困难。尤其在剧烈运动或长途驱赶后，病羊呼吸加快更加明显。当病程发展到一定阶段，病羊肺内分泌物增加，可听到湿啰音。病羊低头采食时，从鼻孔流出大量水样稀薄的分泌物，这一点也可作为绵羊肺腺瘤病的先前诊断。一般来说，病羊体温不高，逐渐消瘦，偶尔咳嗽，最后病羊由于呼吸困难、心力衰竭而死亡。

2. 病理变化　病羊尸体剖检时，主要的病理变化仅限于肺脏。肺脏由于肿瘤的增生而体积增大，有的可达正常肺的 2 ~ 3 倍。肺脏与胸腔发生纤维素性粘连。肿瘤增生多见于肺尖叶、心叶、膈叶前缘及左右肺边缘。病变部位稍高出肺组织表面。特别发病的后期，小的肿瘤逐渐融合成大的团块，甚至取代部分肺组织，病变部位变硬，失去原有的色泽和弹性，像煮过的肉或呈紫绀色。切面有许多颗粒状突起物，外观湿润，用刀刮后可见有许多灰黄色脓样物。支气管及纵隔淋巴结肿瘤增生，体积增大数倍。组织病理学检查，肿瘤是由增生的支气管上皮细胞组成。新增生的细胞成立方形，胞浆丰富，淡染，核规则，呈圆形或卵圆形，有的无绒毛结构。排列紧密的上皮细胞由于异常增生而向肺泡腔和细支气管内延伸，形成乳头状或手指状，并逐渐取代正常的肺泡腔。在肿瘤区分割成许多小叶。支气管管壁和其周围有大量结缔组织增生，并形成厚的套管。纵隔淋巴结也可见有乳头状肿瘤增生。

【诊断要点】 凭上述症状可进行初诊，确诊要进行实验室检测。无菌采血分离血清，用琼扩和补体结合试验，可检出阳性病例。补体结合反应一般用于群体检疫；琼扩则既可以用于群体检疫，又可用于个体诊断。

【鉴别诊断】

1. 与羊巴氏杆菌病的鉴别　巴氏杆菌病是一种急性热性传染病，肺的前部、腹侧部分受伤，常与该部位引起支气管和肺泡的炎症，另外从病变处可分离到两极浓染的巴氏杆菌。

2. 与梅迪－维斯那病的鉴别　见梅迪－维斯纳病。

3. 与蠕虫性肺炎的鉴别　蠕虫性肺炎无论在剖检或者组织切片中，均可发现虫体。

【防治措施】 目前，尚无有效疗法，也无特异性的防疫制剂。在非疫区加强预防工作，消除或减少诱发本病的补料因素，加强饲养管理，改善环境卫生，预防本病的发生。平时预防工作极为重要，坚决不从疫区引进羊。羊群一经发现该病，很难清除，故须全群扑杀并做无害化处理，以清除病原。

十三、痒病

痒病是由朊病毒引起的成年绵羊和山羊的一种慢性退行性中枢神经系统疾病。主要表现为剧痒、精神不振、进行性的运动失调、肌肉震颤、衰弱和麻痹，通常都经过数月而死亡。因此，很少见于 18 月龄以下的羊。

【病原】 本病的病原为朊病毒，朊病毒是由细胞正常蛋白质变构后获得致病性的一种蛋白颗粒。与普通病原微生物的生物学特性不同，迄今未发现其含有核酸。痒病朊病毒可人工感染多种实验动物。应用病羊的脑髓及脊髓做成乳剂，进行眼内、脑内、硬膜外腔及皮下注射，都可以引起发病，潜伏期为 11 ~ 22 个月。将干燥的脑组织在 0 ~ 4℃的环境下保存时，可以保持毒力 2 年。痒病其对各种理化因素抵抗力强，紫外线照射、离子辐射以及热处理均不能使朊病毒完全灭活，用 37℃以及 20% 福尔马林处理 18 小时、0.35% 福尔马林处理 3 个月均不完全灭活，在 10% ~ 20% 福尔马林溶液中可存活 28 个月。55 摩尔 / 升氢氧化钠溶液，90% 苯酚溶液，5% 次氯酸钠溶液，6 ~ 8 摩尔 / 升的尿素，1% 十二烷基磺酸钠溶液对痒病病原体有很强的灭活作用。

【流行病学】本病对成年羊呈地方性流行或散发性。该病的天然传染途径尚未完全确定。多数人认为主要是通过接触传染，且已证明可以通过先天性传染，而由公羊或母羊传给后代。后代的症状可以出现于出生后 3 年和已经离开病群以后。易感性羊群一旦引进此病，发病率可高达 20%。

【主要症状和病理变化】

1. 主要症状　病的发展为隐性，潜伏期为 18 ~ 42 个月。症状是在不知不觉中发展，初期症状为不安、兴奋、震颤及磨牙，但如不仔细观察，不容易发现。最特殊的症状是瘙痒，病羊在硬物上摩擦身体，或用后蹄瘙痒。当用手抓其背部时，表现摇尾和缩动唇部。由于不断摩擦、蹄搔和口咬的结果，引起胁腹部及后躯发生脱毛，造成羊毛的大量损失。有时还会出现大小便失禁。

病初食欲良好，体温正常。随着发痒变为剧烈，可使进食和反刍受到破坏。由于疾病的发展，神经症状加重，行动的不协调现象逐渐增强。当走动时，病羊四肢高抬，步伐很快。当前腿快行时，后腿常一起运动。最后消瘦衰弱，以至于卧地不起，终归死亡。但在实验病例亦有恢复健康的，病程为 6 周到 8 个月，甚至更长。

2. 病理变化　尸体消瘦，除了脱毛和抓伤以外，一些自然病例肉眼可见皱胃扩张。组织病理病学检查时，最特殊的变化为脑髓及脊髓有两侧对称性的神经元海绵变性。最易受害的部位为视丘和小脑。脑脊髓神经元中具有空泡。中枢神经系统及其被膜广泛发生血管周围淋巴细胞浸润，脑血管有淀粉样变性，脑中有痒病相关原纤维。胶质细胞中的星状细胞肿胀，并可能增生。这些变化均为慢性脑膜炎的表现。

【诊断】

1. 临床提状　显著特点是瘙痒、不安及运动失调，但体温并不升高，结合流行病学分析（由疫区引进种羊，或父母有痒病史）。

2. 织病理检查　脑髓及脊髓中神经元的细胞质发生变性和空泡化。神经元的空泡化现象也可发生在健羊，但比病羊少得多。

此外，还可进行异常朊病毒蛋白的免疫学检测，痒病相关原纤维检查等。

在区别诊断中，要特别注意螨病、狂犬病、伪狂犬病和梅迪－维斯纳病，但螨病可由皮肤刮除物的镜检来证明；狂犬病常为急性，并且性欲亢进。梅迪－维斯纳病没有中枢神经海绵变性和星状细胞增高症。

【防治措施】本病尚无有效疗法，主要是要做好预防。但因此病为隐性性质，而且潜伏期很长，故检查和检疫无效。要有效地控制本病，必须对发病羊群进行屠杀、隔离、封锁、消毒等，并进行疫情监测；从病群引进羊的羊群，在 42 个月以内应严格进行检疫，受染羊及其后代坚决屠杀；从可疑地区或可疑羊群引进羊的羊群，应该每隔 6 个月检查一次，连续施行 42 个月；定期清毒。常用的消毒方法有：焚烧；5% ~ 10% 氢氧化钠溶液作用 1 小时；0.5% ~ 1% 次氯酸钠溶液作用 2 小时；浸入 3% 十二烷基磺酸钠溶液煮沸 10 分。

十四、边界病

【流行病学】边界病病毒的主要自然宿主是绵羊，山羊也可感染。

病毒主要存在于流产的胎儿、胎膜、羊水及持续感染动物的分泌物和排泄物中，动物可通过吸入和食入而感染本病。垂直感染是本病传播的重要途径之一。

绵羊经肌肉、静脉、脑内、皮下、腹膜和气管接种均可引发本病，用受到边界病病毒污染的活毒疫苗接种怀孕母羊可引起本病的暴发。截至目前，还未见到由昆虫传播本病的报道。

【主要症状和病理变化】边界病病毒的临诊表现主要取决于宿主的年龄。临诊疾病限于在怀孕期受到感染的新生或年幼羔羊。如一个羊群受到感染时，主要表现在繁殖季节不孕或流产增多，流产可发生于怀孕的任何时期，但以怀孕后 90 天左右为最多。由于胎儿的严重畸形导致脊柱后侧凸或关节变曲而表现为难产。

该病最典型症状是感染的母羊生出小而弱的羔羊，有不同程度的震颤，细毛绵羊可能表现为被毛粗乱，羔羊叫声低沉、颤抖，有的站立困难，由于颤抖无法自己吸奶，有的羔羊表现为长趾，俗称骆驼腿，有的表现为骨骼畸形、小脑袋、骨酪细长。

自然条件下，许多病羔羊在出生后头几周内死亡，未死亡的羔羊表现为震颤或可逐渐好转，并可在 20 周龄左右消失，死亡可一直延续到整个哺乳期及断奶以后。后期的死亡是由于重度腹泻或呼吸系统疾病所致，很可能是继发感染的结果。

出生后羔羊受到感染时表现为一过性、轻微或不明显的症状。流产的母羊不表现出明显的症状，有时出现低热或短暂的白细胞减少，很少出现胎盘不下或产后子宫炎。

【防治措施】目前，没有特效的治疗措施，只有加强检疫防止该病传入，淘汰血清检测呈阳性羊。

十五、羊跳跃病

【病原】跳跃病毒在分类上属于黄病毒科黄病毒属的，该属是一大群具有包膜的单正链 RNA 病毒。该类病毒通过吸血的节肢动物（蚊、蜱、白蛉等）传播而引起感染。过去曾归类为虫媒病毒。

【流行病学】跳跃病毒通过蜱的叮咬传播，病羊和带毒羊是本病的主要传染源，主要发生于绵羊、山羊。多发于山区。也传播于人和牧羊犬。在我国主要流行的黄病毒有乙型脑炎病毒、森林脑炎病毒和登革病毒。

【主要症状和病理变化】潜伏期 1～3 周。主要感染绵羊。病羊精神委顿，离群站立。体温 40～41℃，食欲消失，数天后体温下降。1 周后病羊高度兴奋，唇、耳、头、颈震颤，转圈，摇晃，体温再次升高，随后出现跳跃，如小跑的马向前冲，倒地踢腿，最后痉挛或麻痹。

【诊断要点】体温升高，病初头颈震颤，转圈、摇晃。体温下降后因兴奋再次升高，出现如马小跑的跳跃。最后痉挛或麻痹。剖检无眼观变化。

【防治措施】控制和消灭蜱可用药浴，不去有蜱地区放牧。同时注射跳跃病疫苗，早春和夏末各注射 1 次。无良好疗法。接触后 48 小时内用抗血清可望得到保护，如体温已升高，用抗血清无效。

十六、内罗毕绵羊病

【病原】附加扇头蜱是内罗毕绵羊病的传染媒介。幼虫、中虫和成虫叮咬病毒血症绵羊，并将病毒转移到下一个生活期，通过叮咬敏感绵羊传播内罗毕绵羊病病毒。

【主要症状和病理变化】本病主要发生于绵羊，偶尔可发生于牛。为一种急性发热性疾病，潜伏期 1～6 天，体温升高持续 7～9 天，然后突然下降到低于正常时发生死亡。其他症状为黏性、脓性鼻漏，呼吸快而感痛苦，出血性胃肠炎。病羊表现相当痛苦，常不自主地排出粪便。母羊阴门肿胀、充血，怀孕母羊流产，血液白细胞显著下降，母羊死亡率为 20% ~ 70%。

【诊断要点】在有蜱存在的流行地区，根据临床症状和死后剖检即可怀疑为此病。但确诊需要依靠接种乳鼠（乳鼠出现脑炎死亡），并应用小鼠或培养的细胞做血清中和试验，或进行血凝试验和酶联疫吸附试验。

【防治措施】康复动物具有强的长时期免疫力，适应小鼠的弱毒疫苗可以试用于预防接种。抗菌药物治疗无效。

第二节
细菌病

一、炭疽

【病原】病原体为炭疽芽孢杆菌。本菌繁殖体抵抗力不强，但芽孢的生活力极强，在土壤、污水及羊皮上可以多年不死；在干燥状态下能留存 28 ~ 30 年。20% 漂白粉、0.5% 过氧乙酸和 10% 氢氧化钠溶液可将其灭活。本菌对青霉素、四环素族以及磺胺类药物敏感。

凡低湿地区或常有水泛滥的区域，其湿度有利于本菌的生存，故土壤有传染性，因此，每年放牧时期，羊群常有本病发现。

【流行病学】绵羊、山羊、马、牛、鹿最易感，无年龄差异。病羊是主要传染源。主要由消化道、呼吸道或皮肤伤口感染，也可由吸血昆虫的叮咬经皮肤传染。病畜的粪便、内脏、皮毛、骨骼污染土壤、河水、池塘等及含有芽孢的牧草和饲料都是本病散播的疫源地。飞禽走兽和昆虫常为病的传染媒介。

炭疽的发生有一定的季节性，多发生于 6 ~ 8 月，也可常年发病。

【临床症状】

1. 最急性型 多发生于炭疽流行的初期。往往忽然发现羊死亡而不知道死期，如能看到症状，其表现为突然昏迷，行走不稳，迅速倒地，磨牙，呼吸困难，可视黏膜发绀，数分即倒毙，很像急性中毒。死前全身打战，天然孔流血且不易凝固。

2. 急性型 病羊体温升高到40～42℃，精神沉郁，食欲减少或废绝，瞳孔散大，畏寒战栗，呼吸困难，可视黏膜呈蓝紫色，并有小出血点。后期腹泻并带有便血，尿液呈暗红色。肛门出血，全身痉挛而死。

3. 亚急性型 其症状与急性型相同，唯表现较为缓和，病程亦较长（2～5天）。

【病理变化】尸体迅速膨胀腐败，尸僵不完全。天然孔有暗红色不易凝固的液体流出。黏膜呈紫红色，常有出血点。有经验者常凭这些外表观察，即可诊断为该病。

如果一定要解剖，必须由有经验的兽医在绝对安全的条件下进行。剖检所见，一般是结缔组织有胶性浸润和出血，皮下组织有小而圆或大而扁的出血点，表面淋巴结肿胀，切面发红，兼有小点出血，血液呈红黑色漆状，不易凝固。肺充血而水肿。有时胸腔内有大量血样积水。脾呈急性肿胀，有时很脆弱。肝及肾充血肿胀，质软而脆。肾有时呈出血性肾炎。心肌松弛，呈灰红色。脑及脑膜充血，脑膜间有扁平的凝血块。肠黏膜肿胀、发红及小点出血。

【诊断要点】

1. 细菌检查 采集临死前或刚死后羊的耳血管血液少量，进行涂片，荚膜染色，镜检。可见带有夹膜的革兰阳性大肠杆菌，单个或呈短链存在，两菌连接处如竹节状。

为了避免扩大传染，采血时要特别小心，不要将血洒在地上。

2. 沉淀反应诊断

（1）取样 取死羊的血液5毫升，或脾、肝约1克（局部解剖采取一小块，在研钵中磨成糊状），然后加入5～10倍的生理盐水，煮沸15～30分，冷却后用滤纸滤过，取透明滤液供检。若为皮张，可剪取不少于1厘米^{2}的小块（最好在四肢皮肤各剪去一小块混合在一起），剪碎，加入10倍的生理盐水在 8 ~ 14℃中浸泡14 ~ 40 小时，经滤纸滤过，取透明滤液供检。

（2）检样 将沉淀素血清加入细玻璃管中，然后用毛细吸管取上述滤液，沿管壁慢慢加在血清的上层，使两者形成接触面，静置切勿摇动。

（3）结果 15分内观察结果，如接触面出现清楚的白色沉淀环（白轮），即可确定。

【防治措施】

1. 预防 因为患本病的羊死得很快，不易做到及时医治，故应切实执行"预防为主"的方针，认真做到以下几点：

（1）隔离可疑羊 发现病羊立即隔离，可疑羊也要立刻分出，单独喂养。同时要立即报告当地有关领导机关或畜牧兽医单位。

（2）处理病死的羊 千万不可剥皮吃肉，必须把尸体和沾有病羊粪、尿、血液的泥土一起烧掉或深埋，上面盖以石灰。搬运尸体时要特别小心，不要把血和尿洒在地上，以免散布细菌。

（3）处理病羊住过的地方 要立即用20%漂白粉溶液或2%热氢氧化钠溶液连续消毒2小时（中间间隔1小时），在细菌没有变成芽孢以前就把它杀死。用20%的石灰水刷墙壁，用热氢氧化钠溶液浸泡各种用具。病羊的粪便、垫草以及吃剩的草料，都应用火烧掉，不能用来做肥料。

（4）确定病源 病的来源应该及早断定，如由饲料传染，应立即设法调换，危险场地应停止放牧。

（5）免疫注射

1）被动免疫 羊群中若已发生，应给全群羊注射抗血清，用量多少应按照瓶签说明。此种免疫法的有效期很短，只能保持1个月左右。

2）主动免疫 用无毒芽孢苗做皮下注射，用量为0.5毫升，但山羊不适用。最好皮下注射二号苗，可用于山羊和绵羊。用量1毫升。不管是哪种疫苗，1岁以内的羊不注射。在发生疫病的地区，应把主动免疫视作预防工作中的第一道防线，每年必须定期注射。

（6）防止人员感染 管理病羊和收拾病羊尸体的人，要特别小心，从各方面加强个人防护，以免受到感染。

2. 治疗 炭疽发生时，应给全群羊皮下或静脉注射抗炭疽血清。每次用量为50 ~ 120毫升。经12小时，体温如不下降，可再注射1次。应用抗生素，青霉素、土霉素、氟苯尼考、链霉素和金霉素都有较好疗效。最常用的是青霉素，第1次用640万国际单位，以后每隔4~6小时用320万国际单位，肌内注射；也可以用大剂量青霉素静脉注射，每天2次，体温下降再继续注射2~3天。内服或注射磺胺类药物，效果与青霉素差不多。每天0.1~0.2克/千克，分3~4次灌服，或分2次肌内注射。对皮肤炭疽痈，可在周围皮下注射普鲁卡因青霉素。

二、羊梭菌性疾病

【病原】羊梭菌性疾病是由梭状芽孢杆菌（或产气荚膜梭菌）属的细菌所致的一类疾病。根据主要致死毒素与其抗毒素的中和试验本菌可分为A、B、C、D、E 5个型。其中，A型菌主要引起人体气性坏疽和食物中毒，也可以引起动物的气性坏疽，还可以引起牛、羊、野山羊、驯鹿、仔猪、家兔等的肠毒血症或坏死性肠炎；B型菌主要引起羔羊痢疾，还可引起驹、犊牛、羔羊、绵羊和山羊的肠毒血症和坏死性肠炎；C型菌主要是羊猝疽的病原，也能引起羔羊、犊牛、仔猪、绵羊的肠毒血症和坏死性肠炎以及人的坏死性肠炎；D型菌可引起羔羊、绵羊、山羊、牛以及灰鼠的肠毒血症；E型菌可引致犊牛、羔羊肠毒血症，但很少见。

【流行病学】本病绵羊多发，发病羊营养多在中等以上，年龄在6~18月龄之间，一般经消化道感染，多发于秋、冬、初春气候骤变，阴雨连绵的季节。

【临床症状】急性病例不出现症状，突然死亡，稍慢的病例可见卧地，不愿走动，运动失调，腹部膨胀，有疝痛症状，有的病例体温可升高至41.5℃左右，病羊最后极度衰竭、昏迷，数小时内死亡，罕有痊愈者。

【病理变化】病羊呈现真胃出血性炎症，在胃底部及幽门附近，有大小不一的出血斑块，表面坏死了；胸腔、腹腔、心脏大量积液；黏膜下组织常水肿；心内外膜有点状出血；肠道，肺的浆膜下可见出血；胆囊肿胀，死羊若未及时剖检则出现迅速腐败。

【防治措施】①加强平时的饲养管理。②疫苗按程序免疫，一般每年免疫3次以上，对怀孕后期母羊在产前40天、20天各免疫注射1次，羔羊出生后20天以上及时免疫梭菌联苗，如果有疫情发生在先用药物预防以后应及时进行补充免疫。③每年进行 2 ~ 3 次大群的定期、不定期药物预防。方法是：每年春节放牧前，秋季圈养前进行定期的药物预防，用磺胺类药物按每千克精饲料 2.5 克原粉剂量投服 3 天或者过瘤胃阿莫西林按每千克精饲料 0.2 克 (按原粉计算) 配合过瘤胃恩诺沙星按每千克精饲料 0.02 克 (按原粉计算)，连用 3 天，后者成本较低对羊影响小，效果好；如果当地或者自己的羊群有梭菌病的发生及时用上述方法进行药物预防，这个是不定期预防 (下面再介绍每个梭菌病的时候，不再一一重复说明)。④该病发生时，转移牧地可收到减少或停止发病的效果。同时灌喂 10% 石灰乳 50 ~ 100 毫升，连用 1 ~ 2 次，可降低疫病发生。

三、羊快疫

【病原】病原为腐败梭菌，为一种较大的杆菌，体内外均能长生芽孢，呈椭圆形，位于菌体中或一端，不形成荚膜。煮沸 120 分才能杀死。消毒可用 0.2% 氯化汞溶液、3% 福尔马林溶液或 20% 漂白粉溶液。

【流行病学】绵羊易感，山羊较少发病。6 ~ 18 月龄，营养膘多在中等以上的绵羊发病较多。腐败梭菌广泛分布于低洼草地、熟耕地和沼泽地带，因此在这些地方常发生。一般呈地方性流行，多见于秋、冬和早春，气候变化较大时发生。

【临床症状】突然发病，短期死亡。由于病程常呈闪电式经过，故称为快疫。死亡慢的病例，间有衰竭、磨牙、呼吸困难和昏迷；有的出现疝痛、臌气；有的表现食欲废绝，口流带血色的泡沫。排粪困难，粪团变大，色黑而软，杂有黏液或脱落的黏膜；也有的排黑色稀粪，间或带血丝或排蛋清样恶臭稀粪。病羊头、喉及舌肿大，体温一般不高，通常数分至数小时死亡，延至 1 天以上的很少见。

【病理变化】尸体迅速腐败、臌胀；皮下胶样浸润，并夹有气泡。天然孔流出血样液体，可视黏膜充血呈蓝紫色。真胃及十二指肠黏膜肿胀、潮红，并散布大小不同的出血点，间有糜烂和形成溃疡。肝大，质脆，呈土黄色。胆囊肿大，充满胆汁。肺瘀血、水肿，心包积液。脾脏一般无明显变化。全身淋巴结肿大，充血、出血。多数病例腹水带血。

【诊断要点】可从病史、迅速死亡及死后剖检做出初步诊断。肝被膜触片染色镜检，可发现革兰阳性无结丝状链的大肠杆菌。必要时要进行细菌的分离培养。

【鉴别诊断】本病应与炭疽、羊肠毒血症和羊黑疫等病进行鉴别诊断。

1. 炭疽　羊炭疽的临床症状和病理变化与本病较为相似，可通过病原学检查区别腐败梭菌和炭疽杆菌。

2. 羊肠毒血症　羊肠毒血症的病羊常有血糖和尿糖升高现象，在肾脏等实质器官可检出 D 型魏氏梭菌。

3. 羊黑疫　羊黑疫的发生常与肝片吸虫的流行有关。

【防治措施】疫区每年注射绵羊快疫菌苗或三联苗（快疫、肠毒血症及猝疽）。羊群应选择干燥地区放牧，避免采食霜冻的牧草。病尸应销毁，做好隔离、封锁及消毒工作。对发病慢的可以试用高免血清、抗生素或磺胺类药。

疫情紧急时全群可普遍投服 2% 硫酸铜（100 毫升）或 10% 生石灰水溶液（每头 10 ~ 50 毫升），磺胺类药物、上霉素可在短期内降低发病数，笔者经验用过瘤胃恩诺沙星（按 5 毫克 / 千克体重）+ 过瘤胃阿莫西林（按 20 毫克 / 千克体重）拌料或者对发病的羊灌服防治效果更好；治疗本病的另外一个体会是对发病羊及时静脉注射大剂量维生素 C 氯化钙，同时，静脉注射氨苄西林钠、林霉素注射液或者肌内注射氨苄西林钠和恩诺沙星，治愈率更好，注意这些药物不能混合。

四、羊肠毒血症

【病原】病原体为魏氏梭菌，又称产气荚膜梭菌 D 型菌。广泛分布于菌体中央或稍偏于一侧，直径大于菌体宽度。一般消毒均易杀死本菌繁殖体，但芽孢抵抗力强，能耐煮沸 80 ~ 90 分。本菌能产生强烈的外毒素，有引起溶血、坏死和致死作用。

【流行病学】绵羊和山羊均可感染，但绵羊更易感染。以 4 ~ 12 周龄哺乳羔羊多发，2 岁以上的绵羊很少发病。

本病呈地方性或散发，具有明显的季节性和条件性，多在春末夏初或秋末冬初发生。一般发病与下列因素有关：在牧区由缺草或枯草的草场转至青草丰盛的草场，羊采食过量；育肥羊和奶羊喂高蛋白精饲料过多（或饲料突变，特别是从干草改吃大量谷物、青绿多汁和富含蛋白质的精饲料）。小肠的渗透性增高及吸收 D 型产气荚膜梭菌的毒素，使机体发病，当剂量达到致死剂量时，引起病羊死亡。多雨季节、气候骤变、地势低洼等，都易于诱发本病。故本病多发生于春末夏初和秋季牧草结籽后的一段时期，且尤以 2 ~ 12 月龄幼龄羊和肥胖羊较为严重，本病多呈散发。

【临床症状】病程急速，发病突然，有时羊向上跳跃，跌倒于地，气喘、发出呻吟声，发生全身痉挛，于数分至数小时内死亡。

病程缓的可见兴奋不安，四肢步态不稳，四处奔走，眼睛失灵；空嚼、磨牙、嗜泥土或其他异物，头向后（弓角反张）或斜向一侧，做转圈运动，也有头下垂抵靠棚栏、树木、墙壁等物；有的羊呈现步行蹒跚，侧身卧地，角弓反张，口吐白沫，腿蹄乱蹬，全身肌肉战栗等症状。体温一般不高，食欲废绝，腹胀、腹痛，排绿色糊状、呈褐色或血色水样粪便，在昏迷中死亡。

【病理变化】突然倒毙的病羊无可见特征性病变，通常尸体营养良好，死后迅速发生膨胀腐败；肠内充满气体和液含物，真胃和肠黏膜常呈急性充血、出血性炎症，故有血肠子病之称。腹膜、膈膜和腹肌有大的斑点状出血。心内外膜小点出血。肝大，质脆，胆囊肿大 2 ~ 3 倍，胆汁黏稠。全身淋巴结肿大充血，胸腹腔有多量渗出液，心包液增加，常凝固。最特征性的变化为肾脏表面充血，肿大，质脆软如泥。

【诊断要点】根据病史、体况、病程短促和死后剖检的特征性病变，可做出初步诊断。确诊有赖于细菌的分离和毒素的鉴定。

【鉴别诊断】本病应与炭疽、羊快疫及巴氏杆菌病进行鉴别诊断。

1. 炭疽　炭疽可致各个年龄的羊发病，临床检查有明显的体温反应，死亡后尸僵不全，可视黏膜发绀，天然孔流血，血液凝固不良。

2. 羊快疫　羊快疫的主要病理变化为真胃黏膜出血或坏死性炎症反应。

3. 巴氏杆菌病　巴氏杆菌病以高热、呼吸困难、皮下水肿为其主要特征，后期呈现肺炎症状。

【防治措施】针对病因加强饲养管理，防止过食，精、粗、青饲料搭配，合理运动等。春末夏初应减少抢青，在秋末尽量到草黄较迟的地方放牧，在农区要少喂菜根、菜叶等多汁饲料。当发病严重时，将未病的羊转移到高燥地区放牧。在本病常发地区，应每年发病季节前，注射羊肠血症菌苗或羊肠毒血症、快疫、猝疽三联苗。6月龄以下的羔羊一次皮下注射 5 ~ 8 毫升，6月龄以上 8 ~ 10 毫升或羊厌氧五联菌苗（羊肠毒血症、快疫、猝疽、羔羊痢疾、黑疫）一律 5 毫升。对疫群中未发病的羊可用三联菌苗或高免血清做紧急预防注射。当疫情发生时，应注意尸体处理，更换污染草场和用 5% 来苏儿消毒。

急性病例常无法医治，病程缓慢的（即病程延长 12 小时以上），可试用高免血清（D 型产气荚膜梭菌抗毒素）或抗生素（头孢菌素类、青霉素类）、磺胺药等，也能收到一定效果。如用过瘤胃恩诺沙星（按 10 毫克 / 千克体重）+ 过瘤胃阿莫西林（按 20 毫克 / 千克体重）拌料或者对发病的灌服防治效果更好；或对发病羊及时静脉注射大剂量维生素 C 氯化钙或者安络血，同时，静脉注射氨苄西林钠、林可霉素注射液或者肌内注射氨苄西林钠和恩诺沙星，治愈率更好，注意这些药物不能混合。

五、羊猝疽

【病原】羊猝疽是由 C 型产气荚膜梭菌引起的一种毒血症。C 型产气荚膜梭菌旧称 C 型魏氏梭菌，无鞭毛，不运动，革兰阳性。

【流行病学】病菌对污染的饲料和饮水进入消化道，在小肠繁殖，产生 β 毒素，引起发病。发病多见于低洼、沼泽地区，多发生于冬春季节，呈地方性流行。

【临床症状】病羊远离羊群，有时可见羊卧地，表现不安，衰弱，痉挛，数小时内死亡。

【病理变化】病变主要见于消化道和循环系统。肠黏膜充血，糜烂、溃疡；血管通透性增加，胸腔、腹腔和心包大量积液，且暴露于空气后形成纤维素絮状块，浆膜上有小点出血。

【诊断要点】根据成年绵羊突然发病死亡，剖检可见糜烂性和溃疡性肠炎，胸腔、腹腔和心包积液，可做出初诊。确诊须做细菌学诊断。

【防治措施】

参照羊快疫和羊肠毒血症的防治措施进行。

六、羊黑疫

【病原】羊黑疫，由诺维氏梭菌 B 型引起，又称水肿梭菌，本菌为大型杆菌，无荚膜，有鞭毛，能运动，有芽孢，革兰阳性。

【流行病学】羊采食被污染的饲料后，由胃肠壁进入肝脏，正常情况下不发病，当未成熟的游走肝片吸虫损害肝脏时，该处的芽孢获得适合的条件，大量繁殖，产生毒素，导致发病。

【临床症状】以 2 ~ 4 岁营养良好的肥胖羊发病最多，临床与羊快疫、羊肠毒血症等极为相似，无食欲，呼吸困难，体温 41.5℃ 左右，少数病程可达 1 ~ 2 天，一般不超过 3 天。

【病理变化】病羊尸体皮下静脉显著瘀血呈黑色（黑疫之名由此而来）；胸部皮下水肿，浆膜腔有积液，在空气中易凝固，腹腔液稍带红色；肝脏充血肿胀，有一个或多个凝固性坏死灶，坏死灶界限清晰，可达 2 ~ 3 厘米，切面呈半圆形。

【诊断要点】肝脏中有坏死病灶或存有幼年肝片吸虫，根据病史、剖检变化，如肝片吸虫流行地区，发现急性或在昏睡状态下死亡的羊，剖检肝脏有特征性坏死病变，即可做出初诊，进一步确诊需实验室诊断。

【防治措施】

1. 预防　应加强饲养管理，保持好环境卫生，尽可能避免诱发本病的因素。诱发本病的最关键措施是要有效控制肝片吸虫的感染。

羊的梭菌病种类繁多，常混合感染，流行广泛，在免疫预防方面应根据病的流行情况，采用羊快疫、羊猝疽、羊肠毒血症、羔羊痢疾、羊黑疫五联苗进行免疫注射，可预防本病的发生。

2. 治疗　本病发病块，病程短，很少见到明显的临床症状，常常来不及治疗，多数死于毒素中毒。对病程稍缓的病羊，可采用羊快疫、羊猝疽、羊肠毒血症的治疗方案进行治疗。

七、羔羊痢疾

【病原】羔羊痢疾是由产气荚膜梭菌 B 型魏氏梭菌引起的羔羊的一种急性毒血症。产气荚膜梭菌 B 型魏氏梭菌，无鞭毛，不运动，革兰阳性。

【流行病学】该病主要发生于 7 日龄以内的羔羊，其中，以 2 ~ 3 日龄的发病最多。纯种羊和杂交羊均比土种羊易于患病；杂交羊代数愈多，愈接近纯种，则发病率和死亡率越高。一般在产羔初期零星散发，产羔盛期发病最多。孕羊营养不良、羔羊体弱、脐带消毒不严、羊舍潮湿、气候寒冷等，都是发病的诱因。病羊及带菌母羊为重要传染源，经消化道、脐带或伤口感染，也有子宫内感染的可能。呈地方性流行。

【临床症状】 潜伏期 1～2 天，有的可缩短为几个小时。病初羔羊精神沉郁，头垂背弓，停止吮乳，不久发生腹泻，粪便呈粥状或水样，色黄白、黄绿或灰白，恶臭。体温、心跳、呼吸无显著变化。后期大便带血，肛门失禁，眼窝下陷，卧地不起，最后衰竭而死。

【病理变化】 真胃黏膜及黏膜下层出血和水肿，黏膜面有小的坏死灶。小肠出血性炎症比大肠严重，黏膜发红，集合淋巴滤泡肿胀或坏死及出血，病久可形成溃疡，突出于黏膜表面，豆大，形不规则，周围有出血炎性带。大肠病变与小肠相同，但轻微。结肠、直肠充血或出血，常沿皱襞排列成条状。肠系膜淋巴结充血肿胀或出血。实质性脏器肿大变性，有一般败血症病变。

【诊断要点】 在本病常发地区，根据流行病学、症状及病理剖检，可做出初步诊断。必要时为确定病原，在病羊刚死后，即采集回肠内容物、肠系膜淋巴结、心血等，做病原体检验。

【防治措施】 发病因素较复杂，须采取综合性防治措施：①首先对母羊（特别是孕羊）加强饲养管理，做好夏秋抓膘和冬春保膘工作，保证所产羔羊健壮，乳充足，增强羔羊抗病力。②为避免产羔时过于寒冷，可将产羔季节提前或推迟，避开最寒冷的季节产羔。③产羔前和接产过程中，应做好一切消毒和防护工作，保证母羊体躯、乳房、产地及用具的清洁卫生。对羔羊脐带严格消毒，保证羔羊吃足初乳。④预防接种。每年秋季可给母羊单一或用三联四防、羊厌氧菌五联菌苗（羊快疫、猝疽、肠毒血症、羔羊痢疾、黑疫），产前 2～3 周再接种 1 次。近年来，试制成功的羊六联苗（羊快疫、猝疽、肠毒血症、羔羊痢疾、黑疫和大肠杆菌病），对由大肠杆菌引起的羔羊痢疾也有预防作用。⑤常发本病地区，在羔羊出生后 12 小时内，可口服土霉素或者磺胺类 0.15～2 克，每天 1 次，连续灌服 3 天，或用其他抗菌药物等有一定的预防效果。用环丙沙星和氨苄西林钠联合防治，效果非常理想。⑥对病羔要做到早发现，立即隔离，认真护理，积极治疗。

粪便、垫草应焚烧，污染的环境、土壤、用具等用 3%～5% 来苏儿喷雾消毒。⑦治疗时，药物治疗应与护理相结合。治疗时需按年龄、体质和临床症状进行。一般发病较慢，排稀粪的病羔，可灌服 1% 镁乳（内含 0.5% 福尔马林溶液）10～20 毫升，6～8 小时后灌服 1% 高锰酸钾溶液 10～20 毫升，必要时可再灌服高锰酸钾 2～3 次。此外，可用磺胺脒 0.5 克、鞣酸蛋白 0.2 克、次硝酸铋 0.2 克，或再加呋喃西林 0.1～0.2 克，水调服，每天 3 次；甲硝唑 0.2 克、蒙脱石 2 包、整肠生 3～5 片/天，1 天 2 次；另用土霉素 0.2～0.3克，或再加等量胃蛋白酶，水调灌服，每天 2 次；病初可用较大剂量青链霉素各 20 万～30 万国际单位注射或林可霉素注射液及其他清洗补液对症治疗。⑧有条件时，可用抗羔羊痢疾高免血清 0.5～1 毫升肌内注射，使羔羊对产气荚膜梭菌引起的羔羊痢疾获得保护；以 3～10 毫升血清治疗已表现明显症状的病羊，除呈现神经中毒症状的垂危羊难以挽救外，治愈率可达 90% 以上。

八、链球菌病

【病原】本病病原为 C 群链球菌，本菌多呈双球排列，细菌周围有清晰可见的荚膜。无运动性，不形成芽孢，革兰阳性。在羊的尸体内于 0～4℃的条件下保存，可存活 160 天以上，对一般消毒液抵抗力不强。在 2% 苯酚、0.1% 氯化汞、2% 来苏儿及 0.5% 漂白粉溶液中均可在 2 小时内被灭活。

【流行病学】病羊和带菌羊是本病的主要传染源，该病主要经呼吸道或损伤的皮肤传播；病菌通常存在于病羊的各个脏器以及各种分泌物、排泄物中，在鼻液、气管分泌物和肺胀含量很高，经呼吸道排出病原体，容易造成该病的呼吸道传播。另外，损伤的皮肤、黏膜、吸血昆虫叮咬也是该病的传播途径。病死羊的肉、骨、皮、毛等可以散播病原，在本病传播中同样具有重要作用。

羊链球菌主要发生绵羊，山羊次之。新疫区多呈流行性发生，危害严重；老疫区则呈地方性或散发性流行。本病的发生与气候变化有关。在冬春季节发病，发病率为 15%～25%，死亡率达到 80% 以上。

【临床症状】本病的潜伏期，自然感染为 2～7 天，少数长达 10 天。

1. 最急性型　病羊初发症状不易发现，常于 24 小时内死亡，或在清晨检查圈舍时发现死于圈舍内。

2. 急性型　病羊体温升高到41℃以上，精神委顿、垂头、弓背、呆立、不愿走动。食欲减退或废绝，停止反刍。眼结膜充血，流泪，随后出现浆液性分泌物。鼻腔流出浆液性脓性鼻汁。咽喉肿胀，咽背和颌下淋巴结肿大，呼吸困难，咳嗽。粪便有时带有黏液或血液。怀孕羊阴门红肿，多发生流产，最后衰竭倒地。多数窒息死亡，病程2～3天。

3. 亚急性型　体温升高，食欲减退。流黏液性透明鼻液，咳嗽，呼吸困难。粪便稀软带有黏液或血液。嗜卧、不愿走动，走时步态不稳。病程7～14天。

4. 慢性型　一般轻度发热、消瘦、食欲缺乏、腹围缩小、步态僵硬、掉群。有的病羊咳嗽，有的出现脑炎、关节炎。病程1个月左右，转归死亡。

【病理变化】特征性病理变化以败血症为主；可见各个脏器广泛性出血、淋巴结肿大、出血。鼻、咽喉和气管黏膜出血。肺水肿或气肿，出血，出现肝变区。胸腔、腹腔及心包液增量。心冠沟及心内外膜有点状出血。肝大呈土黄色，边缘钝厚，包膜下有出血点；胆囊肿大2～4倍，胆汁外渗。肾脏质脆，变软，出血梗塞，包膜不易剥离。各个器官浆膜面附有黏稠的纤维素性渗出物。

【诊断要点】该病原可以引起人的感染，因此，在临诊诊断和实验室取样检测过程中要做好个人保护。根据发病地区的流行情况，查看是否有链球菌病的发展史。临诊见咽喉肿胀，咽背和颌下淋巴结肿大，有呼吸困难等呼吸道症状，剖检见到全身性败血性变化，各脏器浆膜面常覆盖有黏稠、丝状的纤维素样物质等变化，可以初步诊断。

羊链球菌病、羊巴氏杆菌与羊梭菌性疾病有很多相似之处，应注意鉴别：羊巴氏杆菌属于革兰阴性杆菌，患病羊鼻孔出血，有恶臭血便，羊链球菌为革兰阳性球菌；羊梭菌病患病羊没有全身广泛性出血变化。

【防治措施】

1. 预防　对于该病的防控，预防是关键。首先要注意注射羊败血性链球菌活疫苗，每年秋天免疫1～2次。要加强饲养管理，做好抓膘、防寒保暖工作。不从疫病区购进羊和羊肉、皮毛等产品，污染圈舍要彻底消毒。疫区羊群用羊败血性链球菌活疫苗全群普免，必要时每年秋冬或春秋免疫两次。发生疫情时，健康羊紧急尾根部皮下注射一头份（其他部位不得注射），及时隔离病羊。

2.疫情应急措施 羊群发现该病后要立即隔离病羊，健康羊立即用抗生素预防3天，之后注射羊败血性链球菌活疫苗紧急预防，对发病羊尽早进行药物预防和治疗，被污染的圈舍、围栏、场地、器具等用20%生石灰、3%来苏儿等溶液彻底消毒。

3.治疗 治疗要考虑对症辅助治疗，再应用抗链球菌药物如青霉素、磺胺类、林可霉素、氨苄西林钠、头孢菌素类肌内或者静脉注射；同时，还要采取退热、强心、补液等辅助疗法。这样可以明显提高治疗效果。羊群一旦发病，应立即隔离病羊，及早治疗，早期可选用抗生素治疗防止继发感染。对于局部脓肿的病例可配合局部疗法，将脓肿切开，清除脓汁，然后清洗消毒，涂抹抗生素。

九、羊破伤风

【病原】该病病原为破伤风梭菌，广泛存在于自然界中，多数菌株有鞭毛，能运动，在动物体内外都可形成芽孢，革兰阳性。芽孢型破伤风杆菌的抵抗力很强。本菌对青霉素敏感，磺胺药次之，链霉素无效。

【流行病学】破伤风又名强直症，是由破伤风梭菌经伤口感染引起的一种人畜共患的急性、中毒性传染病；无季节性。本病通常由伤口污染含有破伤风梭菌芽孢的物质引起。脐带伤、去势伤、断尾伤、去角伤及其他外伤等，均可以引起发病。母羊多发生于产死胎和胎衣不下的情况下，有时是由于难产助产中消毒不严格，以致在阴唇结有厚痂的情况下发生本病。也可以经胃肠黏膜的损伤感染。病菌侵入伤口以后，在局部大量繁殖，并产生毒素，危害神经系统。由于本菌为专性厌氧菌，故被土壤、粪便或腐败组织所封闭的伤口，最容易感染和发病。

【临床症状】病初症状不明显，常表现卧下后不能起立，或者站立时不能卧下，逐渐发展为四肢强立，行走困难，对外部刺激过度敏感。由于咬肌的强力收缩，牙关紧闭，流涎吐沫，饮食困难。在病程中，常并发急性肠卡他，引起剧烈的腹泻。

【诊断要点】

1.临床诊断 本病的潜伏期为5～20天，但在特殊情况下可能延长。

四肢僵硬，头向后仰，初发病时，仅步行稍不自然，不易引起饲养员的特别注意。病势发展时，则双耳直硬，牙关紧闭，不能吃东西，口腔内黏液多。颈部及背部强硬，头偏于一侧或向后弯曲，四肢伸直，腹部蜷缩好像木制的假羊，如果扶起行走，严重者无法迈步，一经放手即突然摔倒。突然的音响可引起骨骼肌发生痉挛而使病羊倒地。症状轻微时，脉搏和体温无大变化。严重时，体温可以增高，脉搏细而快，心脏跳动剧烈。病的后期，常因急性胃肠炎而发生腹泻。死亡率很高。

2. 实验室诊断　必要时可从创伤感染部位取材，进行细菌分离和鉴定，结合动物试验进行诊断。

【防治措施】

1. 预防

（1）预防注射　破伤风类抗毒素是预防本病的有效生物制剂。母羊则以妊娠后期产前 1 个月注射破伤风类毒素较为适宜。羔羊的预防，要尽早吃免疫过破伤风类毒的初乳，如果母羊没有免疫，应在产后 1 小时内母羊和羔羊同时注射破伤风抗毒素，羔羊 1 500 ~ 3 000 国际单位，母羊 5 万 ~ 10 万国际单位。

（2）创伤处理　羊身上任何部分发生创伤时，均应用碘伏或 2% 的红汞严格消毒，并应避免泥土及粪便侵入伤口。对一切手术伤口，包括剪毛伤、断尾伤、耳标伤及去角伤等，均应特别注意消毒。并结合青链霉素或者林可霉素注射液在创伤周围注射，以清除破伤风毒素来源。

2. 治疗

（1）注射抗破伤风血清　早期应用抗破伤风血清（破伤风抗毒素）。可一次用足量（20 万 ~ 80 万国际单位），也可分 2 ~ 3 次注射，皮下、肌内或静脉注射均可；也可一半静脉注射，一半肌内注射。抗破伤风血清在体内可保留 2 周。

（2）中和毒素　可先注射 40% 乌洛托品 5 ~ 10 毫升，再肌内或静脉注射大量破伤风抗毒素，每次 5 万 ~ 10 万国际单位，每天 1 次，连用 2 ~ 4 次。亦可将抗毒素混于 5% 葡萄糖溶液中静脉注射。

（3）缓解痉挛　可皮下注射 25% 硫酸镁或肌内注射 40% 的硫酸镁溶液，每天 1 次，每次 5 ~ 10 毫升，分点注射。或者肌内注射氯丙嗪 2 毫克 / 千克。对于牙关紧闭的羊，可将 3% 普鲁卡因 5 毫升和 0.1% 肾腺素 0.2 ~ 0.5 毫升混合，注入咬肌。

十、羊巴氏杆菌病

【病原】本病病原为多杀性巴氏杆菌，是两端钝圆、中央凸的短杆菌，革兰阴性。病羊组织涂片、血液涂片经瑞氏染色或美蓝染色，可见菌体两端浓染，呈两极着色。病菌一般存在于病羊的血液、内脏器官、淋巴结及病变局部组织和一些外表健康动物的上呼吸道、黏膜及扁桃体内。多杀性巴氏杆菌抵抗力不强，对干燥、热和阳光敏感，用一般消毒剂在数分内可将其杀死。本菌对链霉素、青霉素、四环素、喹诺酮类、氟苯尼考以及氨基苷类药物敏感。

【流行病学】多发于绵羊羔羊，各种年龄的免疫均易感，山羊次之。病羊及其排泄物、分泌物是本病的主要传染源，该病原体主要经消化道、呼吸道传染，也可通过吸血昆虫叮咬经皮肤、黏膜的创伤感染。

【临床症状】

1. 最急性 多见于哺乳羔羊，突然发病，出现寒战、呼吸困难等症状，于数分至数小时内死亡。

2. 急性 精神沉郁，体温升高到 41 ~ 42℃，咳嗽，鼻孔常有出血，有时混于黏性分泌物中。初期便秘，后期腹泻，有时粪便全部变为血水。病羊常在严重腹泻后虚脱而死，病期 2 ~ 5 天。

3. 慢性 病程可达 3 周。病羊消瘦，不思饮食，流黏脓性鼻液，咳嗽，呼吸困难。有时颈部和胸下部发生水肿。有角膜炎，腹泻；临死前极度衰弱，体温下降。

【病理变化】剖检一般在皮下有液体浸润和小点状出血，胸腔内有黄色渗出物，肺有瘀血、小点状出血和肝变，偶见有黄豆至胡桃大的化脓灶，胃肠道出血性炎症，其他脏器呈水肿和瘀血，间有小点状出血，但脾脏不肿大。病期较长羊尸体消瘦，皮下胶样浸润，常见纤维素性胸膜炎，肝有坏死灶。

【诊断要点】根据流行病学、临床症状、剖检变化，可初步做出诊断，确诊须做细菌学检查。采集病死羊的肺、肝、脾及胸腔液，制成涂片，用碱性美蓝染液或瑞氏染液染色后镜检。从病料中看到两端明显着色的卵圆形小杆菌，结合临床症状和病理变化，即可做出确切诊断。

【防治措施】发现病羊和可疑病羊立即隔离治疗。头孢菌素类、环丙沙星、诺氟沙星、沙拉沙星、氟苯尼考、庆大霉素、四环素以及磺胺类药物都有良好的治疗效果。氟苯尼考 10 ～ 30 毫克 / 千克体重，庆大霉素 1 000 ～ 1 500 国际单位 / 千克体重，四环素 5 ～ 10 毫克 / 千克体重，20% 的磺胺嘧啶钠 5 ～ 10 毫升 / 千克体重，肌内注射，每天 2 次。使用过瘤胃阿莫西林、过瘤胃恩诺沙星、复方新诺明或复方磺胺嘧啶，口服，每次 25 ～ 30 毫克 / 千克体重，每天 2 次，直到体温下降，食欲恢复为止。

预防本病平时应注意饲养管理，避免羊受寒。发生本病后，羊舍用 5% 漂白粉或 10% 石灰溶液底消毒；用过瘤胃抗生素，必要时，用高免血清或疫苗给羊做紧急免疫接种。

十一、羊布氏杆菌病

羊布氏杆菌病是羊的一种慢性传染病，主要侵害生殖系统。羊感染后，以母羊发生流产和公羊发生睾丸炎为特征。布氏杆菌病也是一种人畜共患的慢性传染病。

【病原】病原为布氏杆菌。它存在于病羊的生殖器官、内脏和血液。该菌对外界的抵抗力很强，在干燥的土壤中可存活 37 天，在冷暗处和胎儿体内可存活 6 个月。1% 来苏儿、2% 的福尔马林、5% 的生石灰溶液，15 分可杀死病菌。

【流行病学】临床表现不明显，但极易引起怀孕的母羊流产或死胎，所排出的羊水、胎盘、分泌物中含大量布氏杆菌，特别有传染力。而其皮毛、尿粪、奶液中均有此菌。人通过与家畜的接触，服用了污染的奶及畜肉，吸入了含菌的尘土或菌进入眼结膜等途径，皆可遭受感染。

布氏杆菌可经消化道、呼吸道、生殖系统黏膜及损伤甚至未损伤的皮肤等多种途径传播，通过接触或食入感染动物的分泌物、体液、尸体及污染的肉、奶等而感染；蜱叮咬也可传播本病。如牛羊群共同放牧，可发生牛种和羊种布氏杆菌的交叉感染。动物布氏杆菌可传给人类，但人传人的现象较为少见。本病不分性别年龄，一年四季均可发生。母羊比公羊易感性高，性成熟极为易感，消化道是主要感染途径，也可经配种感染。羊群一旦感染此病，首先表现为怀孕羊流产。开始仅为少数，以后逐渐增多，严重时可达半数以上，多数病羊流产1次即可产生免疫力。

【临床症状】本病常不表现症状，而首先被注意到的症状是流产。流产前食欲减退，口渴，委顿，阴道流出黄色黏液。流产多发生于怀孕后的第3～4个月。流产母羊多数胎衣不下，继发子宫内膜炎，影响受胎。公羊表现睾丸炎，睾丸上缩，行走困难，拱背，饮食减少，逐渐捎瘦，失去配种能力。其他症状可能还有乳腺炎、支气管炎、关节炎等。

【诊断要点】根据流行病学、临床症状、流产胎儿及胎膜的变化即可确诊。目前，最常用的诊断方法是血清学诊断。其中，以平板凝集试验或试管凝集试验为准。

【防治措施】

1. 预防　目前，本病尚无特效的药物治疗，只有加强预防检疫。

（1）定期检疫　羔羊每年断乳后进行一次布氏杆菌病检疫。成年羊两年检疫一次或每年预防接种而不检疫。对检出的阳性羊要捕杀处理，不能留养或给予治疗。

（2）免疫接种　当年新生羔羊通过检疫呈阴性的，用猪2号弱毒活菌苗饮服或注射。羊不分大小，每只饮服500亿活菌。疫苗注射，每只羊25亿菌，肌内注射。

2. 治疗　目前尚无理想的治疗药物，若一定要治疗时，一旦发现病羊，立即隔离，并用链霉素肌内注射，10毫克/千克，每天2次。四环素肌内注射，每天5～10毫克/千克体重，每天2次，连用3～5天。在治疗过程中要避免消化道给药。对病羊污染的圈舍进行严格消毒，尸体进行焚烧处理。

羊群受感染后无治疗价值，发病后羊群防治措施是：用试管凝集反应或平板凝集反应进行羊群检疫，发现呈阳性和可疑反应的羊均应及时隔离，以淘汰屠宰为宜，严禁与假定健康羊接触。必须对污染的用具和场所进行彻底消毒；流产胎儿、胎衣、羊水和产道分泌物应深埋。凝集反应阴性羊用布氏杆菌猪型2号弱毒菌或羊型5号弱毒苗进行免疫接种。

十二、羊大肠杆菌病

【病原】羊大肠杆菌病病原为大肠埃希菌，此菌在羊肠道内正常寄居，构成固定的细菌群，当羊正常生理机能受到破坏，致使羊肠道内微生态环境发生改变，导致大肠杆菌的生物特性发生变化而由正常菌群转变成本病的主要致病菌群，在出生不久，机体功能不健全以及抵抗力不强的羔羊更为明显。本菌抵抗力中等，但是，各个菌株之间可能有差异。一般均可用巴氏消毒剂杀死。常用消毒药几分内即可将其杀死。在潮湿阴暗的环境中可以存活不超过1个月，在寒冷而干燥的环境中存活较久，各地分离的大肠杆菌对抗菌药物的耐药性差异较大，并且极易产生耐药性。

【流行病学】患病动物和带菌动物是本病的主要传染源，通过粪便排出的病菌，散布于外界污染水源饲料以及母畜的乳头和皮肤。当幼畜吮乳、舔毛、吃土是经消化道而感染。某些血清型菌株也可以经鼻咽部黏膜侵入动物体，并导致脑膜炎；或经子宫、产道、脐带、输卵管等感染。本病既可以水平传播又可以垂直传播，所以，加强消毒及卫生管理工作和母羊配种前接种大肠杆菌疫苗是预防本病的关键所在。

本病一年四季均可发生，多发生于出生数日至6周龄的羔羊，有些地方3～8月龄的羊也有本病的发生；肠型多见于7日龄以内的初生羔羊。呈地方流行，也有散发，该病的发生与气候不良、营养不足、场地潮湿污秽等有关系。另外，营养失调，如缺乏维生素、矿物质、蛋白质，或蛋白质饲料偏高、母乳不足等也可导致羔羊发生大肠杆菌病。

【临床症状】羊大肠杆菌病潜伏期为数小时至2天。根据症状不同可将其分为肠炎型和败血性两种。

1. 肠炎型　又称大肠杆菌性羔羊痢疾，多发于7日龄以内的羔羊。病初体温升高至40～41℃，不久即腹泻，体温降至正常或略高。粪便开始呈黄色或灰色半液状，后呈液状，含气泡，有时混有血液和黏液，肛门周围、尾部和臀部皮肤被粪便污染。病羔羊腹痛、弓背、虚弱，严重的脱水、衰竭、卧地不起，有时候出现痉挛。如治疗不及时，可在24～36小时死亡，病死率15%～75%。

2. 败血型　主要发生于2～6周龄的羔羊，病羔体温升至41～42℃，精神委顿，四肢僵硬，迅速虚脱，运动失调，头常弯向一侧或向后仰，视力障碍、磨牙等。有的出现关节疼痛等关节炎症状，个别发生胸膜肺炎，听诊啰音，还有的濒死期从肛门流出稀粪，呈急性经过，多为 4 ～ 12 小时死亡，死亡率可达 80% 以上。

另外，近年来，也有育肥羊和成年羊感染大肠杆菌的报道。有些地区 3 ～ 8 月龄育肥羊发生败血性大肠杆菌病，发病急、死亡快。成年羊感染大肠杆菌的一般临诊症状主要表现为腹泻，很少死亡。

【病理变化】

1. 肠炎型　患病羔羊剖检可见到尸体严重脱水，真胃、小肠和大肠内容物呈黄色半液状。黏膜充血，肠系膜淋巴结肿胀发红；胃膨胀，黏膜充血。有的肺脏呈初期炎症病变。从肠道各部分分离到致病性大肠杆菌。败血型患病羊急性死亡，一般无明显肉眼可见病变。病程稍长者可以从各内脏分离到大肠杆菌。剖检可见胸、腹腔和心包大量积液，内有纤维素；某些关节部位，尤其是肘、腕关节肿大，包膜下有小出血点；肺的心叶、尖叶、隔叶均有较大面积的充血、出血性病变，水肿明显，边缘增厚；脾脏出血、瘀血，呈紫黑色；大肠内粪便干燥，肠淋巴结水肿、出血；肾皮质小点出血，髓质充血，有时切面有泡沫样液体流出，甚至肾有软化现象。

2. 肺炎型　有时可见化脓性、纤维素性关节。从肠道各部分分离到致病性大肠杆菌。剖检尸体严重脱水，真胃、小肠和大肠内容物呈灰黄色，黏膜充血，肠系膜淋巴结肿胀发红。有的肺初期呈炎症病变。羔羊大肠杆菌病症状有时与羊传染性胸膜肺炎、B 型产气荚膜梭菌引起的羔羊痢疾相似，诊断时注意区别。

【诊断要点】根据流行病学、临床症状、剖检变化，可做出初诊。确诊需做实验室诊断。

【防治措施】

1. 预防　用羊大肠杆菌病灭活苗，全群普防，每年接种 3 次或两年接种 5 次，疫情严重场圈母羊配种前接种一次，绵羊、山羊败血型大肠杆菌都有较好免疫效果（皮下注射，3 月龄以上 2 毫升 / 只；3 月龄以下 0.5 ～ 1.0 毫升 / 只。免疫期 5 个月）。

2. 治疗　本病的急性经过，病羊往往来不及救治即死亡。对腹泻症状的用氟哌酸、恩诺沙星、沙拉沙星、氟苯尼考、链霉素、庆大霉素等进行治疗，但由于目前抗菌药物滥用，真正敏感的抗菌药物并不多，根据需要，采集样本，进行药敏试验筛选。也可以用乳酸菌素、整肠生、妈咪爱、金双歧等改善肠道菌群的活菌制剂配合胃蛋白酶、鸡内金片、蒙脱石治疗。

十三、羊沙门菌病

【病原】病原体为羊沙门菌。沙门菌分为3型，即羊流产沙门菌、都柏林沙门菌和鼠伤寒沙门菌，羔羊副伤寒的病原以后两种菌为主。对于不利的环境因素如日光、干燥、腐败及冷冻等都有较强的抵抗力，在水、土壤和粪便中能存活数月，但不耐热。一般消毒剂均可将其迅速杀死。感染山羊的沙门菌约有1 600个品系或血清型。

【流行病学】许多健康羊的粪便中均带有沙门菌。单纯的沙门菌并不一定引起发病，激发患病的主要因素是应激状态。

羔羊出生后2～3天发病的，主要是在于宫内发生了感染，或者是因为吞下羊水而受到感染。7～15天龄发病的，是由于在出生后经消化道受到感染。主要传染来源是病羊。污染严重的圈棚、水、奶和用具等，都是造成传染的条件。当羔羊抵抗力降低时，沙门菌便迅速引起胃肠发炎。病愈的羊可带菌数月，能够成为与其接触的健康羔羊的传染来源。

【临床症状】该病的潜伏期未完全确定。发病后体温升高到40～41℃，精神不好，腹泻，粪便中混有血液，但不表现为血痢或黑痢。其中，常常有透明的黏液团及组织碎片。病羔食欲消失,体力衰弱,迅速消瘦,于第2～3天发生死亡。病久的出现肺炎及关节炎症状。有些病羊痊愈很慢，以致生长发育受到障碍，而变为侏儒羊，给生产上造成很大损失。怀孕母羊感染表现为流产。

【病理变化】尸体解剖的主要病变是：真胃和小肠黏膜有炎症变化，黏膜潮红有出血点。肠内容物稀薄如水。肠系膜淋巴结肿大。心外膜及肾皮质有小点出血，流产胎儿体表出血明显。

【诊断要点】根据发病日龄、症状及剖检可以做出初步诊断，从肠道和肠系膜淋巴结的细菌培养能够做出确诊。血清反应特异性很高，可使用平板快速凝集反应进行诊断。

本病最容易与球虫病相混淆。但球虫病病羊的粪便中血液更多，而且可以从显微镜下查到球虫。

【防治措施】

1. 预防　由于沙门菌的品系很多，难以采用疫苗控制，预防方法主要应从卫生措施着手。

发现症状后，立刻严格隔离，以免扩大传染。同时，给予容易消化的奶，可以加入开水，少量多次喂给。

对于未发病的羔羊，为了增强抵抗力，可以用初乳及酸乳进行饮食预防。给予较长时间较大量的酸乳，可以使羔羊获得足够的抵抗力；用维生素 A、乳酸菌素等都能促进生长发育和预防肠道细菌的危害。也可以在羔羊出生后 1 ~ 2 小时皮下注射母血 5 ~ 10 毫升，进行预防。

2. 治疗

（1）大量补液　在提高疗效中非常重要。

（2）应用磺胺类或抗生素治疗　磺胺类可用磺胺脒、磺胺嘧啶钠、磺胺二甲氧嘧啶钠；抗生素可用氟哌酸、恩诺沙星、环丙沙星、沙拉沙星、氟苯尼考、土霉素或金霉素，口服或肌内注射，将抗生素加入输液中效果更好，至少应用 5 天。用量及用法可参照大肠杆菌病的治疗方法。

十四、羊坏死杆菌病

【病原】坏死杆菌为革兰阴性，不能运动，不形成芽孢和荚膜的多形性厌氧菌。普通苯胺染料可以着色，用稀石炭酸复红液或碱性美蓝加温染色，则出现浓淡不均匀着色。坏死杆菌广泛存在于自然界，本菌对外界的抵抗力不强，直射阳光经 8 ~ 10 小时死亡；60℃ 30 分即可杀死；2.5% 克辽林、0.5% 苯酚、1% 福尔马林溶液经 20 分，1% 高锰酸钾溶液 10 分，5% 来苏儿溶液经 5 分可杀死本菌。

【流行病学】该病侵害各种哺乳动物和禽类，如绵羊、山羊、牛、马、猪、鹿、兔、鸡等，其中以猪、绵羊、牛、马最易感。人也偶尔感染，在动物的皮肤、口腔、肺部形成脓肿。实验动物家兔和小鼠最易感，可在内脏中形成坏死性脓肿。传染来源是病畜或带菌动物，常由粪便排出病原菌，污染土壤、死水坑、畜舍、饲料和垫草，通过损伤的皮肤和黏膜而感染，身体任何部分都能成为传染门户。通常以蹄和四肢皮肤、口腔黏膜和生殖器黏膜发生较多。特别是在饲养管理不良、圈舍潮湿、家畜营养缺乏时,最易发病。常发生于多雨、潮湿和炎热季节,以 5 ~ 10 月最为多见。

【临床症状】潜伏期一般为 1 ~ 3 天或 1 ~ 2 周。

绵羊坏死杆菌病多见于山羊,常侵害蹄部,引起腐蹄病。蹄间隙、蹄踵和蹄冠红肿,有时蹄甲脱落。绵羊羔还可发生疮,在鼻、唇、眼部甚至口腔发生结节、水疱,随后成棕色痂块。重症病例若治疗不及时,往往由于在内脏器官形成转移性坏死灶而死亡。可见实质器官发生坏死灶。口腔及胃肠黏膜有纤维素–坏死性炎症。

【诊断要点】根据流行病学及临床症状可做出诊断。必要时,可进行细菌检查,从病健组织交界处采集材料涂片,用稀释苯酚复红或碱性美蓝加热染色,可发现着色不均细长丝状坏死杆菌。

【防治措施】

1. 预防　加强饲养管理,改善饲养环境卫生,及时清除粪便,勤换垫草,保持圈舍清洁干燥。避免畜群拥挤和争食抵斗,防止发生创伤,如有创伤,则及时处理。注意蹄部的护理,不在低洼潮湿的地区放牧。高床饲养的应注意检查创面是否有铁丝、铁钉等硬物,以防扎伤羊蹄部。

2. 治疗　先清除患部坏死组织后,用 3% 来苏儿溶液或 1% 高锰酸钾冲洗,或用 6% 福尔马林、30% 硫酸铜溶液脚浴,然后用抗尘素软膏涂抹。为防止硬物刺激,可将患部用绷带包扎。当发生转移性病灶时,应进行抗生素全身治疗。

十五、羊李氏杆菌病

【病原】病原为单核细胞增多症李氏杆菌,是一种规整革兰阳性小杆菌。在抹片中,或单个分散,或排成"V"形,或互相并列,无荚膜,无芽孢,有周身鞭毛,能运动。一般消毒药都易使之灭活。本菌对青霉素有抵抗力,对链霉素、氯霉素、四环素族抗生素和磺胺类药物敏感。

【流行病学】本病为散发性,一般只有少数发病,但病死率很高。各种年龄的羊都可感染发病,以幼龄羊较感,发病较急,妊娠母羊也较易感染。患病羊和带菌羊是本病的传染源。

传染途径还不完全了解。自然感染可能是通过消化道、呼吸道、眼结膜以及皮肤破伤。饲料和水可能是主要传染媒介。冬季缺乏青饲料，天气骤变，内有寄生虫或沙门菌感染时，均可为本病发生的诱因。

【临床症状】该病的潜伏期为 2～3 周。有的可能只有数天，也有长达 2 个月的。病羊初期体温短暂升高 1～2℃，不久降至常温。病羊精神沉郁，食欲减退，多数病例表现脑炎症状，如转圈倒地、四肢做游泳姿势，颈项僵直。角弓反张、颜面神经麻痹，嚼肌麻痹，昏迷等，孕羊可出现流产。羔羊多以原发性急性败血症而迅速死亡，临床表现为精神沉郁、呆立、轻热、流涎、流鼻液、流泪、咀嚼吞咽迟缓。

【病理变化】剖检一般没有发现肉眼可见典型病变。有神经症状的病羊，脑及脑膜充血，水肿，脑脊液增多，稍混浊。流产母羊都有胎盘炎，表现子叶水肿坏死。

【诊断】病羊如表现神经症状、妊娠母羊流产等可怀疑本病。确诊需生物学实验诊断。采取血、肝、脾、脊、脑脊髓液、脑的病变组织等做触片或涂片，革兰染色镜检。如有革兰阳性，呈"V"形排列或并列的细小杆菌，可做出初步诊断，再用上述材料接种于 0.5%～1% 葡萄糖血琼脂平板上，得到纯培养物后，通过革兰染色检查、溶血检查、运动性检查、生化特性检查及血清学检查，即可确诊。荧光抗体染色可用于迅速鉴定本菌。另外，培养物的鉴定也可应用实验动物进行（用家兔或豚鼠做滴眼感染试验）。

类症鉴别：该病应与具有神经症状的疾病相区别，如羊的脑包虫病。患脑包虫的病羊仅有转圈或斜着走等症状，病的发展缓慢，不传染给其他羊。另外，应与有流产症状的其他疾病（羊伪狂犬）进行鉴别（主要靠实验室检查）。

【防治措施】平时须驱除鼠类和其他啮齿动物、体外寄生虫，不要从疫区引入畜禽。发病时应实施隔离、消毒、治疗等一般防疫措施。如怀疑青贮饲料与发病有关，须改用其他饲料。饲料中加入过瘤胃恩诺沙星和强力霉素，可以防止本病的进一步蔓延。本病的治疗以链霉素较好，但易引起耐药性。广谱抗生素或磺胺类药物病畜大剂量应用有效；有神经症状的病羊可对症治疗，注射盐酸氯丙嗪，1～3毫克/千克。

十六、羊结核

【病原】病原为结核杆菌，细长略带弯曲，不产生芽孢和荚膜，也不能运动，革兰染色阳性。本菌可分为3型：人型、牛型和禽型。在形态上这3型杆菌的区别很小，人型的细长而稍弯曲，牛型的略短而稍粗，禽型的短促而略具多型性。牛型的毒力较大，常常能引起各种家畜的全身性结核，也是山羊结核的主要传染源。禽型杆菌也可能是山羊结核的病原。对于绵羊，3型杆菌都可引起患病，但对禽型杆菌最为敏感。

【临床症状】羊结核病的症状与牛相似。轻度病羊没有临床症状，病重时食欲减退，全身消瘦，皮毛干燥，精神不振。常排出黄色稠鼻液，甚至含有血丝，呼吸带痰音（呼噜作响），发生湿性咳嗽，肺部听诊有湿罗音。有的病羊臀部或腕关节发生慢性水肿。乳上淋巴结发硬肿大，乳房有结节状溃疡。

病的后期表现贫血，呼气带臭味，磨牙，喜吃土，常因痰咳不出而高声叫唤。体温上升达40～41℃，死前2天左右下降。贫血严重时，乳房皮肤淡黄，粪球变为淡黄渴色，最后消瘦衰竭而死亡，死前高声惨叫。

【病理变化】根据剖检，病变大部分在肺脏和肠道，有时可侵及骨和睾丸。

剖检阳性反应的羊，所见病变较轻病羊主要限于肺部、肺门淋巴结及纵隔淋巴结，严重时可以涉及肋膜、心包、肝脏及乳上淋巴结等处。肺的表面有粟子大、枣大至胡桃大的淡黄色脓肿，周围呈紫红色，最大的直径达3厘米，深达4厘米，压之感软，切开时见充满干酪样内容物。常见肺表面有小米、大米以至花生米大的黄色及白色结节聚集成片，切时发出磨牙声，内含稀稠不等的脓液或钙质。肺切面的深部亦有界限性脓肿。有的全肺表面密布粟粒样的硬结节。喉头和气管黏膜有溃疡。支气管及小支气管充有不同量的白色泡沫。纵隔淋巴结肿大而发硬，前后连成一长条，剧烈者长达12厘米，宽4厘米，厚3厘米，内含黏稠脓液。肋膜常有大片发炎，尤其与肺部严重病变区，接触之处更为明显，发炎区域有胶样渗出物附着，发炎区的肋骨间有炎性结节，在此情况下，可见胸水呈淡红色，量增多。心包膜内夹有粟子大到枣子大的结节，内含干酪样内容物。肝脏表面有大小不等的脓肿，或有聚集成片的小结节。此等小结节或含干酪样内容物，或硬如沙粒（因钙化），切时发出磨牙声。乳上淋巴结肿胀，内含干酪样内容物，比肺中的浓稠，稍带灰色。

【诊断要点】由于结核病的症状不明显，故用临床检查的办法（如叩诊、听诊和触诊）不易确诊。最便利的方法是采用结核菌素试验，以点眼法及皮内试验法最为可靠。

1. 点眼试验　用未稀释的牛型结核菌素，以点眼管滴入下眼睑的结合膜囊内，用量为 2 ~ 3 滴。点入左眼，以右眼为对照。点入以后，分别于2 小时、4 小时、6 小时、8 小时、10 小时、12 小时、24 小时进行观察，根据以下标准判断其反应结果：

阳性反应：眼结膜呈现著的发红及肿胀，流出大量眼泪，并有黏液脓性分泌物从大眼角成条流出。羊畏光，低头，精神不振。反应更重者，角膜呈灰白色。

可疑反应：结膜发炎不显著，流出少量（比大米稍大）黏性分泌物。

点眼阴性反应：眼无任何反常表现或者流泪，最多有小米或大米样白色眼眵，结膜并无发炎表现。

2. 皮内试验　一种方法是将未稀释的结核菌素皮内注入颈侧 0.1 毫升。注射部位在颈中部 1/3 处。于注射后每 24 小时测量皮厚一次，直到 96 小时为止，测量工具为游标卡尺。量记标准：推转游标卡尺到能夹住皮肤，然后放开捏着皮肤的手指，以游标卡尺不能自己脱落为度（但稍为用力即可拉掉）。判断时，将注射部位发热、痛感且有弥漫性肿胀定为阳性反应，对于注射部位只产生很小而有明显界限的结节者，定为阴性反应。以皮肤厚度而言，注射后皮肤增厚在 0.95 厘米以上者，为阳性反应；增厚在 0.4 ~ 0.95 厘米为可疑反应；增厚在 0.4 厘米以下者为阴性反应。对于肿胀、热、痛应特别注意，任何弥漫性肿胀均可视为阳性反应。

另一种方法是使用稀释的结核菌素（结核菌素 1 份，加灭菌 0.5% 石炭酸蒸馏水 3 份）在肩胛部做皮内注射。剂量为：成年羊 0.2 毫升；3 个月至 1 岁羊 0.15 毫升；3 个月以下羊 0.1 毫升。于注射后 48 小时及 72 小时各观察 1 次，判定时参照牛的标准。对疑似反应者经 25 ~ 30 天在第 1 次注射的对侧再做一次复检，如仍为疑似反应，再经 25 ~ 30 天进行复检仍为疑似反应者，酌情处理。

皮内试验阳性反应：颈侧试验部胀，流泪，大眼角有脓性分泌物外流发热、弥漫性肿胀，有疼痛反应。

在实践中，如果在较大的山羊群中进行试验，可以联合使用点眼与皮内试验两种方法。即先进行全群点眼试验，检出阳性反应者。然后对可疑反应者进行重复点眼，如果重复点眼仍然不能确定，最后采用皮内试验做确定诊断。这样既可达到诊断的准确性，又可避免在大群中做全群皮内试验的麻烦。

【防治措施】定期对羊进行临床检查，发现阳性者，应立即扑杀，及时采取隔离消毒措施以免传给健康羊。

治疗可以采用链霉素、异烟肼的药物。链霉素 10 毫克 / 千克，肌内注射，每天 2 次，连用数天。异烟肼 4 ～ 8 毫克 / 千克，分 3 次灌服，连用 1 个月。病羊奶必须用巴氏灭菌法消毒后（最好煮沸）方可出售，最好将病羊奶全部做成炼乳。病羊所产的仔羊，立刻用 3% 克辽林或 1% 来苏儿溶液洗涤消毒，隔离饲养，3 个月后进行结核菌素试验，确认健康后方可与健康羊进行混合饲养。对于临床症状明显的病例，不必治疗，应该坚决屠杀，以防后患。

十七、羊伪结核病

【病原】伪结核棒状杆菌为无芽孢革兰阳性菌，呈多形态，球形、棒状、偶尔呈丝状，是兼性细胞内寄生菌，他能够产生坏死性、溶血性外毒素，其主要成分为磷脂酶，导致感染的淋巴结和组织出血、坏死，该菌与结核分枝杆菌有非常相似的体表层结构和成分，故又称其为伪结核。本菌抗干燥能力强，在环境中可以长期存活。对热和常用的消毒药敏感。

【流行病学】本病多见于绵羊和山羊，一年四季都可以发生，以舍饲羊多发。伪结核棒状杆菌存在于土壤、肥料、肠道内和皮肤上，主要通过创伤感染，尤其是皮肤黏膜感染，也可通过呼吸道、生殖道和消化道而传染。以群养或集约化饲养的山羊多发，常见于奶山羊，发病率可达 7%~50%。发病无性别和品种间的差异。在年龄分布上，以 1 ～ 4 岁山羊多发，1 岁以下的羔羊和 5 岁以上的山羊较少发生。本病是一种地方性疾病，发病多呈散发形式。

【临床症状】根据病变发生部位，临床上可分为体表型、内脏型和混合型3种。其中，以体表型的病例多见，混合型次之，内脏型较少发生。

1.体表型　病变通常局限于体表淋巴结，以腮腺、颈部及肩前淋巴结多见。病羊一般无明显的全身症状。病初淋巴结轻微隆起，触之硬实，有炎症反应，以后淋巴结逐渐增大，边缘界限分明，大小如核桃或鸡蛋，触诊无疼痛反应，化脓后质地柔软并有波动，脓肿自行破溃后，流出黄白色无臭味的黏稠胶样脓液。脓汁排出后患部结痂愈后，有的可在原处或近处再发生新的化脓灶，或形成瘘管，脓肿灶较大的可影响颈部活动和采食。有的可引起乳房淋巴结肿大化脓，乳汁性状异常，泌乳量下降。病羊贫血消瘦，生长发育受阻，病程较长，多呈良性经过。

2.内脏型　病羊内脏器官感染后，可出现不同程度的全身症状，食欲缺乏，精神委顿，渐进性消瘦，贫血，被毛干燥。肺部患病时，有慢性咳嗽，鼻孔流出黏脓性鼻液，呼吸次数增加。引起胸膜炎和腹膜炎时，体温升高，呼吸困难，可导致死亡。病程可持续1～2个月或更长，致死率较高。

3.混合型　兼有体表型和内脏型的症状。

【病理变化】

剖检见尸体消瘦，被毛粗乱、干燥，体表淋巴结肿大，内含干酪样坏死物；在肺、肝、脾、肾和子宫角等处有大小不一、数量不等的脓肿。切开病灶，内含黄白色黏稠胶样脓汁，陈旧性病灶呈干酪样，周围有较厚的纤维素包囊。

【诊断要点】在常发地区，根据体表淋巴结的特征性脓灶，即可做出初步诊断。必要时以无菌手术取未破溃的淋巴结中的脓汁进行涂片染色镜检，如为革兰阳性，抗酸染色阴性，呈多形性形态学特征，即可疑为伪结核棒状杆菌。进一步可用血琼脂平板分离培养、血清学试验等进行实验室确诊。

【防治措施】

1.注意羊舍及运动场卫生　定期消毒，注意防止外伤。发生外伤后，及时进行外科处理。羊舍和饲槽的锐器、铁丝等应清除。

2.坚持临床检查　发现病羊应隔离饲养，及时用青霉素或广谱抗生素（过瘤胃恩诺沙星、环丙沙星、庆大霉素、四环素、林可霉素、过瘤胃氟苯尼考、卡那霉素、先锋霉素、红霉素、新霉素），或结合使用磺胺类药物，早期可获得良好疗效。伪结核棒状杆菌对青霉素高度敏感，但因脓肿有厚包囊，疗效不好。据报道，早期用0.5%黄色素10毫升静脉注射有效，如与青霉素并用，可提高疗效。

3. 外科手术　体表成熟的脓肿应采取外科手术方法切开排脓。方法是：将病羊保定，剪去患部被毛，用 0.1% 高锰酸钾等消毒液对患部进行消毒。手术刀切开脓肿块，用力反复压出肿块内的脓汁，脓汁挤完后用注射器将稀碘液、碘伏、碘仿或新洁尔灭等消毒液注入囊腔多次冲洗，直至完全将脓汁冲净，在囊腔放入适量磺胺类或抗生素类药物。为预防继发感染，给病羊注射兽用青霉素、链霉素。对内脏有病变的病羊，在治疗无效时应予淘汰。

十八、羊副结核病

【病原】该病的病原为副结核分枝杆菌，革兰阳性小杆菌，无运动性，不形成芽孢，具有抗酸染色特性。对外界环境的抵抗力较强，在污染的牧场、圈舍中可存活数月，对热抵抗力差，75% 的乙醇和 10% 漂白粉溶液能很快将其杀死。

【流行病学】病羊是本病的主要传染源。副结核分枝杆菌主要存在于病畜的肠道黏膜和肠系膜淋巴结，通过粪便排出，污染饲料、饮水等，经消化道感染健康家畜。幼龄羊的易感性较大，大多在幼龄时感染，经过很长的潜伏期，到成年才出现临床症状，特别是机体的抵抗力减弱，饲料中缺乏无机盐和维生素，容易发病；呈散发或地方性流行。绵羊、山羊、牛最易感。

【临床症状】病羊腹泻反复发生，稀便呈蛋黄色、黑褐色，带有腥臭味或恶臭味，并带有气泡。开始为间歇性腹泻，逐渐变为经常性而又顽固的腹泻，后期呈喷射状排出。有的母羊泌乳少，颜面及下颌部水肿，腹泻不止，最后消瘦骨立，衰竭而死。病程长短不一，病程 4 ~ 5 天，长的可达 70 多天，一般是 15 ~ 20 天。

【病理变化】剖检主要病变在消化道及肠系膜淋巴结、空肠、回肠和盲肠，特别是回肠的肠黏膜显著增厚，并形成脑回样的皱褶，但无结节、坏死和溃疡形成，肠系膜淋巴结肿大，有的表现肠系膜淋巴管炎。首次流行本病的羊场须通过细菌学和变态反应检查方能确诊，以便排除由于饲养不当引起的消瘦以及寄生虫病、肠结核病和某些中毒病等。

【诊断要点】本病典型特征是进行性消瘦，长期顽固性腹泻和逐渐衰弱，感染初期常无临床表现，随着病程的延长，逐渐出现临床症状，如精神不振、被毛粗乱，采食减少，逐渐消瘦、衰弱，间歇性的腹泻，有的呈现轻微的腹泻或粪便变软。随着消瘦而出现贫血和水肿，最后病羊卧地不起，因衰竭或继发其他疾病（如肺炎等）而死亡。再结合剖检变化可做出初诊。

【鉴别诊断】该病应与胃肠道寄生虫病、营养不良、沙门菌病等相鉴别。

1. 寄生虫病　在粪便中常发现大量虫卵，剖检时在胃肠道里有大量的寄生虫，肠黏膜缺乏副结核病的皱褶变化。

2. 营养不良　多见于冬春枯草季节，病羊消瘦、衰弱；在早春抢青阶段，也会发生腹泻，但肠道缺乏副结核病的病理变化。

3. 沙门菌病　该病多呈急性或亚急性经过，粪便中能分离出致病性沙门菌。

【防治措施】

1. 预防　加强饲养管理，在本病多发地区多增加干草料，补充一定量的骨粉，适当配合一些微量元素，如硒、铜、铁等矿物质元素。实行定期检疫制度，对病羊隔离饲养。对疫场（或疫群）可采用以提纯副结核菌素变态反应为主要检疫手段，每年检疫4次，凡变态反应阳性而无临床症的羊，立即隔离，并定期消毒；无临床症状但粪便检菌阳性或补给阳性者均扑杀。对于感染羊群，可接种副结核灭活疫苗等，使本病得到控制和逐步消灭。

2. 治疗　本病治疗的关键是选用敏感药物进行早期治疗。早期用青霉素160万~320万国际单位，生理盐水10毫克，混合溶解后，在肿胀周围深部肌内注射，每天2次，连用数天。磺胺类药物效果较好，可静脉注射一次20%磺胺嘧啶钠注射液10毫克，每天1次，连用3天。体表脓肿较大时应按外科常规手术，将脓肿连同包膜一并切除，同时配合抗生素治疗，效果明显。

十九、羊弯曲杆菌病

【病原】该病病原为胎儿弯曲杆菌的肠道亚种，菌体呈细长弯曲杆菌，为革兰阴性菌。呈弧形、撇形或"S"形。在老龄培养物中呈球形或螺旋状长丝（由多个"S"形菌体形成的链）。运动力活泼，具有一端或两端鞭毛，不形成芽孢和囊膜。

【流行病学】成年母羊最易感。胎儿弯曲杆菌对人和动物均有感染性，羊感染可引起流产。病菌主要存在于流产羊的胎盘、胎儿胃内容物以及血液和粪便中。空肠弯曲杆菌可引起人和动物的腹泻，也可引起羊的流产。正常动物的肠道中也有空肠弯曲杆菌存在。患病羊和带菌动物是传染源，主要经消化道感染。绵羊流产常呈地方性流行，在一个地区或一个羊场流行 1 ～ 2 年或更长些时间后，可停息 1 ～ 2 年，然后又重新发生流行。

【临床症状】感染母羊发生阴道卡他性炎症，胎儿弯曲杆菌常引起牛、羊的不育与流产。黏液分泌增多，黏膜潮红。妊娠期母羊因发生子宫内膜炎和阴道炎而致胚胎早期死亡被吸收或早期流产而不育。病羊发情周期不明显。大多数母羊在感染 6 个月后才可再次受孕。感染母羊多无先兆症状，常在妊娠以后 3 个月内发生流产。大多数母羊流产后可迅速恢复，又可正常怀孕。个别羊因子宫炎和腹膜炎而死亡。

【病理变化】流产母羊一般只有轻度先兆，有少量阴道分泌物易被忽视。流产后阴道排出黏脓性分泌物。大多数流产母羊很快痊愈，少数母羊由于死胎滞留而发生子宫炎、腹膜炎或子宫脓毒症。流产胎儿皮下水肿，肝脏有坏死灶。病死羊可见子宫炎、腹膜炎和子宫积脓。

【诊断要点】

1. 临床诊断　怀孕母羊多于后期（4 ～ 5 个月）发生流产，娩出死胎、死羔或弱羔。流产母羊一般只有轻度先兆，有少量阴道分泌物易被忽视。流产后阴道排出黏脓性分泌物。大多数流产母羊很快痊愈，少数母羊由于死胎滞留而发生子宫炎、腹膜炎或子宫脓毒症，最后死亡。病死率约 5%。流产胎儿皮下水肿，肝脏有坏死灶。病死羊可见子宫炎、腹膜炎和子宫积脓。

2. 实验室诊断　检查取新鲜胎衣子叶和流产胎儿胃内容物做涂片，染色镜检，可见革兰阴性的胎儿弯曲杆菌，也可将病料接种于鲜血琼脂（每毫升含杆菌肽 2 国际单位、新生霉素 2 微克、制霉菌素 300 国际单位），置于 5% 氧、10% 二氧化碳和 85% 氮环境下，37℃培养，进行病原分离鉴定，以便确诊。

【防治措施】

1. 预防　严格执行兽医卫生防疫措施。产羔季节流产母羊应严格隔离并进行治疗。流产胎儿、胎衣以及污染物要彻底销毁；粪便、垫草等要及时清除并进行无害化处理；流产地点及时消毒除害。染疫羊群中的羊不得出售，以免扩大传染。

本病流行区可用当地分离的菌株制备弯杆菌多价灭活菌苗，对母羊进行免疫接种，可有效预防流产。国外用多价甲醛菌苗注射母羊，效果良好。

2. 治疗　应用四环素、环丙沙星、过瘤胃恩诺沙星、头孢菌素类、过瘤胃氟苯尼考和呋喃唑酮口服治疗。四环素每天20～50毫克/千克，分2～3次服完。过瘤胃氟苯尼考每天30～50毫克/千克，分2～3次服完。

二十、绵羊传染性阴道炎

绵羊传染性阴道炎出现于绵羊的交配期，引起绵羊不孕、流产，甚至死亡。公羊也可以患病。病的流行很快。给养羊业带来一定的经济损失。

【病原】本病病原是一种链球菌。在用分泌物所做的涂片内，幼龄菌大多可见到透明质酸形成的荚膜，如延长培养时间，荚膜可被细菌自身产生的透明质酸酶分解而消失。无芽孢，无鞭毛，有菌毛样结构，含M蛋白，革兰阳性。细菌存在于阴道黏膜及阴蒂内，随着阴道分泌物而排出；细菌的抵抗力不强。

【流行病学】通过自由交配传染。如能将种公羊与母羊分开管理，单独放牧，并在配种季节采用人工授精方法，即可防止本病的传播。

【临床症状】病的消伏期为2～3天。病初阴道和阴唇黏膜发红、肿胀，有黏液脓性分泌物。从阴道内排出黏液脓性液体，有时呈凝乳状，含有坏死组织脱落的碎片。

母羊初期焦急不安，站立时后腿分开，经常呈排尿姿势，定期出现里急后重。随着病程的发展，全身症状恶化，呼吸和脉搏加快，体温增高达41.7℃。

种公羊在病初表现无力、阳痿、频繁排尿、包皮黏胶和阴茎头肿胀，有病理性敏感及出血点。从包皮内排出血样分泌物，以后转变为黏液脓性，经过几天以后，包皮黏膜和阴茎发生坏死，以后坏死组织逐渐脱落。在此阶段，种公羊卧倒不起，呼吸困难，脉搏加快，体温增高达41.5～42℃。病羊食欲缺乏，反刍停止，如不及时治疗，容易引起死亡。

【病理变化】对母羊，病初阴道和阴唇黏膜发红、肿胀，有黏液脓性分泌物。以后，黏膜及黏膜下组织坏死，阴道壁的坏死层常累及深部组织。对公羊，包皮黏胶和阴茎头肿胀，有病理性敏感及出血点。从包皮内排出血样分泌物，以后转变为黏液脓性，经过几天以后，包皮黏膜和阴茎发生坏死，以后坏死组织逐渐脱落。

【诊断要点】根据流行病学、临床症状、病理变化等资料和细菌学检查等进行诊断。

【防治措施】

1.预防　将种公羊与母羊分开管理，单独饲养。在交配之前，对母羊及种公羊进行详细的临床检查，对患有疑似传染性阴道炎的羊，禁止进行交配。有条件的羊场要采用人工授精配种。

2.治疗　治疗方法根据病情轻重而有所不同。

病的初期，用0.5%高锰酸钾或1%雷佛奴尔温溶液洗涤，同时，肌内注射青霉素溶液，每天3次，每次160万国际单位，继续治疗3～5天，林可霉素注射液5千克羊注射1毫升或者磺胺类按50毫克/千克体重注射，一般可以病愈；过瘤胃阿莫西林和恩诺沙星同时应用可有效控制。当组织发生坏死时，应刮去坏死组织，用雷佛奴尔或高锰酸钾溶液进行洗涤，并用青霉素和鱼肝油制成乳剂，每天涂布在生殖器官黏膜上，同时肌内注射青霉素或者林可霉素注射液，每次160万国际单位，连用5～7天。

二十一、气肿疽

【病原】本病病原为气肿疽梭菌，两端钝圆，单股或成链，呈椭圆形或纺锤形。芽孢位于菌体中央或偏端，周身有鞭毛，能运动，无荚膜，革兰阳性。

【流行病学】绵羊易感，山羊发病较少。病羊是主要的传染源。主要经伤口和消化道传染，也可通过创伤和吸血昆虫的叮咬经皮肤传染。在妊娠母羊分娩、公羊去势或羔羊断尾时多经伤口而感染。本病多散发，无明显季节性。

【临床症状】潜伏期通常1～3天，病羊体温急剧升高至40～41℃，甚至可达42℃，在24小时后体温可逐渐下降。精神不振，食欲减退或废绝，眼结膜潮红充血，呼吸困难，心跳加速。运动时步态僵硬常呈跛行，不久在股部、臀部、肩部或胸前肌肉丰满的部位发生气性炎性水肿，肿胀部先热而疼痛，以后中心变冷，产生多量气体。肿胀部破溃或切开后，流出污秽红色带有泡沫的酸臭液体。最后病羊体温下降，呼吸困难，因败血症而死亡。

【病理变化】尸体迅速腐败，瘤胃膨胀，四肢张开。从鼻孔、口或肛门流出带泡沫样暗红色液体。患部皮肤肿胀，切开时，皮下组织有暗红色或黄色胶样浸润。局部淋巴结发生肿胀和出血，胸腔、腹腔、心包腔有大量微红色或暗红色积液。肝脏稍肿大，并有局灶性坏死。肾和膀胱均有出血。

【诊断要点】根据流行病学、临床症状和病理变化等资料可做出初诊，确诊应做实验室检验。

取心、肝、肺、脾和肿胀部位的肌肉或水肿液制成涂片，染色后镜检。可见单在或成链，有芽孢无荚膜，革兰染色阳性两端钝圆的大杆菌，即可确诊。

【防治措施】

1. 预防　发生本病后，立即对羊群进行检疫。对健康羊立即免疫注射气肿疽甲醛灭活苗 1 毫升，疑似羊先肌内注射气肿疽血清 15～20 毫升，间歇 7 天后在皮下注射气肿疽甲醛灭活苗 1 毫升。对病羊隔离治疗。病羊的圈舍、场地、用具等，用 3% 福尔马林溶液或 0.2% 氯化汞溶液进行消毒。对污染的饲料、粪便、垫草和尸体等全部焚烧处理。

2. 治疗　青霉素、土霉素及磺胺类药物对本病均有良好疗效，若与抗气肿疽血清同时应用，效果更佳。在肿胀部位的周围，皮下或分点注射 1%～2% 高锰酸钾溶液或 0.1% 甲醛溶液，可起到治疗作用。

二十二、肉毒梭菌中毒症

【病原】本病病原为肉毒梭菌，是一种腐生菌。多单在，有鞭毛，能运动。呈圆形，位于菌体近端，革兰阳性。

【流行病学】绵羊、山羊均可发病。病羊及带菌羊是本病的主要传染源。通过羊的消化道可引起中毒发病，病菌多存在于发霉的饲料、骨粉、腐败动物尸体及骨骼内。当温度适宜时，即可大量繁殖并产生毒素，在缺少磷的地区，羊采食后就会引起本病。本病多发生于每年的 4～10 月。

【临床症状】潜伏期一般为 4～20 小时，长的可达数天，主要取决于动物的种类和摄入毒素量。在一般情况下，最明显的症状为运动神经麻痹，病初期病症从头部开始，然后迅速向四肢和后躯发展。精神状态出现兴奋不安，步态僵硬，运动时头颈弯曲向一侧倾斜，做点头运动，尾巴向一侧摆动。最终因呼吸麻痹而死亡。

【病理变化】本病在病理学上缺乏特异的变化。

【诊断要点】根据流行病学调查，是否饲喂腐败的植物和动物性饲料，在同群羊有多数发病，且呈典型的麻痹症状，体温、意识、反应正常，剖检无特征变化，即可初步诊断为本病。

【防治措施】对于本病，只能以预防为主。

二十三、土拉杆菌病

【病原】土拉热弗朗西斯菌是本病病原，是一种多形态的细菌。在患病单位的血液内近似球形。不能运动，不产生芽孢，强毒菌株能产生芽孢，革兰阴性，美蓝染色两极着色。

【流行病学】易感动物种类很多，各种野生啮齿动物，绵羊和羔羊均易感，人也可感染。野兔和野生啮齿动物是主要传染源，通过蜱、蚊及虻等吸血昆虫传播。污染的饲料和饮水是主要的传染来源。多散发。

【临床症状】病羊体温高达 40.5 ~ 41℃，流黏液性或脓性鼻汁，精神委顿，步态僵硬，行走不稳，后肢软弱或瘫痪。体表淋巴结肿大，稽留热 2 ~ 3 天后恢复正常，但之后体温又常升高，一般 8 ~ 15 天痊愈。妊娠母羊发生流产、死胎和难产。发病较重的羔羊，除上述症状外，常见有贫血、腹泻，兴奋不安或昏睡等。数小时后死亡，病死率高。山羊发病较少。

【病理变化】剖检可见颈部、咽部、肩甲前及腋下淋巴结肿大，有时出现化脓性和干酪样坏死。肝脾常有结节。肺脏呈纤维素性肺炎。心外膜有点状出血。山羊脾脏肿大，肝脏有干酪样坏死灶，心外膜、肾上腺有小出血点。

【诊断要点】根据流行病学、临床症状及病理变化就可做出初步诊断。如确诊须做实验室诊断。

实验室涂片染色试验：对可疑病畜或尸体无菌采取血液、淋巴结、肝、脾、肾组织涂片染色镜检，发现革兰染色阴性、两极着色、在细胞内成堆排列的较少菌体，即可确诊。

【防治措施】本病治疗以链霉素最为敏感，其次是土霉素、金霉素，每天2次，肌内注射，连用1周。用量为链霉素10毫克/千克，土霉素和金霉素7～10毫克/千克。为防止蜱对羊群的侵袭，可用灭蜱药进行全群药浴。

二十四、羊蜱性脓毒血症

【病原】病原与羊乳腺炎的主要病原相同，即金黄色葡萄球菌。细菌通过蜱的叮咬而进入身体，如果羔羊生活的时间长，便会到处发生脓肿，包括关节、腱鞘、肋骨、脊柱、脑、肝、脾、心壁和肺部。

【临床症状】本病如果发生于成年羊，可引起羊流产和公羊不育。病羊体温升高到40～41.5℃，可持续9～10天。然后温度下降，但羔羊的体况已受到损害，对于其他疾病（如跳跃病或蜱性脓毒血症）的抵抗力降低。于退热之后1周左右，病羊表现为食欲减少，精神萎靡。

【诊断要点】根据蜱虫流行的季节及临床症状去研判并做出诊断。

【防治措施】

1. 预防　本病尚无满意的疫苗做预防注射，应用抗生素进行预防注射更不实际。最好的方法是对于存在有蜱性脓毒血症问题的羊群，于羔羊出生后不久进行药浴。由于羔羊的被毛短，药浴的保护作用只能维持14天，因此，每间隔2周应再重复进行一次药浴。

2. 治疗　如果发现病羊较早，应每天注射青霉素、氨苄西林钠、头孢菌素类、庆大霉素，连用5天；亦可注射长效土霉素，强力霉素拌料防治。

第三节
其他传染病

一、羊传染性胸膜肺炎

【病原】引起山羊传染性胸膜肺炎的病原体为丝状支原体山羊亚种。为细小多形性的微生物，呈丝状，革兰阴性。丝状支原体山羊亚种对红霉素高度敏感，对青链霉素不敏感。但是绵羊支原体对红霉素有一定的抵抗力。

【流行病学】在自然条件下，丝状支原体亚种只感染山羊，尤其是奶山羊，3岁以下的山羊最易感染。病羊是主要传染源。本病呈地方性流行，接触传染性强，主要通过空气飞沫经呼吸道传染。本病一年四季均可发生，妊娠母羊的发病率较一般羊略高，发病后病死率也较高。

【临床症状】潜伏期短者5～6天，长者3～4周，平均为18～20天。根据病程和临床症状，可分为最急性、急性和慢性3型。

1. 最急性　病初体温升高，可达41～42℃，精神极度委顿，食欲废绝，呼吸急促而又痛苦地鸣叫。数小时后出现肺炎症状，呼吸困难，咳嗽，并流出浆液性鼻液，肺部叩诊成浊音和实音，听诊肺部肺泡音减弱、消失或捻发音。12～36小时内渗出液充满肺并进入胸腔，病羊卧地不起，四肢直伸，呼吸困难，每次呼吸则全身颤动；黏膜高度充血，发绀；目光呆滞，呻吟哀鸣，不久窒息而亡。病程一般不超过5天，有的仅为12～24小时。

2. 急性　最常见，病初体温升高，继之出现短而湿的咳嗽，伴有浆液性鼻汁。4天后，干咳而痛苦，鼻液转为黏液，脓性并呈铁锈色，黏附于鼻孔和上唇，形成干涸的棕色痂垢。多在一侧出现胸膜炎变化，叩诊有实音区，听诊呈支气管呼吸音和摩擦音，按胸壁表现敏感，疼痛。这时候高热稽留不退，食欲锐减，呼吸困难和痛苦呻吟，眼睑肿胀、流泪，眼有黏液、脓性分泌物，口半张开，流泡沫状唾液，头颈伸直，腰背拱起，腹肋紧缩，怀孕母羊 70% ~ 80% 发生流产。最后病羊卧倒，极度衰弱委顿，有的发生膨胀和腹泻，甚至口腔黏膜发生溃疡。唇、乳房等部皮肤发疹，濒死前体温下降至常温以下，病期多为 7 ~ 10 天，有的可达 1 个月。幸而不死的转为慢性。

3. 慢性　多见于夏季，全身症状轻微，体温降至 40℃ 左右。病羊间有咳嗽和腹泻，鼻涕时有时无，身体极度衰弱，被毛粗乱无光。奶羊有乳腺炎、败血症、关节炎及肺炎等症状。在此期间，如饲养管理不良，与急性病例接触或机体抵抗力降低时，很容易复发或出现并发症而迅速死亡。

【病理变化】病变多局限于胸部。胸腔常带有黄色液体，有时多达 500 ~ 2 000 毫升，暴露于空气中后期有纤维蛋白凝块。急性病例的损害多为一侧，间或两侧有纤维素性肺炎；肝变区凸出于肺表，颜色有红色至灰色不等，切面呈大理石样；纤维素渗出液的充盈造成肺小叶间组织变宽，小叶界限明显，支气管扩张；血管内血栓形成。胸膜变厚、粗糙，上有黄色纤维素层附着，直至肺胸膜、肋胸膜、心包发生粘连。支气管淋巴结肿大，切面多汁并有血点。心包积液，心肌松弛、变软。急性病例还可见肝、脾大，胆囊肿胀，肾肿大和膜下小出血点。病程稍长者，肺肝变区结缔组织增生，甚至有包囊化的坏死灶。

【诊断要点】由于本病的流行病学、临床症状和病理变化都很有特征，根据这 3 个方面做出综合诊断并不困难。确诊应进行病原分离鉴定和血清试验。羊巴氏杆菌临床症状和病理变化有类似之处，注意区别。

【防治措施】

1. 预防

（1）加强饲养管理　以提高羊的抵抗力，冬季应注意保温，降低饲养密度，同时，保持合理的通风换气，可有效预防本病的发生。

（2）免疫接种　发生本病时，应严格执行检疫、隔离、封锁、消毒、治疗和免疫接种等综合性防疫措施。用羊传染性胸膜肺炎（支原体肺炎）氢氧化铝灭活苗预防。6 个月以上的山羊每只接种 5 毫升，6 个月以下的皮下或肌内注射每只接种 3 毫升，能有效预防本病的发生。平时预防，除加强一般措施外，关键是防止引入病羊或迁入带菌羊，新购入羊需要隔离观察 1 个月，确保健康，方可混入大群。

2. 治疗

（1）静脉注射　用新胂凡纳明静脉注射进行治疗是最有效的方法。5 个月以上的成年羊用量为 0.2 ~ 0.25 克，5 个月以下的幼羊为 0.1 ~ 0.15 克，必要时 4 ~ 9 天后再重复 1 次。用 10% 氟苯尼考、0.1 ~ 0.2 毫升 / 千克或泰乐菌素 10 毫克 / 千克或盐酸土霉素 20 ~ 30 毫升 / 千克，每天 2 次，连用 1 周。

（2）胸腔注射　5% 恩诺沙星 10 毫升，具体做法为：病羊左侧卧保定在肩关节水平线上，距肘关节 5 厘米处剪毛、消毒，垂直进针 3 ~ 5 厘米，穿透皮肤、肋间隙到达胸腔，但不能刺伤肺脏。在操作时穿透皮肤后感觉到进针的阻力突然减小，这是针尖到达了胸腔，当针尖刺入肺脏时可以感觉到针尖随着肺脏有节奏地来回运动，这时应当将针头稍稍抽回一些，回吸一下看看有没有血液回流，如果没有再注射。在操作中应注意注射针头和注射部位的消毒，以防止感染。胸腔注射还可以采用强力霉素、林可霉素、阿奇霉素等药物。胸腔注射每天 1 次，连续治疗 5 ~ 7 天为 1 个疗程。

（3）肌内注射　对病情较重的病羊可采用肌内注射治疗，5% 碳酸氢钠溶液 50 ~ 80 毫升，10% 葡萄糖 100 ~ 150 毫升，乳糖酸红霉素 50 万国际单位，静脉注射，1 天 1 次，连用 5 ~ 7 天，静脉注射期间每天与输液间隔12 小时，再肌内注射乳糖酸红霉素 50 万国际单位。在肺部炎症初期，为制止渗出，促进炎性分泌物消散吸收，可肌内注射呋噻咪 4 ~ 5 毫升，维生素 C 5 毫升。

另外，对体温升高的病羊肌内注射氨基比林、柴胡或鱼腥草注射液，进行对症治疗，缓解症状。对食欲不佳的病羊肌内注射胃肠舒注射液 5 ~ 8毫升，胃动力注射液 5 毫升或灌注反刍健胃散（液）50 ~ 100 克。

在饲料中添加抗生素对发病同群或者同场羊有较好的效果，每吨饲料添加土霉素 1 800 ~ 2 000 克或过瘤胃氟苯尼考 300 ~ 500 克加强力霉素 200 ~ 400 克，连续饲喂 3 ~ 5 天。用过瘤胃恩诺沙星按原粉计算加200 ~ 300 克，这个成本比较低，效果不错。

建议：康复后用健胃舒肝散每只羊 50 ~ 100 克开水冲服，每天 1 ~ 2 次，连用 3 天。

二、羊衣原体病

【病原】本病的病原是衣原体。鹦鹉热亲衣原体，是介于细菌与病毒之间的一类独特微生物。具有滤过性，含有 DNA 和 RNA 两种核酸，只能严格在细胞内繁殖，不能在细胞外生长繁殖的原核型微生物。鹦鹉热亲衣原体对酸碱的抵抗力较高，在 -70℃ 条件下可保存活力达几年。60℃ 30 分可以杀灭。乙醚和季铵盐类可在 30 分使其灭活。

【流行病学】病原可通过呼吸道、消化道及损伤的皮肤、黏膜感染，也可通过交配或用患病公羊的精液、人工授精感染；蜱、螨等吸血昆虫叮咬也可传播本病。多呈地方性流行。

【临床症状】本病的潜伏期和临床表现因动物种类不同、发病部位不同而有差别，短则几天，长则可达数周或者几个月，也可有不同的临床表现。

1. 流产型　又名地方流行性流产。羊的潜伏期为 50 ~ 90 天。临床症状表现为流产、死产或产弱羔。流产发生于怀孕的最后 1 个月。分娩后，病羊排出子宫分泌物达数天之久，胎衣常常滞留。病羊体温升高达 1 周左右。有些母羊因继发感染细菌性子宫内膜炎而死亡。羊群第 1 次爆发本病时，流产率可达 20% ~ 30%，以后则每年 5% 左右，流产率的高低与初产母羊的多少有关系。流产过的母羊以后不再流产。

2. 肠炎型　常见于 6 月龄以前的羊。潜伏期 2 ~ 10 天，病羊表现抑郁、腹泻，体温升高到 40.6℃，鼻流黏性分泌物，流泪，以后出现咳嗽和支气管肺炎。羔羊表现的症状轻重不一，有急性、亚急性和慢性之分，有的羊可呈隐性经过。

3. 关节炎型　又称多发性关节炎，主要发于羔羊。羔羊于病初体温 41 ~ 42℃，食欲丧失，离群。肌肉僵硬，并有疼痛感，跛行，肢关节触摸有疼痛表现。随着病情的发展，跛行加重，羔羊弓背而立，有的羔羊长期侧卧。发病率一般达 30%，甚至可达 80% 以上。如隔离和饲养条件较好，病死率低。病程 2 ~ 4 周。

4. 角结膜炎型　又称滤泡性结膜炎，主要发生于绵羊，尤其是肥育羔羊和哺乳羔羊。衣原体侵入羊眼后，进入结膜上皮细胞的胞质空泡内，形成初体和原生小体，从而引起眼的一系列病变。病羊的单眼或双眼均可罹患。

眼结膜充血、水肿，大量流泪，病后 2 ~ 3 天，角膜发生不同程度的混浊，角膜薄翳、糜烂，溃疡和穿孔。混浊和瘀血形成最先开始于角膜上缘，其后见于下缘，最后扩展至中心。经 2 ~ 4 天开始愈合。几天后，在瞬膜和眼睑结膜上形成直径 1 ~ 10 毫米的淋巴样滤泡。某些病羊继发关节炎、跛行。肥育场羔羊的发病率可达 90%，但不引起死亡。病程一般为 6 ~ 10 天，但伴发角膜溃疡者，可长达数周。

【病理变化】剖检流产病羊的病变，可见胎盘的绒毛膜和子叶呈现坏死性变化，子叶呈黑红色、污灰色、土黄色，表面有多量坏死组织，绒毛膜有的地方水肿增厚，子宫黏膜有时充血、出血、水肿；剖检肺炎型死亡病羊的病变，可见肺有肝变病灶，对于细菌混合感染病例，可见化脓性肺炎和胸膜肺炎病变；剖检肠炎型病羊的病变，表现为肠道水肿、出血、溃疡；剖检多发性关节炎病羊的病变，可见全身关节肿大，腕、跗关节最显著，滑膜囊扩张，滑液呈混浊灰黄色，肝、脾可见肿大，淋巴结水肿；剖检角结膜炎型病羊的病变，可以见到角膜混浊、溃疡和结膜红肿。

【诊断要点】根据流病学点、临床症状和剖检病变可做出初步诊断。确诊需进行实验室诊断。

取病料做涂片，姬姆萨染色镜检，可发现圆形或卵圆形的病原颗粒，即可确诊。

【鉴别诊断】

本病（病母羊地方性流行）应与布氏杆菌病、弯曲杆菌病等加以区别。

【防治措施】

1. 预防　在流行地区，用羊流产衣原体油佐剂卵黄囊灭活苗对母羊和种公羊进行免疫接种。发生本病时，流产母羊及其所产弱羔应及时隔离。对污染的羊舍、场地等环境进行彻底消毒。

对大群羊用过瘤胃氟苯尼考配合强力霉素按每千克饲料 0.2 克原粉计算拌料，或者过瘤胃阿莫西林按每千克饲料 0.3 ~ 0.4 克，连用 3 ~ 5 天，可以有效地防止本病的发生。

2. 治疗　流产型、肺炎型、肠炎型治疗可肌内注射青霉素，每次 160 万 ~ 320 万国际单位，1 天 2 次，连用 3 天。也可用多西环素或者阿奇霉素按 15 ~ 20 毫克 / 千克体重、氟苯尼考按 25 毫克 / 千克体重、四环素按

10 ~ 20毫克/千克体重等治疗。关节炎型的关节局部用色石脂涂抹,严重的用氟苯尼考或者林可霉素配合醋酸泼尼松龙注射。角结膜炎病羊可用红霉素软膏、环丙沙星、氧氟沙星眼药水点眼治疗,严重的可以配合醋酸泼尼松龙滴眼液。

大群防治每吨饲料加过瘤胃氟苯尼考400 ~ 500克配合强力霉素200 ~ 250克;过瘤恩诺沙星200 ~ 250克。

三、羊传染性无乳症

【病原】病原为无乳支原体。这种微生物非常多形。在一昼夜培养物的染色涂片中,可以发现大量的小杆状或卵圆形微生物。有时两个连在一起呈小链状。在两天的培养物中,见有许多小环状构造物。在4天培养物内呈大环状、丝状、大圆形,类似酵母菌和纤维物的线闭。本菌对各种消毒药物抵抗力较弱,10%石灰乳、3%克辽林消毒时,都能很快将其杀死

【流行病学】病羊和病愈不久的羊,能长期带菌,并随乳汁、脓汁、眼分泌物和粪尿排出病原体。本病主要经消化道传染,也可经创伤、乳腺传染。

【临床症状】临床上可分为乳腺炎型、关节型和眼型3种类型。有的呈混合型。根据病程长短又可分为急性和慢性两种。

接触感染时潜伏期为12 ~ 60天;人工感染时为2 ~ 6天。

急病的病期为数天到1个月,严重的于5 ~ 7天死亡。慢性病可延续到3个月以上。绵羊羔尤其是山羊,常呈急性病程,死亡率为30% ~ 50%。

1. 乳腺炎型 泌乳羊的主要表现为乳腺疾患。炎症过程开始于1 ~ 2个乳叶内,乳房稍肿大,触摸时感到紧张、发热、疼痛。乳房上淋巴结肿大,乳头基部有硬团状结节。随着炎症过程的发展,乳量逐渐减少,乳汁变稠而有咸昧。因乳汁凝团,由乳房流出带有凝块的水样液体。以后乳腺逐渐萎缩,泌乳停止。有些病例因化脓菌的存在而使病程复杂化,结果形成脓汁,由乳头排出。病情较轻的,乳汁的性状经5 ~ 12天而恢复,但泌乳量仍很少,大多数羊的挤乳量达不到正常标准。

2. 关节型 不论年龄和性别,可以见到独立的关节型,或者与其他病型同时发生。泌乳绵羊在乳房发病后2 ~ 3周,往往呈现关节疾患,大部

分是腕关节及跗关节患病，肘关节、髋关节及其他关节较少发病。最初症状是跛行，逐渐加剧，关节无明显变化。触摸患病关节时，羊有疼痛发热表现，2～3天后，关节肿胀，屈伸时疼痛和紧张性加剧。病变波及关节囊、腱鞘相邻近组织时，肿胀增大而波动。当化脓菌侵入时，形成化脓性关节炎。有时关节僵硬，躺着不动，因而引起褥疮。病症轻微时，跛行经3～4周而消失。关节型的病期为2～8周或稍长，最后患病关节发生部分僵硬或完全僵硬。

3. 眼型　最初是流泪、羞明和结膜炎。2～3天后，角膜混浊增厚，变成白翳。白翳消失后，往往形成溃疡，溃疡的边缘不整而发红。经若干天以后，溃疡瘢痕化，再以后白色星状的瘢痕融合，形成角膜白斑。再经2～3天或较长时间，白斑消失，角膜逐渐透明。严重时角膜组织发生崩解，晶状体脱出，有时连眼球也脱出来。

一般认为，无乳症的主要病型是伴发眼或关节疾患（有时伴发其他疾患）的乳腺炎型。

【病理变化】通常乳腺的一叶或两叶变的坚硬，有时萎缩，断面呈多室性腔状，腔内充满着白色或绿色的凝乳样物质，断面呈大理石状。在乳房内分布有豌豆大的结节，挤压时流出酸乳样物质，在此情况下，可以发现间质性乳腺炎和卡他性输乳管炎。

在关节型病例，由于皮下蜂窝组织和关节囊壁的浆液性浸润，并在关节腔内具有浆液性-纤维素性或脓性渗出物，所以，关节剧烈肿胀。关节囊壁的内面和骨关节面均充血。关节囊壁往往闲结缔组织增生而变得肥厚。滑液囊（主要是腕关节滑液囊）、腱和腱鞘亦常发生病变。

眼睛患病时，角膜呈现乳白色，眼前房液中往往发现浮游的有透明胶样凝块。严重时角膜中央出现大头针头大的白色小病灶，更剧烈时角膜中央发生界限明显的角膜白斑。角膜突出，呈圆锥状，其厚度常达3～4毫米。角膜中央常发现直径2～4毫米的小溃疡。极度严重时，角膜常常发生穿孔性溃疡，晶状体突出，有时流出玻璃体，有时并发全眼球炎。

【防治措施】

1. 预防　注射氢氧化铝疫苗，可以获得良好预防效果。发现该疾病的牧场或羊群，必须采取措施：①禁止赶羊通过发病的牧场，禁止分群、交换、出售，禁止发病区集中动物活动（市场、展览等）。②隔离病羊和可疑病羊，应由专人护理和治疗；工作人员必须穿工作服。对流产的胎儿与胎膜，必须深埋处理。③羊的圈舍及病羊所在的其他地方，都应进行清扫，并用石炭酸、3% 来苏儿、2% 氢氧化钠溶液、3% ~ 5% 漂白粉等溶液消毒。同时，必须消毒蓐草和病羊排泄物。④被迫屠杀的病羊肉，须经仔细检查后方准利用，病羊的皮应用 10% 的新鲜石灰溶液消毒。⑤在最后一只病羊清除消灭后经过 60 天，才准解除牧场及羊群内的一切限制。

2. 治疗

（1）全身治疗　醋酰胺具有特效，可做成 10% 的溶液，每次 0.1 ~ 0.2 克，每天 3 次。单用青霉素，或者九一四与乌洛托品合用，都有良好效果。用红色素注射液 10 ~ 20 毫升或 20% 的乌洛托品 15 ~ 20 毫升或水杨酸钠 20 ~ 30 毫升静脉注射，均可获得可靠的效果。羔羊按 0.05 克 / 千克体重应用土霉素的干燥粉剂或多西环素注射液按说明量加倍，每天早、晚各内服 1 次，治愈率可达 90% 以上。氟苯尼考配合强力霉素各 0.2 毫升 / 千克肌内注射，1 天 1 次，连用 3 ~ 5 天。对发病羊群或者受威胁羊群用过瘤胃恩诺沙星每吨饲料按纯粉计 200 ~ 300 克或强力霉素 300 ~ 400 克或过瘤胃替米考星 200 ~ 300 克，均可获得良好疗效。

（2）局部治疗

1）乳腺炎　用 1% 碘化钾水溶液 10 ~ 20 毫升乳房内注射，每天 1 次，4 天为 1 个疗程，或用 0.02% 呋喃西林反复洗涤乳房后，以青霉素 20 万 ~ 40 万国际单位溶解于 1% 普鲁卡因溶液 5 ~ 10 毫升，每天乳房内注射 1 次，5 天为 1 个疗程。

2）关节炎　用消散软膏（碘软膏、鱼石脂软膏等）。将土霉素与复方碘液结合应用，效果更好。

3）角膜炎　用弱硼酸溶液冲洗患眼，给眼内涂抹四环素可的松软膏，或每天用青霉素 10 万 ~ 20 万国际单位眼睑皮下注射，都有良好效果。

四、羊传染性角结膜炎（红眼病）

【病原】羊传染性角膜结膜炎是一种多病原的疾病，其病原体主要由鹦鹉热亲衣原体引起，其次有立克次氏体、结膜支原体、奈氏球菌、李氏杆菌等。

【流行病学】主要侵害反刍动物,特别是山羊,尤其是奶山羊,绵羊、乳牛、黄牛、水牛等也能感染,偶尔波及猪和家禽。年幼动物最易得病。一般是由已感染的动物或传染物质导入畜群,引起同种动物感染,但也有通过接触感染,蝇类或某种飞蛾,可机械传递本病,患病动物的分泌物如鼻涕、泪、奶及尿的污染物,均能散播本病。多发生在蚊蝇较多的炎热季节,一般是在 5 ~ 10 月夏秋季,以放牧期发病率最高,进入舍饲期也有少数发病的,多为地方性流行。

【临床症状】主要表现为结膜炎和角膜炎。多数病羊先一眼患病,然后波及另一眼,有时一侧发病较重,另一侧较轻。发病初期呈结膜炎症状,流泪,羞明,眼睑半闭。眼内角流出浆液或黏液性分泌物,不久则变成脓性。上、下眼睑肿胀、疼痛、结膜潮红,并有树枝状充血,其后发生角膜炎、角膜浑浊和角膜溃疡,眼前房积脓或角膜破裂,晶状体可能脱落,造成永久性失明。

【诊断要点】根据眼的临床症状,以及传播速度和发病季节,可以做出初诊。

【防治措施】

1. 预防　有条件的种畜场,应建立健康群,发现病畜立即隔离,在发病季节做好蚊蝇扑灭工作。并划定疫区,定时清扫消毒,严禁牛羊易感运动流动;新购买的牛羊,至少需隔离 60 天,方能允许与健康者合群。定期用过瘤胃氟苯尼考、强力霉素、过瘤胃恩诺沙拌料预防。

2. 治疗　用 2% ~ 5% 硼酸液冲洗眼,拭干后再用 3% ~ 5% 弱蛋白银溶液滴入结膜囊中,每天 2 ~ 3 次,也可以用 0.025% 硝酸银液滴眼,每天 2 次,或涂以红霉素、青霉素、氟苯尼考、四环素软膏。如有角膜混浊或角膜穿孔时,可涂以 1% ~ 2% 黄降尿软膏或 1 滴红药水,每天 1 ~ 2 次。可用 0.1% 新洁尔灭,或用 4% 硼酸水溶液逐头洗眼后,再滴以 5 000 国际单位/毫升普鲁卡因青霉素(用时摇匀),每天 2 次,重症病羊加滴醋酸可的松眼药水,并放太阳穴、三江穴血。角膜混浊者,滴视明露眼药水效果很好。

五、羊Q热

【病原】病原为贝氏柯克斯体，严格细胞内寄生。该病原体能抵抗干燥和腐败，对物理和化学杀菌因素的抵抗力较强。病原体在黄油和干酪中可保存毒力数天到数周，有传染性的干燥血液可维持其传染性达6个月之久；蜱的粪便可保存病原体达一年半以上。2%福尔马林、1%来苏儿、5%过氧化氢溶液均可将其杀死。

【流行病学】多种蜱可携带贝氏柯克斯体，由吸血过程传递给动物，蜱的粪便也可散播病原体。现已确定，Q热在同种或不同种动物之间，可以直接接触传染，不需要昆虫媒介参与。

绵羊在自然感染或人工感染时，病原体大多数停留在乳房和胎盘上，因此严重感染的子宫分泌物及胎膜是传染其他羊或人的主要传染来源。主要经呼吸道、消化道、生殖道传播。

由于蜱的吸血，把贝氏柯克斯体带入人体内而引起的传染，是最普通的传染途径。但是，由患病动物娩出的胎儿及其分泌物、奶、粪便等污染外界环境而引起传播也是常见的。

【临床症状】绵羊和山羊，可并发支气管肺炎和流产。此外，家畜一些其他特有的疾病也可能与贝氏柯克斯体有关。有人认为，动物的Q热可能完全缺乏临床症状。

人经14～28天的潜伏期之后，可以突然暴发。临床症状类似流感，其特点是体温升高，剧烈头痛，畏光，发热，怕冷，但不出现皮疹，也没有其他方面的皮肤损害。在发热期，病原体出现于血液，并可随尿、痰及奶排出体外，但病人与健康人之间很少传播。人的病程较短，少数可长达数月，死亡率很低。

【病理变化】流产胎儿的尸体经剖检后可见有肺炎变化，肝脏局部有坏死灶。流产母羊子宫有卡他性炎症变化，其他变化轻微。

【诊断要点】在本病流行地区，根据发热、剧烈头痛和肺部炎症，可怀疑本病。由于本病临床症状不明显，仅靠病史和临床资料难以诊断，必须进行实验室检验。取可疑病料，如胎盘、子宫流出的分泌物及排泄物做涂片镜检。镜检时发现细胞内有大量红色球状或球杆状的小体，就可证实本病病原体的存在。再用免疫荧光抗体进行诊断即可确诊。

【防治措施】

1. 免疫预防　预防病原体传播的其他措施，包括巴斯德高温法消毒鲜奶，对患病羊（包括牛）的胎盘、垫草及分泌物、排泄物污染的物质进行严格消毒处理或焚烧以及消灭传染媒介等。消灭传染媒介，包括消灭其他家畜体上的蜱。常用的灭蜱方法：一是捕捉；二是用 0.04% 二嗪农或 0.032% 稀虫磷或 1% 敌西虫水溶液喷洒或洗刷畜体。对有蜱寄生的畜群，每半月进行 1 次，并对畜舍地面和墙缝用上述药液喷洒。

预防本病可用 II 相菌制成的鸡胚培养物灭活疫苗接种，免疫效果良好。

2. 治疗

目前，尚无理想的治疗方法。不过有人试验用氟苯尼考或恩诺沙星有一定的效果。过瘤胃氟苯尼考或者过瘤胃恩诺沙星可以用于大群羊的口服或者拌料预防。用四环素和林可霉素治疗效果不佳，有些病例长期应用抗生素仍可复发。

六、钩端螺旋体病

【病原】本病是由钩端螺旋体引起的养殖多动物共患的自然疫源性疫病，病原体呈细长丝状，革兰阴性。具有细微、规则的螺旋，中央有一根轴丝，暗视野镜检，常似细小的珠链状，一端或两端弯曲呈钩状，无鞭毛，可绕长轴旋转和摆动，进行活泼运动，因而菌体常呈“C、S、O”等多种形态。本菌对酸、碱敏感，一般消毒剂的常用浓度均易杀死。

【临床症状】病羊精神沉郁，异食、爱吃土，吃纸、干树皮、干草等物。病初体温升高至 40℃ 后很快体温转为正常。尿初发黄，如酱油状，粪便干黑。眼结膜初呈树枝状，有暗红色出血，后转为黄色。羊肚胀，呼吸稍快。鼻镜呈灰黄色，无汗，干燥，有少部分病羊鼻镜皮肤呈铁锈状坏死。部分孕羊流产。

【病理变化】皮肤内面黄染，血液稀薄如水，肝大、黄色、胆汁浓稠、肌囊变小，病重的浅表发黄，肌肉、脂肪明显。病轻的无变化，肾呈黑色坏死，具有诊断意义。肺肿大，膀胱积有红色尿液，因全身大部分呈黄色，当地群众称为黄病。

【诊断要点】根据发病特点、发病症状、病理变化，结合实验室镜检，可确诊。

【防治措施】

1. 预防　注意环境卫生，做好灭鼠工作。彻底清除病羊舍的粪污，用10% ~ 20% 生石灰水或2% 氢氧化钠溶液严格消毒。在最后一只病羊痊愈后30天，并进行预防消毒的情况下，才可解除限制措施。

2. 治疗　便秘时给予缓泻剂，肾脏患病时可用利尿剂乌洛托品，心衰时用强心剂，同时静脉注射20% 葡萄糖溶液或葡萄糖氯化钠注射液进行补液。对病羊静脉注射葡萄糖、维生素C等对提高治愈率有重要作用。青霉素肌内注射，每只羊每次20万 ~ 60万国际单位，每天2次，连用3天。新肿凡纳明，静脉注射，每天1次，羊0.01克/千克体重。

体重30 ~ 50千克的羊，安痛定1支10毫升，上午肌内注射头孢噻呋钠1支，下午灌服10克强力霉素，连用5天，基本能治愈本病。病早期治愈率高，晚期治愈率低。因治愈好的羊，产后易复发，在产后喂强力霉素粉，每天2次，每次1 ~ 2克，连喂3 ~ 5天，通过上述治疗，复发率大大降低，治愈率大大提高。

七、羊脓包病

【病原】绝大多数由化脓性致病菌经皮肤、黏膜的伤口感染；强烈的刺激性化学药品漏注到静脉外或误注入皮下、肌内也能引起。

致病因素浸入机体后，由于伤口细小，很快形成痂皮或上皮生长而密闭。致病因素持续作用，有机体则出现一系列的应答反应，局部发炎，白细胞浸润，释放溶菌酶，组织也发生坏死，病灶内中毒。白细胞、细菌在生活活动或死亡后分泌释放蛋白酶，将坏死组织溶解液化，形成脓汁，脓汁向四周扩散，病灶周围组织充血、水肿，白细胞浸润，形成肉芽组织，这层组织便是脓包膜。它可防止细菌、毒素扩散侵害周围健康组织，阻止炎性产物吸收。小的脓肿受健康组织的压迫吸收或有机化。较大的脓肿受健康组织的围拢，脓汁向表面发展，皮肤浸润变软，自溃脓汁流出。深部组织的脓肿或向深部发展的脓肿，表面压力大，脓肿膜破坏，可形成蜂窝织炎，若被淋巴、血液转移到其他部位，会形成转移性脓肿。

【临床症状】浅在性脓肿，发生于皮下、筋膜下、表层肌肉组织。初期局部肿胀，与周围的组织无明显的界限，而稍高出皮肤表面，触诊时局部温度增高，坚实，有剧烈的疼痛反应。后期肿胀与周围组织的界限明显，中心变软，皮肤可自行破溃流出脓汁。

深在性脓肿，主要发生于肌肉、肌间结缔组织、骨膜下。由于外被较厚的组织，因而局部表现不太明显，但局部常出现皮肤、皮下组织水肿。脓包膜常受到破坏，脓汁可沿解剖学通路流窜，形成流柱性脓肿或蜂窝织炎，此时，多伴有全身症状。对脓肿诊断有困难时，可穿刺确诊。

【防治措施】

1.预防　加强饲养管理，防止羊体刺伤，注射时要严格无菌操作。治疗原则，初期促进炎性产物的吸收消散，防止脓肿形成，笔者用碘伏根据大小进行包囊内注射可以控制发展；后期促进脓肿成熟，排出脓汁。

急性炎症阶段，局部可包囊注射碘伏或者涂擦樟脑软膏、复方醋酸铅散、鱼石脂乙醇、碘酊等，也可施行冷敷疗法。较大的病灶，可用普鲁卡因抗生素病灶周围封闭疗法。局部治疗的同时，应根据病畜的情况，配合应用抗生素、磺胺类药物及对症的全身疗法。

消炎无效时，局部应用鱼石脂软膏、鱼石脂樟脑软膏等刺激剂；温热疗法，促进脓肿成熟。待局部出现明显的波动时，应立即施行手术治疗。

2.治疗　脓肿切开法：在波动最明显的地方切开脓肿，切口的长度和深度要有利于脓汁的排出，不要破坏切口对侧的脓肿膜。必要时，可做辅助切口或反对孔。切开后排出脓汁，清除坏死组织，用防腐消毒液反复冲洗，用消毒棉球或纱布轻轻擦干，涂抹抗生素。脓肿较深或脓汁排出不畅时，可用碘铋泼糊剂（碘仿16克、次硝酸铋6克、液体石蜡180毫升）等的纱布条引流。

脓汁抽出法：在不宜做切口部位或较深的脓肿处，用注射器将脓肿腔内的脓汁抽出，用生理盐水反复冲洗脓腔，抽净腔内液体，灌注抗生素溶液。

八、羊蜱传热

【病原】致病因子是一种专性细胞内寄生性微生物，属于立克次体，称为羊欧立希病原体。存在于血液和脾组织的病原体在20℃、4℃和－79℃

的条件下可保存活力分别为 10 天、13 天、155 天。

【流行病学】蜱传热是由蓖麻子蜱传播的一种疾病。当携带病原体的蜱叮咬羊后，病原体即侵入羊体内的吞噬细胞，在细胞浆内增殖而引起疾病。传染来源是受病原体感染羊的血液。

【临床症状】潜伏期 2～6 天，随后病畜体温升高到 40～42℃，经 2～3 周减退。少数病羊痊愈后又可复发。患病绵羊表现抑郁，体重明显下降；成年母羊肌肉强直，站立不稳，大约有 30% 的妊娠母羊流产，死亡率约 23%。患病羔羊很少出现临床症状；但由于白细胞减少使羔羊易患其他疾病。

【诊断要点】蜱传热通常是一种温和的或无症状的疾病。其诊断方法主要是取发热早期的血液制成血片，姬姆萨染色镜检。如果在粒性白细胞和单核白细胞的胞浆内发现特有的病原体，即可做出诊断。

【防治措施】自然感染的羊康复后可获得不同程度的免疫。虽然这种致病因子在康复羊体内可维持数月，但血清中尚未查出确切的抗体。目前，尚无有效的疫苗。在疫区应该进行有规律的药浴。无病地区在引进羊时必须进行严格的检疫，因为病原体和蜱都有可能随着羊的流动而传播至其他安全地区。

消灭羊体和其他动物体上的蜱以及消灭畜舍中的蜱是有效的预防措施。常用的灭蜱方法如下：

可用 0.04% 二嗪农溶液或 0.032% 稀虫磷，或用 1% 敌百虫水溶液喷洒或洗刷畜体。对有蜱寄生的畜群，每半月进行 1 次。并对畜舍地面和墙缝用上述药液喷洒。

九、羊心水病

【病原】本病病原属于立克次体科的反刍兽立克次体，存在于感染动物的血管内皮细胞的细胞质内，尤其是大脑皮层灰质的血管或脉络膜丛中。多形，但多呈球形。本病原体在动物体的血管内皮细胞和淋巴结网状细胞中以二分裂、出芽和内孢子形成等方式进行繁殖。本病原体抵抗能力不强，必须保存于冰冻或液氮中，室温下很少能存活 36 小时以上，存在于脑组织中的病原体在冰箱中能保存 12 天以上，-70℃ 下能保存 2 年以上。

【流行病学】心水病仅由钝眼属蜱传播，用反刍兽立克次体接种白尾鹿，证明对心水病病原是敏感的，病畜出现严重的临诊症状并伴有典型的死后病变，且死亡率高。小鼠和白化病小鼠对本病病原敏感。

【临床症状】绵羊和山羊的潜伏期一般比牛短。静脉接种绵羊7～10天；牛7～16天出现发热反应。在自然条件下，易感动物被引进到心水病疫区后，14～18天可出现本病的症状。

由于宿主的易感性和病原株毒力的差异，心水病在临诊上可有4种不同的类型。

1. 最急性型　通常见于非洲，当外来的牛、绵羊、山羊等种畜引进到地方性心水病疫区时，常发生本病。开始发热和抽搐，突然死亡。在某些品种的牛中可见有严重的腹水。

2. 急性型　在外来的牛和当地家养反刍动物中最常见。病畜突然发热，体温可达约41.7℃，继而出现食欲缺乏，精神沉郁，呼吸迫促。然后出现神经症状，最为明显的是不停地咀嚼，眼睑抽搐，伸出舌头并做圆圈运动，常做前蹄高抬的步态，站立时双腿分开，低头。严重的病例，神经症状增加，持续抽搐，肌肉震颤，在死前通常可看到奔跑运动和角弓反张，在病的后期，通常可见感觉过敏，眼球震颤，口流泡沫，偶尔可见腹水。急性型通常在出现症状1周内死亡。

3. 亚急性型　特征是病畜发热，由于肺水肿引起咳嗽，轻微的共济失调。1～2周康复或死亡。

4. 温和型和亚临诊型　也称为心水病热，发生在羚羊和对本病有高度自然抵抗力的非洲当地某些品种的绵羊和牛中。该型唯一的临诊症状是短暂的发热反应。

【病理变化】病原体通过感染蜱侵入动物的血管内皮细胞和淋巴结网状细胞中进行分裂复制而导致一系列组织病变。常见的病理变化是心包积水，心包中可见有黄色到淡红色的渗出液，绵羊的渗出液比山羊的更浓稠。通常可见到腹水、胸水，纵隔水肿和肺水肿。心内膜下层有出血斑，其他部位的黏膜下层和浆膜下层也有出血。心肌和肝实质变性，脾大和淋巴结水肿，卡他性和出血性胃炎和肠炎等病变也较为常见。脑仅表现为充血，极少发生其他病变。

【诊断要点】常发地区根据流行病学资料、临床症状和病理变化可做出初步诊断，但要确诊必须进行实验室诊断。

1. 标本采集 血液标本应在发热后 2 ~ 4 天采集最佳。血样脱离纤维后，应立即感染动物，或置液氮或 –70℃ 以下保存。发热期扑杀的山羊主要采集大血管内膜、脾、淋巴结、脑等组织，检查组织中的病原涂片或压片，必须风干，用甲醇固定 2 ~ 3 分后送检。

2. 直接镜检 经颈静脉或其他大血管内膜制备的涂片，或用大脑皮层、海马角或脊髓制备的压片固定。经 0.45 微米滤膜滤过的姬姆萨染液染色 20 分，可见胞浆中有立克次体的包涵体，呈圆形，淡红色至紫红色，着色比胞核浅。一个细胞中可见一个到几个包涵体，直径为 2 ~ 15 微米。病畜发热初期血液制备的白细胞培养物的超薄切片，用电镜检查，可见在胞浆中膜围绕的空泡内发育的成团立克次体（包涵体）。

3. 分离培养 迄今尚未能在细胞培养和鸡胚中增殖成功。用体温升至 41℃ 或 41℃ 以上感染立克次体的山羊血液制备的白细胞，悬浮于血浆中，于 37℃ 培养。到第 5 天收获，同时用非感染山羊的血液制成白细胞培养物做对照。结果所有感染动物的白细胞培养物中，均有立克次体的包涵体。

4. 免疫荧光试验 用直接法检测立克次体。将异硫氰酸荧光素标记的特异性抗体，直接加在经洗涤并用冷丙酮固定的血管内膜，大脑压片以及有白细胞培养物的盖片上染色、洗涤、干燥、封片、镜检。感染细胞的细胞浆内，包涵体呈鲜绿色至黄绿色荧光。

5. 动物试验 用上述血和脑组织悬液静脉注射易感山羊、绵羊。于注射 11 天后开始发病，其症状和病变与自然感染相同。雪豹和小鼠是可靠的实验敏感动物，可用雪豹、小白鼠和白化病小鼠体内连续传代保存病原体。

【鉴别诊断】本病应与蓝舌病相鉴别，蓝舌病的传播媒介为蠓属的蚊子，而心水病为钝眼属的蜱。蓝舌病以发热，白细胞减少，口、舌、唇和胃肠道糜烂性炎症为主要特征，而心水病以发热、神经症状和浆膜腔积液为特征。

【防治措施】病羊在发病初期及时使用氯四环素或氧四环素或磺胺类药物治疗均有较好的疗效。大群预防用过瘤胃氟苯尼考或多西环素或过瘤胃恩诺沙星效果很好。无本病地区应加强检疫，严禁从疫区引进反刍动物及其产品。在流行地区灭蜱是预防本病的重要措施。在蜱活动季节，所有家畜每隔 5 天药浴一次，或把灭蜱药撒布到畜体上，并严防有蜱寄生的家畜进入无病地区。

十、绵羊类鼻疽

【病原】病原为类鼻疽假单胞菌，又名类鼻疽杆菌，与鼻疽杆菌同属于假单胞菌属。此菌在病灶中及初代培养物上呈短小的杆菌，长 2 ~ 4 纳米，宽 0.5 纳米，革兰阴性，呈明显的两极染色；在培养基上长期继代后呈多形性。此菌在普通琼脂及血液琼脂上容易生长，在甘油琼脂上生长更好。其培养物具有特殊的泥土气味。在固体培养基上菌落呈皱纹或黏稠状，具奶油色泽，有时可变为灰褐色；在麦康凯琼脂上于 48 小时后出现红色菌落。湿热和一般消毒剂易杀死此菌，但在干燥条件下可耐受较长时间。

此病发生于绵羊，山羊少见，其他家畜亦有发病的报道；最常受到感染的是野鼠，人也可感染；在实验动物中，豚鼠、家兔及大鼠对类鼻疽假单胞菌敏感。

【流行病学】病畜，特别是啮齿动物病程很长，是主要传染源。通过粪便排出病原菌，污染饲料、牧草和水源。主要传染途径是消化道和皮肤创伤。通过试验已经证实跳蚤和蚊子可以传播此病。

【临床症状】自然病例，呈现咳嗽，呼吸困难，关节肿胀，跛行，消瘦。病程约数周。实验感染的病例，表现体温升高，眼、鼻腔有大量分泌物；一些动物表现中枢神经症状，包括步态异常，头偏向一侧，转圈运动，眼球震颤，轻度强直性痉挛，当通过肌内、静脉或鼻腔内接种时，接种动物可于 8 ~ 9 天死亡。

【病理变化】主要病变是肺脓肿，有些病例，肝、肾、脾中有脓肿。肺脓肿的包囊很厚，内含干稠的脓汁，脓汁呈绿色或黄绿色。脓肿的外围是一个肺炎区。在关节处亦可能有化脓性病灶。

【诊断要点】除根据症状和病变之外，还可做细菌学检查。实验室诊断包括：用 10% 鲜血琼脂或麦康凯琼脂分离类鼻疽假单胞菌；做运动力检查，可见到活跃的运动；做明胶液化试验，可液化明胶；腹腔感染豚鼠，豚鼠死后，在肝、肺、脾、网膜及肾脏有多数脓肿。

【防治措施】本病尚无有效疫苗，主要预防方法是灭鼠和清除病畜，注意羊群卫生。已证明类鼻疽假单胞菌对青霉素、链霉素、金霉素、多黏菌素治疗无效。但体外试验土霉素、强力霉素、恩诺沙星、氧氟沙星、氟苯尼考、新生霉素、磺胺嘧啶有应用价值，以土霉素、过瘤胃氟苯尼考、过瘤胃恩诺沙星最好。因此，可试用于绵羊类鼻疽的预防和治疗。

十一、羊丹毒丝菌性多关节炎

【病原】本病是由红斑丹毒丝菌所引起。细菌为杆状或弯曲状，不运动、不形成芽孢和荚膜，革兰阳性，长度为 1 ~ 2 微米。它存在于碱性土壤和粪里，在 20℃ 可抵抗干燥数月，但 70℃ 只存活 5 ~ 10 分。1% 氯化汞、2% 福尔马林或 5% 石炭酸溶液均可将其杀死。

当羔羊脐带断端、断尾和阴囊切口的新鲜创受到污染后，该菌可慢慢生长，从局部的原发性感染进入血液，并被运送到许多脏器和四肢关节，形成慢性增生性关节炎。

【临床症状】病的潜伏期为 1 ~ 5 周，病羔体温上升，有波动。一条至多条腿出现僵硬与跛行。病羔精神沉郁，食欲丧失，生长缓慢。患病关节柔软，并不显著增大。发病率通常变动于 1% ~ 10%，在某些群可达 30%。最终死亡率报道不同，最高可达 70%。病程可延长到数月。

【病理变化】尸检时，病羔体格小，很消瘦。膝关节、肘关节和腕关节通常均被感染。关节囊变厚，关节内面呈颗粒状而粗糙。关节软骨糜烂，每一糜烂灶约 1 毫米。关节液增多，但非脓性。除关节外，原发性创伤可继续存在，继发性局灶性感染可见于肺、肝和肾脏。

病理组织学上，感染的关节囊由于纤维增生与淋巴细胞单核性巨噬细胞的浸润而变厚。

【诊断】根据症状、病损和实验室所见进行诊断。1 ~ 3 月龄羔羊发生慢性僵硬的跛行，一个或多个关节轻度增大，可初诊为本病。絮片状滑液增量而无脓汁，可作为支持性证据。发现对隐伏丹毒丝菌的阳性凝集效价以及从关节分离到细菌，即可确诊。

鉴别诊断需考虑衣原体性多关节炎、大肠杆菌性多关节炎、干酪性淋巴结关节炎以及肌病。每一种关节炎的诊断均需要分离原因性病原体。白肌病在尸检时，可见到肌肉的灰白色特征性变化。

【防治措施】应避免羔羊创伤污染，防止丹毒丝菌性多关节炎。在牧场或消毒的建筑物里产羔，方可保持环境无隐伏丹毒丝菌。应当在牧场或草场上新的临时性棚圈进行断尾和去势；应用橡皮圈断尾和去势可明显预防本病的发生。对脐带断端应以碘酊或 2% 来苏儿水溶液消毒。尾巴断端和阴囊切口应施行烧烙。注射猪丹毒疫苗有一定预防效果。药物预防以过瘤胃氟苯尼考、过瘤胃恩诺沙星、过瘤胃阿莫西林或者强力霉素拌料预防效果较好。

十二、羊放线杆菌病

【病原】为林氏放线杆菌。细菌呈杆状，在脓小粒中成为长链，为革兰阴性。主要侵害头部和颈部皮肤及软组织，可以蔓延到肺部，但不侵害其他内脏。本菌抵抗力微弱，单纯干燥和加热至 50℃ 能迅速将其杀死。

【流行病学】本菌平常存在于污染的饲料和饮水中，当健羊的口腔黏膜被草芒、谷糠或其他粗饲料刺破时，细菌即乘机由伤口侵入柔软组织，如舌、唇、齿龈、腭及附近淋巴结。有时损害到喉、食管、瘤胃、肝、肺及紫膜。

【临床症状】常见症状为唇部、头下方及颈区发肿。有些病区由于脓肿破裂，其排出物使毛黏成团块，于是形成痂块。未破的病灶均为纤维组织，很坚固，含有黏稠的绿黄色脓液，脓内含有灰黄色小片状物。

【病理变化】此病只侵害软组织，常通过淋巴管在其他部位引起迁徙性病灶，故淋巴结常受影响，这是本病与放线菌病最重要的区别之处。山羊肺部病变主要为微小之白色结节，突出表面。

【诊断要点】由实验室做镜检确定。与此病相似的疾病有放线菌病、口疮、干酪样淋巴结炎、结核病以及普通化脓菌所引起的脓肿等，在临床上应注意进行区别诊断。

一般而言，放线杆菌病主要危害骨组织，放线杆菌病则只侵害软组织。与口疮的区别是，本病为结节状或大疙瘩，而口疮形成红疹和脓疱，累积一层厚的痂块。干酪样淋巴结炎却最常发生于肩前淋巴结和股前淋巴结，而且脓肿的性状与放线杆菌病完全不同。结核病很少发生于头部，而且结节较小。普通脓肿一般硬度较小，脓液很少为绿黄色。

【防治措施】

1. 预防　①因为粗硬的饲料可以损伤口腔黏膜，促进放线杆菌的侵入，所以，为了预防，必须将秸秆、谷糠或其他粗饲料浸软以后再喂。②注意饲料及饮水卫生，避免到低湿地区放牧。

2. 治疗

（1）碘剂治疗　静脉注射10%碘化钠溶液，并经常给病部涂抹碘酊。碘化钠的用量为20～25毫升，每周1次，直到痊愈为止。由于侵害的是软组织，故静脉注射相当有效，轻型病例往往2～3次即可治愈。内服碘化钾或者其他碘制剂，每次1～1.5克，每天3次，做成水溶液服用，直到肿胀完全消失为止。用碘化钾0.2克溶于1毫升蒸馏水中，再与5%碘酊2毫升混合，一次注射于患部。

如果应用碘剂引起碘中毒，应立即停止治疗5～6天或减少用量。中毒的主要症状是流泪、流鼻、食欲消失及皮屑增多。

（2）抗生素治疗　给患部周围注射链霉素，每天1次，连用5天。链霉素与碘化钾同时应用，效果更佳。头孢类抗生素的治疗效果也很好。

（3）手术治疗　对于较大的脓肿，用手术切开排脓，然后给伤口内塞入碘伏纱布，1～2天更换一次，直到伤口完全愈合为止。有时伤口快愈合时又逐渐肿大，这是因为施行手术后没有彻底用消毒液冲洗，病菌未完全杀灭，以致又重新复发。在这种情况下，可给肿胀部分注入1～3毫升复方碘溶液（用量根据肿胀大小决定）。注射以后病部会忽然肿大，但以后会逐渐缩小，直到治愈。

由于本病发病的主要原因是畜体潮湿或长期淋雨，圈舍通风不良，圈舍湿度过大。所以本病应采取综合性防治措施，圈舍保持干湿度适宜，防止淋雨，就能减少该病的发生，对于病羊采取隔离治疗，用药及时合理就能治愈。

第二章

羊的寄生虫病

　　羊的寄生虫病是指原虫、蠕虫、节肢动物等寄生虫暂时或永久性在羊体内或体表寄居，对羊造成一定程度的危害甚至引起死亡的一类疾病。寄生虫在不同动物及人之间自然传播引起人和多种动物发病的，这类寄生虫病叫人兽共患寄生虫病。寄生虫侵入羊体后，对羊的危害贯穿于移行和寄生的全过程，主要表现为在移行过程中引起宿主组织和器官的机械性损伤，掠夺营养，分泌、释放一些有害代谢产物或毒素，引起羊发热或中毒，通过诱导机体强烈的免疫反应而引起寄生组织或器官的严重病理损伤，继发感染。

　　羊寄生虫病的诊断应在流行病学资料调查的基础上，通过临床症状及病理特征做出初诊。确诊则需在实验室检查出虫卵、幼虫或成虫，必要时进行寄生虫学剖检。免疫学诊断适用于寄生虫病的生前诊断及大规模流行病学调查，分子生物学诊断可为寄生虫特别是原虫的精确分类提供依据。

　　在寄生虫病防治过程中，必须贯彻"防重于治、防治结合"的原则，掌握寄生虫的发育史和寄生虫病的流行规律，针对当地的实际情况，采取综合性防治措施，才能做到有的放矢，减少经济损失，促进养羊业的健康、持续发展。

第一节
吸虫病

一、片形吸虫病

【病原】

1. 肝片形吸虫　背腹扁平，外观呈树叶状。虫体前端有一呈三角形的锥状突，其底部有一对称"肩"。口吸盘呈圆形，位于锥状突的前端。腹吸盘较口吸盘大，位于其稍后方。生殖孔位于口吸盘、腹吸盘之间。雄性生殖器官的两个睾丸成分枝状，前后排列于虫体的中后部。雌性生殖器官的卵巢，成鹿角状，位于腹吸盘后的右侧。虫卵较大，长卵圆形，黄色或黄褐色，卵盖不明显，卵壳光滑。卵内充满卵黄细胞和一个胚细胞。

2. 大片形吸虫　虫体呈长叶状，体长与宽之比约为 5：1，虫体两侧缘比较平行，后端钝圆。"肩"部不明显。腹吸盘较口吸盘大约 1.5 倍。肠管和睾丸分枝更多且复杂，虫卵为黄褐色，长卵圆形。

【流行病学】肝片形吸虫的终末宿主主要为反刍动物。中间宿主为椎实螺科的淡水螺，在我国最常见的为小土窝螺。虫卵在适宜的温度(25～26℃)、氧气和水分及光线条件下，经 10～20 天孵化出毛蚴，毛蚴在水中游动，遇到中间宿主即钻入其体内。毛蚴在螺体内，经无性繁殖，发育成胞蚴、母雷蚴、子雷蚴和尾蚴几个阶段，最后尾蚴逸出螺体。尾蚴在水中游动，在水中或附着在水生植物上脱掉尾部，形成囊蚴。终末宿主饮水或吃草时，连同囊蚴一起吞食而被感染。囊蚴在十二指肠脱囊，一部分童虫穿过肠壁，到达腹腔，由肝包膜钻入肝脏，经移行到达胆管；另一部分童虫钻入肠黏膜，经肠系膜静脉进入肝脏；还有一部分通过十二指肠胆管开口处逆行而上，到达胆管。

片形吸虫病存在于全世界，是我国分布最广泛、危害最严重的寄生虫病之一。呈地方性流行。

【临床症状】片形吸虫病的症状可分为急性型和慢性型两种类型。急性型主要发生于夏末和秋季，多发生于绵羊，是由于短时间内吃进大量囊蚴所致。病畜食欲大减或废绝，精神沉郁，可视黏膜苍白，红细胞数和血红蛋白显著降低，体温升高，偶尔有腹泻，通常在出现症状3～5天死亡；慢性型多发生于冬季和春季。片形吸虫以宿主的血液、胆汁和细胞为食，并分泌毒素，造成宿主渐行性消瘦，贫血，食欲缺乏，被毛粗乱，眼睑、下颌水肿，有时也发生胸、腹下水肿。后期卧地不起，最后死亡。

【病理变化】片形吸虫病的急性病理变化包括肠壁和肝组织的严重损伤、出血，出现肝脏肿大。黏膜苍白，血液稀薄，血中嗜酸性细胞增加。慢性感染则引起慢性胆管炎、慢性肝炎和贫血。肝脏肿大、实质变硬、胆管增粗、常突出于肝表面，胆管内有磷酸盐（钙、镁）等沉积。

【诊断要点】根据临床症状、流行病学资料、粪便检查及死后剖检等进行综合判定。粪便检查多采用反复水洗沉淀法直接涂片来检查虫卵。急性病例时，可在腹腔和肝实质等处发现童虫，慢性病例可在胆管内检获大量成虫。

此外，免疫诊断法如酶联免疫吸附试验、间接血凝、血浆醇含量检测法等也可用于临床诊断。

【防治措施】防治本病，必须采取综合性防治措施，才能取得较好的效果。

1. 预防　应根据本病的流行病学特点，制定出合适于本地区的行之有效的综合性预防措施。

（1）预防性定期驱虫　驱虫的时间和次数可根据流行地区的具体情况而定。针对急性病例，可在夏秋季选用肝蛭净等对童虫效果较好的药物。针对慢性病例，北方全年可进行两次驱虫，第1次在冬末春初，由舍饲转为放牧之前进行；第2次在秋末冬初，由放牧转为舍饲之前进行。

（2）生物发酵处理粪便　对于驱虫后的家畜粪便可应用堆积发酵法杀死其中的病原，以免污染环境。

（3）消灭中间宿主椎实螺　利用兴修水利，改造低洼地，使椎实螺无适宜的生存环境；大量养殖水禽，用以消灭椎实螺类；也可用化学灭螺法，用 1∶50 000 的硫酸铜或氨水、生石灰溶液等。

（4）合理放牧　采取有效措施防治牛、羊、骆驼感染囊蚴。不要在低洼、潮湿、多囊蚴的地方放牧；在牧区有条件的地方，实行划地轮牧，降低牛羊的感染机会。

（5）保证饮水和饲草卫生　最好饮用井水或质量好的流水，将低洼潮湿地的牧草割后晒干再喂牛羊。

2. 治疗　目前，驱除片形吸虫常用药物如下，各地可根据药源和具体情况加以选用。

（1）硝氯酚　只对成虫有效。粉剂：牛 3 ～ 4 毫克 / 千克体重，羊 4 ～ 5 毫克 / 千克体重，一次口服。针剂：0.5 ～ 1.0 毫克 / 千克体重，羊 0.75 ～ 1.0 毫克 / 千克体重，深部肌内注射。

（2）丙硫咪挫（抗蠕敏）　牛 10 毫克 / 千克体重，羊 15 毫克 / 千克体重，一次口服，对童虫有良效，但对成虫效果较差。

（3）溴酚磷（蛭得净）　牛 12 毫克 / 千克体重，羊 16 毫克 / 千克体重，一次口服，对成虫和童虫均有良好的驱杀效果，可用于治急性病例。

（4）三氯苯唑（肝蛭净）　用 5% 的混悬液或含 250 毫克的丸剂，按 12 毫克 / 千克体重，经口投服。该药对成虫、幼虫和童虫均有高效去杀作用，亦可用于治疗急性病例。

（5）硝碘酚腈　对成虫和童虫均有较好的驱杀作用。牛 10 毫克 / 千克体重，羊 15 毫克 / 千克体重，皮下注射；或牛 20 毫克 / 千克体重，羊 30 毫克 / 千克体重，一次口服。本药在羊体内残留时间较长，投药 1 个月后肉、乳方可食用。

（6）五氯柳胺（氯羟杨苯胺）　高效驱成虫，15 毫克 / 千克体重，口服。

（7）碘醚柳胺　对成虫和 6 ～ 12 周未成熟幼虫都有效，口服 7.5 毫克 / 千克体重。

（8）双酰胺氧醚　对 1 ～ 6 周龄肝片形吸虫童虫有高效，但随着虫龄的增长，药效也随之降低。用于治疗急性期的病例，口服 100 毫克 / 千克体重。

（9）硫双二氯酚（别丁）　驱成虫有效，但使用后有较强的下泄作用。口服 80 ～ 100 毫克 / 千克体重，体质较差或腹泻严重的病羊，慎用或禁用本药。

（10）舒肝健胃散　肝片吸虫危害最严重的器官是肝脏和胆囊，对发病羊及同群羊在驱虫后及时用舒肝健胃散拌料或者水煎后让羊饮用，效果非常明显。

二、双腔吸虫病

【病原】

1. 矛形双腔吸虫　虫体狭长呈矛形，透明，棕红色，体表光滑。口吸盘后是咽、食管和两支简单的肠管。腹吸盘大于口吸盘，位于体前端 1/5 处。睾丸 2 个，圆形或边缘具缺刻，前后排列或斜列于腹吸盘的后方。卵巢圆形，居于睾丸之后。卵黄腺位于体中部两侧。子宫弯曲，充满虫体的后半部，内含大量虫卵。虫卵似卵圆形，褐色，具卵盖，内含毛蚴。

2. 中华双腔吸虫　与矛形双腔吸虫相似，但虫体较宽扁，其前方体部呈头锥形，后两侧做肩样突。睾丸 2 个，呈圆形。边缘不整齐或稍分叶，左右并列于腹吸盘后。

【流行病学】双腔吸虫在其生活史中，需要两个中间宿主，第 1 个中间宿主为陆地螺类，第 2 个中间宿主为蚂蚁。成虫在终末宿主的胆管或胆囊内产卵，虫卵随胆汁进入肠道，随粪便排至外界。虫卵被第 1 中间宿主吞食后，其内的毛蚴孵出，进而发育为母胞蚴、子胞蚴和尾蚴。尾蚴从子胞蚴的产孔逸出后，移行至陆地螺的呼吸腔，形成含尾蚴囊群的黏性球后从螺的呼吸腔排出，粘在植物或其他物体内含有尾蚴的黏性球被蚂蚁吞食后，尾蚴在其体内很快形成囊蚴。牛羊等家畜吃草时吞食了含囊蚴的蚂蚁而感染。囊蚴在终末宿主的肠内脱囊，由十二指肠经胆总管到达胆管或胆囊内寄生。

本病的分布几乎遍及世界各地，多呈地方性流行。

【临床症状】多数羊症状轻微或不表现症状。一般表现为慢性消耗性疾病的临床特征，如精神沉郁、食欲缺乏、渐进性消瘦、可视黏膜黄染、贫血、颌下水肿、腹行动迟缓、喜卧等。严重的病例可导致死亡。

【流行病学】由于虫体的机械性刺激和毒素作用，可引起胆管卡他性炎症、胆管壁增厚、肝大等病理变化。在胆管和胆囊内可见寄生有数量不等的虫体。

【诊断要点】在流行病学调查的基础上，结合临床症状进行粪便虫卵检查、死后剖检等进行确诊。

【防治措施】

1. 预防　根据双腔吸虫的生活史和本病的流行病学特点，采取综合性的防治措施。

（1）定期驱虫　最好在每年的秋末和冬季进行，对所有在同一牧地上放牧的牛羊同时驱虫，以防虫卵污染草场。

（2）消灭中间宿主　除去杂草、灌木丛等，消灭中间宿主——陆地螺，也可用人工捕捉或在草地养鸡灭螺。

2. 治疗　目前，治疗本病可用以下药物：

（1）海涛林　该药是治疗双腔吸虫病最有效的药物，安全性高，对妊娠母羊及产羔均无不利影响。剂量按 40 ～ 50 毫克 / 千克体重配成 2% 悬浮液口服。

（2）氯苯酰嗪　羊 40 ～ 50 毫克 / 千克体重，牛 30 ～ 40 毫克 / 千克体重，配成 2% 的混悬液，经口腔灌服，特效。

（3）丙硫咪唑　羊 30 ～ 40 毫克 / 千克体重，牛 10 ～ 15 毫克 / 千克体重，一次口服。

（4）六氯对二甲苯　牛羊剂量均为 200 ～ 300 毫克 / 千克体重，一次口服，连用两次。

（5）吡喹酮　羊 65 ～ 80 毫克 / 千克体重，牛 35 ～ 45 毫克 / 千克体重，一次口服。

三、前后盘吸虫病

【病原】前后盘吸虫的种类繁多，虫体大小、颜色、形状及内部构造因种类不同而有差异。前后盘吸虫呈圆柱状，或梨形、圆锥形等，有的长数毫米，有的长 20 多毫米。有两个吸盘，口吸盘位于虫体的前端，腹吸盘位于虫体的末端或亚末端，口、腹吸盘之比为 1 ∶ 2，故名前后盘吸虫。虫体多呈深红色，或呈乳白色。有些具有腹袋。有的口吸盘后连有 1 对突出袋，角皮光滑，缺咽，有食管，有 2 个肠管。睾丸分叶，常位于卵巢之前。卵黄腺发达，位于虫体两侧。虫卵呈椭圆形，淡灰色，较大。

【流行病学】前后盘吸虫的发育史与肝片吸虫相似。成虫在牛羊的瘤胃内产卵，卵进入肠道随粪便排出体外。虫卵在外界适宜的环境条件下孵出毛蚴；毛蚴进入水中，遇到中间宿主如扁卷螺，即钻入其体内，发育成为胞蚴、雷蚴和尾蚴。尾蚴离开虫体后，附着在水草上形成囊蚴。牛羊等反刍动物由于吞食含有囊蚴的水草而受感染。囊蚴到达肠道后，童虫从囊内游离出来。童虫在附着瘤胃黏膜之前先在小肠、胆管、胆囊和真胃内移行，寄生数十天，最后到达瘤胃内发育为成虫。本病发生于夏秋季节。

【临床症状】本病成虫危害轻微，主要是童虫在移行期间引起小肠、胆管、胆囊和真胃的损伤。主要症状表现为：出血性胃肠炎，顽固性腹泻，粪便呈粥样或水样，常有腥臭。病牛羊消瘦，颌下水肿，严重时发展到整个头部以致全身。精神委顿，体弱无力，病程拖长后出现恶病质状态。病牛羊逐渐消瘦，高度贫血，黏膜苍白，血液稀薄。到后期，病牛羊极度瘦弱，卧地不起，最后因衰竭而死亡。

【病理变化】剖检可见瘤胃上有大量寄生虫，瘤胃黏膜肿胀、损伤。童虫移行时可造成虫道，使胃肠黏膜及其他脏器受损，有多量出血点，肝脏瘀血，胆汁稀薄，色泽变淡，病变各处均有大量童虫。

【诊断要点】沉淀法检查出来粪便虫卵或结合临床症状、流行病学、死后剖检检出大量童虫即可确诊。

【防治措施】

1. 预防　可参照肝片吸虫病。

2. 治疗

（1）氯硝柳胺（灭绦灵）　剂量为 75 ~ 80 毫克/千克体重，该药对驱除成虫、童虫和幼虫均有良好的疗效。

（2）硫双二氯酚（别丁）　驱除成虫疗效显著，驱除童虫也有较好疗效，80 ~ 100 毫克/千克体重，一次口服。

（3）溴羟替苯胺　驱除成虫、童虫均有较好疗效，按 65 毫克/千克体重制成悬浮液灌服。

（4）六氯对二甲苯　驱除成虫疗效较好，按 200 毫克/千克体重，每天1 次，灌服，可连用两天。

四、阔盘吸虫病

【病原】

1. 胰阔盘吸虫　虫体扁平,半透明状,长卵圆形,长6～8毫米,宽5～5.5毫米。吸盘发达,口吸盘较腹吸盘大。咽小,食管短。睾丸2个,圆形或略分叶,左右排列在腹吸盘水平线的稍后方。雄茎囊呈长管状,位于腹吸盘前方与肠管分枝之间。生殖孔位于肠管分叉处的后方。卵巢位于睾丸之后,虫体中线附近。子宫弯曲,在虫体的后半部,内充满棕色的虫卵。卵黄腺呈颗粒状,位于虫体中部两侧。虫卵呈黄色或深褐色,椭圆形,两侧稍不对称,一端有卵盖,大小为(42～50)微米×（26～33）微米,内含一个椭圆形的毛蚴。

2. 阔盘吸虫　虫体呈短椭圆形,体后端具一明显尾突。卵巢多呈圆形,大多数边缘完整,少数有缺刻或分叶。睾丸呈圆形或边缘有缺刻。

3. 枝睾阔盘吸虫　呈前端尖、后端钝的瓜子形。长4.49～7.9毫米,宽2.17～3.07毫米。腹吸盘小于口吸盘。卵巢分叶5～6瓣。睾丸大而有分枝。

【流行病学】阔盘吸虫的发育需要两个中间宿主。第1个中间宿主为陆地螺类,胰阔盘吸虫第2个中间宿主为中华冬螽,阔盘吸虫的第2个中间宿主为红脊草螽、尖头草螽,枝睾阔盘吸虫第2个中间宿主为针蟋。成熟的卵从终末宿主体内随粪便排出体外,被第1个中间宿主蜗牛吞食后在蜗牛体内孵化出毛蚴,进而发育成为母胞蚴、子胞蚴和尾蚴,子胞蚴移行从蜗牛的气孔排出,形成圆形的囊,内含尾蚴。第2个中间宿主吞食从蜗牛体内排出的含有大量尾蚴的子胞蚴黏团后,子胞蚴在草螽体内经23～30天的发育,尾蚴即从子胞蚴中孵出,发育成为囊蚴。牛羊由于在牧地吃草时吞食了含有囊蚴的草螽而受感染。

【临床症状】胰阔盘吸虫寄生在牛羊的胰管中,由于虫体的机械性刺激和毒性物质的作用,使胰管发生慢性增生性炎症,致使胰管增厚,管腔狭小,严重感染时,引起管腔闭塞,可使动物胰脏功能异常,引起消化不良。动物表现为消瘦,营养不良,腹泻,贫血和水肿,粪便常含有黏液,严重时引起动物死亡。

【病理变化】尸体消瘦，胰腺肿大，胰管因高度扩张呈黑色蚯蚓状，突出于胰脏表面。胰管发炎增厚，并有点状出血，内含大量虫体。慢性感染因结缔组织增生而导致整个胰脏硬化、萎缩，胰管内有数量不等的虫体寄生。

【诊断要点】进行粪便检查，采用沉淀法发现虫卵即可确诊。

【防治措施】

1. 预防　在本病流行地区每年初冬和早春各进行一次预防性驱虫。应注意消灭其第 1 宿主蜗牛。同时加强饲养管理，一增强畜体的抵抗力。

2. 治疗　可选用如下药物进行治疗：

（1）六氯对二甲苯　剂量为绵羊和山羊 300 ～ 400 毫克 / 千克体重，口服。牛 300 毫克 / 千克体重，口服。隔天 1 次，3 次为 1 个疗程。驱除阔盘吸虫效果良好。

（2）吡喹酮　剂量为绵羊 90 毫克 / 千克体重，口服；山羊 100 毫克 / 千克体重，口服。肌内注射或腹腔注射剂量：绵羊 30 ～ 50 毫克 / 千克体重；山羊 30 ～ 50 毫克 / 千克体重；牛 35 ～ 45 毫克 / 千克体重。驱虫率均在95% 以上。

五、羊血吸虫病

【病原】

1. 分体属　该属在我国仅有日本分体吸虫 1 种。虫体呈细长线状。雄虫乳白色，体长 10 ～ 20 毫米，宽 0.5 ～ 0.97 毫米。口吸盘在体前端；腹吸盘较大，具有粗而短的柄，位于口吸盘后方不远处。体壁自腹吸盘后方至尾部两侧向腹面卷起形成抱雌沟，通常雌虫居于沟内呈合抱状态。睾丸7 个，呈椭圆形，单行排列在腹吸盘的下方。食管在腹吸盘的背面处分成两支肠管，这两支肠管在虫体的后 1/3 处又合并为单盲管。雌虫呈暗褐色，体长 12 ～ 26 毫米，宽约 0.3 毫米，卵巢呈椭圆形，位于虫体中部偏后方两肠管合并处前方。卵膜在卵巢的前部。卵黄腺呈较规则的分枝状，位于虫体后 1/4 部。子宫自卵膜延至腹吸盘后方的生殖孔处，内含虫卵 50 ～ 300个。虫卵呈短卵圆形，淡黄色，长 70 ～ 100 微米，宽 50 ～ 80 微米。卵壳薄，无盖，在卵壳一端侧上方有 1 个小刺，卵内含毛蚴。

2. 东毕属　东毕属中较重要的虫种有土耳其斯坦东毕吸虫、彭氏东毕吸虫、程氏东毕吸虫和土耳其斯坦结节变种。土耳其斯坦东毕吸虫虫体呈线状。雄虫乳白色，体表平滑无结节；体长 4.2～8 毫米，宽 0.36～0.42 毫米；口、腹吸盘均不发达；腹吸盘后体壁向腹面卷曲形成抱雌沟（雌雄虫体通常也呈合抱状态）；睾丸 70～80 个，颗粒状，呈不规则的双行排列于腹吸盘的下方，也有个别虫体以单行排列。雌雄虫的两肠管支也在虫体后部吻合为单盲管，伸达虫体末端。雌虫呈暗褐色，体长 3.4～8 毫米，宽 0.07～0.12 毫米；卵巢呈螺旋形，位于两肠管合并处前方；卵黄腺位于卵巢之后的单肠管两侧，达肠管末端；子宫短，在卵巢前方；子宫内通常只有 1 个虫卵。虫卵无卵盖，长 20～77 微米，宽 18～26 微米。卵的两端各有 1 个附属物，一端比较尖，另一端钝圆。

【流行病学】日本分体吸虫与东毕吸虫的发育过程大体相似，包括虫卵、毛蚴、母胞蚴、子胞蚴、尾童虫及成虫等阶段。其不同之处是：日本分体吸虫的中间宿主为钉螺，东毕吸虫为多种椎实螺；此外，它们在宿主范围、各个幼虫阶段的形态及发育所需时间等方面也有所区别。其发育过程如下：雌虫在寄生的静脉末梢产卵，产出的虫卵一部分随血流到达肝脏，一部分沉积在肠黏膜下层的静脉末梢。肠壁上的虫卵在血管内成熟后，虫卵内毛蚴分泌的溶细胞物质使虫卵周围肠组织发炎、坏死、破溃，虫卵进入肠道随粪便排出体外，并在外界水中孵出毛蚴。毛蚴遇中间宿主钉螺或椎实螺即迅速钻入螺体内，经母胞蚴、子胞顿和尾蚴阶段的发育后，尾蚴离开螺体入水中。羊等终末宿主饮水或放牧时，尾蚴即钻入羊皮肤或通过口腔黏胶进入体内，体内的虫体也可通过胎盘感染胎儿。在终末宿主体内的童虫又侵入小血管或淋巴管，随血流到达其寄生部位发育为成虫。

日本分体吸虫分布于中国、日本、菲律宾及印度尼西亚，近年来在马来西亚亦有报道。在我国广泛分布于长江流域及其以南的 13 个省、市、自治区（贵州省除外），共 372 个县市。主要危害人和牛、羊等。

我国现已查明，除人体外，有 40 余种哺乳动物为日本分体吸虫的易感动物，包括啮齿类和各种家畜。耕牛、沟鼠的感染率为最高。黄牛的感染率和感染强度一般均高于水牛。黄牛年龄愈大，阳性率也愈高；水牛的阳性率却随年龄的增长有下降趋势，水牛还有自愈现象。但在长江流域和江南，水牛不仅数量多，而且接触疫水频繁，故在本病的传播上可能起主要作用。

人和动物的感染与接触含有尾蚴的疫水有关。感染多在夏、秋季节。感染的途径主要为经皮肤钻入感染，也可经吞食含有尾蚴的水、草经口腔和消化道黏膜感染，还可经胎盘由母体感染胎儿。该病的流行必须具备3个条件：虫卵能落入水中并孵化出毛蚴；毛蚴感染钉螺；在钉螺体内发育逸出的尾蚴能接触并感染终末宿主。一般钉螺阳性率高的地区，人畜的感染率也高；凡有病人及钉螺阳性的地区，就一定有病牛。钉螺的分布与当地水系的分布是一致的，病人、病畜的分布与当地钉螺的分布也是一致的，具有地区性特点。

【临床症状】日本分体吸虫大量感染时，病羊出现腹泻，粪中带有黏液、血液，体温升高，黏膜苍白，口渐消瘦，生长发育受阻，可导致不孕或流产。通常绵羊和山羊感染日本分体吸虫时症状较轻。感染东毕吸虫的羊多取慢性过程，主要表现为颌下、腹下水肿，贫血，黄疸，消瘦，发育障碍及影响受胎，发生流产等，如饲养管理不善，最终可导致死亡。

【病理变化】尸体明显消瘦、贫血和出现大量腹水；肠系膜、大网膜、甚至胃肠壁浆膜层出现显著的胶样浸润；肠黏膜有出血点、坏死灶、溃疡、肥厚或瘢痕组织；肠系膜淋巴结及脾变性、坏死；肠系膜静脉内有成虫寄生；肝脏病初肿大，后则萎缩、硬化；在肝脏和肠道处有数量不等的灰白色虫卵结节；心、肾、胰、脾、胃等器官有时也可发现虫卵结节。

【诊断要点】在流行地区可根据临床症状做出初诊，但确诊和检出轻度感染要靠病原学和免疫学诊断。

可采用水洗沉淀法，镜检可疑病羊粪便中有无虫卵的存在。也可应用毛蚴孵化法查找毛蚴，其方法是，将水洗沉淀物倒入三角瓶中，加清水至离瓶口约1厘米处，温度保持在20～30℃，24小时内观察3～4次，如出现形状大小一致、针尖形、透明发亮、有折光性并在水面下方4厘米以内的水中做水平或略斜向直线运动的虫体，则为毛蚴。此外，也可刮取直肠黏膜做压片，镜检虫卵。

免疫学诊断包括皮内反应、环卵沉淀反应、补体结合反应、间接血凝试验、对流免疫电泳和酶联免疫吸附试验等方法，对证明是否感染具有一定的参考价值。

【防治措施】

1. 预防　日本分体吸虫病对人的危害很严重。因此，对该病应采取综合性措施，要人畜同步防治。预防措施除了积极查治病畜、病人，控制感染源外，还应抓好消灭钉螺、加强粪便管理以及防止家畜感染各个环节。

灭螺是切断日本分体吸虫生活史，预防该病流行的重要环节。可以利用食螺鸭子等消灭钉螺；结合农田水利建设，改造低洼地，使钉螺无适宜的生存环境；常用的方法是化学灭螺，如用五氯酚钠、氯硝柳胺、溴乙酰胺、茶籽饼、生石灰等在江湖滩地、稻田等处灭螺。加强粪便管理，人畜粪便应进行堆积发酵等杀灭虫卵后再利用，管好水源，严防人畜粪便污染水源。防止家畜感染，关键要避免家畜接触尾蚴。饮水要选择无钉螺的水源，用专塘水或用井水。凡疫区的牛羊均应实行安全放牧，建立安全放牧区，特别注意在流行季节（夏、秋）防止家畜涉水，避免感染尾蚴。

同时，消灭沟鼠等啮齿类动物在预防该病的流行上有重要意义。此外，我国对日本分体吸虫病虫苗的研制工作已取得一定成绩，这将为该病的预防开辟光明的前景。

2. 治疗　可选用下列药物。

（1）硝硫氰胺　剂量按 4 毫克 / 千克体重，配成 2% ~ 3% 水悬液，颈静脉注射。

（2）吡喹酮　剂量按 20 ~ 30 毫克 / 千克体重，一次口服。

（3）硝硫氰醚　剂量按 60 ~ 80 毫克 / 千克体重，灌服。

（4）六氯对二甲苯　剂量按 700 毫克 / 千克体重，平均分成 7 份，每天 1 次，连用 7 天，灌服。

第二节
绦虫病

一、细颈囊尾蚴病

【病原】

1. 细颈囊尾蚴 俗称水铃铛，多悬垂于腹腔脏器上，虫体呈囊泡状，黄豆大或鸡蛋大，囊壁乳白色，囊内含透明液体和 1 个白色的头节。头节与囊体之间具有 1 个细长的颈部。

2. 泡状带绦虫 成虫虫体长 1.5 ～ 2 米，有 250 ～ 300 个节片组成，头节稍宽于颈节，具有 4 个吸盘，顶突有两圈小钩数 30 ～ 40 个；孕节子宫每侧有 10 ～ 16 个粗大分枝，每枝又有小分枝，子宫全被虫卵充满。虫卵近似圆形，内含六钩蚴。

【流行病学】 成虫泡状带绦虫寄生于犬、狼等食肉兽小肠，幼虫细颈囊尾蚴寄生于猪、黄牛、绵羊、山羊等多种家畜及野生动物的肝脏浆膜、网膜及肠系膜等处。虫卵随粪便排出，被羊采食后，在羊体消化道内六钩蚴逸出，钻入肠壁随血液循环到达肝实质，移行到肝表面，进入腹腔，附在肠系膜、大网膜等处，3 个月后发育成细颈囊尾蚴。细颈囊尾蚴被犬等终末宿主吞食后，在其小肠内伸出头节附着在肠壁上经 2 ～ 3 个月发育为成虫。

【临床症状】 通常成年羊临床症状表现不明显，羔羊症状明显。当肝脏及腹膜在六钩蚴的作用下发生炎症时，可出现体温升高，精神沉郁，腹水增加，腹壁有压痛，甚至发生死亡。经上述急性发作后则转为慢性病程，一般表现为消瘦、衰弱和黄疸等症状。

【病理变化】 慢性病例可见肝脏包膜、肠系膜、网膜上具有数量不等、大小不一的虫体泡囊，严重时还可在肺和胸腔处发现虫体。急性病例，可见急性肝炎及腹膜炎，肝脏肿大，有出血点，肝实质中有虫体移行的虫道，虫道中有移行的幼虫。

【诊断要点】生前诊断较困难，可用血清学诊断。一般在死后剖检发现细颈囊尾蚴可确诊。急性的易与肝片形吸虫相混淆。在肝脏中发现细颈囊尾蚴时，应与棘球蚴相区别，前者只有 1 个头节，壁薄而透明，后者壁厚而不透明。

【防治措施】

1.预防　含有细颈囊尾蚴的脏器应进行无害化处理。做好羊饲料、饮水及圈舍的清洁卫生工作，防止被犬粪污染。在本病流行地区对犬进行驱虫。

2.治疗

（1）吡喹酮　按 50 ~ 70 毫克 / 千克体重，与液状石蜡按 1 ：6 比例混合研磨均匀，分两次间隔 1 天深部肌内注射，可全部杀死虫体。

（2）硫双二硫酚　按 0.1 毫克 / 千克体重喂服。

二、棘球蚴病

【病原】羊的棘球蚴病主要由细粒棘球绦虫的幼虫——细粒棘球蚴所致。

1.细粒棘球蚴　棘球蚴的形状常因其寄生部位的不同而有不少变化，一般近似球形，有的仅有黄豆大，含囊液。棘球蚴的囊壁分为两层，外为乳白色的角质层，内为生发层，生发含有丰富的细胞结构，并有成群的细胞向囊腔内芽生出有囊腔的子囊和原头节，有小蒂与母囊的生发层相连接或脱落后游离于囊液内成为棘球砂。子囊壁的结构与母囊相同，其生发层同样可以芽生出不同数目的孙囊和原头节（有些子囊不能长孙囊和原头节，称为不育囊，能长孙囊和原头节的子囊成为育囊）。

2.细粒棘球绦虫　虫体很小，全长 2 ~ 6 毫米，由 1 个头节和 3 ~ 4 个节片构成。头节有吸盘、顶突和小钩。成熟节片含雌雄生殖器官各 1 套，生殖孔不规则交替开口于节片侧缘的中线后方，睾丸有 35 ~ 55 个，雄颈囊呈梨状；卵巢左右两瓣，孕节子宫膨大为盲囊状，内充满着 500 ~ 800 个虫卵，虫卵直径为 30 ~ 36 微米，外被一层辐射状的胚膜。内含六钩蚴。

【流行病学】寄生于犬科动物小肠的细粒棘球绦虫成熟后，虫卵或孕节随犬粪排出，被猪、牛及羊等经口感染后，六钩蚴逸出进入血液循环，大部分停留在肝内，一部分到达肺寄生，少数到达其他脏器，经 5～6 个月发育为成熟的棘球蚴。犬在本病的流行上有重要的作用，犬科动物食入棘球蚴后，在小肠内经 7 周发育为成虫。本病在牧区严重感染，由于牲畜种类多，接触感染机会多，导致流行普遍。

【临床症状】寄生数量少时，表现消瘦、被毛粗糙逆立、咳嗽等症状。大量虫体寄生，肝、肺高度萎缩，病畜逐渐消瘦，肋下出现肿胀和疼痛，终因恶病质或窒息而死亡。猪的症状不如羊明显。

【病理变化】剖检可见肝、肺体积增大，表面凹凸不平，可找到棘球蚴，同时可观察到囊泡周围的实质萎缩。也可偶然见到一些缺乏囊液的囊泡残迹或干酪变性和钙化的棘球蚴及化脓病灶。

【诊断要点】生前诊断较困难。根据流行病学和临床症状，采用皮内变态反应、间接血凝和酶联免疫吸附试验等方法对动物和人的棘球蚴病有较高的检测率。对动物尸体剖检时，发现棘球蚴可以确诊。

【防治措施】严格执行屠宰牛羊的兽医卫生检验及屠宰场的卫生管理，发现棘球蚴应销毁，严禁喂犬。生前确诊较困难，可用免疫学诊断方法。加强畜牧卫生管理，避免饲料、饮水被犬粪污染。

治疗

（1）丙硫咪唑 剂量 90 毫克/千克体重，连服 2 次，对原头蚴的杀虫率为 82%～100%。

（2）吡喹酮 剂量 25～30 毫克/千克体重，口服，1 天 1 次，连用 5 天。

（3）氢溴酸槟榔碱 按 1～2 毫克/千克体重，绝食 12 小时后给予。

（4）盐酸丁奈咪片 犬按体重 25～50 毫克/千克体重，绝食 3～4 小时投药。

三、脑包虫病（多头蚴病）

脑包虫病是由多头带绦虫的幼虫，即脑多头蚴所引起的寄生虫病。成虫在终末宿主犬、豺、狼、狐狸等的小肠内寄生。幼虫寄生在绵羊、山羊、黄牛、牦牛和骆驼等偶蹄类的大脑、延髓、脊髓等处引起的脑炎、脑膜炎及一系列神经症状，甚至死亡，是危害绵羊和犊牛的严重寄生虫病，尤其两岁以下的绵羊易感。

【病原】呈囊泡状，囊体由豌豆到鸡蛋大，囊内充满透明液体，囊壁有两层膜组成，外膜为角质层，内膜为生发层，其上有许多原头蚴，原头蚴直径为 2 ~ 3 毫米，数量 100 ~ 250 个。成虫长 40 ~ 100 厘米，头节有 4 个吸盘，成熟节片有生殖器官 1 组，睾丸约 300 个，卵巢分两叶，孕节内充满虫卵，子宫两侧有 14 ~ 26 个侧枝，并有再分枝，但数目不多。卵为圆形，直径 41 ~ 51 微米。

【流行病学】成虫寄生在犬、豺、狼、狐狸等小肠，其孕节脱落后随宿主粪便排出体外，虫卵被中间宿主吞食，六钩蚴在胃肠道内逸出，随血流被带到脊髓中。经 2 ~ 3 个月发育为多头蚴。终末宿主吞食了含有多头蚴的脑脊髓，原头节附着在小肠壁上逐渐发育，经 47 ~ 73 天发育为成熟。

【临床症状】有前期和后期的区别，前期症状一般表现为急性型，后期为慢性型。后期症状又因病原体寄生的部位不同且体积增大的程度不同而异。

前期症状：以羔羊的急性型最为明显，感染初期，六头蚴移行引起脑部炎症，表现为体温升高，病畜做回旋、前冲或后退运动；有时沉郁，长期躺卧，脱离畜群。

后期症状：典型症状为转圈运动，所以通常又将多头蚴病的后期症状称为回旋病。其转圈运动的方向与寄生部位是一致的，即头偏向病侧，并且向病侧做转圈运动。多头蚴囊体越大，动物转圈越小。

【病理变化】急性死亡的羊可见脑炎和脑膜炎病变，慢性病例则在脑或脊髓的不同部位发现 1 个或多个大小不等的囊状多头蚴。在病变与虫体相接的颅骨处，骨质松软、变薄，甚至穿孔，致使皮肤像表面隆起。

【诊断要点】由于多头蚴病经常有特异的症状，容易与其他病相区别；但要注意与莫尼茨绦虫病、羊鼻蝇蛆病以及脑瘤或其他脑病相区分，这些疾病一般不会有头骨变薄、变软和皮肤隆起的现象。此外还可用变态反应原（用多头蚴的囊液及原头蚴制成乳剂）注入羊的上眼睑内做诊断。近年来采用酶联免疫吸附试验诊断，有较强的特异性、敏感性，且没有交叉反应，是多头蚴病早期诊断的好方法。

【防治措施】

1. 预防　只要不让犬吃到带有多头蚴的羊等动物的脑和脊髓，则此病即可得到控制。病畜的头颅脊柱应予烧毁；患多头绦虫的犬必须驱虫，对野犬、豺、狼、狐狸等终末宿主应予猎杀。

2.治疗　感染初期（急性型）尚无有效疗法。在后期多头蚴发育增大能被发现时，可根据囊包所在的位置，用外科手术将头骨开 1 个圆口，先用注射器吸去囊中液体，使囊体缩小，而后摘除。但这种方法，一般只能应用于脑表面的虫体。在深部的囊体，如果采用 X 线或超声波诊断确定其部位，亦有施行手术的可能。

近年来用丙硫咪唑和吡喹酮进行治疗，可获得较满意的效果。

四、羊囊尾蚴病

【病原】

1.羊囊尾蚴　椭圆形，为乳白色囊泡状，囊内充满无色透明液体。囊壁上有 1 个内凹的头节，呈乳白色。

2.羊带绦虫　虫体长 45 ～ 10 厘米，乳白色，头节除具有 4 个吸盘外，还有顶突，顶突上有 24 ～ 36 个小钩。成节有 1 组生殖器官系统。孕节内子宫每侧有 20 ～ 25 个侧节。

【流行病学】成虫羊带绦虫寄生于犬、狼等犬科动物的小肠内，其成熟孕卵节片和虫卵随粪便排出体外，被其中间宿主羊吞食后，虫卵内的六钩蚴在胃肠逸出，钻入肠壁血管，随血液肌肉和其他组织，经 2.5 ～ 3 个月发育为成熟的囊尾蚴。终末宿主犬、狼等食入含有羊囊尾蚴的肉后，囊尾蚴在其小肠内头节翻出固着在肠壁黏膜上，约经 7 周发育为成虫。

羊囊尾蚴在美国西部较常见，欧洲罕见，在我国新疆和青海亦有发生。

【临床症状】羊囊尾蚴感染通常无明显症状，急性期可有发热、肌肉肿痛、末梢血液嗜酸性粒细胞数明显增多的临床症状。

【病理变化】剖检可在皮下、全身肌肉、心肌、膈肌、咬肌、舌肌及肺、肝、脑等组织中寄生有囊尾蚴。

【诊断要点】羊囊尾蚴病的生前诊断相当困难，虫体寄生虽可导致羔羊发病，并造成死亡，但往往需剖检后，在心肌、膈肌、咬肌、舌肌及肺、肝、脑等组织中发现有羊囊尾蚴才可做出确诊。

【防治措施】繁殖本病的主要措施是在流行地区给犬进行定期驱虫。严禁用含有羊囊尾蚴的肉品或内脏喂犬。防止犬粪污染圈舍、饮水机外界环境等。

五、莫尼茨绦虫病

【病原】莫尼茨绦虫为大型绦虫。在我国常见的有扩展莫尼茨绦虫和贝氏莫尼茨绦虫。虫体头节细小，近似球形，有 4 个吸盘，无顶突和小钩。成节内有 2 组生殖器官，睾丸分布在节片两侧纵排泄管之间，雌性生殖器官包括两个扇形分叶的卵巢和 2 个块状的卵黄腺，卵巢和卵黄腺构成环形将卵巢围在中间。节间腺位于节片后缘，扩展莫尼茨绦虫的节间腺为一列小圆逢状物，沿节片后缘分布；而贝氏莫尼茨绦虫的呈带状，位于节片后缘的中央。虫卵为三角形、四角形，虫卵内有特殊的梨形器。器内含六钩蚴，卵的直径为 56 ~ 67 微米。

【流行病学】莫尼茨绦虫在发育过程中需要一个中间宿主——地螨。终末宿主将虫卵和孕节随粪便排出体外，虫卵被中间宿主吞食后，六钩穿过消化道，进入体腔，发育至具有感染性的似囊尾蚴，动物吃草时吞食了含似囊尾蚴的地螨而受感染。莫尼茨绦虫为世界性分布，在我国的东北、西北和内蒙古的牧区流行广泛；在华北、华东、中南及西南各地也经常发生。农区不太严重。莫尼茨绦虫主要危害 1.5 ~ 8 个月的羔羊和当年生的犊牛。

【临床症状】莫尼茨绦虫是幼畜的疾病，成年动物一般无临床症状。幼年羊最初的表现是精神不振、消瘦、离群、粪便变软，后发展为腹泻，粪中含黏液和孕节片，进而症状加剧，动物衰弱，贫血。有时有明显的神经症状，如无目的的运动，步态蹒跚，有时有震颤。神经型的莫尼茨绦虫病羊往往以死亡告终。

幼年羊扩展莫尼茨绦虫多发生于夏秋季节，而贝氏莫尼茨绦虫病多在秋后发病。

【病理变化】尸体消瘦，黏膜苍白，贫血。胸腹腔渗出液增多。肠有时发生阻塞或扭转。肠系膜淋巴结，肠黏膜增生、出血，有时大脑出血，浸润，肠内有绦虫。

【诊断要点】在病羊粪球表面有黄白色的孕节片，形似煮熟的米粒，将孕节做涂片检查时，可见到大量灰白色、特征性的虫卵。用饱和盐水浮集法检查粪便时，便可发现虫卵。结合临床症状和流行病学资料分析便可以确立诊断。

【防治措施】

1. 预防 鉴于幼畜在早春放牧一开始即遭感染，所以，应在放牧后 4 ~ 5 周时进行成虫期前驱虫，第 1 次驱虫后 2 ~ 3 周，最好进行第 2 次驱虫。驱虫的对象应是幼畜；但成年动物一般为带虫者，是重要的感染源，因此，对他们的驱虫仍不应忽视。污染的牧地，特别是潮湿和深林牧地空闲两年后可以净化。土地经过几年的耕作后，地螨量可大大减少，有利于莫尼茨绦虫的预防。

2. 治疗

方案一：

（1）硫双二氯酚 剂量为羊 100 毫克 / 千克体重，一次口服。

（2）氯硝柳胺 羊的剂量为 75 ~ 80 毫克 / 千克体重，做成 10% 水悬液灌服。

（3）丙硫咪挫 剂量为羊 10 ~ 20 毫克 / 千克体重，做成 1% 水悬液灌服，1 次 / 天，连用 2 天；或者丙硫咪唑 15 毫克 / 千克体重，每天 2 次，10 天后排虫。

（4）吡喹酮 剂量为 25 ~ 40 毫克 / 千克体重，疗效均好。

（5）吸虫驱虫后 必须用舒肝健胃散来保肝健胃，才能确保羊消化功能的恢复。

方案二：

（1）丙硫苯咪唑 12 ~ 25 毫克 / 千克体重，一次口服。

（2）硝氯酚 4 ~ 5 毫克 / 千克体重，一次口服，对驱成虫有高效。

（3）氯氰碘柳胺钠 肌内注射 5 ~ 10 毫克 / 千克体重，或口服 10 ~ 15 毫克，对成虫和 6 ~ 12 周未成熟的肝片吸虫均有效。

（4）硫双二氯芬 80 ~ 100 毫克 / 千克体重，灌服，对驱成虫存效。

（5）驱虫药 第 1 天投服驱虫药物，第 3 天服用大黄苏打片按 1 片 / 千克体重清理肠道，第 5 天服用舒肝健胃散保肝健胃，从第 1 天投服驱虫药开始起，第 8 天开始重复用药 1 次。

六、无卵黄腺绦虫病

【病原】虫体为中型绦虫。头节上无顶突和小钩，有 4 个吸盘。成节内有 1 套生殖器官，卵巢位于生殖孔一侧，子宫在节片中央。无卵黄腺和梅氏腺。睾丸位于纵排泄管两侧。虫卵被包在副子宫器内，虫卵内无梨形器，直径为 21 ~ 38 微米。

【流行病学】生活史尚不清楚，有人认为啮虫类为中间宿主，现已确认弹尾目长角跳虫为其中间宿主，它吞食虫卵后，经 20 天可在体内形成似囊尾蚴。牧羊时连同牧草一起食入含似囊尾蚴的小昆虫而受感染，在羊体内约经 1.5 个月的发育变为成虫。

【临床症状】绵羊无卵黄腺绦虫病的发生具有明显的季节性，多发生于秋季与初冬季节，且常见于 6 个月以上的绵羊和山羊。有的突然发病，放牧中离群，不食，垂头，几小时后死亡。

【病理变化】剖检时可见有急性卡他性肠炎，并有许多出血点，死亡羊一般膘情均好。

【诊断要点】参考莫尼茨绦虫病诊断方法。

【防治措施】请参阅莫尼茨绦虫。

七、曲子宫绦虫病

【病原】虫体为中型绦虫。头节小，有 4 个吸盘，无顶突。成节内含有 2 套生殖器官，睾丸为小圆点状，分布于纵排泄管的外侧；子宫管状横行，呈波状弯曲，几乎横贯节片的全部。虫卵呈卵圆形，直径为 18 ~ 27 微米，每 5 ~ 15 个虫卵被包在一个子宫器内。

【流行病学】生活史不完全清楚，有人认为中间宿主是地螨，还有人实验感染啮虫类成功，但感染绵羊未获成功。

【临床症状】动物具有年龄免疫性，4 ~ 5 月前的羔羊不感染曲子宫绦虫，故多见于 6 月以上及成年绵羊。当年生的犊牛也很少感染，见于老龄动物。秋季曲子宫绦虫与贝氏莫尼茨绦虫常混合感染，发病多见于秋季到冬季。

【病理变化】一般情况下，不出现临床症状，严重感染时可出现腹泻，贫血和体重减轻等症状。粪检时可在粪便中检获到副子宫器，内含 5 ~ 15 个虫卵。

【诊断要点】参考莫尼茨绦虫病诊断方法。

【防治措施】参阅莫尼茨绦虫。

第三节
线虫病

一、捻转血矛线虫病

【病原】虫体呈毛发状，因吸血而显现淡红色。表皮上有横纹和纵嵴。颈乳突显著。头端尖细，口囊小，口囊内有 1 个角质矛状小齿。雄虫长 15 ~ 19 毫米，交合伞由细长的肋支持着的长的侧叶和偏于左侧的由 1 个 "Y" 形背肋支持着的小背叶。雌虫长 27 ~ 30 毫米，因白色的生殖器官环绕于红色含血的肠道周围，形成了红线白线相间的外观，故称捻转线虫病，亦称捻转胃虫。阴门位于虫体后半部，有 1 个显著的瓣状阴门盖。有人以阴门盖的形状作为亚种的分类依据。卵壳薄、光滑、稍带黄色，虫卵大小为（75 ~ 90）微米 ×（40 ~ 50）微米，新排出的虫卵含 16 ~ 32 个胚细胞。

寄生于牛的雌性柏氏血矛线虫，阴门盖呈舌片状；寄生于羊的雌虫，阴门盖呈小球状。与似血矛线虫和捻转血矛线虫相似，不同之处在于虫体较小，背肋较长，交合刺较短。

【流行病学】捻转血矛线虫寄生于反刍动物的第 4 胃，偶见于小肠。虫卵随粪便排到外界，在适宜条件下大约经过一周发育为第 3 期感染性幼虫。感染前期的幼虫，在 40℃ 以上时迅速死亡；但在冰冻条件下可生存很长时间。感染性幼虫带有鞘膜，在干燥环境中，可借休眠状态生存 1.5 年。各期幼虫在外界环境中的生活习性和马圆形线虫的幼虫相似。

感染性幼虫被终末宿主摄食后，在瘤胃内脱壳，之后到真胃，转入黏膜的上皮突起之间，开始摄食。感染后第 18 天，虫体已发育成熟。成虫游离在胃腔内。感染后 18 ~ 21 天，宿主粪便中出现虫卵。成虫寿命不超过 1 年。

牛、羊粪和土壤是幼虫的隐蔽所。羊对捻转线虫有自愈现象。自愈反应没有特异性。自愈机制是使羊胃肠道线虫发生寄生变化的一种重要机制。

【临床症状】本病最重要的特征是贫血和衰弱。急性型的以肥羔羊突然死亡为特征。死羊眼结膜苍白，高度贫血。亚急性型的特征是显著的贫血，病羊眼结膜苍白，下颌间和下腹部水肿，身体逐渐衰弱，被毛粗乱，放牧时落群，甚至卧地不起；腹泻与便秘交替。

【病理变化】急性死亡的羊，真胃内有大量红白相间的毛发状线虫，长度为 15 ~ 30 毫米，外观着色很特别，真胃黏膜有严重的大面积出血症状，其他脏器没有明显的病理变化，感染率 100%。

【诊断要点】根据本病的流行情况、病畜的症状，死羊或病羊的解剖结果做综合判断。粪便检查可用浮集法，但捻转血矛线虫的卵不易和其他线虫的卵相区别；必要时可以培养检查第 3 期幼虫。

【防治措施】可用左旋咪唑、丙硫咪唑、噻苯唑、甲苯唑或伊维菌素等药物驱虫。毛圆科其他各属线虫的治疗药物同此。

1. 预防性驱虫　可根据当地的流行病学资料做出规划。一般春、秋季节各进行 1 次药物驱虫。

2. 注意放牧和饮水卫生　应避免在低湿的地方放牧；不要在清晨、傍晚或雨后放牧，尽量避免幼虫活动的那些时间，以减少感染机会，禁饮低洼地区的积水或死水，而饮干净的流水或井水，并建立固定的清洁的饮水地点。有计划地实施轮牧。

3. 加强饲养管理　补充精饲料，增强畜体的抗病力。

4. 加强粪便管理　合理将粪便集中在适当地点进行生物热处理，消灭虫卵和幼虫。

二、奥斯特线虫病

【病原】虫体中等大，长 10 ~ 12 毫米。口囊小。交合伞有 2 个侧叶和 1 个小的背叶组成。腹肋基本上并行，中间分开，末端又相互靠近；背肋远端分两枝，每枝又分出 1 ~ 2 个副枝。有副伞膜。交合刺较粗短。雌虫阴门在体后部，有些种有阴门盖，其形状不一。

【流行病学】奥斯特线虫的发育史和捻转血矛线虫相似，第 3 期幼虫在胃腺内进行发育和蜕化。感染后第 8 天，大部分幼虫已附着于胃黏膜上。有些幼虫停留达 6 天后开始进行发育，虫体感染要到 15 天成熟，第 17 天可在粪便中发现虫卵。大部分虫体在 60 天内由宿主体内消失。奥斯特线虫较捻转血矛线虫耐寒，在较冷地区发生较多。

【临床症状】严重感染时病畜有消瘦、贫血、衰弱和间歇性便秘等症状，严重时可引起死亡。

【诊断要点】粪便检查用浮集法检获虫卵即可确诊。

【防治措施】参照血矛线虫病。

三、毛圆线虫病

【病原】毛圆属虫体细小，不大于 7 毫米。呈淡红色或褐色。缺口囊和颈乳突。雄虫交合伞的侧叶大，背叶极不明显。腹肋是分开的，腹肋特别小，侧腹肋同侧肋并行；后侧肋靠近外背肋，背肋小，末端分为小枝。交合刺粗短，带有扭曲和隆起的嵴，褐色。有引器。雌虫阴门位于虫体的后半部。卵呈椭圆形，壳薄。

蛇形毛圆线虫是最常见的种类。雄虫长 5 ~ 7 毫米，交合刺近于等长，末端有显著的三角形突起。是牛羊体内最常见的寄生虫种类。

突尾毛圆线虫雄虫长 5.5 ~ 7.5 毫米，交合刺等长，交合刺较前一种粗，色深，扭曲较明显，末端的二角形突起亦较粗大。寄生于绵羊、骆驼和人的小肠。

艾氏毛圆线虫寄生于牛、羊和鹿等的第 4 胃和小肠，亦寄生于马、猪和人等的胃。雄虫体长 3.5 ~ 4.5 毫米，交合刺的长度不等，形状不同，中间有 1 个分枝。

【流行病学】虫卵随宿主粪便排到体外，在最适宜的温度（27℃）、氧气和湿度等条件下经 5 ~ 6 天发育为第 3 期感染性幼虫。幼虫移行到牧草上被宿主吞食后感染。感染后 6 ~ 10 天，幼虫在小肠黏膜上蜕皮，第 4 期幼虫回到肠腔，蜕化，并继续发育。感染后 21 ~ 25 天，发育为成虫。

【临床症状】严重感染第 2 期幼虫时，病畜发生腹泻，急剧消瘦，食欲消失，脱水，最后多引起死亡。断奶后至 1 岁的羔羊常发生本病。

【病理变化】急性病例胃肠黏膜肿胀，特别是十二指肠，轻度出血，附有黏液，刮取物于镜下可见到幼虫。慢性病例可见尸体消瘦，贫血，胃肠道黏膜常见增厚、溃疡。

【诊断要点】根据临床症状，结合粪便检查检获虫卵即可确诊。

【防治措施】参见捻转血矛线虫。

四、仰口线虫病（钩虫病）

【病原】本属线虫的头端向背部弯曲，口囊大，口缘有 1 对半月形的角质切板。雄虫交合伞的背叶不对称。雌虫阴门在虫体中部之前。

羊仰口线虫呈乳白色或淡红色。口囊底部的背侧有 1 个大背齿，背沟由此穿出，底部腹侧有 1 对小的亚腹侧齿。雄虫体长 12.5 ~ 17 毫米。交合伞发达。背叶不对称，右外背肋比左面的长，并且从背干的高处伸出。交合刺等长，褐色。无引器。雌虫长 15.5 ~ 21 毫米，尾端钝圆。阴门位于虫体中部前不远处。虫卵的大小为（79 ~ 97）微米 ×（47 ~ 50）微米，两端钝圆，胚细胞大而数少，内含暗黑色颗粒。

牛仰口线虫的形态和羊仰口线虫相似，但口囊底部腹侧有 2 对亚腹侧齿。另一个区别是雄虫的交合刺长，3.5 ~ 4 毫米，雄虫体长 10 ~ 18 毫米，雌虫长 24 ~ 28 毫米。卵的大小为 106 微米 ×46 微米，两端钝圆，胚细胞成暗黑色。此外，我国南方的牛有莱氏旷口线虫，口端稍向背面弯曲，口囊浅，其后是 1 个深大的食管漏斗，内有 2 个小的亚腹侧齿。口缘有 4 对大齿和 1 个不明显的叶冠。雄虫长 9.2 ~ 11 毫米，雌虫长 13.5 ~ 15.5 毫米。卵的大小为（125 ~ 195）微米 ×（60 ~ 92）微米。

【流行病学】潮湿的环境中，在虫卵内形成幼虫；幼虫从卵内逸出，经两次蜕化，变为感染性幼虫。牛羊是由于吞食了被感染性幼虫污染的饲料或饮水，或感染性幼虫钻进牛羊的皮肤而受感染的。

【临床症状】病畜表现进行性贫血，严重消瘦，下颌水肿，顽固性腹泻，粪带黑色。幼畜发育受阻，还有神经症状如后躯萎缩和进行性麻痹等，死亡率很高。死亡时，红细胞数降至 1 700 万 ~ 2 500 万，血红蛋白降至 30% ~ 40%。

【病理变化】尸体消瘦，贫血，水肿，皮下有浆液性浸润。血液色淡，水样，凝固不全。肺有瘀血性出血和小点出血。心肌松软，冠状沟水肿。

肝呈淡紫色，松软，质脆。肾呈棕黄色。心包腔、胸腔、腹腔有异常浆液。十二指肠和空肠有大量虫体，游离于肠内容物中或附着于肠黏膜上。肠黏膜发炎，有出血点。肠内容物呈褐色或血红色。

【诊断要点】用浮集法检查粪便，发现虫卵，或剖检发现虫体时，即可确诊。

【防治措施】参阅血矛线虫病。由于仰口线虫的卵和幼虫不耐干燥，应特别注意牧场排水。

五、食道口线虫病

【病原】本属线虫的口囊呈小而浅的圆筒形，其外周为一显著的口领。口领周围有叶冠。有颈沟，其前部的表皮可能膨大形成头囊。颈乳突位于颈沟后方的两侧。雄虫的交合伞发达，有 1 对等长的交合刺。雌虫阴门位于肛门前方的附近；排卵器发达，呈肾形。虫卵较大。

常见种类有哥伦比亚食道口线虫，主要寄生于羊，也寄生于牛和野羊的结肠；辐射食道口线虫寄生于牛的结肠。

【流行病学】虫卵随宿主粪便排到体外，在外界温度为 25 ～ 27℃ 时，10 ～ 17 小时孵出第 1 期幼虫，经 7 ～ 8 天蜕化 2 次变为第 3 期幼虫。宿主摄食了被感染性幼虫污染的青草和饮水而遭感染。感染后第 4 天，幼虫在囊内进行第 3 次蜕化；到第 6 ～ 8 天，大部分幼虫已完成第 3 次蜕化，并从结节中返回肠腔，在其中发育。到第 27 天，第 4 期幼虫发育完成。到第 32 天，97% 的幼虫已发育到第 5 期。到第 41 天，雌虫产卵。有些幼虫可能移行到腹腔，并生活数天，但不能继续发育。哥伦比亚结节虫和辐射结节虫在肠壁中形成结节。

【临床症状】在食道口线虫中，以哥伦比亚食道口线虫危害较大，羊常见症状主要是引起大肠的结节病变。牛以辐射食道口线虫的危害较大，幼虫阶段在小肠和大肠壁中形成结节，影响肠蠕动、食物的消化和吸收。病畜曾先表现出明显的持续性腹泻，粪便呈暗绿色，有很多黏液，有时带血，最后可能由于体液失去平衡，衰竭致死。在慢性病例，表现为便秘和腹泻交替进行，消瘦，下颌间可能发生水肿，最后虚脱而死。

【诊断要点】根据临床症状，结合尸体剖检的结果进行诊断。结节虫卵和其他圆线虫卵很难区别，所以生前诊断比较困难。可以将虫卵培养至第3期幼虫阶段，根据其特征，做出判断。

【防治措施】可用噻苯唑、芬苯达唑、左咪唑或伊维菌素等驱虫。

六、毛首线虫病

【病原】虫体呈乳白色。前为食管，细长，内含由一串单细胞围绕着的食管，后为体部，短粗，内有肠和生殖器官。雄虫后部弯曲，泄殖腔在尾端，有1根交合刺，包藏在有刺的交合刺鞘内；雌虫后端钝圆，阴门位于粗细交界处。卵呈棕黄色，腰鼓形，卵壳厚，两端有塞。

1. 绵羊毛首线虫　雄虫长 50 ~ 80 毫米，雌虫长 35 ~ 70 毫米。食管占虫体全长的 2/3 ~ 4/5。虫卵大小为（70 ~ 80）微米 ×（30 ~ 40）微米。

2. 球鞘毛首线虫　其交合刺的末端膨大形成球形。发育与传播绵羊毛首线虫的雌虫在盲肠产卵，卵随粪便排出体外。卵在适宜的温度和湿度条件下，发育为壳内含第1期幼虫的感染性虫卵，宿主吞食了感染性虫卵后，第1期幼虫在小肠后部孵出。钻入肠绒毛间发育；到第8天后，移行到盲肠和结肠内，固着于肠黏膜上，感染后12周发育为成虫。

【临床症状】轻度感染时，有时有间歇性腹泻，轻度贫血，因而影响羊的生长发育。严重感染时，食欲减退，消瘦，贫血，腹泻；死前数目，排水样血色便，并有黏液。

【病理变化】病变局限于盲肠和结肠。虫体的头部深入黏膜，广泛地引起盲肠和结肠的慢性卡他性炎症。有时有出血性肠炎，通常是瘀斑性出血。严重感染时，盲肠和结肠黏膜有出血性坏死，水肿和溃疡，还有和结节虫病时相似的结节。

【诊断要点】虫卵形态特征，易于辨识。用粪便检查时发现大量虫卵或剖检时发现虫体，即可确诊。

【防治措施】用左旋咪唑、苯硫咪唑等驱虫药。预防同猪蛔虫的方法。

七、羊肺线虫病

【病原】

1. 网尾线虫　虫体呈丝状，白色，口囊很小，口缘具4个小唇片。雄虫交合伞发达，中后侧肋融合，末端分开或完全融合，前侧肋末端不膨大，背肋 2 个，末端各有 3 个分枝。交合刺等长；黄褐色，短粗，呈多孔性构造，有引器。胎生网尾线虫雄虫长 40 ～ 50 毫米，雌虫长 60 ～ 80 毫米。丝状网尾线虫雄虫长 30 毫米，雌虫长 35 ～ 44.5 毫米；雌虫阴门位于虫体中部。虫卵椭圆形，大小为（120 ～ 130）微米 ×（80 ～ 90）微米，卵内含第 1 期幼虫。

2. 小型肺线虫　种类繁多，其中谬勒属和原圆属线虫分布最广，危害也最大。该类线虫虫体纤细，长 12 ～ 28 毫米，肉眼刚能看见；口由 3 个小唇片组成，食管长柱形，后部稍膨大；交合伞背肋发达。小型肺线虫不同于大肺线虫，在发育过程中需要中间宿主的参加。

【临床症状】羊群遭受感染时，首先个别羊干咳，继而成群咳嗽，运动时和夜间更为明显，此时呼吸声亦明显粗重，如拉风箱。在频繁而痛苦的咳嗽时，常咳出含有成虫、幼虫及虫卵的黏液团块。咳嗽时伴发啰音和呼吸促迫，鼻孔中排出黏稠分泌物，干涸后形成鼻痂，从而使呼吸更加困难。

病羊常打喷嚏，逐渐消瘦，贫血，头、胸及四肢水肿，被毛粗乱。羔羊症状严重，死亡率也高，羔羊轻微感染或成年羊感染时，则症状表现较轻。小型肺线虫单独感染时，病情表现亦比较缓慢，只是在病情加剧或接近死亡时，才明显表现为呼吸困难，干咳或呈爆发性咳嗽。

【病理变化】剖检变化主要表现在肺部，可见有不同程度的肺膨胀不全和肺气肿，肺表面隆起，呈灰白色，触摸时有坚硬感；支气管中有黏性或脓性混有血丝的分泌团块；气管、支气管及细支气管内可发现不同数量的大、小肺线虫。

【诊断要点】可依据其症状表现在粪便中查到第 1 期幼虫，确诊。分离幼虫的方法很多，常用漏斗幼虫分离法，其步骤是：取羊粪 15 ～ 20 克，放在带筛（40 ～ 60 目）或垫有数层纱布的漏斗内，漏斗接一短橡皮管，并用水止夹夹紧；加入 40℃温水至淹没粪球为止，静置 1 ～ 3 小时，此时幼虫游走水中，并穿过筛孔或纱布沉于橡皮管底部；接取橡皮管底部粪液，经沉淀后弃去上层液，取其沉渣镜检即可。镜下幼虫的形态特征：丝状网尾线虫第 1 期幼虫虫体粗大，体长 0.5 ～ 0.54 毫米，头端有 1 个纽扣状突起，尾端钝圆，肠内有明显颗粒，色较深。各种小型肺线虫第 1 期幼虫较小，0.3 ～ 0.4 毫米，头端无纽扣状突出，尾端或呈波浪状，或有角质小刺，有的分节。

【防治措施】

1. 保持清洁干燥　保持羊场的清洁干燥,防止潮湿积水,注意饮水清洁。

2. 分群饲养放牧　成年羊与羔羊应分圈饲养和分群放牧,有条件的地方为羔羊设置专门的牧场。

3. 定期驱虫　在本病流行的地区,每年定期对羊群进行 1 ~ 2 次普遍驱虫,并对患病羊进行及时有效的治疗。常用的驱虫药物有左旋咪唑、阿苯达唑或伊维菌素等,对各种肺线虫引起的羊肺线虫病均有良好的疗效。如左旋咪唑的剂量按 10 ~ 15 毫克 / 千克体重内服;阿苯达唑按 10 ~ 20 毫克 / 千克体重,也可用伊维菌素按 0.2 毫克 / 千克体重的剂量给羊皮下注射。分别用药或者同时用药都是安全的。其驱虫率可达 97% ~ 100%。在驱虫期间,粪便应集中收集,进行生物热发酵无害化处理。

八、原圆线虫病

【病原】

1. 原圆线虫　非常细小,有的肉眼刚能看到。雄虫交合伞不发达,雌虫阴门靠近后体端。卵胎生。常见的种有:毛样缀勒线虫,是分布最广的一种,寄生于羊的肺泡、细支气管、胸膜下结缔组织和肺实质中。雄虫长 11 ~ 26 毫米,雌虫长 18 ~ 30 毫米。交合伞高度退化,雌虫尾部是呈螺旋状卷曲,泄殖孔周围有很多乳突。

2. 柯氏原圆线虫　为褐色纤细的线虫,寄生于羊的细支气管和支气管。雄虫长 24.3 ~ 30.0 毫米,雌虫长 28 ~ 40 毫米。交合伞小,交合刺呈暗黑色。

【流行病学】原圆线虫的发育需要多种陆地螺类或蛞蝓类作为中间宿主。成虫产出的虫卵随粪便排到外界,第 1 期幼虫进入中间主体内,并蜕皮两次,发育到感染期的时间,感染性幼虫可自行逸出或留在中间宿主体内,牛羊吃草或饮水时,摄入感染性幼虫或含有感染性幼虫的中间宿主而受感染,幼虫移出,钻入肠壁,随血流移行至肺,在肺泡、细支气管以及肺实质中发育为成虫。

原圆科线虫的幼虫对低温、干燥的抵抗力均强。在干粪中可生存数周,在湿粪中的生存期更长。在 3 ~ 6℃ 的低温下,比在高温下生活得好。能在粪便中越冬，冰冻 3 天后幼虫仍有活力，12 天后死亡。直射阳光可迅速使幼虫致死。幼虫通常不离开粪便移行，因为螺类以羊粪为食。幼虫感染螺类之后，遇冰冻停止发育，如遇适宜温度可迅速发育到感染期，在螺体内的感染性幼虫，其寿命与螺的寿命同长，为 12～18 个月。4 月龄以上的羊，几乎都有虫寄生，甚至数量很多。

【临床症状】轻度感染时只引起咳嗽，当病情加剧和接近死亡时，有呼吸困难、干咳或爆发性咳嗽等症状，叩诊肺部可以发现较大的突变区。并发网尾线虫时，可引起大批死亡。

【病理变化】由于虫体的寄生和刺激。引起局部炎性细胞浸润、肺萎缩和实变，继之其周围的肺泡和末梢支气管发生代偿性气肿和膨大；当肺泡和细支气管膨大到破裂时，细菌乘机侵入，引起支气管肺炎；受害的肺泡和支气脱落的表皮阻塞管道，该处发生细胞浸润和结缔组织增生，最后羊成为小叶性肺炎，呈圆锥状轮廓，灰黄色；在肺脏边缘病灶切面的涂片上，可见到成虫和幼虫。

【诊断要点】根据症状和流行病学情况怀疑该病时，进行粪便检查，发现大量 1 期幼虫时可以确诊为本病。大约每克粪便中有 150 条幼虫时，被认为是有病理意义的荷虫量。1 期幼虫长 300～40 微米，宽 16～22 微米。缪勒线虫的 1 期幼虫尾部呈波浪形弯曲，背侧有一小刺；原圆线虫的幼虫亦呈波浪形弯曲，但无小刺。应注意与网尾线虫的区别。剖检时在发现成虫、幼虫、虫卵和相应的病理变化时也可以确诊为本病。

【防治措施】预防应避免在低洼、潮湿的地段放牧，减少与陆地螺类接触的机会；放牧羊应尽可能地避开中间宿主活跃的时间，如雾天、清晨和傍晚；成年羊与羔羊应避免同群放牧，因为成年羊往往是带虫者，是感染源；根据当地情况可以进行计划性驱虫（参考网尾线虫病的防治）。驱虫药参考网尾线虫病可用左旋咪唑（8～10 毫克／千克体重）、丙硫咪唑（10～15 毫克／千克体重）口服，阿维菌素或伊维菌素（0.2 毫克／千克体重）口服或皮下注射。

九、羊脑脊髓丝虫病

【病原】成虫于牛腹腔内产出微丝蚴（胎生），微丝蚴进入宿主的血液中，半周期性地出现于末梢血液中，中间宿主蚊类吸血时进入蚊体，经 14 天左右发育成为感染性微丝蚴（第 3 期幼虫），然后集中到蚊的胸肌和口器内，当带有此类虫体的蚊吸取羊血液时，将感染性幼虫注入非固有宿主羊体内，可经淋巴（血液）侵入脑脊髓表面，发育为童虫，形态结构类似成虫。在其发育过程中，引起脑脊髓丝虫病。

【流行病学】

1. 分布　于温带与亚热带地区，适宜于中间宿主——蚊类的滋生。本病仅在夏秋两季（6 ~ 10 月）流行，与蚊子的活动相一致，其中，8 月为发病高峰，个别地区冬春季节也有病例出现。

2. 发病与地势的关系　海拔 1 800 米以上地区，发病率约为 2%，海拔 1 200 ~ 1 800 米约为 8%，海拔 1 200 米以下约为 10%，本病流行与海拔的高低成反比关系。

3. 其他因素　如果将牛（主要是黄牛）和羊混养在一处（含放牧），有的地方将牛养在楼下，羊养在楼上，则此病易于流行。反之，牛羊分群，特别是隔地饲养则发病少或根本不发病。羊的年龄、性别对虫体的易感性无明显差异。而羊的品种，如乳山羊（引进萨能羊）较易感，绵羊则不易感。

【临床症状】

1. 急性型　发病急骤，神经症状明显。羊在放牧时突然倒地不起，眼球上翻、颈部肌肉强直或痉挛或颈部歪斜，呈兴奋、骚乱、空嚼及叫鸣等神经症状。此种急性抽搐过去后，如果将羊扶起，可见四肢强直，向两侧叉开，步态不稳，如醉酒状。当颈部痉挛严重时，病羊向斜侧转圈。

2. 慢性型　此型较多见，病初病羊无力，步态跛跛，多发生于一侧后肢，也有两后肢同时发生的。此时体温、呼吸、脉搏无变化，病羊可继续正常存活，但多遗留臀部歪斜及斜尾等症状；运动时，容易跌倒，但可自行起立，继续前进，故病羊仍可随群放牧，母羊产奶量仍不降低。当病情加剧，两后肢完全麻痹，则病羊呈犬坐姿势，不能起立，但食欲精神仍正常。直至长期卧地，发生褥疮才食欲下降，逐渐消瘦，以致死亡。

【病理变化】本病的病理变化，是随着丝虫幼虫逐渐进入脑脊髓发育为童虫的过程中引起的寄生性、出血性、液化坏死性脑脊髓炎，并有不同程度的浆液性、纤维素性脑脊髓膜炎而展开的。病变主要是在脑脊髓的硬膜，蛛网膜有液性、纤维素性炎症和胶样浸润灶，以及大小不等的呈红褐色、暗红色或绛红色的出血灶，在其附近有时可发现虫尸体。脑脊髓实质病变明显，以白质区为多，可见由于虫体引起的大小不等的斑点状、线条状的黄褐色破坏性病灶，以及形成大小不同的空洞和液化灶，膀胱黏膜增厚，充满絮状物的尿液，若膀胱麻痹则尿盐沉着，蓄积呈泥状。组织学检查，发病部位的脑脊髓呈现非化脓性炎症，神经细胞变性、血管周围出血、水肿，并形成管套状变化。在脑脊髓神经组织的虫伤性液化坏死灶内，可见有大型色素性细胞，经铁染色，证实为吞噬细胞，这是本病的一个特征性变化。

【诊断要点】根据流行病学和临床症状，可做出初步诊断。病初病羊总是后肢强拘，提举伸扬不充分，蹄尖拖地，行动缓慢，甚至运步困难，步态跟跄，斜行。可试用牛腹腔丝虫提纯抗原，进行皮内反应试验，实践证明，对本病具有早期性和相当的特异性，可用于早期诊断。

【防治措施】

1. 预防

（1）药剂预防 在本病流行季节，对羊以每 3 ~ 4 周用海群生、锑制剂或左旋咪唑的治疗剂量，普遍用药 1 次。

（2）保持环境卫生 搞好环境卫生是消灭蚊子最有效的预防方法。在蚊子飞翔季节常以杀蚊药物喷洒羊舍或烟熏。

（3）羊舍干燥通风 羊舍应建在干燥通风处、远离牛圈的地方，应尽量防止羊与牛的接触。

2. 治疗

（1）海群生 每千克体重 50 ~ 10 毫克，口服，隔日 1 次，2 ~ 4 次为一个疗程。

（2）酒石酸锑钾 用4% 酒石酸锑钾静脉注射,按8毫克/千克体重计算,隔日 1 次，注射 3 ~ 4 次。

（3）左旋咪唑 对初发病羊（5 天内为初发病羊），剂量按 10 毫克 / 千克体重，配成 10% 的溶液，皮下注射，每天 1 次；或者 8 毫克 / 千克体重，每天 2 次，连用 2 ～ 4 天，疗效较好。

（4）伊维菌素　第 1 天、第 3 天用伊维菌素按 0.2 毫克 / 千克体重，分早、中、晚 3 次静脉注射，在每天用药前静脉注射 10% 葡萄糖 500 毫升，加入 10% 维生素 C 20 毫升。

第四节
蜘蛛昆虫病

一、疥螨病

【病原】成虫身体呈圆形，微黄白色，不超过 0.5 毫米，体表多皱纹。疥螨的种类很多，差不多每一种家畜和野兽体上都有疥螨寄生。各种疥螨在形态上极为相似，多数学者认为只是一种（疥螨属疥螨），寄生各种动物体上的都是变种，各变种虽然也可偶然传染给本宿主以外的其他动物，但在异宿主身上存留时间不长。疥螨的发育为不完全变态，全部发育过程都在动物体上度过，包括卵、幼虫、若虫、成虫 4 个阶段，其中雄螨为一个若虫期，雌螨为两个若虫期。疥螨的口器为咀嚼式，在宿主表面挖凿隧道，以胶质层组织和淋巴液为食，在隧道内进行发育和繁殖。雌螨在隧道内产卵，卵孵出幼螨，幼螨由隧道爬到皮肤表面，然后钻入皮内造成小穴，在其中蜕皮变为若螨。若螨有大小两型：小型的是雄螨的若虫，蜕化为雄螨；大型的是雌螨的若虫。雄螨化出后在宿主表皮上与新化出的雌螨进行交配，交配后雄螨不久即死亡，雌螨在宿主表皮找到适当部位以螯肢和前足跗节末端爪挖掘虫道产卵，产完卵后死亡，寿命为 4 ～ 5 周，疥螨整个发育过程为 8 ～ 22 天，平均为 15 天。

【临床症状】

1.山羊疥螨　主要发生于嘴唇四周、眼圈、鼻背和耳根部，可蔓延至腋下、腹下和四肢曲面等无毛及少毛部位。

2. 绵羊疥螨　主要在头部，嘴唇周围、口角两侧，鼻子边缘和耳根下面。发病后期病变部位形成坚硬白色胶皮样痂皮，因而俗称石灰头病。

【病理变化】由于病羊的摩擦与啃咬，患部皮肤出现丘疹、结节、水疱，甚至脓疱，以后形成痂皮和龟裂，局部皮肤增厚和脱毛。发病一般从局部开始而波及全身。

【诊断要点】对有明显症状的疥螨病，根据发病季节、剧痒、患部皮肤病变等可确诊。但症状不明显时，对犬、猫的疥螨病则需要刮取患部和健康部交界处的皮肤，镜检螨虫，虫体少时，可用 10% 氢氧化钠消化后再镜检。

【防治措施】

1. 防治措施　根据疥螨的生活史和本病的流行病学特点，采取综合性的防治措施。

（1）畜舍消毒　畜舍要宽敞，干燥，透光，通风良好，不要使畜群过于密集。体表杀虫同时要对圈舍、羊床、运动场的杀虫，定期消毒（至少每两周 1 次），饲养管理用具应定期消毒。

（2）隔离饲养　经常注意畜群中有无发痒、掉毛现象，及时挑出可疑病畜，隔离饲养，迅速查明原因，发现病畜及时隔离治疗。中小家畜无种用或经济价值者应予以淘汰。隔离治疗过程中，饲养管理人员应注意经常消毒，以免通过手、衣服和用品散布病原。治愈病畜应先隔离观察 20 天，如未再发，再用一次杀虫药处理，方可入群。

（3）隔离观察　引入家畜时，应事先了解有无螨病存在，引入后应详细做螨病检查，最好先隔离观察一段时间（15 ～ 20 天），确无螨病症状后，经杀螨药喷洒再并入畜群中去。

（4）定期药浴　每年夏季剪毛后对羊应进行药浴，是预防羊螨病的主要措施，对曾经发生过螨病的羊群尤为重要。

2. 治疗药物　目前，比较常用而疗效较高的治疗药物有以下几种：

（1）局部用药或注射　对已经确诊的螨病病畜，应及时隔离治疗。

0.05% 溴氰菊酯药液：喷洒；2.2% 碘硝酯注射液：以 10 毫克 / 千克体重的剂量皮下注射 1 次；3.1% 的伊维菌素注射液：以 0.02 毫克 / 千克体重的剂量皮下注射 1 次。

（2）药浴疗法　其方法最适用于羊。此法既可以治疗又可以预防疥螨病。

药浴可用木桶、旧铁桶、大铁锅或水泥浴池进行，亦可用新疆旋 –8 型家畜淋浴装置或呼蒙 –10 型家畜机械化药浴池，应根据具体条件选用。

山羊在抓绒后，绵羊在剪毛后 5 ~ 7 天进行。

药浴应选在无风晴朗的天气进行。老弱幼畜和有病羊应分群分批进行。药浴前让羊饮足水，以免误饮中毒。药浴时间为 1 分左右，注意浸泡羊头。药浴后应注意观察，发现羊精神不振、口吐白沫，应及时治疗，同时也要注意工作人员的安全。如第 1 次药浴不彻底，可过 7 ~ 8 天后进行第 2 次。

药浴可用双甲脒 0.05% 浓度的药液；贝特 0.05% 浓度的药液；蝇毒磷 0.05% 浓度的水乳液；螨净 0.025% 浓度的药液等。药物温度应保持在 26 ~ 38℃，药液温度过高对羊体健康有害，过低影响药效，最低不能低于 30℃，大批羊药浴时，应随时增加药液，以免影响疗效。药液的浓度要准确，大群药浴前应先做小群安全试验。

二、痒螨病

【病原】虫体呈长圆形，体长 0.5 ~ 0.9 毫米，肉眼可见。体表有细皱纹。雄虫体末端有尾突，腹面后端体两侧有 2 个吸盘。雄性生殖器居第 4 足之间。雌虫腹面前部正中有产卵孔，后端有纵裂的阴道，阴道背侧有肛孔。雌性 2 龄若虫的末端有 2 个突起供接合用，成虫无此构造。

【流行病学】痒螨的口器为刺吸式，寄生于皮肤表面，以吸取渗出液为食。雌螨多在皮肤上产卵，约经 3 天孵化为幼螨，采食后进入静止期，蜕皮成为第 1 若螨，采食 24 小时，经过静止期蜕皮成为雄螨或第 2 若螨（青春雌）。第 2 若螨蜕皮变为雌螨，雌螨采食 1 ~ 2 天后开始产卵，一生可以产卵约 40 个，寿命约为 42 天。痒螨整个发育过程为 10 ~ 12 天。

【临床症状】

1. 绵羊痒螨病　该病对绵羊的危害特别严重，多发生于密毛的部位，如背部、臀部，然后波及全身。病羊的表现首先是羊毛结成束和体躯下泥泞不洁，然后看到零散的毛丛悬垂于羊体，好像披着棉絮，继而全身被毛脱光。患部皮肤湿润，形成黄色痂皮。

2. 山羊痒螨病　主要发生在耳壳内面，在耳内生成黄色结痂，将耳道堵塞，使羊变聋，食欲缺乏甚至死亡。

【病理变化】同疥螨病相似。

【诊断要点】对有明显症状的痒螨病，根据发病季节、剧痒、患部皮肤的变化等，确诊并不困难。但症状不够明显时，则需采集患部皮肤上的痂皮，检查有无虫体，才能确诊。

【防治措施】发现病羊时，首先进行隔离，并消毒一切被污染的场所和用具，同时，加强对病畜的护理。治疗可采用下述药物：

1. 伊维菌素　按 0.2 毫克 / 千克体重，一次肌内注射。

2. 10% 除虫精乳机　用 2.5 ~ 5 千克温水稀释后涂擦患部，重症者 7 天后再用 1 次。

3. 20% 戊酸氰醚脂酸油（杀灭菊酯、速灭虫净、S-5602）　用 5 ~ 10 千克水稀释后涂擦患部，重症 7 天后再用 1 次。

三、蠕形螨病

【病原】虫体细长呈蠕虫样，半透明乳白色，一般体长 0.14 ~ 0.44 毫米，宽 0.045 ~ 0.065 毫米。全体分为颚体、足体和末体 3 个部分。颚体（假头）呈不规则四边形，由 1 对细针状的螯肢、1 对分 3 节的须肢及 1 个延伸为膜状构造的口下板组成，为短喙状的刺吸式口器。足体（胸）有 4 对短粗的足，各足基节与躯体腹壁愈合成扁平的基节片，不能活动。末体（腹）长，表面具有明显的环形皮纹。雄虫的雄茎自足体的背面突出。雌虫的阴门为一狭长的纵裂，位于腹面第 4 对足的后方。

【流行病学】蠕形螨寄生在家畜的毛囊和皮脂腺内，全部发育过程都在宿主体上进行。雌虫产卵于毛囊内，卵孵化为 3 对足的幼虫，幼虫蜕化变为 4 对足的若虫，若虫蜕化变为成虫。研究证明犬蠕形螨尚能生活在宿主的组织和淋巴结内，并有部分在此繁殖。本病的发生主要是病畜与健康家畜相互接触，或健康家畜与被病畜污染的物体接触，通过皮肤感染。虫体离开宿主后在阴暗潮湿的环境中可生存 21 天左右。

【临床症状】蠕形螨钻入毛囊皮脂腺内，以针状的口器吸取宿主细胞内容物，由于虫体的机械性刺激和排泄物的化学刺激使组织出现炎性反应，虫体在毛囊中不断繁殖，逐渐引起毛囊和皮脂腺的袋装扩大和延伸，甚至增生肥大，引起毛干脱落。此外由于腺口扩大，虫体进出活动，易使化脓性细菌侵入而继发毛脂腺炎、脓疱。有的学者根据虫体侵袭的组织中淋巴细胞和单核细胞的显著增加认为引起毛囊破坏和化脓是一种迟发型变态反应。

1. 羊蠕形螨病　寄生于羊的眼部、耳部及其他部位，除对皮肤引起一定损害外，也在皮下生成脓性囊肿。

2. 牛蠕形螨病　一般初发于头部、颈部、肩部、背部或臀部，形成小如针尖至大如核桃的白色小囊瘤，常见的为黄豆大，内含粉状物或脓状稠液，并有各期的蠕形螨，也有只出现鳞屑而无疮疖的。

【病理变化】蠕形螨的病理变化主要是皮炎、皮脂腺－毛囊炎或化脓性急性皮脂炎－毛囊炎。

【诊断要点】本病的早期诊断较困难，可疑的情况下，可切开皮肤上的结节或脓疱，取其内容物做涂片镜检，发现虫体即可确诊。

【防治措施】发现病羊时，首先进行隔离，并消毒一切被污染的场所和用具，同时加强对病畜的护理。治疗可用以下药物：

1. 14% 碘酊　涂擦患处 6 ~ 8 次。

2. 5% 福尔马林　浸润 5 分，隔 3 天 1 次，一共 5 ~ 6 次。

3. 25% 或 50% 甲酸苄酯乳剂　涂擦患部。

4. 伊维菌素　0.2 ~ 0.3 毫克 / 千克体重，皮下注射，间隔 7 ~ 10 天重复用药。对脓疱型重症病例还应同时选用高效抗菌药物，对体质虚弱的病畜应补充营养，以增强体质和抵抗力。

四、羊蜱虫病

【病原】硬蜱　虫体椭圆形，未吸血时腹背扁平，背面稍隆起，成虫体长 2 ~ 10 毫米；饱血后胀大如赤豆或蓖麻籽状，大者可长达 30 毫米。表皮革质，背面或具壳质化盾板。虫体分颚体和躯体两个部分。颚体也称假头，位于躯体前端，从背面可见到，颚基与躯体的前端相连接，是一个界限分明的骨化区，呈六角形、矩形或方形；雌蜱的颚基背面有 1 对孔区，有感觉及分泌体液帮助产卵的功能。螯肢 1 对，从颚基背面中央伸出，是重要的刺割器。口下板 1 块，位于螯肢腹面，与螯肢合拢时形成口腔。口下板腹面有倒齿，为吸血时固定于宿主皮肤内的附着器官。雄蜱腹面有几丁质板，其数目因蜱的属种而不同。颚体在躯体腹面，从背面看不见。颚基背面无孔区。躯体背面无盾板，体表多呈颗粒状小疣，或具皱纹、盘状凹陷。气门板小，位于基节Ⅳ的前上方。生殖孔位于腹面的前部，两性特征不显著。肛门位于体中部或稍后。各基节都无距刺，跗节虽有爪，但无爪垫。成虫及若虫足基节Ⅰ～Ⅱ之间有基节腺的开口。基节腺液的分泌，有调节水分和电解质及血淋巴成分的作用。在吸血时，病原体也随基节腺液的分泌污染宿主伤口而造成感染，例如钝眼蜱属的一些种类。

【流行病学】硬蜱多生活在森林、灌木丛、开阔的牧场、草原、山地的泥土中等。软蜱多栖息于家畜的圈舍、野生动物的洞穴、鸟巢及人房的缝隙中。雌蜱受精吸血后产卵，硬蜱一生产卵1次，饱血后在4～40天内全部产出，可产数百至数千个，因种而异。软蜱一生可产卵多次，一次产卵50～200个，总数可达千个。蜱在宿主的寄生部位常有一定的选择性，一般在皮肤较薄、不易被搔动的部位。例如全沟硬蜱寄生在动物或人的颈部、耳后、腋窝、大腿内侧、阴部和腹股沟等处。微小牛蜱多寄生于牛的颈部肉垂和乳房、肩胛部。波斯锐缘蜱多寄生在家禽翅下和腿腋部。

【临床症状】山羊蜱虫病是由蜱虫引起的，蜱虫是常见的吸血外寄生虫，可引起宿主贫血、消瘦、体温升高，影响羊的生长发育，对养殖业造成较大的经济损失。放牧的养殖模式使羊极易感染蜱虫病，轻者生长缓慢、消瘦、不安、厌食，严重者出现瘫痪、神经症状，甚至导致死亡。

【防治措施】

1. 预防

（1）羊舍　有发病羊的羊舍，为改变原有适宜蜱虫生活和繁殖的环境，应用灭蜱虫药物喷洒墙壁、地面、饲槽等处的缝隙及小洞，用新鲜石灰乳粉刷并堵塞缝隙。每月在栏舍内及周围喷洒1次1%敌百虫液。

（2）放牧员　尽量穿浅色衣服，以便容易看清楚趴在衣服上的蜱虫。穿长袖衣衫，裤脚塞到袜子内，防止蜱虫爬进裤脚内。有条件者，进入有蜱虫地区要穿防护服，扎紧裤脚、袖口和领口。离开林地或者草木地时，应相互检查，勿将蜱虫带回羊场内。

2. 治疗　常用于羊体药浴的药物可选0.05%双甲脒、0.1%马拉硫磷、0.1%辛硫磷、0.05%地亚农、1%西维因、0.002 5%溴氰菊酯、0.05%毒死蜱、0.003% 氟苯醚菊酯、0.006% 氯氰菊酯等。药浴要选择在晴朗天气进行，浴前要饮足水，免得药浴时因口渴误饮药液。药浴时间一般在 80 ~ 100 秒，药液的深度以淹没羊体全身为原则，头部要在水中浸至少 2 次，要使羊全身都受到药液浸泡。浴后不能马上放牧，有外伤的羊禁止药浴。

五、羊鼻蝇蛆病

羊鼻蝇蛆病是由羊鼻蝇的幼虫寄生于羊的鼻腔及其附近的腔窦中引起的疾病。有的地方也称为脑蛆。羊鼻蝇蛆病主要危害绵羊，对山羊危害较轻。

【病原】成虫比家蝇大，似蜜蜂，全身密生短绒毛，长 10 ~ 12 毫米。头大呈半圆形，呈黄色或黄棕色，基部膨大、光滑。胸部黄棕色并有黑色纵纹。腹部有褐色及银白色的斑点，翅透明。有蝇体产出的 1 期幼虫长 1 毫米，呈淡黄白色，前后呈梭形。2 期幼虫体上的刺不显著。3 期幼虫体长可达 30 毫米，无刺，各节上有深棕色的横带。腹面扁平，后端如刀切状，有 2 个明显的白色气孔。

【流行病学】成蝇既不采食也不寄生生活。出现于每年的 5 ~ 9 月，雌雄交配后，雄蝇即死亡。雌蝇生活至体内幼虫形成后，在炎热晴朗无风的白天活动。遇羊时即突然冲向羊鼻，将幼虫产于羊的孔内。雌蝇产完幼虫后死亡，刚产下的幼虫经 2 次蜕化变为 3 期幼虫。当病羊打喷嚏时，幼虫被喷落地面，钻入土内化蛹。蛹期 1 ~ 2 个月，其后羽化为成蝇，成蝇寿命为 2 ~ 3 周。

本虫在北方较冷地区每年仅繁殖一代，而在温暖地区，每年可繁殖两代。此外，绵羊的感染率比山羊高。

【临床症状】成虫在侵袭羊群产幼虫时，羊烦躁不安，互相拥挤，频频摇头、喷鼻，或以鼻孔抵于地，或以头部埋于另一只羊的腹下或腿间，严重扰乱羊的正常生活和采食，使羊生长发育不良且体质消瘦，甚至发生死亡。

【病理变化】当幼虫在羊鼻腔内固着或移动时，机械地刺激和损伤鼻黏膜，引起发炎和肿胀，鼻腔流出浆液性或脓性鼻液，鼻液在鼻孔周围干涸，形成鼻痂，致鼻孔堵塞、呼吸困难。病羊表现为打喷嚏、摇头、甩鼻子、磨牙、磨鼻、眼睑水肿、流泪、食欲减退、日益消瘦；数月后症状逐步减轻。但到发育为第 3 期幼虫时，虫体变硬、增大，并逐步向鼻孔移行，症状又有所加剧。

在寄生过程中，少数第 1 期幼虫可能进入鼻窦，虫体在鼻窦中长大后，不能返回鼻腔，而致鼻窦发炎，甚至病害累及脑膜，此时可出现神经症状，最终可导致死亡。

【诊断要点】根据症状、流行病学和尸体剖检，可做出诊断。为了早期诊断，可用药液喷入鼻腔，收集用药后的鼻腔喷出物，发现虫后，可以确诊。出现神经症状时，应与羊多头蚴病和莫尼茨绦虫病相区别。

【防治措施】治疗可用以下药物：

伊维菌素：0.2 毫克 / 千克体重，1% 溶液皮下注射。

氯氰柳胺：5 毫克 / 千克体重口服；或用 2.5 毫克 / 千克体重皮下注射，可杀死各期幼虫。

敌敌畏：按 0.5 毫克 / 毫升，放在烧热的铁皮上，熏蒸。

六、虱

【病原】虱分两大类，一类是吸血的，叫兽虱或吸血虱；另一类是不吸血的，叫毛虱或羽虱。兽虱长 1 ~ 5 毫米，背腹扁平，头狭长，头部宽度小于胸部，触角短，口器刺吸式，胸部 3 节融合为一；卵为黄白色，（0.8 ~ 1）毫米 ×0.3 毫米，长椭圆形，黏附于家畜被毛上。毛虱或羽虱前者寄生于兽类，后者寄生于禽鸟类。羽虱体长 0.5 ~ 10 毫米，背腹扁平，有的体宽而短，有的细长；头端钝圆，头部的宽度大于胸部。

【流行病学】虱为不完全变态，其发育过程包括卵、若虫和成虫 3 个阶段。肉卵发育到成虫需 30 ~ 40 天。每年能繁殖 6 ~ 15 代。雌虱产完卵死亡，雄虱交配后死亡。

兽虱以吸食动物的血液为生，羽虱和毛虱以宿主的羽毛、被毛及皮屑为食物。秋冬季节，家畜的被毛增长、绒毛厚密、皮肤表面的湿度增加，有利于虱的生存繁殖，故虱数量增多。在夏季，虱数量显著减少。

虱主要通过直接接触传播，此外还可通过各种用具、褥草、饲养人员等间接接触。饲养管理与卫生不良的畜群，虱较多。

【临床症状】兽虱吸血时，分泌毒素，引起痒觉，致家畜不安以及采食和休息受影响。若皮肤被咬伤或擦破，可能继发细菌感染或伤口蝇蛆症。

严重感染可能引起化脓性皮炎，有脱皮和脱毛现象。病畜如经常舔吮患部，可造成食毛癖，在胃内形成毛球，产生严重后果。

毛虱虽不吸血，但其在体表爬动并啮食毛屑时可引起瘙痒，使羊不安，擦破或咬伤皮肤，有些毛虱尚可在被毛基部咬破皮肤啮食渗出物。严重时也和兽虱一样可引起病畜消瘦，幼畜发育不良，毛、肉、乳的产量或质量下降。

【诊断要点】在寄生部位很容易发现成虫和虱卵，即可做出诊断。

【防治措施】

1. 预防　加强饲养管理，要经常梳刷畜体，勤换垫草，保持畜舍清洁卫生和通风、干燥。对畜群要定期检查，及时治疗。

2. 治疗　双甲脒、溴氰菊酯体表喷雾。伊维菌素或阿维菌素　0.3 毫克 / 千克体重，一次皮下或肌内注射；每天 0.1 毫克 / 千克体重，混入饲料饲喂，连用 7 天。间隔两周用 1 次。

七、蚤

【病原】蠕形蚤的体型较大，分头、胸、腹 3 部分。雄虫体小，左右扁平，深棕色，有一般跳蚤的外观；雌虫体内虫卵成熟使腹部迅速增大，有时可达黄豆大小，呈卵圆形，色深灰，此时，由于其体型很像有条纹的蠕虫，所以叫蠕形蚤。

【流行病学】蠕形蚤的发育为完全变态，分为卵、幼虫、蛹和成虫 4 个阶段。成虫于晚秋开始侵袭动物，冬季产卵，初春死亡。据观察，成虫从 10 月起，先后发现于灌木林、石头窝、石头缝及牛粪堆中，在干燥滩上则少见。以后即寄生于家畜与野兽（黄羊、野牛、野驴和野鹿等）体上，以 12 月寄生最多，至翌年青草长出后消失。

【临床症状】蠕形蚤寄生在家畜的体表，吸食大血液，引起家畜皮肤发炎和奇痒，并在寄生部位排出带血色的粪便和灰色虫卵，使被毛染成污红色或形成血痂，尤其白色被毛的家畜史为明显。严重侵袭可以起家畜迅速贫血、消瘦。马有时因为局部发痒而与其他物体摩擦或自行啃咬造成外伤，羊可引起被毛损坏，易于脱落，在气候骤变的情况下能造成死亡。

【防治措施】消灭畜体的蠕形蚤可用拟除虫菊酯类或敌百虫等杀虫药喷

洒畜体或局部涂擦，效果良好。细毛绵羊对敌百虫敏感，须慎用。

　　夏初撤离冬圈以后，秋末冬初进入冬圈以前，都应对冬圈及其周围环境进行一次彻底清理，并喷洒杀虫药液。

第五节
原虫病

一、羊焦虫病

　　【病原】该病主要发生在 3 ~ 10 月，发病高峰期在 4 ~ 5 月，是由吸血蜱在吸血过程中引起的，羔羊、幼羊易感染，而 2 岁以上的成年羊则很少发病，外地引进的羊比当地的羊更易发病，感染羊发病后，死亡率很高。

　　【流行病学】该病是由蜱虫引起的，与蜱虫病的流行相同。

　　【临床症状】病初体温升高达 40 ~ 42℃，稽留热型；脉搏、呼吸加快，且明显呼吸困难，肺泡音粗粝；精神沉郁，喜卧地；食欲减退；便秘或腹泻；可视黏膜初始充血，继而苍白贫血并带有黄疸，有时有小点状出血；有的羊可见尿液混浊，颜色发黄或血尿；后期站立不稳，行走困难，常因心肌衰竭而死亡；病程 6 ~ 15 天，急性病例常在发病 2 ~ 3 天死亡。

　　【病理变化】外观消瘦，被毛无光泽；肌肉苍白；体表淋巴结肿大，尤其是肩前淋巴结；全身淋巴结呈现不同程度的肿大，充血和出血；腹腔液体增多；肠黏膜有少量的出血点；肾呈黄褐色，表面有灰白色结节和出血点，肝、脾、胆囊均明显肿大，并有出血点；心包液增多，心外膜及心冠脂肪有出血点。

　　【诊断要点】通过流行性病学、临床症状、病理变化可做出初步诊断，确诊还需实验室进一步诊断。在病羊发病初期采血做涂片姬姆萨染色境检，在红细胞内看到圆形、豆点样虫体即可确诊。

【防治措施】

1. 预防

（1）药浴　羊焦虫病的发生与蜱的活动密切相关，灭蜱是预防本病的关键。在春夏易发病季节，每隔 15 天用 3% 敌百虫或 0.05% 双甲脒药浴。

（2）药物预防　贝尼尔按 2 毫克 / 千克体重稀释成 5% 的溶液，深部肌内注射。

（3）检验检疫　新引进的羊，做好隔离观察，把好检疫关。

2. 治疗

（1）注射三氮脒（贝尼尔，血虫净）　5 ～ 7 毫克 / 千克稀释成 5% 的水溶液，深部肌内分点注射，配合多西环素注射液效果更好，连用 2 ～ 3 天。

（2）对症治疗　①对患病羊要加强护理，减少外出放牧，补充精饲料。②对高热病羊，可用解热药如安乃近、安痛定、萘普生治疗。③该病在发病过程中易引起继发感染，在治疗过程中配合适当的抗生素，如青霉素类、头孢类、林可霉素等。④可用一些补充能量的强心剂，如葡萄糖、右旋糖酐、酸腺酐，也可用安钠咖、樟脑磺酸钠等，来提高心肌的兴奋性。⑤调整胃肠道的功能，对食欲减退、反刍减弱的，用舒肝健胃散或者食母生、乳酶生、酵母粉改善胃肠道机能；也可用复合维生素 B 肌内注射。

二、羊附红细胞体病

【病原】附红细胞体形态呈环状、哑铃状、"S" 形、卵圆形、逗点形或杆状。直径 0.1 ～ 2.6 微米。无细胞壁，无明显的细胞核、细胞器，无鞭毛，属原核生物。外有一层胞膜，下有微管（透视镜下）。增殖方式有二分裂法、出芽和裂殖法。常单独或呈链状附着于红细胞表面，也可游离于血浆中。附红细胞体发育过程中，形状和大小常发生变化。对干燥和化学药品的抵抗力很低，但耐低温，在 5℃时可保存 15 天，在冰冻凝固的血液中可存活 31 天，在加 15% 甘油的血液中于 −79℃ 条件下可保存 80 天，冻干保存可活 765 天。一般常用消毒剂均能杀死病原，如 0.5% 的苯酚于 37℃3 个小时就可将其杀死。

【流行病学】该病一年四季都有发生，一般在秋冬季发病较多，该病用青霉素、链霉素、安痛定、地塞米松和磺胺类药物治疗，病情不能缓解，如果将血液涂片直接镜检，在红细胞可以见到数量不等的虫体寄生在羊红细胞上，可初诊为羊附红细胞体病。采取治疗血吸虫病的药物（血虫净）和其他对症治疗药物进行治疗，绝大多数病羊可以痊愈，同时，对场地进行严格的消毒，加强饲养管理，病情可以很快得到控制。目前该病的传播途径不十分明了。

【临床症状】病羊体质较差，下颌肿大，消瘦，精神沉郁，食欲减少，反刍次数减少，被毛粗乱，腹泻。有的四肢无力，步态不稳，喜卧。病初体温升高，高达42℃。眼结膜黄染，有时腹泻，并伴有轻微呼吸道症状，流涕；中期贫血、黄疸；后期眼球下陷，结膜苍白，极度消瘦，精神萎靡，个别有神经症状，最后衰竭而死。

【病理变化】对病死羊进行解剖，可见羊明显消瘦，主要为血液稀薄，有的呈酱油色，有的呈淡黄色或淡红色，血液凝固不良；肺的表面有出血点，切开有大量泡沫，心脏质软，心外膜和冠状脂肪出血和黄染；肝脏肿大变性，呈土黄色或黄棕色，并有出血点；肾脏肿大变性，有贫血性梗死区；膀胱黏膜黄染并有深红色出血点；脾脏肿大并有出血点。

【诊断要点】根据流行病学、临床症状、病理变化的可做出初诊，要确诊还需做实验室检验。

1. 细菌分离　无菌取病死羊的肺、肾、肝，接种普通营养琼脂平板和鲜血平板，培养48小时后，无细菌生长。

2. 血涂片镜检　取发病羊耳静脉血1滴于载玻片上，用等量生理盐水稀释后，轻盖盖玻片，置于高倍显微镜下观察，发现红细胞大部分变形，呈菠萝形、菜花状，被许多球形虫体附着包围。血浆中亦有少量圆形虫体，在红细胞内可见附红细胞体，具有较轻的折光性，中央发亮，形似空泡，在血浆内可以见到有虫体快速游动。

3. 染色镜检　从病羊耳静脉采血制成血涂片，干燥后固定，经瑞氏染色，镜检，可见到红细胞呈淡红色，附红细胞体呈淡蓝色，单个或成串地附着在红细胞表面，呈圆形。

【防治措施】加强饲养管理，补充精饲料以增强羊的抗病力，保证羊舍通风干燥。使用有效驱虫药物，消灭羊舍、羊体的软蜱等体表寄生虫，加强灭蚊、蝇和消毒。

对怀孕母羊可用多西环素等肌内注射。使用血虫净（贝尼尔）5～9毫克/千克体重，用生理盐水稀释成5%～7%溶液，臀部深层肌内注射，每2天用药1次，连用2～3次。同时注射多西环素注射液每5千克体重1毫升，每天1次；或者青蒿素注射液按说明量加倍使用；用解热药对症治疗，控制继发感染。在疾病恢复期，结合使用牲血素，有利于病羊康复。

三、羊弓形体病

【病原】病原为龚地弓形体。弓形体属于孢子虫纲的原生动物，它是一种细胞内寄生虫，在巨噬细胞、各种内脏细胞和神经系统内繁殖。

根据弓形体发育的不同阶段，将虫体分为速殖子、胞囊、裂殖体、配子体和卵囊5种类型。前两型在中间宿主体内发育，后3型在终末宿主体内发育。

【流行病学】弓形体的终末宿主是猫。猫体内的弓形体在小肠上皮细胞内进行有性繁殖，最后形成卵囊。随着猫粪排出的卵囊，在适宜条件下于数日内完成孢子化。人、其他多种哺乳动物及禽类是中间宿主，当中间宿主吞食孢子化卵囊后，卵囊中的子孢子即在其肠内逸出，侵入血流，分布到全身各处，钻入各种类型的细胞内进行繁殖。中间宿主也可因吃到动物肉或乳中的滋养体速殖子而感染。

当猫吃到卵囊或其他动物肉中的滋养体时，在猫肠内逸出的子孢子或滋养体一部分进入血流，到猫体各处进行无性繁殖。

本病的感染与季节有关，7～9月检出的阳性率较3～6月为高。因为7～8月的气温较高，适合于弓形体卵囊的孵化，这就增加了感染的可能性。

【临床症状】急性病的主要症状是发热、呼吸困难和中枢神经障碍。本病可引起病羊早产、流产和死产。当虫体侵入子宫后，新生羔羊在生后数周内死亡率很高。有些母绵羊和羔羊死于呼吸系统症状（流鼻、呼吸困难等）和神经症状（转圈运动）。妊娠羊常于分娩前4周出现流产，在某些地区和国家，本病可能是羔羊生前死亡的重要原因之一。

【病理变化】剖检可见脑脊髓炎和轻微的脑膜炎。颈部和胸部的脊髓呈严重损害。在发炎区有孢囊状结构和典型的弓形体。

【诊断要点】

本病的确诊必须依据实验室病原检查方可。

1. 虫体检查　弓形体存在于神经细胞、内皮细胞、网状细胞、胎膜细胞和肝实质细胞等多种细胞内，检查时最好将新鲜的脊髓液离心沉淀，迅速将沉淀物干燥，然后固定和染色。

2. 补体结合试验　与一般补体结合方法相同。

3. 皮内反应试验　感染后 3～4 周出现阳性反应。

4. 间接红细胞凝集试验　本法适用于人畜弓形体病的生前诊断和流行病学调查，但是否能用于急性感染的诊断，有待研究。

5. 免疫酶标记诊断　检查弓形体病，有较高的特异性，比一般染色法检出率高，可作为弓形体病的快速诊断法。

【防治措施】

1. 预防　①避免羊吞食猫狗的粪便。②采用预防传染的一般卫生措施。③英国制出一种控制绵羊弓形体病的疫苗，也可以用于山羊，每年注射 1 次。但不能用于怀孕羊。注射疫苗以后 3 周内的羊奶不能供人饮用。

2. 治疗　应在传染的初期抓紧治疗，对急性病例可应用磺胺类药物，或与抗菌增效剂联合使用，均有良好效果。

（1）磺胺 - 6 - 甲氧嘧啶　效果良好，可配成 10% 溶液，按 60～100 毫克/千克体重进行皮下注射。第 2 天用药量减半，连用 3～5 天。可有效阻抑滋养体在体内形成包囊。也可配合甲氧基嘧啶（14 毫克/千克体重）采用口服法，每天 1 次，连用 4 次。

（2）磺胺嘧啶加甲氧苄胺嘧啶　用量为前者 70 毫克/千克体重，后者 14 毫克/千克体重，每天口服 2 次，连用 3～4 天。

（3）磺胺甲氧吡嗪加甲氧苄胺嘧啶　用量为前者 30 毫克/千克体重，后者 10 毫克/千克体重，每天口服 1 次，连用 3～4 天。

四、隐孢子虫病

【病原】 病原为隐孢子虫，是一种原生动物寄生虫，形状类似于球虫，但比球虫小得多。山羊羔一旦受到感染，在羔羊群中传染很快。隐孢子虫的卵囊在 5% 次氯钙溶液、4% 碘仿溶液中经 18 小时不死亡，在粪便中经

4～16个月仍保持着生命力。正因为该寄生虫的抵抗力很强，受污染的圈舍很不容易彻底消毒。

【流行病学】该病的传染，主要来源于随病畜粪便排出的大量卵囊，污染了饲料、饮水和环境，通过消化道感染。免疫功能低下、缺乏或免疫缺陷的羔羊容易发生。饲养管理条件不良，卫生条件差都可成为疫病流行的重要因素。病的发生无明显的季节性，但以温暖多雨季节发病率较高。

【临床症状】因为隐孢子虫侵害羔羊的回肠和盲肠，能引起羔羊肠炎，故病羔表现顽固性腹泻，严重时发生脱水而衰弱死亡。病程常为急性经过。患病较轻者能自愈，但可反复发作。

【病理变化】虫体寄生在肠黏膜表面，破坏了肠绒毛正常的功能引起小肠的消化和吸收障碍，结肠对水、电解质吸收失调导致腹泻。虫体对肠绒毛破坏还可引起肠道细菌的大量繁殖，虫体产生的毒素、肠道内双糖酶和其他黏膜酶的丢失与减少，脂肪消化吸收障碍等，都是造成严重腹泻的原因。隐孢子虫主要寄生在小肠上皮细胞的刷状缘。

【诊断要点】隐孢子虫病诊断主要依据流行病学史，临床表现，确诊则需要在粪便或其他标本中发现隐孢子虫卵囊。

【防治措施】

1. 预防　①加强孕羊饲养管理；羔羊出生后，尽早给予足量初乳，以增强羔羊抵抗力。②一旦腹泻，及时输液，防止脱水严重。③尽可能不从曾流行地区购入羔羊。

2. 治疗　目前尚无特效药物疗法。可参照采用球虫病的治疗方法。陕西省研制出一种治疗隐孢子虫病的止泻粉，对犊牛的临床治愈率达90%以上，可以试用于羔羊。一般临床上用痢特灵、甲硝唑配合青蒿素，鸦胆子配合白头翁、苦参煎水，口服，有一定的效果。巴龙霉素虽然不能根除体内的小隐孢子虫，但可缓解患者的腹泻症状和减少其卵囊排出量。螺旋霉素对症状改善有一定疗效。口服大蒜素（大蒜新素）每次20～40毫克，首次加倍，每天4次，粪检时卵囊大多转为阴性。阿奇霉素对慢性隐孢子虫病的病羊有缓解或清除病原体的作用。微生态制剂对控制腹泻症状有明显效果。对腹泻严重者可试用前列腺素抑制剂，如吲哚美辛（消炎痛）。

五、羊球虫病

【病原】从动物粪便排出的球虫卵囊呈圆形或椭圆形，外有囊膜，囊内含有一个呈球状结构的原生质小体即合子。孢子化卵囊含 4 个孢子囊，每个孢子囊内有 2 个子孢子。

【流行病学】当羊吞食了感染性卵囊后在体内肠道上皮细胞繁殖，经无性繁殖和配子生殖后形成卵囊后排出体外。在适宜条件下，经过孢子生殖过程，即发育为感染性的卵囊。临床多见于羔羊、长途运输的羊和抵抗力差的羊发病。

【临床症状】人工感染的潜伏期为 11 ~ 17 天。因感染种类、感染强度、羊年龄、机体抵抗力以及饲养管理条件等的不同而呈急性或慢性过程，病羊精神不振，消瘦，贫血，腹泻，粪便带血或黏液，有恶臭。

【病理变化】小肠肠黏膜上有淡白、黄色圆形或卵圆形结节，粟粒至豌豆大，常成簇分布。十二指肠和回肠有卡他性炎症。

【诊断要点】根据临床表现、病理变化和流行病学可做出初步诊断。最终确诊需要在粪便中检出大量的卵囊。

【防治措施】治疗药物可选用磺胺二甲基嘧啶，100 毫克 / 千克体重，每月 1 次，口服，连用 3 ~ 5 天；氨丙嗪 25 毫克 / 千克体重，连用 14 ~ 19 天；盐霉素或莫能菌素按 20 ~ 30 毫克 / 千克体重拌料连喂 7 ~ 10 天。地克珠利、常山酮、确胺氯吡嗪钠、磺胺喹嗯啉和磺胺二甲基嘧啶也具有良好的防治效果。在流行地区，可用以上药物治疗量的半量做预防用，连续用药 10 天。同时，应加强羊舍清洁卫生，及时清除粪便，保持室内干燥。

六、梨形虫病

【病原】

1. 泰勒虫　寄生在红细胞内的虫体大多数呈圆形或卵圆形，其次为杆状，边虫形很少。一个红细胞体内的虫体数可有 1 ~ 4 个，红细胞的染虫率一般低于 2%。

2. 莫氏巴贝斯虫　病原寄生于红细胞体内，虫体有双梨籽形、单梨籽形、椭圆形和变形虫性，其中双梨籽形占 60% 以上。其他形状虫体较少。梨籽形虫体大于红细胞半径，虫体有两个染色质团块。双梨籽虫体尖锐以锐角相连，位于红细胞中央。

【流行病学】病原在蜱体内要经过有性的配子生殖并产生子孢子，当蜱吸血时便将病原注入羊体内。绵羊巴贝斯虫寄生于羊的红细胞体内并不断进行无性繁殖。绵羊泰勒虫在羊体内首先侵入网状内皮系统细胞，在肝、脾、淋巴结和肾内脏进行裂体繁殖，继而进入红细胞内寄生。病原的传播者——硬蜱吸食羊血液时，病原又进入蜱体内发育，如此周而复始，流行发病。

本病发生于4～6月，5月为高峰期。1～6月龄羔羊发病率高，病死率也高，1～2岁羊次之，3～4羊很少发病。呈地方性流行，流行时可引起羊大批死亡。

【临床症状】

1.泰勒虫病 病羊主要表现为病初体温升高至40～42℃，呈稽留热型。呼吸促迫，鼻发鼾声，食欲减退，便秘或腹泻。精神沉郁，四肢僵硬，喜卧地。眼结膜初为贫血，继而苍白，并轻度黄染。羊体逐渐消瘦，体表淋巴结肿大，颈浅淋巴结肿大尤为明显。

2.莫氏巴贝斯虫病 病羊的主要症状为体温升高至41～42℃，稽留数天或直至死亡。呼吸浅表，脉搏加速，精神委顿，食欲减退乃至废绝。黏膜苍白，显著黄染，时而出现血红蛋白尿，并出现腹泻。

【病理变化】

1.泰勒虫病 死于泰勒虫感染的羊，可见尸体消瘦，贫血，全身淋巴结不同程度的肿大，尤以颈浅、肠系膜、肝、肺等处更为明显。肝脏、胆囊、脾脏显著肿大并有出血点。肾脏呈黄褐色，表面有淡黄色或灰白色结节和小出血点。皱胃黏膜有溃疡斑，肠黏膜有少量出血点。

2.莫氏巴贝斯虫病 剖检死于巴贝斯虫感染的羊，可见黏膜和皮下组织贫血、黄染。肝、脾肿大变性，有出血点。胆囊肿大2～4倍。心内外膜及浆黏膜有出血点和出血表现。肾脏充血发炎，膀胱扩张，充满红色尿液。

【诊断要点】根据当地流行病学因素（发病季节和传播媒介）、临床症状及病理变化（高热稽留、贫血、消瘦、全身性出血、全身性淋巴结肿大、第4胃黏膜溃疡斑等）的基础上，静脉采血镜检，在红细胞内发现虫体即可确诊。

【防治措施】

1. 预防　在本病流行地区，应于每年发病季节前对羊群进行药物预防注射。同时做好灭蜱工作，防止蜱叮咬传播疾病，对新输入的羊，应经隔离检疫后再合群饲养。

2. 治疗

（1）三氮脒（贝尼尔、血虫净）　7～10毫克/千克体重，蒸馏水配成2%的溶液，肌内注射1～2次。

（2）喹啉脲（阿卡普林）　使用5%的水溶液0.02毫升/千克体重，皮下或肌内注射。脉搏加快时，可将总量分3次注射，每2小时1次。必要时，24小时后可重复用药。

（3）咪唑苯脲　按1～3毫克/千克体重，配成10%水溶液，肌内注射。

（4）黄色素　按3毫克/千克体重，配成0.5%～1%水溶液，静脉注射。注射时药物不可漏出血管外。注射后数天内须避免强烈阳光照射，以免灼烧。症状未见减轻时，间隔24～48小时再注射一次。

第四章
羊的普通内科疾病

羊的普通内科病主要包括羊的消化系统疾病、呼吸系统疾病、血液循环系统疾病、神经系统疾病、泌尿系统疾病等，在临床上以春秋季多发。预防羊的普通内科病主要是从日常管理的细节上入手，做好羊舍的环境卫生，严格把控饲料质量，做好羊舍的通风和保温工作。

第一节
羊的消化道疾病

一、口炎

【病因】

1. 卡他性口炎　主要因物理、化学或有毒物质及传染性因素刺激所致。如粗硬尖锐的饲草、饲料或异物，不当口服刺激性或腐蚀性药物。

2. 水疱性口炎　主要是饲养管理不当，采食锈病菌、黑穗病菌等污染的霉败饲料引起。特别是感染口蹄疫病毒、羊痘病毒等均能引起水疱性口炎。

3. 溃疡性口炎　主要是因口腔不洁，细菌或病毒混合感染使黏膜糜烂而发生溃疡，多见于黏膜病、蓝舌病、羊坏死杆菌病等，也可见于维生素A缺乏以及铜、汞、铅、氟中毒等。

【主要症状和病理变化】病羊由于口腔黏膜发生炎症，敏感性增高，采食时常常选择植物的柔软部分，不敢采食粗硬饲料，咀嚼时缓慢甚至不敢咀嚼，饲料从口中掉出。由于炎性刺激，唾液分泌增加，在咀嚼过程中口角有白色泡沫，或大量唾液呈丝状从口流出，同时出现口腔黏膜潮红、肿胀、疼痛、口温增高等症状。每种类型的口炎还有其各自特点。

卡他性口炎：口腔黏膜弥漫性或斑点状潮红，硬腭肿胀。唇部黏膜的黏液腺阻塞时，有散在的小结节和烂斑。舌面上有草绿色或白色舌苔。

水疱性口炎：在唇部、齿龈、口角附近或舌面出现粟粒大乃至蚕豆大的充满透明或黄色液体的水泡，4天后，破溃并形成边缘不整齐的红色烂斑，因疼痛而食欲减退，体温稍升高，6天后痊愈。

溃疡性口炎：多发生在齿龈和口腔黏膜，病变部位糜烂、坏死或溃疡，齿龈易出血，口流灰色恶臭唾液。病羊下颌淋巴结及唾液腺有时呈现轻微肿胀。

【诊断要点】根据病羊采食和口腔黏膜炎症变化、流涎等，可做出诊断。应注意鉴别是纯脆口炎还是某些传染病的症状，如口蹄疫、羊痘、蓝舌病、羊坏死杆菌病等感染后也具有口腔黏膜的炎性反应。

【防治措施】

1. 预防　改善饲养管理，防止物理、化学性因素或有毒物质的刺激。在投服丸剂时注意动作要轻，检查口腔使用开口器时应避免损伤黏膜。加强防疫工作，防止传染病的发生。

2. 治疗

（1）改善饲养管理　首先除去刺伤口腔黏膜的异物，给予易于消化的优质青干草、青绿饲料及清洁饮水。

（2）净化口腔　消炎收敛可用1%食盐水或2%～3%硼酸溶液或0.1%百毒杀消毒液冲洗口腔。不断流涎时，可选用1%明矾溶液或鞣酸溶液或0.1%氯化苯甲烃铵溶液或0.1%黄色素溶液冲洗口腔。溃疡性口炎，冲洗后涂碘甘油或0.2%龙胆紫溶液，也可涂磺胺甘油混悬液。重度口炎时，除口腔的局部处理，还需使用磺胺类药物或抗生素以及维生素C、维生素B_6等药物进行治疗。

（3）中药治疗　处方（青黛散）：青黛、黄连、黄柏、薄荷、桔梗、儿茶各等份，研为细末，装入布袋内，在水中浸湿，噙于口内，给食时取下，吃完后再噙上，每天或隔天换药1次。或用硼砂6克，青黛12克，冰片5克，共研细末，涂抹口舌。

二、食管阻塞

【病因】采食块根饲料或其他硬物，如甜菜根、马铃薯、甘蓝、甘薯、胡萝卜、青玉米棒、西瓜皮、棉籽饼等块状饲料，常因采食过急、贪食、咀嚼不全或突然受到惊吓，匆忙吞咽，而使其阻塞于食管中。在使用投丸器投药时，由于药物未用水拌匀，药物过干，投药速度过快，而使其停留于食管造成阻塞。有异食癖的病羊，常因采食布片、毛巾、毛线球、塑料薄膜、胎衣等柔软异物而造成阻塞。继发于食管麻痹、狭窄、扩张、痉挛。

【主要症状和病理变化】羊在采食中突然发病，停止采食，恐惧不安，张口缩颈，伸颈，流涎，不断做呕吐或空嚼吞咽动作。

如果颈部食管阻塞时，常在左侧颈静脉沟处，看到局部膨大，手触之有异物，羊的阻塞常发生于颈部食管或胸部食管。若为食管完全阻塞，由于嗳气受阻，瘤胃中气体不能排出，则迅速发生瘤胃臌气，引起腹痛起卧、呼吸迫促等症状。严重病例因瘤胃臌气而迅速死亡。

【诊断要点】根据病史和大量流涎，呈现吞咽动作等症状，结合食管外部触诊、X 线等检查可以确诊。

【防治措施】

1. 预防　定时定量饲喂，防止过度饥饿，采食过急。合理调制饲料，饼类饲料要泡透，块根类饲料要切碎。避免到有块茎类的作物地里放牧，加强块茎类饲料的保管，防止羊偷食。

2. 治疗　根据阻塞物的性质和阻塞的部位以及病情，可选用下列方法进行治疗：

（1）挤压吐出法　羊食管阻塞大多数在近咽腔部。首先用胃管向食管灌注石蜡油 100～300 毫升，作为润滑剂，再戴上开口器，将病羊保定，一人用双手在食管两侧将阻塞物推向咽部，另一人用手或钝钳伸入咽内取出。不易取出时，可用铁丝环套出。

（2）推进法　若阻塞物在胸部食管，通过胃管先灌入 1% 的普鲁卡因溶液 10 毫升，经 10 分左右，灌入石蜡油 10 毫升后，用胃管缓慢向胃内推进，当阻塞物不太大且表面光滑者，往往可被推送至胃内。

（3）打气法　在灌普鲁卡因和少量石蜡油后，将胃管插入食管，在外端接上自行车打气筒，一人握住胃管将其顶到阻塞物上，助手猛打气三五下，术者趁势推动胃管，这时可将阻塞物推入胃中。

（4）打水法　将胃管插入食管，抵于阻塞物上，胃管外端接上灌肠器，急速打水数次，可将阻塞物冲下。如仍未冲下，休息片刻，再重复操作。

（5）手术疗法　上述疗法无效，可进行手术疗法，切开食管，取出阻塞物。

（6）辅助措施　当继发瘤胃臌气时，应进行瘤胃穿刺放气，病期较长时应给予输液。

三、前胃弛缓

【病因】

1. 突然更换饲料 如由放牧转为舍饲或由舍饲转为放牧。突然增加精饲料或改变某种精饲料均可引起此病。主要是由于瘤胃内的微生物不能完全适应饲料的突然改变所致。

2. 饲喂粗劣难以消化的饲料或吞食多量的泥沙、石子等异物 致使前胃长期、过度的受刺激，由兴奋转为抑制状态。长期饲喂单调、柔软的精饲料等缺乏刺激性的饲料，对胃黏膜神经感受器的刺激不足而发生此病。

3. 舍饲羊管理不善，运动不足，缺乏光照等 副交感神经兴奋性降低，消化道处于弛缓状态。

4. 羊患病 当羊患有创伤性网胃炎、瓣胃阻塞、瘤胃积食、瘤胃臌气、真胃炎、慢性胃肠炎以及其他外科、产科疾病时可继发前胃弛缓。

【主要症状和病理变化】 急性症状为食欲减少，饮欲降低，反刍缓慢，次数减少，瘤胃蠕动减弱或停止。瘤胃内容物腐败发酵，产生大量气体，左腹增大，触诊不坚实。病初体温、脉搏、呼吸及全身变化不显著。若不及时治疗，常可转为慢性。

慢性前胃弛缓的症状为精神不振，倦怠无力，喜卧地，被毛粗乱。食欲减少，有异食现象，爱吃粗饲料而不愿吃精饲料。反刍减弱或停止，嗳气次数减少，排出的气体带臭味。反刍持续时间缩短，而间隔时间延长。瘤胃蠕动减弱，次数减少，有时1分蠕动1～2次。干燥的粗饲料积于瘤胃中，形成坚硬的团块。由于瘤胃的异常发酵，有时产生大量气体，因而出现间歇性的瘤胃臌气的症状。若采食有毒植物或刺激性饲料而引起发病，则瘤胃和真胃敏感性增高。粪便在病的初期没有变化，但稍后变干变硬，色黑，外表附有黏液，出现便秘。如病程拖延较久，出现胃肠炎，导致腹泻，粪便恶臭，或便秘与腹泻交替发生。触诊胃壁，弛缓无力，常可触到坚硬的内容物。体温变化不明显，病程发展到后期体温往往偏低。

【诊断要点】

1. 排除其他病症 在诊断过程中，应注意本病与创伤性网胃炎、瓣胃阻塞、真胃扩张、真胃变位、腹膜炎等病的区别。因此，对慢性前胃弛缓一定要先排除这些疾病，然后再下结论。

2. 根据蠕动次数诊断　前胃弛缓时，瘤胃、网胃、瓣胃的蠕动次数减少或停止，在听诊时除了注意单位时间内的次数外，还要注意每次蠕动持续的时间以及蠕动音的大小，综合判定，不能仅依瘤胃蠕动次数的减少草率地做出前胃弛缓的结论。

3. 根据瘤胃内容物诊断　前胃弛缓时瘤胃的酸碱度改变，可进行瘤胃穿刺，抽出瘤胃内容物进行显微镜观察。一般可见纤毛虫数目显著减少，活力减弱或消失。

【防治措施】

1. 预防　改善饲养管理，合理调配饲料。不喂霉变、冰冷等品质不良的饲料，应渐进更换饲料，保持羊舍卫生，加强运动增强体质，及时治疗原发病。

2. 治疗　治疗的原则是加强瘤胃的蠕动，制止瘤胃内容物的异常发酵和腐败过程，并促进食物的消化。

（1）按摩瘤胃　先让病羊绝食 1 ~ 2 天，每天按摩瘤胃数次，每次 10 ~ 15 分。然后饲喂优质青干草或其他容易消化的饲料。

（2）排出瘤胃内容物　瘤胃内有大量内容物时，先投服泻剂，成年羊可用硫酸镁 20 ~ 30 克或人工盐 20 ~ 30 克，加石蜡油 100 ~ 200 毫升、番木鳖 2 毫升、大黄酊 50 毫升，加水 500 毫升，一次灌服。

（3）恢复瘤胃功能　病初可静脉注射 5% ~ 10% 高渗氯化钠溶液 50 ~ 100 毫升或促反刍液 100 ~ 200 毫升（每 500 毫升内含氯化钠 20 克、氯化钙 5 克、安钠咖 1 克），亦可皮下注射氨甲酰胆碱 0.2 ~ 0.4 毫克或新斯的明 2 ~ 6 毫克或盐酸毛果芸香碱 5 ~ 10 毫克，还可内服乙醇 30 ~ 50 毫升、酒石酸锑钾 0.2 ~ 0.5 克、番木鳖酊 1 ~ 3 毫升等前胃兴奋药。此类药物宜小剂量多次重复使用，对怀孕母羊应慎用。

（4）恢复期可选用各种健胃剂　胃肠活 2 包、陈皮酊 10 毫升、姜酊 5 毫升、龙胆酊 10 毫升，加水一次灌服，可促使恢复食欲，增加反刍，加强瘤胃的蠕动。

（5）防止酸中毒　取碳酸氢钠 10 ~ 15 克灌服。

四、瘤胃积食

【病因】本病主要见于饲养管理不当，吃了过多的质量不良、粗硬易膨胀的饲料，如块根类、豆饼、霉败饲料等，或采食干饲料而饮水不足等。饲料中砂石含量过多，常沉积于瘤胃下囊，牙齿疾病咀嚼不全，维生素缺乏等都可导致本病的发生。

前胃弛缓、瓣胃阻塞、创伤性网胃炎、腹膜炎、真胃炎、真胃阻塞等都可严重地影响瘤胃的运动机能，也可导致瘤胃积食的发生。

【主要症状和病理变化】饲喂或采食数小时后发病。病初不断嗳气，病羊表现不适，食欲、反刍减少甚至停止，出现磨牙、呻吟、哞叫，有时可见到空嚼或流涎，个别或许见到呕吐现象。病羊拱腰低头，四肢集于腹下或张开，摇尾顾腹不安或后蹄踏地。左侧腹下轻度膨大，肷窝略平或稍凸出，触之稍感硬实。触诊瘤胃，病羊表现疼痛，腹壁紧张，内容物呈面团状，用拳压痕恢复较慢，深部有坚实感。听诊，病初瘤胃蠕动增强，以后减弱或停止；病后期精神萎靡，呈现呼吸困难、结膜发绀、脉搏增数，若无并发症，体温正常。因过食大量豆谷精饲料所引起的积食，通常引起瘤胃积食发生酸中毒和胃炎，精神极度沉郁，瘤胃松软积液，手叩击有拍水感，有的表现为中枢神经兴奋性增高，盲目运动，视觉障碍，侧卧，脱水等症状。

【诊断要点】对于本病可根据病史、典型症状做出诊断，但要注意与如下疾病相区别：

1. 急性瘤胃　臌气发展迅速，腹部显著臌胀，瘤胃内充满气体，叩诊呈鼓响音，触诊无坚实或无坚硬感。

2. 前胃弛缓　发展缓慢，瘤胃常有间歇性臌气，触诊瘤胃因其内容物常呈粥状，故不坚硬，也不过分充满。

【防治措施】

1. 预防　防止羊过食，定时定量饲喂，饲料搭配要科学，不突然更换饲料。避免到次生麦地放牧，舍饲羊要加强运动。

2. 治疗　以排除积食、抑制发酵、兴奋瘤胃、恢复机能为主。若病情严重，用药难于消除者，可施行手术。

（1）按摩疗法　在每天饮水后，进行瘤胃按摩，每天可进行多次，每次 10 ~ 20 分，借以恢复瘤胃的蠕动机能。

（2）洗胃疗法　将胃导管投入羊瘤胃中，外部导管位置放低让胃内容物外流。不流时，可灌入适当温水，用手按摩瘤胃予以配合，再将外部导管头放低让其胃内容物外流，如此反复数次即可。而后再灌入碳酸氢钠片 1.5克、人工盐 50 克、酵母片 1.5 克，健康羊胃液适量，一般一次即可治愈。

（3）药物疗法　可参照前胃弛缓进行治疗，严重的瘤胃积食，经药物或洗胃治疗效果不良时，应早期做瘤胃切开术。本病用药物治疗时应注意禁食，但应给足够的饮水，病情恢复期间，应逐渐给予适量柔软易消化的饲料，并要加强羊运动，临床症状改善后，在有条件的情况下，给病羊接种正常羊的瘤胃液，可获得良好效果。

五、瘤胃臌气

【病因】羊瘤胃臌气主要发生于初春以及夏季放牧的绵羊，山羊少见。在临床上分为原发性和继发性瘤胃臌气两种。

原发性瘤胃臌气，主要是采食了大量易发酵的青绿饲料，特别是舍饲转为放牧的羊，最易导致急性瘤胃臌气。其次，采食堆积发热的青草，或经雨露、冰冻的饲草，霉败的干草以及多汁易发酵的青贮饲料，均可造成瘤胃臌气。幼嫩多汁的豆科植物，如苜蓿、三叶草、豌豆藤、紫云英等，因含有大量的蛋白质、皂苷、果胶等物质，消化过程中易产生气泡，引起急性泡沫性瘤胃臌气。

继发性瘤胃臌气见于食管阻塞、创伤性网胃炎、瓣胃阻塞、真胃积食、瘤胃与腹膜的粘连等。除食管阻塞可发生急性瘤胃臌气外，其他疾病引起的瘤胃臌气多为慢性经过。

【主要症状和病理变化】

1. 原发性臌气　在采食易发酵的饲料之后可迅速发病。病羊食欲减退、反刍与嗳气缓慢。在臌气初期，瘤胃蠕动增强，但很快减弱，甚至消失。左腰部急剧膨胀，严重者膨胀部突出背脊，病羊疼痛不安、回顾腹部，由于瘤胃臌气，造成呼吸困难、结膜发绀。叩诊左腹部呈现鼓音，按压腹壁紧张，压后不留压痕。病重时，反刍与嗳气停止，病羊张口流涎，伸舌呻吟，眼球突出，站立不稳，行走摇晃，全身出汗，最后卧地不起，常因窒息或心脏麻痹致死。

2. 泡沫性膨气 泡沫状唾液从口腔中逆出或喷出。瘤胃穿刺时，只能排出少量带小泡沫的气体，穿孔易被阻塞，插入胃管亦难排出气体。

3. 慢性瘤胃膨气 常呈间歇性发作，发病比较缓慢，病初时常发生膨胀，以后每次食后发生膨胀，也有病羊经常呈轻度膨胀。食欲和反刍减少，瘤胃蠕动音一般减弱或蠕动次数减少。病羊逐渐消瘦，间歇性腹泻或便秘。病程数周至数月。

【诊断要点】根据症状可做出诊断。原发性膨气凭病史和症状即可确诊，而继发的病因复杂、症状各异，须经系统检查方能确诊。

【防治措施】

1. 预防 ①在春季由舍饲转为放牧时，应先到干枯的草场上放牧，以增强羊的胃肠适应性，然后再转移到青嫩的草场上放牧，或限制采食时间，避免过多采食多汁青草。②雨后或早起露水未干前，不宜放牧，或限制放牧时间。③饲喂多汁易发酵的饲料时，应定时、定量，喂后不可立即饮水。

2. 治疗 治疗原则是排气减压、理气消胀、防止酵解、强心补液、促进瘤胃内容物的排出和恢复前胃机能。

排出胃内气体时将羊头部向上，口角衔以短木棍，有规律地按压左肷部，每次 10 ～ 20 分，以促进胃内气体排出。重症病例，应插入胃管排气，或用套管针在左肷窝部进行瘤胃穿刺放气。放气应缓慢进行，以免放气速度过快发生脑贫血而昏迷，在放气中要紧压腹壁使腹壁紧贴瘤胃壁，边放气边下压，以防胃液漏入腹腔引起腹膜炎。

对泡沫性膨气的病例，穿刺不易排出气体，可口服消沫药，二甲基硅油 0.5 ～ 1 克，临用时配成 2% ～ 3% 乙醇溶液或 2% ～ 5% 煤油溶液，胃管投服，灌服前需灌入少量温水，以减轻局部刺激。也可用松节油 3 ～ 10 毫升，加 3 ～ 4 倍植物油后一次内服。

为了防止瘤胃内气体再次产生，可在放气后，由胃管或套管内注入止酵剂，95% 乙醇 100 ～ 200 毫升，或白酒 100 ～ 200 毫升或氧化镁溶液 20 ～ 50 克或来苏儿 3 ～ 8 毫升或 36% 甲醛溶液 2 ～ 6 毫升或鱼石脂 3 ～ 8 克加水 100 ～ 300 毫升。

为了增强心脏机能，改善血液循环。可应用咖啡因或樟脑等强心剂。

为促进瘤胃内容物的排出和恢复前胃机能，可用硫酸钠 30 ～ 40 克、鱼石脂 2 克、陈皮酊 30 毫升，加温水 500 毫升，成羊一次灌服。

因慢性瘤胃臌气是其他疾病的继发症，应用治疗本病的药物可缓解症状，但不能根治，应积极诊治原发病。

六、创伤性网胃炎

【病因】本病主要由于尖锐金属异物，如钢丝、铁丝、缝针、发卡、铁片等混入饲料被羊误食后进入网胃，因网胃收缩，异物损伤或刺破胃壁所致。当异物经横膈膜刺入心包，则发生创伤性网胃心包炎。若异物穿透网胃壁或瘤胃壁损伤脾、肝、肺等脏器时，可发生创伤性网胃腹膜炎及各部位的化脓性炎症。

【主要症状和病理变化】

1. 创伤性网胃腹膜炎病 羊鼻部干燥，精神沉郁，运动拘谨，表现疼痛，拱背，行进时不愿急转弯或走陡斜下坡。食欲减退，顽固性消化不良，反刍缓慢或停止。网胃蠕动音减弱或消失，时常引起瘤胃臌气。触诊时用手叩击网胃区、心区或用拳头顶压剑状软骨区，病羊表现疼痛、躲闪、呻吟、肘头外展、肘肌颤动。血液检查，白细胞总数高达每立方毫米 14 000 ～ 20 000 个，白细胞初期核左移，中性粒细胞高达 70%，淋巴细胞则降至 30% 左右。

2. 创伤性网胃心包炎病 羊心动过速，每分 80 ～ 120 次，并可发生颈静脉怒张，粗如手指。颌下及胸前水肿。听诊时心音区扩大，出现心包摩擦音及拍水音。病的后期，常发生腹膜粘连、心包化脓和脓毒败血症。

【诊断要点】诊断本病可根据临床症状和病史，结合进行金属探测仪及 X 线透视拍片检查，即可确诊。

【防治措施】

1. 预防 清除饲料中异物，在饲料加工设备中安装磁铁，以排除铁器，并严禁在牧场或羊舍内堆放铁器。饲喂人员勿带小而尖细的铁具进入羊舍，以防遗落饲料中。

2. 治疗

（1）对症治疗　消除炎症，可用青霉素 40 万～80 万国际单位、链霉素 500 毫克，肌内注射。磺胺嘧啶钠 5～8 克、碳酸氢钠 5 克，加水灌服，每天 1 次，连用 1 周以上。亦可内服健胃剂、镇静剂。

（2）手术　早期无并发症，可采取手术疗法。将瘤胃切开，从网胃壁上摘除金属异物。如病程发展到心包积脓阶段，予以淘汰。

七、瓣胃阻塞

【病因】通常见于前胃弛缓，可分原发性和继发性两种。

1. 原发性阻塞　长期饲喂含有泥沙的谷物、麸糠类饲料或粗纤维坚硬的饲草，突然更换饲料，饲料质量低劣，缺乏蛋白质、维生素以及微量元素，饲养管理不善，缺乏运动等原因均可引起发病。

2. 继发性阻塞　常伴发于皱胃阻塞、皱胃变位、生产瘫痪、部分中毒疾病、急性热性病等。

【主要症状和病理变化】病羊初期症状与前胃弛缓相似，瘤胃蠕动音减弱，瓣胃蠕动消失，并可继发瘤胃臌气及瘤胃积食。触压病羊右侧第 7～9 肋间肩关节水平线上下瓣胃区时，疼痛不安。初期粪便干少色暗，后期停止排粪。随着病程延长，瓣胃小叶可发炎坏死，或引起败血症，此时体温升高，呼吸、脉搏加快，全身表现衰弱，卧地不能站立，最后死亡。

【诊断要点】根据病史和临床诊断，如不排粪，触诊瓣胃区敏感，瓣胃扩大变硬等变化，结合瓣胃穿刺结果可以确诊。

瓣胃穿刺诊断：在羊体右侧肩端水平线下 2 厘米和肋间相交处为穿刺点，按常规操作技术刺入瓣胃，深 6 厘米左右，为证明是否刺入瓣胃，可注入生理盐水 100 毫升。如果回抽液色暗，液体混浊并含有未完全消化的饲料残渣时，证明穿刺部位正确。

判定标准：正常情况下，针头刺入瓣胃后，针柄前后摇动，幅度较大的可达 40° 以上。当前胃弛缓时，针柄只轻微摆动，而当瓣胃阻塞时，针柄则不摆动，说明瓣胃已停止蠕动。瓣胃在正常时，内容物较稀，瓣胃柔软，针头极易刺入，并无异常感觉。瓣胃阻塞时，当针头刺入后，手感内容物坚实，并且有刺入沙砾物的感觉。当瓣胃运动机能正常时，内容物较稀，在注水间歇时,会从针孔流出很多混存一定量的饲料残渣的液体。瓣胃阻塞则相反,开始向内注水稍有阻力，注水后从针孔流出的液体不含或极少含有饲料残渣，表明内容物已干涸在瓣胃的小叶上。

【防治措施】

1. 预防　为预防本病的发生，应适量饲喂秕糠和坚韧的粗纤维饲料，注意运动和饮水，增强羊消化机能。

2. 治疗　治疗应着重增强前胃运动机能，促进瓣胃内容物排出，增进治疗效果。

（1）排出胃内容物　可用硫酸镁（钠）10～40克、石蜡油100～200毫升，或植物油100～200毫升，内服。以盐类和油类泻药混合应用效果较好。但对重症病例，内服上述泻药，常难以收到效果，可在用药后8～10小时，再用增强瘤胃机能的药物，如2%盐酸毛果芸香碱、新斯的明等，可提高疗效。

（2）瓣胃注射疗法　瓣胃注射疗法对顽固性瓣胃阻塞效果显著。石蜡油（或植物油）50～100毫升，加水200～300毫升，或用9%硫酸镁（或硫酸钠）溶液200毫升。在右侧第9肋间隙和肩关节交界下方2厘米处，选用12号7厘米长针头，向对侧肩关节方向刺入4厘米深，当针刺入后，可先注入20毫升生理盐水，试其有较大压力时，表明针已刺入瓣胃，再将上述药液交替注入，可于第2天重复注射1次。

瓣胃注射后，再对病羊输液。可用10%氯化钠溶液50～100毫升、10%氯化钙溶液10毫升、5%葡萄糖生理盐水150～300毫升，混合静脉注射。待瓣胃松软后，可皮下注射0.1%氨甲酰胆碱0.2～0.3毫升。对重症病例应及早强心补液。

八、真胃阻塞

【病因】 ①由于饲养管理不当、饲料配方不科学，引起消化机能紊乱，胃肠分泌、蠕动机能降低。②机体代谢机能紊乱发生异嗜。③迷走神经调节机能紊乱或迷走神经分支受损。④继发于前胃弛缓、皱胃炎、小肠秘结、幽门痉挛、幽门被异物或毛球阻塞等疾病。⑤继发于创伤性网胃炎时造成的腹腔内脏粘连。

【主要症状和病理变化】 本病初期似前胃弛缓症状，食欲减退或废绝，尿量少、粪便干燥，其上附有大量黏液或血丝。随着病情发展，反刍减弱或停止，右下腹显著增大，肠音微弱，瘤胃积液，叩击触诊有波动感。将听诊器置于右肷部，用手指叩击右侧倒数第 1 ~ 2 肋中下部，可听到钢管回击声。病的后期，病羊精神极度沉郁，结膜发绀，舌面皱缩，舌软而无力，腹围极度增大，不排粪。血液黏稠，呈现严重的脱水和自体中毒症状。

【诊断】根据病史和临床症状可做出初步诊断。重症病例，右侧中腹部向后下方局限性膨隆，用拳频频冲击右侧中下部肋骨弓的右下方真胃区，则病羊有退让、踢腿或抵角的敏感表现。腹底检查，可摸到体积增大的真胃。

本病须与前胃弛缓、创伤性网胃腹膜炎、真胃变位等疾病相鉴别。

1. 前胃弛缓 后期往往并发瓣胃秘结，病情顽固。右腹部真胃区不膨隆，应用上述听诊结合叩诊方法检查，不呈现钢管回击声。

2. 创伤性网胃腹膜炎 病羊姿势异常，肘部肌群震颤，用拳猛击病羊的剑状软骨后方，即引起疼痛反应。

3. 真胃变位 病羊瘤胃蠕动音低沉而不消失，在左腹肋至肘后水平线以下部位，可听到由真胃发出的一种高朗的叮铃声或潺潺的流水音。

【防治措施】

1. 预防 加强饲养管理，排除致病因素，定时定量饲喂，供给优质饲料、清洁饮水。因此一定要科学搭配日粮，给予全价饲料，防止因营养物质缺乏而发生异嗜癖，同时要保证羊舍、运动场及饲草饲料的卫生洁净，严防异物混入草料中。

2. 治疗 皱胃阻塞往往继发瓣胃阻塞，初期药物治疗有一定效果，后期药物治疗几乎无效，需要手术治疗。早期消积化滞，防腐止酵。硫酸钠 12 克、植物油 50 毫升、甘油 30 毫升、生理盐水 100 毫升，混合真胃注射，10 小时后可选用胃肠兴奋剂，如氨甲酰胆碱注射液，少量多次皮下注射。中期改善神经系统调节，加强胃肠机能，增强心脏功能促进循环，防脱水和自体中毒。10% 的氯化钠溶液 20 毫升、20% 的安钠咖 3 毫升、5% 的葡萄糖生理盐水 150 毫升，静脉注射；维生素 C 1 ~ 2 毫升肌内注射，另外可用抗生素防继发感染。后期防脱水，忌用泻药。

皱胃阻塞药物治疗收效甚微，确诊后要及时施行瘤胃切开术，取出内容物，冲洗瓣胃和皱胃，达到疏通的目的。按瘤胃切开法切开瘤胃，先掏出瘤胃过多的食物，再取出网胃内容物，然后左手进入网瓣胃孔，取出部分干涸内容物，再插入胶管，接自来水龙头放水冲洗。对瓣胃深部的内容物采用边冲洗边给瘤胃按摩的方法排出，待网胃和瘤胃水聚集过多时，将另一粗大胶管置入瘤胃，以虹吸法将其尽快排出，如此反复操作，直到把瓣胃内容物冲净为止。之后，手持胶管进入瓣皱胃孔内，冲洗皱胃，并结合体外撬杠的方法，使皱胃冲洗畅通。对返回第1、第2胃的内容物同样以虹吸法排出体外。然后向瓣胃内灌入石蜡油100毫升、磺胺脒3克、姜酊10毫升。瘤胃内灌入2%食盐水500毫升，再用温生理盐水洗净创口，按常规方法缝合。

羔羊毛球阻塞幽门部常形成真胃阻塞，可用石蜡油10毫升、水合氯醛1克、三酶合型（胃酶、蛋白酶、淀粉酶）5克，加温水20毫升灌服。也可进行按摩治疗。使羔羊侧卧，用右手四指并拢置于腹部一侧，拇指置于对侧。先轻轻触摸坚实、圆形的毛球，由后向前推移压迫，使毛球退回到胃中。若手法按摩成功，病羔可开始排便。若治后4小时仍不排便，可视为按摩失败。另外，病羔常易引起胃炎和机体抵抗力下降，应行全身保护性治疗。

九、胃肠炎

【病因】饲养管理不当，饲料质量不良，采食腐败发霉变质的饲料、拌有化学药物的饲料或饮用不清洁的冰冻水，由于刺激作用强，受损害的范围大，导致发生胃肠炎。此外，营养不良，长途运输等使羊抵抗力下降，以及不适当地使用广谱抗生素，使肠道菌群失调，也易导致胃肠炎。

继发性胃肠炎常见某些传染病如炭疽、巴氏杆菌病、羔羊大肠杆菌病等和寄生虫病，以及某些内科疾病。

【主要症状和病理变化】初期病羊多呈现急性消化不良，其后逐渐或迅速转为胃肠炎。病羊表现食欲减退或废绝，口腔黏膜发红、干燥，舌面覆有黄白苔，呼出带臭味气体。有时表现腹痛不安，反刍停止。病羊不愿行走，大多躺卧，眼半闭，将头弯向侧方，反应迟钝。体温升高到40～41℃。

肠音初期增强、连绵不断，里急后重，不断排出稀薄或水样粪便，气味腥臭或恶臭，粪便中混有血液及坏死的组织碎片。由于腹泻可引起脱水。脱水严重时，尿少色浓，眼球下陷，皮肤弹性降低，迅速消瘦，腹围紧缩。

当虚脱时，病羊机体衰竭，不能站立而卧地，触之体表温度不均，鼻梁、耳根、角根、四肢末端厥冷。经 3 天后，因严重失水和中毒使羊昏迷死亡。慢性胃肠炎病程长，可引起恶病质。

【诊断要点】根据病史，病羊腹泻、脱水、排出的粪便中带有血液、脓液和组织碎片的症状可以确诊。

【防治措施】

1. 预防 加强饲养管理，防止羊采食发霉变质和含有刺激性、腐蚀性化学物质的饲料以及有毒植物。科学搭配饲料或给予富含营养的全价饲料，供给清洁饮水，保证羊舍干净，及时治疗继发胃肠炎的原发病。

2. 治疗 治疗原则是消炎杀菌，保护胃肠黏膜，解除酸中毒，维护心脏机能，预防脱水及增强机体抵抗力。

（1）抑菌消炎 口服磺胺脒 4～8 克或 0.1% 高锰酸钾溶液 100 毫升。也可肌内注射庆大霉素或小诺霉素 40 毫克，或环丙沙星 100 毫克。或用青霉素 40 万～80 万国际单位，链霉素 500 毫克，一次肌内注射，连用 5 天。

（2）清理胃肠 当肠音弱，粪干、色暗或排粪迟缓，有大量黏液，气味腥臭者，为促进胃肠内容物排出，减轻自体中毒，可采取缓泻。常用液体石蜡油或植物油 100～200 毫升，或硫酸钠（或人工盐）30～40 克、鱼石脂 2 克、乙醇 10 毫升，常水适量，一次内服。在应用泻剂时，要注意防止剧泻。当粪稀如水，频泻不止，腥臭气不大，不带黏液时，应止泻。药用炭 10～25 克，加适量水一次内服；或鞣酸蛋白 2～5 克、碳酸氢钠 5～8 克，加水适量内服。

（3）防止脱水 增加血容量，维护心脏机能。脱水严重的宜输液，可用 5% 葡萄糖 150～300 毫升、10% 樟脑磺酸钠 4 毫升、维生素 C 100 毫克混合，静脉注射，每天 1～2 次。

（4）防止酸中毒 可静脉注射 1%～3% 的碳酸氢钠溶液 50 毫升，或口服碳酸氢钠 3～5 克。

十、绵羊肠扭转

【病因】羊在剪毛前饱食，腹压增大，卧地时间过长，引起胃肠臌气，或倒羊动作粗暴、过猛，以及不合理的乱翻乱滚等均可造成肠扭转。

绵羊肠扭转继发于肠痉挛、肠臌气。在这些疾病中发生肠管痉挛性收缩，或因腹痛引起腹腔滚转，或因腹压增高后肠管互相挤压等，都是形成肠扭转的病因。

【主要症状和病理变化】发病初期病羊精神萎靡，回视腹部，伸腰或拧腹，起卧，口唇有少量白沫，两肷内吸，后肢踢腹或踢蹄，不时摇尾或翘臀，无粪尿排泄。瘤胃蠕动音先增强后减弱，肠音高亢。体温正常或略高。呼吸浅而快，每分 25 ~ 35 次。心脏搏动快而有力，每分 80 ~ 100 次。有的病羊瘤胃蠕动音和肠音在听诊部位互换位置。

症状逐渐加剧，病羊急起急卧，腹围逐渐增大，叩之如鼓，卧地时呈昏睡状，站起后前冲后撞，肌肉震颤，可视黏膜发绀，腹壁触诊敏感，使用镇痛剂腹痛症状不能明显减弱。瘤胃蠕动音及肠音减弱或消失。体温升高至 40.5 ~ 41.8℃。呼吸急促，每分 60 ~ 80 次。心脏搏动快而无力，节律不齐，每分 108 ~ 120 次。

后期病羊腹部严重臌气，精神萎靡，结膜苍白，食欲废绝，拱腰呆立或卧地不起，强迫行走时步态蹒跚。瘤胃蠕动音及肠音消失，体温 37℃ 以下。呼吸微弱而浅，每分 70 ~ 80 次。心脏搏动慢而弱，节律不齐，每分 60 次以下。腹腔穿刺时，排出带有淡血红色的液体，一般病程 6 ~ 18 小时。

【诊断要点】根据病史，在剪毛时倒羊动作粗暴、过猛或卧地时间过长以及肠痉挛、肠臌气等。根据病羊腹痛，呼吸、脉搏、瘤胃和肠蠕动音等变化可确诊。

【防治措施】绵羊发生肠扭转，可采用病羊体位整复法，方法如下：

由助手用两手抱住病羊胸部，将其抱起，使羊臀部着地，羊背部紧挨助手腹部和腿部，让病羊腹部松弛，助手呈坐地状。术者蹲于羊前，两手握拳，分别置拳头于病羊左右两腹部中部，使拳头紧挨腹壁，然后两拳交替推擦腹部，每分 60 次左右，推揉 5 ~ 6 分后，放下病羊让其站立，持鞭驱赶病羊，使之奔跑 8 ~ 10 分，然后观察结果。推揉中所用力量大小，应以使腹腔内肠管、瘤胃摆动，并可听到清脆的撞击音为准，用力要均匀。若病羊出现嗳气、瘤胃臌气消失、腹壁紧张减轻，可视为施术成功。

若体位整复法不能达到目的，可立即进行手术，剖腹探诊，并整复扭转肠的位置。

十一、肠套叠

【病因】本病一年四季均有发病，以3～5月和9～11月发病较多。放牧期羊群发病率高，舍饲期间发病率较低。羊肠套叠形成的原因较复杂，主要是：幼羔主要由于母乳浓稠或变质，引起消化不良或因暴饮引起肠管痉挛性收缩而引起发病。羊群突然间受惊，或者快速驱赶，羊急剧奔跑，跳跃沟渠，常可诱发肠套叠。空腹暴饮冷水，常可引起肠管的痉挛性收缩蠕动，诱发肠套叠。公羊、羯羊互相抵角，或者被其他羊抵伤，或被放牧人员突然间踢打腹部等外力冲击致伤腹部，都有可能诱发肠套叠。怀孕期或产羔时，由于胎儿压迫或助产不当，也能引起肠套叠。当肠内有寄生虫的侵袭、肿瘤、炎症增生物存在时肠壁形成坚硬的结节，直接扰乱了肠管正常有规律的运动，由于结节的障碍，致使套入的一段肠管无法恢复原状，形成套叠性肠梗阻。病羊不断努责，使前一段肠管不断涌入被套进的肠腔内，套叠越来越严重，病情随之恶化。

【主要症状和病理变化】羊肠套叠发生的部位多在回肠邻近盲肠附近处，其他部位较少发生。羊在发病的初期4～8小时内有明显的腹痛症状，表现为突然采食停止，远离羊群而呆立，踢腹、摇尾、回顾腹部。呼吸浅表，脉搏每分80～120次，体温无明显变化。瘤胃蠕动音微弱，肠音呈半途性中断，有时排少量稀薄粪便，此为肠套叠后部肠内残存粪便。触诊右腹部有敏感而明显的压痛感，腹壁较紧张，触摸套叠部位羊有痛感。有的起卧症状不明显。发病2～4天，病羊精神沉郁，头低耳耷，起卧不安，不愿行走，凹背伸腰，四蹄开张，回头视腹，努责明显。偶尔有少量铁锈色稀便排出，尿少而呈浓茶水色或红黄色。食欲减少或废绝，肠蠕动音微弱或消失，瘤胃蠕动微弱或停止，反刍减弱或停止，但饮水次数稍有增加。发病5～7天，瘤胃有中等臌气，肠音消失。心脏搏动弱而快，节律不齐，呼吸困难，伴有严重的呻吟声。卧多立少，饮食欲废绝，因体质极度衰竭而死。腹腔穿刺液量多并呈粉红色。在显微镜下检查有大量的红细胞，重者用肉眼即可观察到内含血液。

【诊断要点】根据发病原因、特征性临床症状可以做出初步诊断。

【防治措施】本病一旦发生，药物治疗只能缓和病情，唯有尽早采取手术治疗才是根本措施，否则死亡率是 100%。

手术方法：将病羊侧卧保定、麻醉，右胁部脱毛、消毒。按常规手术法在右胁部切开长约 15 厘米的切口，沿腹肌伸入右手，导出套叠肠管，检查其颜色，若肠管呈暗紫色，有腐烂趋势可确认为患病部位。此时，先结扎套叠肠管两端，然后用外科手术刀切除患部，并用无菌肠线进行肠管吻合术。在缝合部位涂以磺胺软膏，将肠管复位。若病变轻微，肠管颜色稍红无腐烂趋势，可用两手拇指和食指推压使套叠复位。将肠管送回腹腔，按常规方法缝合腹壁创口，并用脱脂棉和纱布包扎。术毕，轻轻解开绑带，苏醒后将羊放置护理室内，给予适量的温水与流食，避免给予泻剂及任何可以增强肠蠕动的药品，以防肠管断裂与粘连。连续注射青霉素、链霉素或磺胺类药物 3～5 天。每天检查创口，防止感染化脓。

十二、绵羊肝炎

【病因】

1. 细菌因素　当羊剪毛、断尾或去势时链球菌、葡萄球菌、坏死杆菌、结核杆菌等通过伤口进入血液，然后达到肝脏，引起肝脏炎症。

2. 寄生虫因素　当羊患有弓形体、肝片吸虫、血吸虫等疾病时，其虫体破坏肝实质，可引发肝炎。

上述细菌或寄生虫进入肝脏后，不仅可以破坏肝组织而产生毒性物质，同时病原体自身在代谢过程中也释放大量毒素，并且还以机械损伤作用使肝脏受到损伤，导致肝细胞变性、坏死。

3. 中毒性因素　一些霉菌如镰刀菌、杂色曲霉菌、黄曲霉菌等，它们产生的毒素可严重损伤肝脏。有毒植物，如长期采食羽扇豆、蕨类植物、野百合、春蓼、千里光、小花棘豆、天芥菜等有毒植物可引起肝炎。化学毒物，如砷、磷、锑、汞、铜、四氧化碳、六氯乙烷、氯仿、萘、甲酚等化学物质，可使肝脏受到损害，引起肝炎。此外，由于机体物质代谢障碍，使大量中间代谢产物蓄积，引起自体中毒，常导致肝炎的发生。

【主要症状和病理变化】病羊表现为食欲减退，精神沉郁，体温升高，可视黏膜黄疸，在严重病例，当分开被毛时亦可见皮肤发黄，皮肤瘙痒，脉搏减慢。有些病羊初期便秘，后期腹泻，或便秘与腹泻交替出现，粪便恶臭，呈灰绿色或淡褐色。叩诊肝脏，肝脏浊音区扩大。触诊和叩诊均有疼痛反应。后躯无力，步态蹒跚，共济失调。痉挛，昏迷嗜睡。当急性肝炎转为慢性肝炎时，则表现为长期消化机能紊乱，异嗜，营养不良，消瘦，颌下、腹下与四肢下端浮肿。如果继发肝硬化，则呈现肝脾综合征，发生腹水。

【诊断要点】根据病史以及病羊消化不良，黄疸，容易兴奋或昏迷，结合实验室检验即可确诊。实验室检验，病初尿液中尿胆素原增加，其后尿胆红素增多。血液检查时血液凝固时间延长。肝功能检查谷丙转氨酶（GPT）、谷草转氨酶（GOT）和乳酸脱氢酶（LDH）活性增高。

【防治措施】可采取排除病因、加强护理、保肝利胆、清肠止酵、促进消化机能的治疗原则进行治疗。改善饲料，停止饲喂霉败饲料和有毒饲草，给予富含碳水化合物和维生素的饲料。

1. 保肝利胆　通常用 25% 葡萄糖注射液 50 ~ 100 毫升，静脉注射，每天 2 次；或者用 5% 葡萄糖生理盐水注射液 100 ~ 500 毫升、5% 维生素 C 注射液 5 毫升、5% 维生素 B_1 注射液 2 毫升，静脉注射，每天 2 次；也可用 2% 肝泰乐注射液 10 ~ 20 毫升，静脉注射，每天 2 次。利胆可内服人工盐，并皮下注射氨甲酰胆碱或毛果芸香碱，促进胆汁分泌与排泄。

2. 清肠止酵　可用硫酸钠（或硫酸镁）300 克、鱼石脂 20 克、乙醇 50 毫升、常水适量，内服。对于黄疸明显的病羊，可用退黄药物，如苯巴比妥 0.6 ~ 12 毫克 / 千克体重或天冬氨酸钾镁 40 ~ 100 毫升，加入 5% 葡萄糖注射液内，缓慢静脉注射。

3. 对症治疗　当病羊出现肝昏迷时，可静脉注射甘露醇，降低颅内压，改善脑腹腔注射。为制止炎症的发展，可同时应用广谱抗生素或磺胺类药物。

可用 10% 氯化钙注射液 20 ~ 30 毫升、40% 乌洛托品注射液 10 ~ 15 毫升、5% 葡萄糖生理盐水注射液 100 毫升，一次静脉注射。改善血液循环，增强心脏机能，可及时应用安钠咖或毒毛花苷 K，西地兰。有大量渗出液时，用套管针进行腹腔穿刺排出积液，如果渗出液浓稠，可进行腹壁切开，用无菌生理盐水，加入无刺激性的抗菌药物对腹腔进行彻底的洗涤。及时治疗原发性疾病。

第二节
呼吸系统疾病

一、感冒

【病因】

1. 受凉　在天气湿冷和气候发生急剧变化时，羊易患病。绵羊在剪毛或药浴以后，常因受凉而在短时间内发病。在草原或高寒地区，羊寒夜露宿、久卧凉地、贼风袭击，突然遭受风雨袭击等均可引发感冒。

2. 刺激呼吸道　饲料、饲槽及山林中的尘埃、热空气、烟雾、霉菌、狐尾草及大麦芒等，均可刺激呼吸道引起感冒。奶用仔山羊常在天热时呈流行性出现，主要是由于热空气的刺激，尤其当羊舍拥挤时，容易发生。

3. 机体抵抗力下降　长距离运输引起机体抵抗力下降，以致感冒。

【主要症状和病理变化】病羊精神沉郁，被毛蓬乱，鼻有分泌物，初为清液，以后变为黄色黏稠的鼻汁，常打喷嚏、擦鼻、摇头。耳尖、鼻端发凉，肌肉震颤，眼结膜潮红，有的轻度肿胀，羞明流泪，体温升高。食欲和反刍废绝，口色青白，舌有薄苔，舌质红，呼吸加快，脉搏细数。听诊肺区肺泡呼吸音增强，偶尔可听到啰音，鼻腔检查时鼻黏膜充血、肿胀，鼻部敏感。通常表现为急性，病程为 7～10 天，如果变为慢性，病程可延长。

【诊断要点】根据受寒病史和临床症状即可做出诊断。

【防治措施】

1. 预防　加强饲养管理，防止羊受寒，注意保暖，保持环境的清洁卫生，防止流感侵袭。

2. 治疗　将病羊隔离，多给清水，喂以青苜蓿或其他青饲料。护理得当，可避免继发喉炎及肺炎。

病初以解热镇痛、祛风散寒为主，效果良好。可肌内注射复方氨基比林 5 ～ 10 毫升或 30% 安乃近 5 ～ 10 毫升，也可以使用复方喹宁、百尔定以及穿心莲、柴胡、鱼腥草注射液等药剂。为防止继发感染，同时使用抗生素，用复方氯基比林 10 毫升、青霉素 160 万国际单位、硫酸链霉素 500 毫克，加蒸馏水 10 毫升，肌内注射，每天 2 次。

在应用解热镇痛剂以后，体温仍不下降或症状没有减轻，病情严重时，可用青霉素或磺胺制剂。静脉注射青霉素 320 万国际单位，同时配以皮质激素类药物如地塞米松等治疗。内服感冒通，每次 2 片，每天 3 次。

二、喉炎

【病因】喉炎主要发生于受寒感冒引起的上呼吸道感染，绵羊在剪毛及药浴之后，尘埃、烟雾或刺激性气体及异物等刺激均可发病。

有些品种羊如得克萨斯和兰岗羊还可发生喉软骨基质的化脓性炎症，多见于幼龄的雌性羊。

喉炎也可由邻近器官炎症蔓延而来或继发于某些疾病过程中，如鼻炎、气管和支气管炎、咽炎、羊痘、羊坏死杆菌或化脓棒状杆菌感染等。

【主要症状和病理变化】喉炎的主要症状表现为剧烈的咳嗽，按压喉部、饮冷水、采食干料、吸入寒冷或有灰尘的空气等均可引起剧烈的咳嗽。病初表现为干而痛的咳嗽，声音短而急促，以后则变为湿而长的咳嗽，有些病羊在咳嗽时可能流浆液性、黏液性或黏液脓性的鼻液。一般体温升高，严重者体温可达 40℃ 以上。触诊喉部，病羊表现敏感、疼痛，人工诱咳可引起强烈的咳嗽。如发生喉头水肿而使喉腔变狭，病羊表现吸气性呼吸困难，喉头有喘鸣音，可视黏膜发绀，严重者可在 3 ～ 7 天内因呼吸窒息而死亡。

【诊断要点】根据临床症状如病初咳嗽，喉部敏感，触诊时引起连续咳嗽，而且喉部发生水泡音或啰啰声可做出诊断，但应注意与咽炎相鉴别。

【防治措施】

1. 停止放牧　将病羊放在温暖、宽敞及通风良好的圈舍。给予品质良好而易于消化的饲料，并经常供给清洁的温水。

2. 喉头封闭法　可缓解疼痛，用 0.25% 普鲁卡因 20 毫升加青霉素 80 万国际单位，进行喉周围封闭，每天 2 次。

3. 促进喉囊内炎性渗出物排出　可压迫喉囊或将头部放低，也可让病羊长时间低头采食使其自然排出。如有大量脓汁不易排出时，可实施喉囊穿刺或喉囊切开术。

4. 止咳　如果出现干啰音和频繁咳嗽，应及时内服祛痰镇咳药，碳酸氢钠2～3克、氯化铵1～1.5克、茴香粉2～4克，联合使用。

5. 全身治疗　对出现全身反应的病羊，可注射抗生素或磺胺类药物。

三、支气管炎

【病因】急性支气管炎主要见于受寒感冒，如早春、晚秋气候多变，夜间气温骤降，贼风侵袭，雨淋等易引起感冒而发生本病。饲草或空气中的尘埃、霉菌孢子，空气中的氨气、二氧化硫、毒气、浓烟等刺激支气管黏膜而发生炎症。吞咽障碍、投药不当而使食物、药物进入气管，刺激黏膜发生炎症。也可继发于上呼吸道、肺部等邻近器官炎症或某些传染病如流感、口蹄疫、羊痘等，和寄生虫病如肺丝虫病。

慢性支气管炎常由急性支气管炎转变而来，也可由心脏瓣膜病、慢性肺脏疾病如结核、肺蠕虫病、肺气肿等，或肾炎等继发而引起。

【主要症状和病理变化】咳嗽是急性支气管炎的主要症状。病初由于支气管黏膜充血肿胀，但无炎性渗出物，咳嗽表现为干、短和疼痛咳。以后随着炎性渗出物的增多，咳嗽变为湿咳，疼痛减轻，咳嗽时两侧鼻孔流出大量鼻液，初为浆液性，后为黏液性。胸部听诊肺泡呼吸音增强，并可出现干啰音和湿啰音。通过气管人工诱咳，可出现声音高朗的持续性咳嗽。全身症状较轻，体温正常或轻度升高。随着疾病的发展，炎症侵害细支气管，则全身症状加剧，体温升高1～2℃，呼吸加快，严重者出现吸气性呼吸困难，可视黏膜发绀。胸部听诊肺泡呼吸音增强，可听到干啰音、捻发音及水泡音。X线检查肺纹理一般增粗。

慢性支气管炎特征性症状为持续性咳嗽。咳嗽持续数月甚至数年，特别在气温剧变、运动、采食、夜间或早晚气温较低时常引起剧烈的咳嗽。肺部叩诊时早期无异常，并发肺气肿时出现清音和肺界后移，听诊时为啰音。全身表现早期不明显，体温正常，后期因支气管结缔组织增生，管腔狭窄而呈现呼吸困难。由于食欲不佳和疾病消耗，病羊逐渐消瘦，有的发生贫血，直至极度衰竭而死亡。

【诊断要点】根据病史，结合咳嗽、流鼻液和肺部出现干、湿啰音等呼吸道症状即可初步诊断。有条件的可通过 X 线检查为确诊本病提供依据。

【防治措施】

1. 加强饲养管理，排除致病因素　给病羊以多汁和营养丰富的饲料和清洁的饮水。圈舍要宽敞、清洁、通风透光、无贼风侵袭，防止受寒感冒。

2. 对症治疗　祛痰可口服氯化铵 1～2 克，酒石酸锑钾 0.2～0.5 克，碳酸铵 2～3 克。其他如吐根酊、远志酊、复方甘草合剂、杏仁水等也可应用。止喘可肌内注射 3% 盐酸麻黄素 1～2 毫升。慢性气管炎可用盐酸异丙嗪 0.1 克、人工盐 20 克、复方甘草合剂 10 毫升，一次灌服，每天 1 次，连用 1～2 次。

3. 抗菌消炎　以抗生素及磺胺类药物为主。可用 10% 磺胺嘧啶钠 10～20 毫升，肌内注射；也可内服磺胺嘧啶 0.1 克/千克体重，首次倍量，每天 2～3 次。肌内注射青霉素 20 万～40 万国际单位或链霉素 0.5 克，每天 2～3 次。另外，可选用大环内酯类如红霉素等，喹诺酮类如氧氟沙星、环丙沙星等。

四、肺炎

【病因】

1. 感冒　可发展成为肺炎，环境潮湿、闷热，气候突变，寒流袭出，圈舍拥挤，通风不良而兼有贼风等均可引起感冒。如果护理不当，即可发展成为肺炎。

2. 气候剧烈变化　放牧时忽遇风雨，或剪毛后遇到冷湿天气，特别在严寒季节和多雨天气更易发生。

3. 羊机体抵抗力下降　条件性病原菌的侵害，如巴氏杆菌、链球菌、化脓放线菌、坏死杆菌、绿脓杆菌、葡萄球菌等病原菌在羊机体抵抗力下降时，即可乘机而入。

4. 异物刺激　各种原因引起的吞咽功能障碍造成食物、唾液、呕吐物误入呼吸道而引起本病，如咽炎、咽麻痹、食管阻塞、破伤风等。临床治疗疾病或灌服驱虫药时，由于操作错误而将药物投入肺，或由于灌药过快，或者由于羊头抬得过高，同时羊挣扎反抗，易将药物灌入肺，此现象临床上较为多见。

5. 肺寄生虫 引起如肺丝虫的机械作用，造成羊营养不良而发生肺炎。

6. 其他疾病 主要是继发于口蹄疫、放线杆菌病、羊子宫炎、乳腺炎，也可继发于羊鼻蝇、肋骨骨折、创伤性心包炎的患病过程中。

【主要症状和病理变化】

1. 小叶性肺炎 又称支气管肺炎或卡他性肺炎，是由病原微生物感染引起的以细支气管为中心的个别肺小叶或几个肺小叶的炎症。临床上以弛张热型，呼吸次数增多，叩诊有散在浊音区和听诊有捻发音为特征。病初呈急性支气管炎的症状，表现干而短的疼痛咳嗽，逐渐变为湿而长的咳嗽，疼痛减轻或消失，并有分泌物被咳出。体温升高 1.5 ~ 2℃，呈弛张热型。脉搏频率随体温升高而增加，呼吸次数增加，流少量浆液性、黏液性或脓性鼻液。病羊精神沉郁，食欲减退或废绝，可视黏膜潮红或发绀。听诊病灶部，肺泡呼吸音减弱或消失，出现捻发音和支气管呼吸音，并常可听到干啰音或湿啰音。病灶周围的健康肺组织，肺泡呼吸音增强。

2. 大叶性肺炎 又称纤维素性肺炎或格鲁布性肺炎，病变起始于局部肺泡，并迅速波及整个或多个大叶。临床上以稽留热型、铁锈色鼻液和肺部出现广泛性浊音区为特征。病羊发生持续性高热，体温迅速升高至 41℃以上，呈稽留热型，几天后渐退或骤退至常温。脉搏加快，呼吸迫促，严重时呈混合性呼吸困难，鼻孔开张，呼出气体温度较高，病羊因呼吸困难而久立不卧，并发出呻吟或磨牙。黏膜潮红或发绀。鼻孔中流出铁锈色或黄红色的鼻液，病羊精神沉郁，食欲减退或废绝，反刍停止。肺部听诊，因疾病发展过程中病变的不同而有一定差异。病初肺泡呼吸音增强，并出现干啰音。以后随肺泡腔内浆液渗出，可听到湿啰音或捻发音，肺泡呼吸音减弱。当肺泡内充满渗出物时，肺泡呼吸音消失。如肺组织实变，出现支气管呼吸音。随后支气管呼吸音逐渐消失，出现湿啰音或捻发音，最后随疾病的痊愈，呼吸音恢复正常。

3. 异物性肺炎 又称吸入性肺炎，是由于饲料、药物等异物误入肺而引起的肺组织坏死和腐败分解的一种疾病。异物进入气管和肺时，因阻塞气管和肺泡，引起气体流通障碍，同时异物对气管和肺的强烈刺激，病羊表现为精神高度紧张，狂躁不安，强烈的咳嗽，随咳嗽异物被排出，在病羊的鼻孔内有异物流出。同时病羊呼吸困难，呼吸困难的程度与异物进入肺的量呈正相关，如进入肺的异物过多，病羊表现为呼吸极度困难，甚至在短时间内因高度缺氧而死亡。异物较少时，随咳嗽排出，异物中若有病原菌将会侵染肺部，引起肺脏发炎，严重者发生肺坏疽。

【诊断要点】根据病史、咳嗽、弛张热型或稽留热型、听诊变化等典型症状，结合 X 线检查，即可诊断。但应注意小叶性肺炎、大叶性肺炎和异物性肺炎相鉴别。

【防治措施】

1. 加强护理　发现病羊之后，及早放在清洁、温暖、通风良好且无贼风的羊舍内，保持安静，饲喂容易消化的饲料，经常供应清洁饮水。

2. 采用抗生素或磺胺类药物治疗　病情严重时可以两种药物同时应用。在肌内注射青霉素或链霉素的同时，内服或静脉注射磺胺类药物。采用四环素 500 毫克或卡那霉素 1 000 毫克肌内注射，每天 2 次，连用 3 ~ 4 天，效果良好。

3. 祛痰止咳　祛痰时用氯化铵 2 克，分 2 ~ 3 次，1 天服完。止咳时用咳必清、甘草合剂、杏仁水等。制止炎性渗出物的渗出和促进吸收时用氯化钙、葡萄糖酸钙、碘化钾等溶液。

4. 对症治疗　根据羊的不同表现，采用相应的对症疗法。例如当体温升高时可肌内注射安乃近 2 毫升或内服阿司匹林 1 克，每天 2 ~ 3 次。当呼吸十分困难时，可用氧气腹腔注射。此法简便而安全，能够提高治愈率。剂量按 100 毫升 / 千克体重计算，注射以后，可使病羊体温下降，食欲与病况有所改善。为了强心和增强小循环，可反复注射樟脑油或樟脑水。若有便秘，可灌服油类或盐类泻剂。

五、胸膜炎

【病因】胸膜炎主要见于肺炎、肺脓肿、败血症、胸壁创伤或穿孔、肋骨骨折、食管破裂、胸腔肿瘤等疾病。

胸膜炎也常继发或伴发于某些传染病的过程中，如多杀性巴氏杆菌和溶血性巴氏杆菌引起的吸入性肺炎、纤维素性肺炎、结核病、流行性感冒、创伤性网胃心包炎、支原体感染等。

【主要症状和病理变化】病初病羊精神沉郁，食欲减退或废绝，体温升高。

由于胸膜的疼痛，使病羊呈浅表的腹式呼吸，脉搏加快。常常发生痛苦的咳嗽。在胸壁触诊或叩诊，表现为疼痛不安、呻吟。胸部听诊，随呼吸运动出现胸膜摩擦音，当胸腔内大量积聚渗出液时，摩擦音消失。伴有肺炎时，可听到拍水音或捻发音，同时肺泡呼吸音减弱或消失，出现支气管呼吸音由于胸腔积液，听诊时心音模糊不清，脉搏细弱。胸壁叩诊能出现水平浊音区。胸腔穿刺可抽出大量渗出液，浆液纤维素性渗出液居多，可在短时间内大量渗出，炎性渗出物呈混浊，易凝固，蛋白质含量在4%以上或有大量絮状纤维素及凝块。

【诊断要点】根据呼吸浅表而困难，明显的腹式呼吸，胸壁触诊疼痛，听诊有胸膜摩擦音，胸部叩诊呈水平浊音，胸腔穿刺有大量渗出液流出，即可确诊。

【防治措施】

1. 加强护理　将病羊置于通风良好、温暖和安静的圈舍内，供给营养丰富、优质易消化的饲草，并适当限制饮水。

2. 应用抗菌药物　为达到抑菌和杀菌的目的可应用抗菌药物，如青霉素、链霉素、庆大霉素、四环素、土霉素等。有条件的也可根据细菌培养后的药敏试验结果，选用更有效的抗生素。

3. 穿刺排液　胸腔积存大量渗出物时应进行穿刺排液，可使病情暂时改善。胸腔穿刺时要严格按操作规程进行，以免针头在呼吸运动时刺伤肺脏。如穿刺针头或套管被纤维素堵塞，可用注射器缓慢抽取。在穿刺排出积液后，可用0.1%雷佛奴尔溶液或2%～4%硼酸溶液反复冲洗胸腔，最后用生理盐水灌洗，青霉素50万～80万国际单位及链霉素1～2克，用蒸馏水30～50毫升溶解后注入胸腔。

4. 防止渗出物的产生　可用10%氯化钙溶液10～20毫升静脉注射。若要加速炎性渗出物的吸收与排出，可给予强心剂和利尿剂。

第三节
血液循环系统疾病

一、贫血

【病因】

1. 血液过度丧失　各种急性大出血，如创伤性出血、产后大出血、内脏器官破裂出血等。慢性反复失血如肝片吸虫病，血吸虫病，蜱、蚊、蝇的重度侵袭等，血尿，出血性紫癜以及某些中毒病等。

2. 红细胞过度破坏　异型输血、药物免疫性溶血，如抗生素、消炎止痛药、镇静药等引起溶血。某些微生物，如溶血性链球菌、葡萄球菌、产气荚膜杆菌、大肠杆菌、沙门菌等。血液寄生虫病，如焦虫、锥虫、边虫、附红细胞体等破坏红细胞而引起贫血。化学毒物，如苯、苯肼、蛇毒、铅、砷、铜等。麻醉药物，如芳香族麻醉药等直接破坏红细胞。

3. 造血物质缺乏　正常情况下，在红细胞生成过程中，幼稚细胞分裂增殖时需要足够的蛋白质、维生素 B_6、维生素 B_{12}、钴、叶酸、烟酸、硫胺素等，在红细胞发育成熟过程中血红蛋白大量合成时需要蛋白质、铁、铜等作为重要原料，因此这些物质缺乏时均可引起贫血。

4. 造血机能减退　常见于毒物、药物中毒和过敏、免疫反应、骨髓病变如肿瘤、纤维化等。

【主要症状和病理变化】贫血的羊，结膜苍白，阴门、乳房及口腔黏膜显著发白。急性出血引起的病羊表现为可视黏膜顿然苍白，体温低下，四肢厥冷，脉搏细弱，全身出冷汗，严重者因低血容量性休克而迅速死亡。其他原因引起的贫血病羊，病情发展缓慢，呈现渐进性消瘦。后期伴有四肢、胸腹下部、下颌间隙及体腔积水。衰弱无力，尤其是在病的进行期，表现精神委顿。轻微的运动，即可使呼吸和脉搏加强。严重时食欲减退或废绝，腹泻。

血液学检查，红细胞数目可由每升（9～15）×10^{12}个（绵羊）或（8～18）×10^{12}个（山羊）减少到1/4左右。因红细胞含有血红素，可以携带氧供机体所需，以维持正常的新陈代谢和生理机能，故当红细胞大量减少时，势必影响机体的新陈代谢，而发生营养障碍。

【诊断要点】在遇到羊衰弱无力时，应该进行详细检查，以断定是否患有贫血。检查的主要方法是观察黏膜，检查红细胞数目及血红蛋白的含量。

【防治措施】

1. 出血性贫血　对于寄生虫病引起的慢性出血，采取有关防治措施，适当补充营养物质即可恢复。如外出血引起的可用外科方法止血。内出血时，10%氯化钙溶液、10%柠檬酸钠溶液及止血剂静脉注射。为提高循环血量，应立即静脉注射5%葡萄糖生理盐水，或6%右旋糖苷注射液，或迅速输给全血或血浆。

2. 溶血性贫血　主要是消除感染，排出毒物，输血换血，补充造血物质。为提高红细胞的抵抗力，防止破裂，可用卵磷脂。

3. 营养性贫血　主要是补充造血物质，并促进其吸收和利用。通常应用硫酸亚铁配合人工盐，制成散剂混入饲料，加入稀盐酸可促进铁的吸收。也可用其他铁制剂，如柠檬酸铁、右旋糖苷铁、葡萄糖铁等。同时注意铜、钴、维生素及蛋白质的补充。

4. 再生障碍性贫血　主要是消除病因，提高骨髓造血机能。治疗原发病，提高骨髓造血机能可选用氟羟甲睾酮等激素制剂。

二、心肌炎

【病因】心肌炎通常继发或并发于某些传染病、寄生虫病、脓毒败血症及中毒病。大多数急性传染病如炭疽、口蹄疫、胸膜肺炎、羊痘等及非特殊性败血性传染病均能够继发引起心肌炎。也可发生于植物性的夹竹桃中毒和微量元素汞、砷、磷、锑、铜中毒等。其他疾病如菌血症、败血症、乳腺炎、创伤性网胃炎、子宫内膜炎等伴有化脓性的疾病均可引起心肌炎。此外，风湿病发病的过程中，常并发心肌炎。某些药物的变态反应，也可诱发心肌炎。

【主要症状和病理变化】一般表现为心脏的机能不全和节律紊乱。由急性传染病引起的心肌炎，大多数表现发热，精神沉郁，食欲减退和废绝。病羊黏膜发绀，呼吸高度困难，体表静脉怒张，心脏代偿能力丧失后颌下及四肢下端水肿。重症病羊精神高度沉郁，全身虚弱无力，战栗，运步跟跄，甚至出现神志昏迷，眩晕，因心力衰竭而突然死亡。

听诊时，病初第 1 心音强盛伴有混浊或分裂。第 2 心音显著减弱，多伴有因心脏扩张而房室孔相对闭锁不全引起的缩期性杂音。当病变严重时，出现明显的期前收缩，心律不齐。

【诊断要点】根据病史及临床表现进行综合诊断。诊断时应注意是否有急性感染和中毒，以及其他相关疾病。临床检查时应注意体温升高与心率增加不一致，心律失常。也可先测定病羊在安静状态下的心率，然后迅速驱赶运动 100～200 米，再测定心率。病羊稍事运动，心率骤然增加，停止运动后，甚至经 2～3 分后，心率仍继续增加，经过较长时间的休息才能恢复运动前的心率。

【防治措施】

1. 使病羊保持安静　停止放牧，使其在宽敞、凉爽而通风良好的羊舍内，且避免过度的兴奋和运动，以免剧烈活动而引起心脏机能严重衰弱、死亡。同时给予多次饮水和营养丰富而易消化的饲料，当心脏严重衰弱时，应该限制饮水。

2. 治疗原发病　用药物治疗非传染性原发病，用相应高免血清和疫苗特异性治疗某些传染性原发病，配合应用抗菌消炎药物，其效果更佳。

3. 禁止使用强心剂　对于心脏衰弱现象病初不宜用强心剂，以免心肌过度兴奋，导致心脏迅速衰弱，可在心区施行冷敷。心力衰竭者，为维护心脏的活动，改善血液循环，可应用安钠咖、硝酸士的宁。切记不可使用洋地黄强心药，因为本品可延缓传导性和增强心肌的兴奋性，使心脏舒张期延长，导致心力过早衰竭，使病羊死亡。

4. 促使心肌代谢　可静脉滴注三磷酸腺苷、细胞色素 C 等。

5. 对症治疗　当黏膜发绀和高度呼吸困难时，可进行输氧。对尿少而明显水肿的病羊，可内服利尿素进行利尿消肿。为了使病羊排粪通畅，在便秘时，可给予石蜡油或盐类泻剂，并用温水灌肠。但在严重的心脏衰弱时绝不能用轻泻剂。

第四节
神经系统疾病

一、脑膜脑

【病因】脑膜脑炎的发病原因，主要由于内源性或外源性的传染性和中毒性因素引起，也有邻近器官炎症蔓延而来。

1. 传染性因素　在一般的情况下，往往由于受到条件致病菌的侵袭，例如链球菌、葡萄球菌、肺炎球菌、巴氏杆菌、化脓杆菌、坏死杆菌、李氏杆菌、沙门菌等，当机体防卫机能降低，微生物毒力增强时，即能引起本病。一些寄生虫如脑包虫、羊囊虫以及血液原虫病等的侵袭，导致脑膜脑炎的发生。

2. 中毒性因素　主要在铅中毒、有毒植物中毒、农药中毒及药物中毒等过程中，损害脑膜而引起脑膜脑炎的病理变化。

3. 邻近器官炎症蔓延　如中耳炎、化脓性鼻炎、额窦炎、眼球炎、腮腺炎、踢伤、角伤、额窦圆锯术后等炎症蔓延至颅腔而发生。

【主要症状和病理变化】因炎症的部位、性质、程度以及颅内压增高情况等不同，症状亦不同，大体上可分为脑膜刺激症状、一般脑症状和局部脑症状。

1. 脑膜刺激症状　以脑膜炎为主的脑膜脑炎，前几段颈脊髓膜同时发炎，由于脊神经背侧根受刺激，病羊颈、背部皮肤敏感，轻微刺激或触摸即可引起强烈的疼痛反应和颈部背侧肌肉强直性痉挛，头颈后仰，腱反射亢进。随着病程的发展，脑膜刺激症状逐渐减弱或消失，有些病例通常被脑实质发炎的症状掩盖而表现不明显。

2. 一般脑症状　急性脑膜脑炎，通常突然发病，多呈现一般脑症状，病情发展急剧。病轻者，食欲减退，行动迟钝。随着疾病的发展，头部下垂，沿着羊舍的墙壁走动，或突然做旋转运动。起卧不安，严重时可表现出癫痫症状。绵羊患病后，常表现无目的前冲或后退，碰撞障碍物，大声咩叫，不认主人，不听呼唤。大多数病羊一般都具有兴奋与抑制交替发作现象，体温变化无规律。

3. 局部脑症状　神经机能亢进时表现为眼球震颤、斜视、瞳孔大小不等。鼻唇部肌肉痉挛，牙关紧闭。神经机能减退时表现为口唇歪斜，耳下垂，舌脱出，吞咽障碍，听觉减退，视觉丧失，味觉、嗅觉错乱。个别病羊还表现为瘫痪和外周神经麻痹，恢复后常留有后遗症。

【诊断要点】本病如果临床症状明显，结合病史调查以及病情发展过程，不难确诊。若病情的病程发展、临床特征不十分明显时，可进行脑脊液穿刺，在穿刺液中发现蛋白质与细胞的含量显著增多，有中性粒细胞、病原微生物以及淋巴细胞时，即可确诊。

【防治措施】

1. 加强护理　应将病羊放在宽敞、通风、安静的圈舍中，多铺垫草，使之安静，并加强护理，避免在兴奋发作时发生创伤。同时供给营养丰富而容易消化的饲料。

2. 降低颅内压　颈静脉放血100～300毫升，放血后静脉注射等量的5%葡萄糖生理盐水或10%氯化钠溶液，并加入25%～40%乌洛托品100毫升。亦可应用脱水剂，用25%山梨醇和20%甘露醇溶液按1～2克/千克体重快速静脉注射，若注射后2～4小时内大量排尿，即可好转。亦可应用10%氯化钠溶液、10%氯化钙溶液、25%葡萄糖溶液等。

3. 抗菌消炎　应用大剂量青霉素4万国际单位/千克体重和庆大霉素2～4毫克/千克体重，静脉注射，每天4次；亦可应用10%磺胺嘧啶钠和三甲氧苄氨嘧啶按5：1配伍，静脉注射，每天2次。这些药物易通过血脑屏障。

4. 调整神经机能　当病羊狂躁不安时，应用10%溴化钠或安溴注射液加入5%葡萄糖生理盐水中静脉注射，也可静脉注射5%水合氯醛乙醇溶液，同时应用腺苷三磷酸、辅酶A、维生素B_1等，有利于神经系统机能的恢复。

二、日射病及热射病

【病因】①炎热季节的华北平原地区、西北地区戈壁草原，在高温天气和强烈阳光下，当羊头部受到强烈阳光辐射，常可引起日射病。②圈舍拥挤、通风不良或在闷热、温度高、湿度大的环境中长时间停留，以及用密闭而闷热的车、船运输等也都可引起热射病。③从北方引进到南方的羊，适应性不强，耐热能力低，都容易发生日射病或热射病。

【主要症状和病理变化】在临床实践中，日射病和热射病常同时存在，因而很难精确区分。

1. 日射病　病初表现为精神沉郁，四肢无力，步态不稳，共济失调，有时眩晕，突然倒地，四肢做游泳样运动。目光狂恶，眼球突出，神情恐惧，有时全身出汗。常发生剧烈的痉挛或抽搐而迅速死亡，或因呼吸麻痹而死亡。

2. 热射病　体温急剧上升，高达41℃以上，病羊站立不动或倒地张口喘气，心跳加快，每分可达百次以上。眼结膜充血，瞳孔扩大或缩小。后期呈昏迷状态，意识丧失，四肢划动，呼吸浅而疾速，濒死前，多有体温下降，常因呼吸中枢麻痹而死亡。

【诊断要点】根据发病季节，体温急剧升高和倒地昏迷等临床特征，容易确诊。

【防治措施】

1. 预防

（1）炎热季节放牧　尽量避免在高温天气和强烈阳光下，最好在早晚进行放牧，给予充足的饮水。

（2）长途运输　避免过于拥挤，应做好各项防暑和急救准备工作，以便采取急救措施。

（3）圈舍　保持凉爽通风，防止潮湿、闷热和拥挤。

2. 治疗　①发现羊发病，应立即移至凉通风处，保持安静。②降温可用冷水浇洒头部，或用冷水灌肠，口服1%冷盐水。③对心功能不全者，可皮下注射20%安钠咖等强心剂。为防止肺水肿，静脉注射地塞米松1～2毫克/千克体重。当病羊烦躁不安和出现痉挛时，可口服或直肠灌注水合氯醛黏浆剂。若确诊已出现酸中毒，可静脉注射碳酸氢钠注射液。

三、脊髓炎及脊髓膜炎

【病因】

1. 感染　通常由病毒、细菌毒素以及寄生虫感染引起，如伪狂犬病病毒、狂犬病病毒、链球菌、葡萄球菌、巴氏杆菌、化脓棒状杆菌及脑髓丝状虫病等。

2. 中毒　曲霉菌、麦角菌、镰刀菌的毒素以及萱草根等中毒。

3. 外伤　椎骨骨折、脊髓挫伤和出血以及羔羊断尾后伤口感染等。

【主要症状和病理变化】

1. 脊髓膜炎　主要表现脊髓刺激症状。脊髓背根受到刺激时，呈现体躯某一部位敏感，用手触摸皮肤，羊即骚动不安、拱背、呻吟。脊髓腹根受刺激时，则出现背、腰和四肢姿势的改变，如头后仰，四肢挺伸，走动紧张小心，步幅短小，沿脊柱叩诊或触摸四肢，可引起肌肉痉挛。随着疾病的进展，羊感觉减弱或消失、肌肉麻痹。

2. 脊髓炎　发病初期，多表现疼痛不安，敏感，呈现出肌肉震颤，脊柱僵硬、抽搐和痉挛。因炎症的部位及范围不同，症状各异。

（1）局灶性脊髓炎　仅表现患病脊髓节段所支配区域的皮肤感觉减退和肌肉营养性萎缩，反应消失。

（2）弥漫性脊髓炎　炎症可向前或向后蔓延，因而波及脊髓节段较长，且多发生于脊髓的后段，起初表现后肢、臀部及尾的运动与感觉麻痹，反射机能消失，膀胱与肛门括约肌弛缓，呈现大小便失禁。随着病情发展，胸腹部、前肢肌肉逐渐麻痹，病羊表现为卧地不起。如果蔓延至延脑，可出现咽下障碍、心律不齐、呼吸机能紊乱甚至窒息死亡。

（3）横贯性脊髓炎　表现相应脊髓节段所支配的区域皮肤感觉减弱或消失，肌肉紧张度降低，弛缓无力等下位神经元性瘫痪症状，而炎症部位后方脊髓节段所支配的区域，则呈现肌肉紧张性增高和腱反射亢进，病羊运动障碍，步态不稳，容易跌倒。严重时，后躯截瘫。如为颈髓横贯性炎症，可因膈肌麻痹而突然死亡。

（4）分散性脊髓炎　因炎症可能涉及脊髓灰质或白质，呈现相应局部的皮肤感觉消失，相应肌群的运动性麻痹。重症脊髓炎多于2～3天内死亡，轻症也极少有痊愈者，预后多不良。

【诊断】 依据病史、临床表现，特别是运动麻痹以及排粪排尿障碍，可做出诊断。应注意与脑膜炎和脑脊髓丝状虫病的鉴别。

1. 脑膜炎 有兴奋、沉郁及意识障碍等一般脑症状和瞳孔大小不等、眼球震颤等局部脑症状。

2. 脑脊髓丝状虫病 发生于夏秋季，多突然发生，仅见于羊，血液中可发现微丝蚴。

【防治措施】

1. 预防 加强饲养管理和防疫卫生，防止羊感染病原微生物、避免中毒和外伤。

2. 治疗 加强护理，使病羊保持安静，厚垫褥草，避免发生褥疮。给予富含营养易消化的饲草。病羊不安时可用溴化钠、巴比妥钠等镇静剂。消除炎症可用青霉素，链霉素肌内注射，或用磺胺嘧啶钠静脉注射，同时配合应用乌洛托品及氢化可的松。为恢复神经细胞的机能，改善神经营养，可用维生素 B_1、维生素 B_2、辅酶 A 及腺苷三磷酸等。慢性脊髓炎可用碘化钠或碘化钾，羊 1 ~ 2 克，每天内服 1 次，连续 5 ~ 6 天。为防止肌肉萎缩，可经常进行肌肉按摩，必要时交替注射士的宁及藜芦碱。

四、脊髓挫伤及震荡

【病因】

1. 外因 外界机械力作用，在山区及丘陵区放牧时羊突然滑跌，或鞭赶跨越沟渠时跳跃闪伤，或因直接暴力作用等。

2. 内因 软骨病、骨质疏松症和氟骨病时易发生椎骨骨折，也可导致脊髓损伤。

【主要症状和病理变化】脊髓全横径损伤时，其损伤节段后侧的中枢性瘫痪，双侧深、浅感觉障碍及植物性神经机能异常。脊髓半横径损伤时，损伤部同侧深感觉障碍和运动障碍，对侧浅感觉障碍。

颈部脊髓节段受到损伤时，头、颈不能抬举而卧地，四肢麻痹而呈现瘫痪，膈神经与呼吸中枢联系中断而致呼吸停止，可立即死亡。

胸部脊髓节段受到损伤时，则损伤部位的后方麻痹或感觉消失，腱反射亢进，有时后肢发生痉挛性收缩。

腰部脊髓节段受到损伤时，臀部、后肢、尾的感觉和运动麻痹、膝与腱反射消失，后肢麻痹不能站立以及粪尿失禁等。

脊髓膜受到损伤时，受损部位的后方发生一过性的肌肉痉挛，如果脊髓膜发生广泛性出血，其损害部位附近呈现持续或阵发性肌肉收缩，感觉敏感。若脊髓径受到损害，则躯干大部分和四肢的肌肉发生痉挛。

【诊断要点】根据病羊感觉机能和运动机能障碍以及排粪排尿异常，结合病史分析，可做出诊断。

【防治措施】首先加强护理，使病羊保持安静，多铺垫草，经常翻转，加强饲养管理,给予富含矿物质和维生素D的饲草。对患病部位初期先冷敷，后热敷，进行适当的按摩，有条件可进行电热疗法。同时采用碘离子透入疗法，或皮下注射硝酸士的宁2～4毫克。及时应用抗生素或磺胺类药物以防止感染。

五、山羊癫痫

【病因】本病病因分原发性和继发性两种，临床上以继发性多见。

1. 原发性癫痫 一般认为是因病羊脑机能不稳定，脑组织代谢障碍，加之体内外的环境改变而诱发。也有报道与遗传有关。

2. 继发性癫痫 常继发于颅脑疾病，如脑膜脑炎、颅脑损伤等。传染性和寄生虫疾病，如伪狂犬病、狂犬病、脑囊虫病及脑包虫病等。某些营养缺乏症，如维生素A缺乏、维生素B缺乏、低血钙等。中毒性疾病，如铅、汞等重金属中毒及有机磷、有机氯等农药中毒等。

惊吓、过劳、超强刺激、恐惧、应激等都是癫痫发作的诱因。

【主要症状和病理变化】癫痫发作时呈现突发性、短暂性和反复性，发作时痉挛、抽搐，意识障碍及植物性神经机能异常，在发作的间歇期，病羊表现正常。

病羊平时无异常表现，但当突然受到外界刺激时如听到某种奇异声音或受到其他惊扰时即显出症状。发作时，突然倒地，全身肌肉强直，头向后仰，四肢外伸，牙关紧闭，磨牙，口吐白沫、流涎，持续一定时间后，即变为阵挛，经一定时间而停止。发作停止后多恢复常态。

【诊断要点】本病根据病史和临床特征即可确诊。

【防治措施】查清病因，对症治疗，减少癫痫发作的次数和缩短发作时间。可选用苯巴比妥，30～50毫克/千克体重，每天3次。联合应用扑癫酮和苯妥因钠治疗，其效果更佳。

第五节
泌尿系统疾病

一、肾炎

【病因】肾炎的病因尚未完全清楚，目前认为肾炎的发生与感染、中毒及变态反应等因素有关。

1.急性肾炎　多继发于某些传染病，如口蹄疫、传染性胸膜肺炎等。某些中毒病，如有毒植物中毒。强烈刺激性药物，如松节油、碳酸、水杨酸、磺胺类药物等。化学物质，如砷、汞、磷等。有毒物质经肾排出时产生强烈刺激而发病。邻近器官炎症蔓延，如肾盂肾炎、膀胱炎、子宫内膜炎、阴道炎等炎症转移蔓延至肾脏而引起发病。

2.慢性肾炎　多因急性肾炎治疗不当、不及时或不彻底转化而来。

【主要症状和病理变化】

1.急性肾炎　羊精神沉郁，食欲减退，体温升高，由于肾区疼痛，不愿活动，站立时腰背拱起，后肢叉开或集拢于腹下，行走时腰背僵硬，运步谨慎。尿频且排量较少，个别出现无尿。尿色浓暗，比重增高。当有大量红细胞时，尿液呈粉红色至深红色。后期呈现尿毒症症状，虚弱无力，意识障碍、昏迷。肾区加力压迫时，病羊疼痛敏感，甚至拒绝检查。

2.慢性肾炎　多由急性肾炎发展而来，故症状与急性肾炎基本相似。一般全身症状不明显或轻微，病初呈现全身软弱无力，食欲不定，逐渐消瘦。尿量不定。后期有些病羊可能在眼睑、胸膜下、四肢末端出现水肿。

【诊断要点】根据某些传染病、中毒病的病史以及临床症状如少尿或无尿、肾区敏感、疼痛及尿液变化等可做出诊断。

【防治措施】

1. 消炎　主要应用抗生素青霉素、链霉素、卡那霉素等和呋喃类药物呋喃坦啶钠，也可应用磺胺类药物如磺胺嘧啶、磺胺异噁唑、磺胺－6－甲基嘧啶等。

2. 免疫抑制疗法　肾上腺皮质激素类药物影响早期免疫反应，同时具有一定的抗炎作用，如氢化泼尼松25～40毫克，分2～4次肌内注射，连用3～5天。

3. 应用抗氧化剂　有条件时可配合使用超氧化物歧化酶、别嘌呤醇及去铁敏等抗氧化剂，在清除氧自由基、防止肾小球组织损伤中起重要作用。

4. 利尿消肿　如出现水肿时，在一般治疗的同时应用利尿药。

5. 护理　为缓解水肿和肾脏的负担，限制饮水和食盐的供给量。

二、膀胱炎

【病因】病原微生物感染、感冒使机体抵抗力降低，或因导尿时消毒不严格，各种细菌通过尿道自然感染或医源性侵入膀胱引起炎症，常见的细菌有化脓杆菌、葡萄球菌、绿脓杆菌、大肠杆菌、变形杆菌等。邻近器官炎症的蔓延肾炎、输尿管炎、尿道炎、阴道炎、子宫内膜炎、腹膜炎等，均可蔓延至膀胱黏膜而发病。机械性和化学性刺激主要见于强烈刺激性药物如松节油等，膀胱结石以及膀胱结石时尿液积蓄发酵产物、有毒代谢产物刺激膀胱黏膜。

【主要症状和病理变化】病羊表现为排尿次数增多，或呈排尿姿势，但仅排出少量尿液或点滴状流出。排尿时表现疼痛不安，严重时出现排尿困难和尿闭。

【诊断】根据疼痛性频尿，排尿姿势变化等临床特征不难确诊，但应注意与肾盂肾炎、尿道炎相鉴别。

【防治措施】使病羊适当休息，给予易消化的优质饲料，增加清洁饮水，限制高蛋白饲料和酸性饲料。

膀胱灌注，先用导尿管排出膀胱内积尿，然后经导尿管注入生理盐水，待生理盐水排出后，再注入消毒或收敛性药液，如此反复灌注2～3次，最后将药液排出或留于膀胱内待其自行排出，必要时在灌注消毒或收敛性药液的同时加入青霉素 160 万 ~ 320 万国际单位。灌注根据洗出物混浊程度来决定。常用的消毒、收敛药液有 1% ~ 3% 高锰酸钾溶液、0.1% 硼酸溶液、0.1% 雷佛奴尔溶液、0.5% ~ 1% 氯化钠溶液、1% ~ 2% 明矾溶液、0.5% 鞣酸溶液。

抗菌消炎可应用抗生素类青霉素、链霉素，磺胺嘧啶钠等或呋喃类药物呋喃坦啶。也可静脉注射或口服乌洛托品，同时灌服稀盐酸。

三、尿结石

【病因】

1. 饲草中矿物质含量过高和缺乏某些维生素　如高钙易形成碳酸钙结石，高镁、高磷易形成碳酸铵镁结石。缺乏维生素 B_6 和维生素 A，饮水不足时尿液浓缩，导致盐类浓度过高而促进结石的形成。

2. 泌尿系统疾病　泌尿系统病原微生物感染而引起炎症，尿中细菌和炎性产物积聚，成为盐类晶体沉淀的核心，特别是肾脏的炎症，使尿液晶体和胶体的正常溶解和平衡状态破坏，导致盐类晶体易于沉淀而形成结石。

3. 磺胺类药物过量或使用不当　长期或过量使用某些乙酰化率高的磺胺制剂，如磺胺甲基异噁唑等，在尿路中形成结晶而引起损伤和结石的形成。

【主要症状和病理变化】尿结石的主要症状是排尿障碍、肾盂腹痛、尿痛、血尿及尿闭，若结石体积小且数量较少时症状不明显，体积较大时则呈明显的临床症状。结石存在部位和尿路损害程度不同，症状亦不同。

1. 肾脏结石　多表现为肾炎症状，主要为肾区疼痛，拱背，血尿，运步强拘，步态紧张。

2. 输尿管结石　病羊表现剧烈的疼痛，当单侧输尿管阻塞时无尿闭现象，双侧阻塞时出现尿闭。

3. 膀胱结石　结石位于膀胱腔时，有时不表现任何症状，多数表现频尿、血尿。结石位于膀胱颈时呈现明显的疼痛和排尿障碍，主要表现为排尿时呻吟、尿量较少或无尿排出。

4. 尿道结石　临床上大多数结石阻塞在尿道，当尿道不完全阻塞时，病羊排尿痛苦且排尿时尿呈细线状或点滴状流出，有时排出血尿。当尿道完全阻塞时，病羊表现尿闭、肾性腹痛现象，常做排尿动作，但无尿排出。长期尿闭可引起尿毒症或发生膀胱破裂，膀胱破裂后尿液进入腹腔，可继发腹膜炎。

【诊断要点】尿结石因无特征性的临床症状，若不导致尿道阻塞，诊断较为困难，一般根据病史如饲料、饮水数量和质量的调查分析，临床症状如排尿障碍、肾性腹痛、尿闭、尿痛、血尿等进行综合诊断。确诊可做 X 射线或 B 型超声波检查。

【防治措施】

1.调整　调整日粮中钙磷比例（1.5 ~ 2）：1,补充维生素 A 和胡萝卜素，同时大量饮水或给予利尿剂，以形成大量稀释尿，冲淡尿液晶体浓度，减少晶体析出和沉淀，亦可将细小结石随尿排出。

2.治疗　药物疗法效果不明显。肾性腹痛时可应用镇静剂。防止尿毒症或膀胱破裂，可膀胱穿刺排尿。对体积较大的膀胱结石和尿道结石，进行膀胱和尿道切开手术，取出结石。尿道结石可用手缓慢挤出或用生理盐水将结石冲进膀胱内，然后手术取出。

第五章

羊的营养代谢疾病

　　羊营养代谢病是营养紊乱和代谢紊乱疾病的总称。营养紊乱是因羊所需的某些营养物质的量供给不足或缺乏，或因为某些营养物质过量而干扰了另一些营养物质的吸收和利用引起的疾病。代谢紊乱是因体内一个或多个代谢过程异常改变导致内环境紊乱引起的疾病。随着养羊业向规模饲养和集约化经营方式的转变，群发性动物营养代谢病日趋严重，特别是亚临床型所致的生长发育迟缓和生产性能降低是造成经济损失的主要原因。

第一节
糖、脂肪及蛋白质代谢障碍性疾病

一、绵羊妊娠毒血症

【病因】饥饿和环境因素变化引起的应激反应，特别是二者共同作用于怀双羔的母羊，是促使本病发生的主要因素。此外，缺乏运动也与此病的发生有一定的关系。

本病主要发生于妊娠最后1个月，多在分娩前10～20天，有时则在分娩前2～3天。在我国西北地区，此病常在冬春枯草季节发生于瘦弱的母羊。妊娠末期的母羊营养不足、饲料单一、维生素及矿物质缺乏，特别是饲喂低蛋白、低脂肪的饲料，且碳水化合物供给不足，易于发生妊娠毒血症。据报道，妊娠早期过于肥胖的母羊，至妊娠末期突然降低营养水平，更易发生此病。膘情好的母羊在优良牧草的牧地上放牧，由于运动不够或突然减少摄入的饲草数量，也易患这种疾病。舍饲期间缺乏精饲料，或者冬季放牧时牧草不足，长期饥饿，均易发病。

【主要症状和病理变化】

1. 主要症状　病初精神沉郁，放牧或运动时常离群呆立，对周围事物漠不关心。瞳孔散大，视力减退，角膜反射消失，出现意识扰乱。随着病情发展，精神极度沉郁，黏膜黄染。食欲减退或废绝，磨牙，瘤胃弛缓，反刍停止。呼吸浅快，呼出的气体有丙酮味，脉搏快而弱。疾病中后期低血糖性脑病的症状更加明显，表现为运动失调，行动拘谨或不愿走动，行走时步态不稳，无目的地走动，或将头部紧靠在某一物体上，或做转圈运动。粪便干而少，小便频繁。严重的病例视力丧失，肌纤维震颤或痉挛，头向后仰或弯向一侧，有的昏迷，全身痉挛。病程持续3～7天，少数病例可能拖延稍久，而有些病羊发病后1天即可死亡。死亡率可达70%～100%。

病羊如果流产或者经过引产及适当治疗，饲养和营养状况得到改善，症状可能有所缓解，免于死亡。

2. 病理变化　肝脏肿大变脆，色泽变黄。肝细胞发生明显的脂肪变性，有些区域颗粒变性及坏死。肾脏亦有类似病变。肾上腺肿大，皮质变脆，呈土黄色。

【诊断】根据妊娠后期有明显的神经症状，失明，呼出气中有酮臭，6～7天内死亡，血液中糖浓度下降，酮体浓度升高等均可做出判断。

诊断中应与李氏杆菌病、伪狂犬病相区别。

1. 李氏杆菌病　多表现为精神沉郁，转圈运动以及颅神经麻痹，早期磺胺类及抗生素治疗有效。

2. 伪狂犬病　多呈急性病程，体温升高，精神委顿，肌肉震颤，出现奇痒，常致死。

【防治措施】

1. 预防　预防本病的关键是合理搭配饲料。对妊娠后期的母羊，必须饲喂营养充足的优良饲料，保证母羊所必需的碳水化合物、蛋白质、矿物质和维生素。对于临产前的母羊，每当降雪之后、天气骤变或运输时，补饲胡萝卜、甜菜及青贮等多汁饲料。对于完全舍饲的母羊，应当每天驱赶运动两次，每次半小时。在冬季牧草不足时，放牧母羊应补饲适量的青干草及精饲料。

2. 治疗　为了保护病羊肝脏机能和供给机体所必需的糖原，可用10%葡萄糖150～200毫升加0.5克维生素C，静脉注射。同时还可肌内注射大剂量的维生素B_1。

肌内注射氢化泼尼松75毫克或地塞米松25毫克，并口服乙二醇、葡萄糖和注射钙镁磷制剂，存活率可达85%。但单独使用类固醇的存活率不高，仅为61%。出现酸中毒症状时，可静脉注射5%碳酸氢钠溶液30～50毫升。还可使用促进脂肪代谢的药物，如肌醇注射液，同时注射维生素C。

无论应用哪一种方法治疗，如果治疗效果不显著，建议施行剖腹产或人工引产。娩出胎儿后，症状多随之减轻。但已卧地不起的病羊，即使引产，也预后不良。在患病早期，治疗的同时改善饲养管理，可以防止病情进一步发展，甚至使病情迅速缓解。增加碳水化合物饲料的数量，如块根饲料、优质青干草，并给以葡萄糖、蔗糖或甘油等含糖物质，对治疗此病有良好的辅助作用。

二、醋酮血病

【病因】

1. 原发性酮病　常由于大量饲喂含蛋白质、脂肪高的饲料（如豆类、油饼），而碳水化合物饲料（粗纤维丰富的干草、青草、禾本科谷类、多汁的块根饲料等）不足，或突然给予大量蛋白质和脂肪的饲料，特别是在缺乏糖和粗饲料的情况下供给大量精饲料，更易致病。在泌乳峰值期，高产奶羊需要大量的能量，当所给饲料不能满足需要时，就动员体内贮备，因而产生大量酮体，酮体积聚在血液中而发生酮血病。

2. 继发性酮病　还可继发于前胃弛缓、真胃炎、子宫炎和饲料中毒等。主要是由于瘤胃代谢扰乱而影响维生素 B 的合成，导致肝脏利用丙酸盐的能力下降。另外，瘤胃微生物异常活动所产生的短链脂肪酸，也与酮病的发生有着密切关系。

3. 妊娠期肥胖　运动不足，饲料中缺乏维生素 A、维生素 B 以及矿物质不足等，都可促进本病发生。

【主要症状和病理变化】

1. 临床表现　病初表现反复无常的消化扰乱，食欲降低，常有异食癖，喜食干草及污染的饲料，拒食精饲料。反刍减少，瘤胃及肠蠕动减弱。粪球干小，上附黏液，恶臭，有时便秘与腹泻交替发生。排尿减少，尿呈浅黄色水样，初呈中性，以后变为酸性，易形成泡沫，有特异的醋酮气味。泌乳量减少，乳汁有特异的醋酮气味。肝脏叩诊区扩大并有痛感。

2. 病理变化　主要表现是肝脏的脂肪变性，严重病例的肝比正常的大 2 ~ 3 倍。

【诊断要点】结合发病原因，依据上述临床症状和病理变化可做出诊断。

【防治措施】

1. 预防　改善饲养条件，保证供应充分的全价饲料，建立定期检查制度，发现病羊后，应立即采取防治措施。

2. 治疗

（1）提高血糖的含量　静脉注射高渗葡萄糖 50 ~ 100 毫升，每天 2 次，连续 3 ~ 5 天。条件许可时，可给予 5 ~ 8 国际单位的胰岛素混合注入。发病后可立即肌内注射可的松 0.2 ~ 0.3 克，或促肾上腺皮质素 20 ~ 40 国际单位，每天 1 次，连用 4 ~ 6 天。丙酸钠每天 250 克，混入饲料中喂给，供给 10 天。

（2）恢复氧化还原过程及新陈代谢　可口服柠檬酸钠或醋酸钠，剂量按 300 毫克/千克体重计算，连服 4 ~ 5 天。还可用次亚硫酸钠 2 克，葡萄糖 20 ~ 40 克，蒸馏水加至 100 毫升制成注射剂，每次静脉注射 30 ~ 80 毫升。

（3）供给维生素和矿物质　供给维生素 A、维生素 B、维生素 D 及钙、磷、食盐等矿物质。

第二节
常量元素代谢障碍性疾病

一、骨软病

【病因】一般说来骨软病发生原因与佝偻病类似，但骨软病常发生于羊泌乳的期妊娠后期，主要发病原因：①饲料中磷供给不足，钙磷比例严重失调，许多研究表明，当饲料中钙磷比小于 1 或大于 7 时，可迅速发生骨软症。②钙、磷同时缺乏或维生素 D 缺乏。③妊娠后期或产仔太多，乳钙消耗太多等，可造成骨软症。

【主要症状和病理变化】早期症状易被忽视或被误认为前胃松弛，或创伤性网胃炎，继而出现异食癖，如咀嚼垫草、啃咬骨头、吞食胎衣等。渐渐地呈现跛行，骨关节疼痛，步态强拘，后躯摇摆，游走性跛行等。病理生化指标表现为血钙浓度升高，血磷浓度下降。

【诊断要点】妊娠后期，泌乳过程中出现消化不良、异食癖及骨骼变形，配合日粮组成的分析及从治疗效果看，不难识别。碱性磷酸酶（AKP）活性升高，血磷浓度下降，血钙浓度正常或升高等，有助于诊断。额骨穿刺及骨硬度测定，对揭示疾病中期或后期有重要意义。

【防治措施】本病的防治原则是加强饲养管理，在不同生理时期供给全价日粮。在呈现异食癖阶段，及时补充骨粉可不药痊愈。严重病例（跛行、骨变形）除给予骨粉外，还应补充磷。以 20% 磷酸二氢钠溶液 300 ~ 500 毫升或 3% 次磷酸钙溶液 1 000 毫升，静脉注射，每天 1 次，连续 3 ~ 5 天。补充维生素 A、维生素 D 有利于病情恢复，同时服用磷酸二氢钠，增加麸皮、米糠的供给。

根据羊不同生理阶段对矿物质营养的需要，及时调整日粮钙磷比例及维生素 D 含量是预防本病的关键。

二、食毛症

【病因】据调查，成年绵羊、山羊体内常量元素硫缺乏是本病的主要病因。

本病具有明显的季节性和区域性，发病仅局限于终年只在当地草场流行病区放牧的羊，当羊群到外地放牧时，已有症状可在短期内消失，而一旦返回病区后，过一段时间则又可复发。本病多发生在 11 月至翌年 5 月，1 ~ 4 月为高峰期，当青草萌发并能供以饱食时即可停止。山羊发病率明显高于绵羊，其中以羯山羊发病率最高。

【主要症状和病理变化】发病羊啃食其他羊或自身被毛，每次可连续啃食 40 ~ 60 口。每口啃食 1 ~ 3 克，以臀部啃毛最多，而后扩展到腹部、肩部等部位。被啃食羊，轻者被毛稀疏、重者大片皮肤裸露，甚至全身净光，最终因寒冷而死亡。有些病羊出现掉毛、脱毛现象。采食羊亦逐渐消瘦、食欲减退、消化不良，抑或发生消化道毛球梗阻，表现肚腹胀满，腹痛，甚至死亡。病羊还可啃食毛织品，部分羊出现采食煤渣、骨头等异食癖症状。

【诊断要点】根据绵羊、山羊嗜食被毛与毛织品成瘾，大批羊同时发病，症状相同，且具有明显的地域性和季节性，即可初步诊断。流行病区土、草、水和病羊被毛矿物质检测，硫元素供给不足和含量低于正常范围，以含硫化合物补饲病羊疗效显著，即可确诊。

【预防措施】

1. 预防

（1）药物颗粒饲料补饲　对发病率高的羊群用药物颗粒饲料补饲时间从元月初到4月中旬，开始以连续补饲为宜，而后视发病情况减量间断补饲。建议使用如下配方的含硫颗粒饲料：硫酸铝143千克、生石膏27.5千克、硫酸亚铁1千克、玉米60千克、黄豆65千克、草粉950千克，加水45千克，用颗粒饲料加工机经搅拌加工成直径为5毫米颗粒。放牧羊平均每天每只20～30克，可盆饲或撒于草地上自由采食。

（2）合理划拨草场　建议有关部门合理划拨病区之外的山地草场供病区羊轮牧使用，轮牧时间以秋冬为宜。尽可能减少单位面积的载畜量，以减轻草场负荷，提高羊群体质。

（3）增加牧业投资　改造棚圈，建造冬季塑料大棚以代替传统的露天棚圈，防风防寒而减少羊掉膘。同时，加强羊群越冬饲养管理，及时更换圈舍垫粪以保持干燥。

（4）推广羊罩衣　发病绵羊、山羊应分圈过夜，推广羊罩衣措施，以减少掉毛，同时亦有保温防寒功效，对本病有一定的防治作用。

2. 治疗　用硫酸铝、硫酸钙、硫酸亚铁等含硫化合物治疗病羊可在短期内取得满意的疗效。发病季节坚持补饲以上含硫化合物。硫元素用量可控制在饲料干物质的0.05%，或成年羊每天0.75～1.25克，既能得到中长期预防又能起到治疗作用。补饲方法以含硫化合物颗粒饲料为主，投服方便，适于治疗大群羊发病。给个别病羊可灌服硫酸盐水溶液治疗即可。有机硫化合物如蛋氨酸等含疏基的氨基酸治疗本病效果明显。

三、低镁血症

【病因】镁摄入不足，泌乳母羊饲料中有效镁含量不能满足本身需要，或因春季来临，羊群从舍饲吃干草和青贮饲料，突然转入放牧吃多汁、幼嫩的青草，不仅草中镁含量不足，而且镁的吸收、利用率较差。绵羊饥饿24小时后进入草地，就可以发生抽搐症。禾本科牧草尤其是用大量氮肥和钾肥施肥的谷草，因镁含量不足易发生本病。

【主要症状和病理变化】

1.**急性型** 于采食过程中突然停止采食，甩头、吼叫、奔跑、肌肉抽搐、行走时摇晃欲醉，最终跌倒。四肢强直，随后阵发性痉挛，并持续1分左右。痉挛期间，牙关紧闭，眼球震颤，口吐白沫，耳郭竖起，眼睑退缩。略安静片刻，又重新发作，严重挣扎后，体温升高，呼吸、脉搏加快，心音亢进。通常于30～60分内死亡，常来不及治疗而毙命。

2.**亚急性型** 病程3～4天，病的发展呈渐进性，开始时，食欲下降，四肢运动不自如，步态强拘，对触诊和声音过敏，频频排尿、排粪，瘤胃运动减弱，产乳量下降，肌肉震颤，牙关紧闭，类似破伤风。后肢及尾轻度强直，强制性用针扎羊，可引起强烈惊厥。

3.**慢性型** 除有血酶浓度下降外，不表现临床症状。有时也有反应迟钝，不活泼，无选择地采食，可能转化为急性或亚急性，也可能在亚急性型恢复的过程中出现。

【诊断】根据病史和抽搐、惊厥、心音亢进、心动过速等特征症状，可初步诊断。血清、脑脊髓和尿镁含量降低，应用镁制剂疗效显著，即可确诊。羊从舍饲转入多汁草地放牧，突然发生运动不协调，状似破伤风者可疑为此病。血液中镁、钙、磷、钾离子测定可进一步确诊。

诊断中应与破伤风、狂犬病、神经型酮病、急性肌肉风湿等相区别。

（1）破伤风 对声、光刺激敏感，且有臌气现象，病程也较长。

（2）狂犬病 呈紧张、恐水和上行性麻痹，但缺乏抽搐症状。

（3）神经型酮病 常伴有惊厥和抽搐，呈现明显酮尿，呼出气体和乳汁发出特殊烂苹果气味，对高糖治疗有效，用镁制剂治疗几乎无效。

（4）急性肌肉风湿 表现为肌肉疼痛，运动障碍，四肢僵硬，步态强拘，用水杨酸制剂治疗有良好效果。

【防治措施】

1.**预防** 为提高牧草镁含量，可在放牧前喷洒镁盐，每2周喷洒1次，按每公顷35千克硫酸镁，配成2%溶液喷洒牧草，低镁牧地，应多施镁肥，早春初牧时，出牧前给予一定量干草，放牧时间可逐渐延长。在本病危险期，口服氧化镁或硫酸镁10克，可有效预防本病的发生。也可给放牧羊投服镁丸，任其缓慢溶解释放低剂量的镁，可达到预防目的。

2. 治疗　对亚急性病例或尚未来得及救治的急性病例，可用25%的葡萄糖硼酸钙和5%的硫酸镁混合液50毫升慢速静脉注射。接着用50%的硫酸镁皮下注射，随后再用20%的硫酸镁200～300毫升皮下注射时，血镁可很快升高。但于3～6小时内又恢复到注射前水平，给予钙、镁剂的同时，对症治疗，如巴比妥等，可暂时控制疾病。每天给予镁7克或每隔1天给予镁14克，对防治低镁血症有效果。

第三节
微量元素缺乏性疾病

一、铜缺乏症

【病因】

1. 原发性　日粮缺铜引起羊机体缺铜，主要是由于生长在低铜土壤上的饲草或土壤中铜的可利用率低所致。每克饲料中铜低于3微克可引起发病，3～5微克为临界值，10微克以上能满足羊的需要。

2. 继发性　羊摄入的铜量能满足机体的需要，但机体对铜的利用发生障碍时也会导致铜缺乏症。

（1）钼与铜具有拮抗性　当饲草、饲料中钼含量过多时，可妨碍铜的吸收和利用。每克牧草含钼低于3微克时不影响铜的吸收，但当饲料中铜不足时，钼3～10微克/克时即可出现临床症状。通常认为铜钼比例应高于2：1。

（2）锌、镉、铁、铅和硫酸盐等过多　影响铜的吸收，造成机体铜缺乏。

（3）植酸盐含量过高　可与铜形成稳定的复合物，降低羊对铜的吸收。

（4）蛋氨酸、胱氨酸、硫酸钠、硫酸铵等含硫物质过多　经过瘤胃微生物的作用均可转化为硫化物，与钼共同形成一种难溶解的铜硫钼酸盐复合物，降低铜的利用率。

羊铜缺乏症常呈地方流行或大群发生，绵羊和山羊最为易感。

无论是原发性铜缺乏症，还是继发性铜缺乏症，主要发生于牧草中铜水平最低的春夏交接季节。然而，继发性铜缺乏症的发生依赖于牧草中条件因子的含量，例如，秋天由于豆科牧草生长迅速而使其钼含量达到最高，此时易发生羊铜缺乏症。

【主要症状和病理变化】

1. 主要症状　铜缺乏时主要的临床表现包括被毛变化、骨骼的异常、贫血和运动障碍等。

绵羊铜缺乏时毛柔软、光滑，失去弯曲，黑毛颜色变浅。羊毛的这些变化是最早的症状，亚临床铜缺乏可能是唯一的症状。

羊铜缺乏时骨骼的生成发生障碍，表现骨骼弯曲，关节僵硬和肿大，易发生骨折。

运动障碍是羔羊铜缺乏的主要症状，又称为摆腰病和地方性共济失调。主要危害 1 ~ 2 月龄的羔羊，在严重暴发时刚出生的羔羊也可发病，常常造成死亡，随着年龄增大，发病时后躯麻痹的程度越轻。早期症状为两后肢呈"八"字形站立，驱赶时后肢运动失调，跗关节屈曲困难，后躯摇摆，极易摔倒，快跑或转弯时更加明显，呼吸和心率随运动而显著增加。严重者做转圈运动，或呈犬坐姿势，后肢麻痹，卧地不起，最后死于营养不良。在英国，母羊严重铜缺乏时所生羔羊可发生一种遗传性中枢神经系统机能障碍的摆腰病，病羔出生时死亡或极度虚弱不能站立和吮乳，同时表现痉挛性麻痹。病理学研究发现，缺铜导致的胎儿大脑白质软化和空洞形成在妊娠 120 天左右即开始。

贫血是多种羊严重、长期缺铜的常见症状之一，发生于铜缺乏的后期。羔羊主要表现低色素小红细胞性贫血，而成年羊则呈巨红细胞性低色素性贫血。

腹泻是羊继发性铜缺乏的症状之一，排出黄绿色或黑色水样粪便，极度衰弱，腹泻的严重程度与条件因子钼的摄入量成正比。

此外，母羊常表现发情症状不明显，不孕或流产，产奶量下降。羔羊生长受阻。

2. 病理变化　病理剖检可见铜缺乏的特征性病变是贫血和消瘦。骨骼的骨化推迟，易发生骨折，严重时表现骨质疏松。地方性共济失调最主要的病变是小脑束和脊髓背外侧束的脱髓鞘。在少数严重病例，脱髓鞘病变也波及大脑，白质发生破坏和出现空洞，并且有脑积水、脑脊髓液数量增加和大脑回几乎消失等病理变化。肝脏、脾脏和肾脏有大量含铁血黄素沉着。

【诊断要点】本病呈地方性流行。诊断的依据主要是健康不佳、被毛褪色、运动障碍和贫血等症状，测定饲草、羊血液和组织铜含量及血清含铜酶的活性，结合病理学变化和补铜后的反应进行综合分析。如怀疑为继发性铜缺乏症，还应测定饲草中钼和硫等元素的含量及铜钼比例。

【防治措施】

1. 预防　①日粮中添加硫酸铜。②羊在妊娠中后期口服硫酸铜 1 ~ 1.5 克，每周 1 次，能预防羔羊铜缺乏症，也可在羔羊出生后口服铜制剂。③羊可用矿物质添加剂制成的舔砖，羊用硫酸铜含量为 0.25% ~ 0.5%。④国外目前用氧化铜短针装入胶囊投服在羊的瘤胃和网胃中，缓慢释放铜。⑤经口投服长效含硒、铜、钴的微量元素缓释丸，在瘤胃和网胃中缓慢释放微量元素。⑥有条件的可在饮水中添加硫酸铜，自由饮用。⑦在低铜草地上，可施用含铜肥料，每公顷 5.6 千克硫酸铜，能显著提高牧草中铜的含量。

2. 治疗　治疗铜缺乏症比较简单。然而，如果神经系统和心肌已受到严重损伤时，病羊将不能完全康复。2 ~ 6 月龄羊口服硫酸铜 1 ~ 2 克，每周 1 次，连用 3 ~ 5 周。在日粮中添加铜，使硫酸铜每克的水平达 25 ~ 30 微克，连喂两周效果显著。也可将矿物质预混剂中硫酸铜的水平提高至 3% ~ 5%，让其自由舔食，或按 1% 剂量加入日粮中饲喂羊。

二、碘缺乏症

【病因】碘缺乏症的主要原因是土壤、饲草和饮水中碘含量较低，碘的摄入量不足而发病。见于土壤碘含量低于 0.2 ~ 2.5 微克 / 克，饲草低于 0.1 微克 / 克，饮水碘含量低于 10 微克 / 升的地区。另外，在母羊妊娠、泌乳及羔羊生长期间，羊对碘的需要量增加，若供给不足，可诱发或加重本病。也见于日粮中含拮抗剂，如十字花科植物，豌豆、亚麻粉、菜籽饼、甘蓝、钙、锰、磷、铅、氟、镁等，均影响羊对碘的吸收而发生甲状腺肿。

【主要症状和病理变化】碘缺乏的症状主要表现为甲状腺肿大、代谢障碍和繁殖能力降低。

成年羊碘营养不足影响繁殖性能。公羊表现性欲降低，精液品质下降。母羊发情不规律或抑制发情，受胎率低，影响胎儿生长发育，如所产羔羊虚弱、无毛、眼瞎或死胎等。另外，母羊怀孕后胎儿可在任何阶段停止发育，如胚胎或胎儿死亡，胎儿吸收或死亡后流产等。有时可发生怀孕期延长或难产、胎衣不下。另外，碘缺乏影响羊毛的质量和产量，羔羊可造成永久性毛品质降低，主要是毛生长的次级毛囊正常发育需要甲状腺激素。

【诊断要点】严重的碘缺乏根据甲状腺肿大的临床表现即可确诊。成年羊繁殖障碍，特别是羔羊或胎儿的变化可作为诊断的依据。土壤、饲草、饮水和血液、乳汁碘含量的测定及甲状腺重量、结构变化有助于本病的诊断。

【防治措施】舍饲羊可将碘化合物按矿物质剂量的0.01%添加到舔剂中，制成舔砖，让其自由舔食。也可用海带、海草或海洋中其他生物制品及副产品，直接掺入精饲料中，定期饲喂，可成功地预防碘缺乏症。

放牧羊可不定期补充碘。主要通过口服或在饮水中添加碘化合物0.5～2克，每天1次，连用数天。也可肌内注射碘油或在妊娠后期及产后在肚皮、乳头等处涂擦碘酊，亦有较好的预防效果。

三、锌缺乏症

锌缺乏症是机体锌营养不足而引起的以生长停滞、饲料利用率降低、皮肤角化不全、骨酪发育异常及繁殖机能障碍为特征的营养代谢疾病。

【病因】土壤和饲草中锌含量不足是羊锌缺乏症的主要原因。锌在自然界并不以金属形态存在，而是以稳定态化合物形式存在于多种矿石中。生物体所需的锌主要从环境中摄取，土壤中锌含量并不高。各种植物由于种类不同，锌含量有较大的差异，一般而言，豆类、谷类、水果、蔬菜依次降低。我国大部分省份属贫锌区或缺锌区，新疆、内蒙古、山西、甘肃、四川和江苏等地土壤锌含量只有10～100微克。土壤锌含量低于30微克/毫克，饲草低于20微克/克即可发病。绝大多数羊锌的需要量为40～100微克/克。

高钙日粮影响羊对锌的吸收，饲料中钙锌比例在（100～150）：1较为适宜。另外，铜、铁、锰、镉、钼等元素过多，与锌具有拮抗作用，也影响锌吸收，诱发锌缺乏症。

饲料中植酸含量过多，与锌形成不溶解和难吸收的化合物，羊对锌营养的利用率会降低，进而继发锌缺乏症。

【主要症状和病理变化】

1. 临床症状　绵羊和山羊锌缺乏的症状包括采食量减少，生长率、饲料转化率和繁殖率降低。绵羊还表现羊毛脱落、变脆、失去弯曲，并可能发生食毛。由于脱毛，皮肤变厚、起皱、发红。这种脱毛仅在补锌后得以恢复。公羔羊睾丸发育障碍，精子生成完全停止。由于锌缺乏，羊对感染和应激的抵抗力降低。

2. 病理变化　尸体剖检无特征性的病理变化，主要为皮肤增厚、坚实、切割困难。组织学变化为皮肤过度角化或角化不全，真皮和血管周围的结缔组织细胞浸润，消化道上皮样细胞角化。

【诊断】严重的锌缺乏症通过临床症状和病理学变化即可初步诊断，早期诊断比较困难。日粮锌含量的分析对疾病的诊断有帮助，但必须注意影响锌吸收和利用的其他因子，如钙、植酸盐等的含量。测定血清、被毛、肋骨锌含量和血清碱性磷酸酶（AKP）的活性是诊断锌缺乏症的有价值的指标，有人认为，补锌后采食量和生长情况的改善是锌缺乏症的最好的指标，补锌后在几天内即可使采食量增加。

本病在临床上主要应与疥螨病和渗出性表皮炎相鉴别。

1. 疥螨病　皮肤刮取物可发现疥螨，用伊维菌素等杀虫药治疗有效。

2. 渗出性表皮炎　主要见于未断奶的羔羊，皮肤有滑腻感，而锌缺乏时皮肤干燥易裂。

【防治措施】羊可口服硫酸锌或氧化锌，剂量为 1 毫克 / 千克体重，连用 10～15 天。用锌制剂的同时，配合应用维生素 A 效果更好。病羊也可用锌和铁粉混合制成的缓释丸，投服在前胃内让其缓慢释放锌，供机体利用。

四、钴缺乏症

【病因】土壤缺钴导致饲草钴含量不足是羊钴缺乏的主要原因。羊对钴营养的需要量为 0.1 微克 / 克。土壤钴含量小于 0.25 微克 / 克，牧草钴含量小于 0.07 微克 / 克即可使放牧的羊发病。牧草中钴含量因牧草种类、生长阶段不同而有很大差异，如豆科牧草钴含量高于禾本科牧草。另外，土壤中钙、铁、锰含量和 pH 过高可降低牧草对钴的利用。

【主要症状和病理变化】

1. 临床症状　羊的钴缺乏症临床表现并不典型，包括食欲降低，被毛粗乱，皮肤增厚，贫血，消瘦，甚至死亡，与能量、蛋白质缺乏引起的营养不良和寄生虫感染极为相似。钴缺乏早期体重增加缓慢，降低了饲料消耗和饲料转化率，泌乳量和产毛量等生产性能明显降低。同时影响繁殖性能，如羔羊出生时体重轻，瘦弱无力，成活率降低，有的母羊不孕、流产等。

在新西兰、挪威、澳大利亚等，羔羊还发生以肝脏功能障碍和脂肪变性为特征的白肝病。主要表现为食欲下降或废绝，精神沉郁，体重下降，眼睛流泪，有浆液性分泌物。病羊常出现光敏反应，以及耳、鼻和上下唇附有浆液性分泌物，有的背部皮肤有斑块状血清样渗出物，而后结痂，分泌物逐渐由浆液性转为浆液脓性，可持续数月。有的出现运动失调、强直性痉挛、头颈震颤或失明等神经症状。

2. 病理变化　主要变化为消瘦、贫血和胃肠卡他。组织学检查肝脏和肾脏颗粒变性，肝脏、心肌和骨骼肌糖原含量明显下降，骨髓浆液性萎缩，肝脏、脾脏和淋巴结有髓外造血灶，红细胞溶解性增高，并有明显的含铁血黄素沉着。白肝病羔羊肝脏肿大，为正常的 2 ~ 3 倍，色灰白，质地脆弱。组织学检查发现肝细胞变性，肝细胞肿胀，胞浆内有大小不等的脂肪空泡，门区胆管和间质增生，存在蜡样质。

【诊断】根据食欲降低、贫血、消瘦等临床症状，结合土壤、饲草钴含量分析及肝脏血清维生素 B_{12} 和钴水平测定，即可诊断。补充钴后羊的反应是比较理想的监测手段。测定血液学指标中 MMA 和 FIGLU 含量有助于本病的确诊。另外，本病应与营养不良和多种中毒病、传染病、寄生虫病等所引起的消瘦和贫血相鉴别。

【防治措施】

1. 预防　羊饲草中钴每克含量应高于 0.1 微克，否则应在日粮中补充钴，在缺钴草场喷施含钴肥料是解决放牧羊钴缺乏的有效途径，剂量为每公顷 400 ~ 600 克硫酸钴，每年 1 次；或 1.2 ~ 1.5 千克硫酸钴，每 3 ~ 4 年 1 次。

通过瘤胃投服钴丸或硒、铜及钴微量元素缓释丸均有良好的预防效果。母羊妊娠阶段补充钴可提高乳汁钴和维生素 B_{12} 含量，能预防幼羔钴和维生素 B_{12} 缺乏。

2. 治疗　对钴缺乏羊应立即用维生素 B_{12} 和钴制剂进行治疗。羊口服硫酸钴，剂量为每次 1 毫克或 2 毫克，每周 2 次；也可每次用 7 毫克，每周 1 次。同时配合肌内注射 100 ~ 300 微克维生素 B_{12} 效果更好。过量补充钴可引起毒性反应，绵羊的最大耐受量为 100 千克体重 352 毫克。

五、锰缺乏症

【病因】原发性锰缺乏主要是土壤和牧草锰含量不足，沙土和泥炭土锰含量匮乏。土壤锰含量低于 3 微克 / 克，活性锰低于 0.1 微克 / 克即为缺锰。我国缺锰土壤主要分布在北方质地较松的石灰性土壤地区。碱性土壤由于锰以高价状态存在，植物对锰的吸收和利用率降低。羊日粮中钙、磷、铁、钴含量过高，影响锰的吸收和利用，可发生继发性锰缺乏。

【主要症状和病理变化】羊锰缺乏对繁殖性能的影响最大。母羊不育，表现发情率和首次受精率低，新生羔羊先天性骨骼畸形，生长缓慢，骨骼发育异常，关节肿大，腿弯曲，有的出现共济失调和麻痹。骨骼生长缓慢，不成比例，前肢短而弯曲，并且在怀孕期间颅骨和内耳耳石发育缺陷。

【诊断要点】根据骨骼变化、母羊繁殖机能障碍等症状可初步诊断。土壤、日粮和体内锰含量的分析及临床指标的测定有助于本病的诊断。同时应分析日粮中钙、磷、铁等元素的含量。病羊补充锰后的反应是确诊锰缺乏的良好指标。

【防治措施】锰缺乏地区给每只羊口服 0.5 克硫酸锰有明显的治疗效果。将硫酸锰制成舔砖（每千克舔砖含锰 6 克），让羊自由舔食可预防锰缺乏症。

锰对羊的毒性较低，但过量锰会对羊产生毒性作用。日粮中锰含量每克超过 500 微克，羊则出现生长缓慢、食欲下降等不良反应。

第四节
维生素缺乏症

一、维生素A缺乏症

【病因】饲料调制收藏不善，受日光暴晒、酸败或氧化，长期饲喂缺乏维生素 A 的饲料，如棉籽饼、干谷、马铃薯等。饲料中缺乏常量和微量元素等均可引起。运动不足和胃肠道疾病可促使本病发生。维生素 A 缺乏时视网膜中视紫红质的合成受到障碍，以致影响到视网膜对弱光的刺激，表现为视力下降或丧失。

【主要症状和病理变化】

1. 主要症状　病羊表现畏光，视力减退，甚至完全失明。由于角膜增厚，结膜细胞萎缩，腺上皮机能减退，故不能保持眼睑的湿润，而表现出眼干燥症。由于腺上皮的分泌物减少，不能溶解侵入的微生物，更加重了炎症及软化过程。有时变化可以涉及角膜深层。

在缺乏维生素 A 时，机体其他部位的上皮也会发生变化。例如消化道及呼吸道的黏膜上皮变性，分泌机能降低，进而容易遭受传染病的侵袭。

成年羊缺乏维生素 A 时，机体并不消瘦，故患有眼干燥症的羊，体况仍无异常变化。

2. 病理变化　当羊维生素 A 缺乏时没有特征性的眼观变化，主要为被毛粗乱，皮肤异常角化。泪腺、唾液腺及食管、呼吸道、泌尿生殖道黏膜发生鳞状上皮化。维生素 A 缺乏时羊角化上皮样细胞数目增多。组织学检查发现典型的上皮变化是柱状上皮样细胞萎缩、变性、坏死分解，并被化生的鳞状角化上皮替代，腺体的固有结构完全消失。羔羊腮腺主导管发生明显变化，初期为杯状细胞消失和黏液缺乏，继而杯状细胞被鳞状上皮取代，并发生角化。呼吸道黏膜的柱状纤毛上皮发生萎缩，化生为复层鳞状上皮，并角化，有的病例形成伪膜和小结节，导致小支气管阻塞。黏膜的分泌机能降低，易继发纤维素性炎症。另外，肾盂和泌尿道其他部位脱落的上皮团块可沉积钙盐，形成尿结石。幼龄羊由于骨内成骨受到影响和骨成形失调，出现长骨变短和骨骼变形。

【诊断要点】根据羊畏光、视力减退或失明及长期饲喂缺乏含维生素 A 的饲料，即可做出诊断。血浆、肝脏维生素 A 和胡萝卜素含量的分析为确诊本病提供依据。结膜涂片检查，角化上皮样细胞数目增加有辅助诊断价值。

【防治措施】

1. 预防　注意改善饲养管理。在配合日粮时，必须考虑到维生素 A 的含量，应供给胡萝卜素 0.1 ~ 0.4 毫克 / 千克体重。

对于妊娠母羊要特别重视供给青绿饲料，冬季要补充青干草、青贮饲料或胡萝卜。

有条件时给羊可喂些发芽豆谷，让其适当运动，多晒太阳，并注意监测血浆维生素 A 水平。

2. 治疗　治疗时应遵循以补充富含维生素 A 及维生素 A 原的饲料为主，辅以药物治疗的原则。

补充维生素 A 及维生素 A 原需要在日粮中增加黄玉米、胡萝卜、鱼粉、三叶草等。在日粮中加入青饲料及鱼肝油，可以迅速治愈。鱼肝油的口服剂量为 20 ~ 50 毫升 / 只。当消化系统紊乱时，可以皮下或肌内注射鱼肝油，用量为 5 ~ 10 毫升，分为数点注射，每隔 1 ~ 2 天 1 次。亦可用维生素 A 注射液进行肌内注射，用量为 2.5 万 ~ 5 万国际单位。

二、羔羊维生素B_1缺乏症

【病因】当长期饲喂缺乏维生素 B_1 的饲料，或由于对饲料进行加热和碱处理，破坏了饲料中维生素 B_1，亦可由于消化道疾病，致使羔羊对维生素 B_1 的吸收和合成能力降低等，均可引起机体缺乏维生素 B_1。

【主要症状和病理变化】羔羊维生素 B_1 缺乏症的主要临床症状为体弱，四肢无力，行动摇摆，共济失调，惊厥，痉挛，角弓反张，消瘦，便秘或腹泻，食欲不振，有时可见到水肿现象。严重时，则发生多发性神经炎，且多数是神经干炎。

【诊断要点】根据饲养管理情况和典型临床症状可做出诊断。

【防治措施】

1. 预防　日粮中增加青绿饲料，防止对饲料的过度加热及碱处理。多放牧是有效的预防办法。

2. 治疗　在羔羊饲料中添加维生素 B_1 制剂，但以维生素 B_1 注射液皮下或肌内注射的效果最佳，剂量为每只羔羊 25 ~ 50 毫克，每天 1 ~ 2 次，直到症状减轻或消失。

三、维生素B_2缺乏症

【病因】日粮中缺乏富含维生素 B_2 的饲料及青饲料，或由于饲料被日光长久暴晒及碱性处理，而使其中的维生素遭到破坏等，都可引起维生素 B_2 缺乏。

【主要症状和病理变化】维生素 B_2 缺乏时羊食欲不振，易于疲劳，会出现皮炎、脱毛、腹泻、贫血、眼炎、蹄壳易龟裂变形、生长迟缓等症状。

【诊断要点】结合饲养管理情况，根据临床症状可做出诊断。

【防治措施】

1. 预防　加强放牧,注意饲料多样化,特别在舍饲时更应补给青绿饲料。防止因暴晒和碱处理饲料而破坏维生素 B_2。另外，可在每千克补给饲料中添加维生素 $B_2$0.01 ~ 0.03 克。

2. 治疗　对于病羊，向其日粮中添加酵母片或动物性饲料，或将核黄素制剂拌入日粮中。亦可用维生素 B_2 制剂内服，皮下、肌内注射均可，每只羊的注射剂量为 0.02 ~ 0.03 克。

第五节
矿物元素与维生素共同代谢障碍性疾病

一、佝偻病

【病因】

1. **维生素 D 缺乏** 是发生佝偻病的主要原因。①日粮中维生素 D 不足。②母羊长期采食未经太阳晒过的干草，使植物固醇（麦角固醇）不能转化为维生素 D_2，造成乳汁中维生素 D 严重不足。③母羊和幼羔长期在太阳光照不足的圈舍饲养，特别是被毛较厚的母羊，皮肤中 7- 脱氢胆固醇不能转变为维生素 D_3，乳汁中维生素 D 缺乏，这是哺乳幼羔发病的主要原因。

2. **钙磷的摄入和吸收减少** 日粮中钙磷缺乏或比例失调，容易发生佝偻病。一般认为，幼羔日粮中钙磷比为（1 ~ 2）：1，高于或低于此比例，特别是伴有轻度维生素 D 不足，即可发病。幼羔长期消化不良或患脂肪痢时可影响维生素 D 的吸收。青饲料中胡萝卜素含量过高也会引起维生素 D 缺乏。

【主要症状和病理变化】

1. **主要症状** 病羊主要表现食欲下降，消化不良，异嗜，消瘦，生长发育受阻。最特征的表现是软骨肥大，骨变形，胸廓狭窄，肋骨与软肋骨处形成球状肿胀，呈串珠状排列，脊柱变形，四肢骨呈内弧或外弧状。

X 线检查发现普遍性骨质稀疏，骨质密度降低，骨皮质变薄，骨小梁稀疏粗糙、甚至消失，支重骨弯曲变形，骨干后端膨大呈杯口状凹陷，出现羊毛状或蚕食状外观，早期钙化带模糊不清，甚至消失。

2. **病理变化** 病理组织学变化为未钙化的骨样组织形成增多，软骨内骨化障碍，表现软骨细胞增生，软骨细胞增生带加宽，超过正常的数倍。

已成骨组织的钙盐减少，即骨质中钙盐脱出而变为骨样组织。

【诊断】根据发病年龄、饲养管理条件和骨骼变形、异嗜、生长发育缓慢等特征症状，结合血清钙磷含量和 AKP 活性的测定及 X 线检查即可诊断。另外需注意，羔羊衣原体病和关节炎与佝偻病症状相似，可根据病原和剖检变化鉴别。

【防治措施】本病有效的治疗措施是补充维生素 D。常用维生素 D 注射液肌内注射，羔羊每只 0.5 ~ 1 毫升，同时可配合应用维丁胶性钙注射液，也可在日粮中添加鱼肝油、骨粉等或口服糖钙片，同时保证每天有充足的阳光照射。

日粮充足的维生素 D 和适宜的钙磷比例（1.2 ~ 2）∶1 是预防本病的关键。舍饲羊应得到足够的阳光照射，否则可定期利用紫外线灯照射，距离为 1 ~ 1.5 米，每次照射 5 ~ 15 分。

二、白肌病

【病因】

1. 硒缺乏　羊体内微量元素硒的缺乏是由于饲料、牧草中含硒量不足或缺乏所致。

2. 维生素缺乏　原因：①长期饲喂秸秆、块茎类植物，缺乏精饲料，且饲喂的饼粕曾用化学浸油法处理，使维生素 E 含量减少。②谷物在收获过程中被暴晒、浸渍、发酵或霉烂时，维生素 E 损失量过多。③饲料中含不饱和脂肪酸过多，如亚麻油、花生油、豆油等；或含有拮抗维生素 E 的成分，可使羊体内维生素 E 消耗过多，如鱼粉、鱼脂等。④肝、胆疾病，因胆汁分泌不足或排泄受阻。

【主要症状和病理变化】

1. 主要症状　肢体僵硬，尤其后驱运动不灵活。体质虚弱并发肺炎，拒食，心力衰竭。根据病程经过，分为急性、亚急性、慢性 3 种类型。

（1）急性型　尤其在羊运动之后，病羊无前驱症状而突然死亡。病羔羊通常侧卧。心率常增加至每分 150 ~ 200 次，特点是体温正常。羔羊发病后，在症状出现 16 ~ 20 小时死亡，急性型约 15%，死亡率近 100%。

（2）亚急性型　病羊多以机体衰弱、心力衰竭、运动障碍、呼吸困难和消化机能紊乱为特征。呈现精神沉郁，不愿走动，喜卧，重者站立不稳，容易跌倒。有时前后肢呈轻度瘫痪，卧地不起，继发感染时体温升高，多数病羊保持食欲。触诊背部、臀部的肌肉，有肿胀的趋势，比正常肌肉硬，这些病变部位常呈对称性。

（3）慢性型 生长发育停滞，心功能不全，运动障碍，发生顽固性腹泻。羔羊多在 2 ~ 4 周时发病，全身衰弱，肌肉迟缓无力，行走困难，共济失调，可视黏膜苍白、黄染，呼吸每分 80 ~ 100 次，浅而快。脉搏每分 180 ~ 200 次，快而弱。成年羊繁殖率和产毛量均有所降低。多数病例发生结膜炎，甚至角膜浑浊、软化，可继发支气管炎、肺炎，后期食欲废绝，多因心力衰竭和肺水肿而死亡。

2. 病理变化 主要的病变部位在骨骼肌、心肌和肝脏，其次为肾脏和脑。患病骨骼肌色淡，出现局限性的发白或发灰的变性区，呈鱼肉样或煮肉状，双侧对称，以肩胛部、胸背部、腰部及臀部肌肉变化最明显，心肌扩张、变薄，心内膜下肌肉层呈灰白色或黄白色的条纹及斑块。病理组织切片镜检可见肌纤维颗粒变性、透明变性或蜡样坏死以及钙化和再生。透明变性时肌纤维肿胀，嗜伊红性增强，横纹消失。蜡样坏死的肌纤维常崩解成碎块或变成无结构的大团块，着色较深，可发生钙化、核浓缩或碎裂。肌间成纤维细胞增生。肝脏肿大，切面有槟榔样的花纹，也称槟榔肝。肾脏充血、肿胀，肾实质有出血点和灰色斑状病灶。

【诊断】根据流行病学诊断、临床诊断、病理学诊断、实验室检测可以确诊本病。

1. 病学诊断 幼龄羊多发、群发。

2. 临床诊断 运动障碍、心脏衰弱、渗出性素质、神经机能紊乱。

3. 病理学诊断 骨骼肌、心肌、肝脏、胃肠道、生殖道有典型营养不良病变。骨骼肌色淡，呈鱼肉样或煮肉状。

4. 实验室检测

（1）饲料检测 饲料中微量元素硒和维生素 E 含量不足或缺乏。

（2）血液检测 疑似羊血液和肝脏中维生素 E 含量的测定以及血液血清肌酸磷酸激酶（CPK）、血清天冬氨酸转氨酶（AST）、谷胱甘肽过氧化物酶（GSH - Px）的活性测定有助于确诊。

本病应与传染性脑脊髓炎、中毒性脑病和肝病及单纯硒缺乏症相区别。

【防治措施】

1. 预防

（1）增加维生素 E　当发生白肌病时更换饲料，增加维生素 E 含量高的大麦芽、绿豆芽的供给。或及时补充维生素 E，皮下或肌内注射维生素 E 制剂 5 ~ 20 毫克 / 千克体重。每天或隔天 1 次，连用 10 ~ 14 天。亦可用维生素 E 胶丸内服。

（2）补充微量元素硒　夏季给予新鲜青绿饲料，冬季给予青草粉、苜蓿粉、松针粉和微量元素硒。母羊怀孕期补硒，怀孕中后期可用最低剂量注射 1 ~ 2 次，产后再补充 1 次，以提高乳汁中硒含量。制作硒缓释丸，把硒粉与其他金属混合，用物理方法压成一定的形状，投入羊的瘤胃和网胃中，使其缓慢释放硒，供机体利用。目前常用的基质有铁粉、偏磷酸盐、氧化铝胶。饲料中添加硒，日粮硒含量 0.1 毫克 / 千克即可满足羊对硒营养的需要，还可用复合微量元素添加剂补充。将硒加入食盐中，制成舔砖让羊自由舔食。

2. 治疗　加强护理，供给富含微量元素硒的牧草。皮下或肌内注射亚硒酸钠，将其配制成 0.1% 生理盐水液，按 0.1 毫克 / 千克体重注射，10 ~ 20 天重复 1 次；病情严重者，5 天注射 1 次，共 2 ~ 3 次。肌内注射维生素 E，每只羔羊 100 毫克。适当补充维生素 A、维生素 B、维生素 C。

第六章

羊的中毒性疾病

中毒性疾病具有群发性、地方流行性，中毒羊的体温一般正常或低于正常。急性中毒的羊症状相同，死亡率高。中毒带来的经济损失严重。

毒物作用的方式包括局部刺激和直接腐蚀作用，干扰生物膜的通透性，阻止氧的吸收、转运和利用，抑制酶系统的作用，辐射或电离损伤靶器官等。

引起中毒病的原因多种多样，归纳起来主要包括：饲料加工和贮存不当，农药、化肥及灭鼠药的使用、保管和运输不当，草场退化、天气干旱、水源不足等生态环境恶化，地球化学因素，工业污染，治疗用药不当，动物毒素，人为投毒等。

大多数中毒性疾病缺乏特征性临床症状，根据临床资料难以做出诊断，应通过病史调查、临床检查、病理学检查、治疗性诊断、毒物分析、人工复制病例等措施，在全面分析的基础上做出诊断。

第一节
饲料中毒

一、硝酸盐与亚硝酸盐中毒

【病因】在自然条件下，各种鲜嫩青草、作物秧苗均富含硝酸盐。特别在重施化肥或农药时，如大量使用硝酸铵、硝酸钠等硝酸盐类，可使菜叶中的硝酸盐含量升高。

硝化细菌广泛分布于自然界，适宜的生长温度为 20～40℃。如将青饲料堆放过久，特别是经雨淋或暴晒极易发热，从而给硝化细菌提供了适宜的生长环境，使饲料中的硝酸盐转化为亚硝酸盐，羊采食后发生中毒。

羊的瘤胃可将硝酸盐还原为氨，亚硝酸盐是瘤胃中硝酸盐还原成氨的中间产物。如摄入的硝酸盐超过其还原能力时，使中间还原物亚硝酸盐蓄积，可引起中毒。

【主要症状和病理变化】急性中毒时，精神沉郁，流涎，瘤胃弛缓，轻度臌气，腹痛与腹泻，尿频，呼吸迫促，心跳加快，体温低于正常，可视黏膜发绀，四肢无力，行走摇摆，后肢麻痹，卧地不起，肌肉颤动，最后全身痉挛，虚脱而死。慢性中毒时，病羊出现腹泻，跛行，行走拘强，虚弱，受胎率低，流产等。一次性摄入大量的硝酸盐，可直接刺激消化道黏膜引起急性胃肠炎，表现为流涎，呕吐，腹泻及腹痛。

亚硝酸盐中毒的特征性病理变化是血液呈咖啡色或黑红色、酱油色，凝固不良。此外，表现皮肤苍白、发绀，胃肠道黏膜充血，全身血管扩张，肺充血、水肿，肝、肾瘀血，心外膜和心肌有出血斑点等。硝酸盐中毒，胃肠黏膜充血、出血，胃黏膜容易脱落或有溃疡变化，肠管充气，肠系膜充血。

【诊断要点】结合病史调查，如饲料种类、质量、调制等资料，提出怀疑诊断。根据可视黏膜发绀、呼吸困难、血液褐色、抽搐、痉挛等特征性临床症状，结合病理剖检实质脏器充血、浆膜出血、血色暗红至酱油色变化等，可做出初步诊断。毒物分析及变性血红蛋白含量测定，有助本病的诊断。美蓝等特效解毒药进行抢救治疗，疗效显著时即可确诊。急性硝酸盐中毒可根据急性胃肠炎与毒物检验做出诊断。

【防治措施】

1. 预防　为防止饲用植物中硝酸盐蓄积，在收割前要控制无机氮肥的大量施用。青绿菜类饲料切忌堆积放置而发热变质，应采取青贮方法或摊开敞放，可减少亚硝酸盐含量。羊接触或饲喂含硝酸盐较高饲料时，要保证适当的碳水化合物的饲料量，以提高对亚硝酸盐的耐受性和减少硝酸盐变成亚硝酸盐的可能。

2. 治疗

（1）特效解毒药　①美蓝剂量为 8 毫克 / 千克体重，使用浓度为 1%，配制时先用 10 毫升乙醇溶解 1 克美蓝，后加灭菌生理盐水至 100 毫升，静脉注射或深部肌内分点注射。②甲苯胺蓝剂量为 5 毫克 / 千克体重，配成 5% 溶液进行静脉注射或肌内注射。

（2）其他解毒剂　① 25% 维生素 C 10 ~ 15 毫升，静脉注射。② 25% ~ 50% 葡萄糖 1 ~ 2 毫升 / 千克体重，静脉注射。

（3）一般排毒及对症治疗　在解毒治疗同时，配合催吐、下泻、促进胃肠蠕动和灌肠等排毒治疗措施，以及高渗葡萄糖输液治疗。对重症病羊还应采用强心、补液和兴奋中枢神经等支持疗法。急性硝酸盐中毒按急性胃肠炎治疗即可。

（4）中药疗法　雄黄 30 克、碳酸氢钠 45 克、大蒜 60 克、鸡蛋清 2 个、新鲜石灰水上清液 250 毫升，将大蒜捣碎，加雄黄、碳酸氢钠、鸡蛋清，再倒入石灰水，每天灌服 2 次。

二、氢氰酸中毒

【病因】采食富含氰苷的植物或饲料，是羊氢氰酸中毒的主要原因。富含氰苷的植物有玉米和高粱幼苗、亚麻籽（包括亚麻饼）、豆类、木薯及蔷薇科植物（桃、李、梅、杏等）的叶和种子等。羊接触无机氰化物和有机氰化物（乙烯基腈等），如误饮冶金、电镀、化纤、染料、塑料等工业排放的废水，或误食或吸入氰化物农药，以及人为投毒均可引起中毒。

羊的瘤胃为氰苷的转化提供了适宜的环境，有利于微生物发酵和酶的作用，使得羊易感性增高而多发氢氰酸中毒。长期饥饿、缺乏蛋白质时，可大大降低对氢氰酸的耐受性。

【主要症状和病理变化】

1. 主要症状 多数病例采食含有氰苷的饲料或植物 10 ~ 15 分即可发病，最急性者突然极度不安，在短时间内倒地死亡。病初表现兴奋不安，站立不稳，全身肌肉震颤，瘤胃臌气，呼吸急促，可视黏膜鲜红，静脉血液亦呈鲜红色。短时间内发生呼吸极度困难，心动过速，流涎，流泪，张口伸颈，口流白色泡沫状唾液，呼出气体有苦杏仁味，卧地不起，肌肉自发性收缩，甚至发展为全身性抽搐，出现前弓反张或角弓反张。后期全身极度衰弱，很快倒地躺卧，体温下降，后肢麻痹，肌肉痉挛，甚至全身抽搐，眼球颤动，瞳孔散大，张口呼吸，终因呼吸麻痹而死亡。慢性中毒时，妊娠母羊和羔羊表现为甲状腺肿大，羔羊骨骼畸形，后躯运动失调，尿失禁。

2. 病理变化 血液鲜红色，凝固不良，尸体亦为鲜红色，尸僵缓慢，不易腐败。胃内容物有苦杏仁味，胃与小肠黏膜充血、出血，心内外膜下出血。气管内有泡沫状液体，肺充血水肿。实质器官变性。

【诊断要点】根据采食富含氰苷植物的病史，发病突然且病程进展迅速，黏膜和静脉血鲜红，呼吸极度困难，神经肌肉症状明显，体温正常或偏低等，即可做出初步诊断。氢氰酸定性与定量检验是确定诊断的依据。用特效解毒药及时抢救，若疗效显著则可验证诊断。

【防治措施】

1. 预防 尽量限用或不用氢氰酸含量高的植物饲喂羊，不可避免时，最好放在水中浸泡 24 小时或漂洗后再加工使用。严禁在生长含氰苷植物的地方放牧，亚麻籽饼做饲料时，应去毒后再饲喂，对氰化物农药严加保管，防止污染饲料和饮水。

2. 治疗 尽早应用特效解毒药，同时配合以排毒与对症、支持疗法。首选亚硝酸钠或大剂量美蓝与硫代硫酸钠进行特效配伍解毒，亚硝酸钠剂量按 15 ~ 25 毫克 / 千克体重，静脉注射；也可静脉注射 1% ~ 2% 美蓝溶液，剂量为 2～5 毫克 / 千克体重。随后，再静脉注射 5%～10% 硫代硫酸钠溶液 20～60 毫升；也可用 1%～2% 亚甲蓝溶液，按 10～20 毫克 / 千克体重剂量，静脉注射。10% 4－二甲氨基苯酚按 10 毫克 / 千克体重静脉或肌内注射，1 小时后再注射硫代硫酸钠溶液。

促进毒物排出与防止毒物吸收，可选用催吐、洗胃和口服中和、吸附剂。初期应及时用 0.5% 高锰酸钾溶液或 3% 双氧水洗胃，再内服 10% 亚硫酸铁。口服活性炭 15～50 克，阻止肠道对毒物的吸收。

中毒严重者配合对症和支持疗法，进行兴奋呼吸、强心、补液。静脉注射大剂量的葡萄糖溶液，在支持治疗的同时，使葡萄糖与氰离子结合生成低毒的腈类。

【诊疗注意事项】

1. 鉴别诊断　临床上应与急性亚硝酸盐中毒、硫化氢中毒、尿素中毒相鉴别。

2. 解毒　用药解毒时应用亚硝酸钠或美蓝配合硫代硫酸钠。

三、食盐中毒

【病因】 舍饲羊中毒多见于配料疏忽，如误投过量食盐或对大块结晶盐未经粉碎和充分拌匀时。

放牧羊则多见于供盐时间间隔过长，或长期缺乏补饲食盐的情况下，突然加喂大量食盐，加上补饲方法不当，如在草地撒布食盐不匀或让羊在饲槽中自由抢食。

另外，当缺乏维生素 E 和含硫氨基酸、矿物质时，对食盐的敏感性增高。环境温度高而又散失水分时敏感性亦升高。

羊的食盐内服急性致死量为 6 克 / 千克体重。

【主要症状和病理变化】

1. 主要症状　病羊表现口渴，食欲废绝，流涎，呕吐，腹泻，腹痛，粪便中混有黏液和血液。病初兴奋不安，磨牙，肌肉震颤，盲目行走和转圈运动，继而行走困难，后肢拖地，倒地痉挛，头向后仰，四肢不断划动，严重时呈昏迷状态，最后窒息死亡。体温不高或低于正常。

羊饮用咸水引起的慢性中毒，主要表现食欲减退，体重减轻，体温低下，衰弱，有时腹泻，多因衰竭而死亡。

2. 病理变化　主要表现为消化道黏膜的充血、炎症，脑膜和脑内充血与出血。

【诊断要点】根据羊有摄入大量食盐或其他钠盐，同时饮水不足的病史，结合神经和消化机能紊乱的典型症状，病理组织学检查发现特征性的脑与脑膜血管嗜酸性粒细胞浸润，可做出初步诊断。

尿液氯含量大于 1% 为中毒指标。血浆和脑脊髓液钠离子浓度大于 160 毫摩尔 / 升，尤其是脑脊液钠离子浓度超过血浆时，为食盐中毒的特征。

【防治措施】

1. 预防　日粮中补加食盐时要充分混匀，量要适当。限用咸菜水，在饲喂含盐分较高的饲料时，在严格控制用量的同时供以充足的饮水。

2. 治疗　尚无特效解毒剂。对初期和轻症中毒病羊，可采用排钠利尿、双价离子等渗溶液输液及对症治疗。中毒初期，内服黏浆剂及油类泻剂，并少量多次给予饮水。可用 5% 氯化钙明胶溶液（明胶 1%），0.2 克 / 千克体重，分点皮下注射。双氢克尿噻按 0.5 毫克 / 千克体重内服，以利尿排钠。解痉镇静，可用 5% 溴化钾、25% 硫酸镁静脉注射。静脉注射 25% 山梨醇或甘露醇，以缓解脑水肿、降低颅内压。心脏衰竭时，可用强心剂。严重脱水时应立即进行补液。

【诊疗注意事项】本病的突发脑炎症状与伪狂犬病、病毒性非特异性脑脊髓炎、中暑及其他损伤性脑炎容易混淆，应借助微生物学检验、病理组织学检查进行鉴别。表现的胃肠道症状还应与有机磷中毒、重金属中毒、胃肠炎等疾病进行鉴别诊断。

四、马铃薯中毒

【病因】马铃薯全株含龙葵素，主要存在于花、幼芽和茎叶内。在完好成熟的马铃薯块根内含龙葵素很少，一般不引起中毒。发芽、变质、腐烂的马铃薯，龙葵素含量明显增高，块根可达 1.8%，芽体可达 4.76%，极易造成中毒。

马铃薯中尚含有 4.7% 的硝酸盐，有引起亚硝酸盐中毒的潜在危险性。霉败马铃薯含有腐败素，对羊亦有毒害作用。

本病的发生主要见于羊大量采食开花到结有绿果的马铃薯茎叶，或长时间贮存已发芽、霉变或阳光照射下变绿的马铃薯。

【主要症状和病理变化】

1. 主要症状

（1）神经型　主要见于急性严重中毒。初期兴奋不安，烦躁或狂暴，伴随腹痛与呕吐。很快进入抑制状态，精神沉郁，共济失调，有的四肢麻痹，卧地不起。呼吸次数减少，心率加快，意识丧失，昏迷，2～3天后因循环衰竭和呼吸麻痹而死亡。

（2）胃肠型　主要见于慢性轻度中毒，病初食欲减退或废绝，流涎，呕吐，瘤胃臌胀，腹痛，腹胀和便秘。后出现腹泻，粪便中混有血液，体温升高，少尿或排尿困难，严重者全身衰弱，嗜睡。

（3）皮疹型　在口唇周围、肛门、尾根、四肢系部及阴道和乳房发生湿疹，或水疱性皮炎，俗称马铃薯疹。

此外，绵羊还常呈现溶血性贫血和血尿。

2. 病理变化　胃肠黏膜发生卡他性和出血性炎症，黏膜上皮脱落。实质器官有散在出血点，心脏充满凝固不全的暗红色血液。肝肿大，瘀血。脑充血、水肿。

【诊断要点】 根据病史调查，结合神经系统和消化道的典型症状，即可初步诊断。实验室马铃薯素的定量分析，为确诊提供依据。

【防治措施】

1. 预防　避免用出芽、腐烂的马铃薯或未成熟的青绿茎叶喂羊。

2. 治疗　目前尚无特效解毒药，主要采取排毒和对症治疗。立即停喂马铃薯。为尽快排出胃肠内容物，可用0.1%高锰酸钾溶液洗胃，然后用硫酸镁100克加水灌服，或石蜡油500毫升，一次性灌服。

有神经症状时，用10%溴化钙20～30毫升，一次性静脉注射。发生胃肠炎时，可用1%鞣酸溶液100～200毫升，一次性灌服。发生皮疹时，可用10%葡萄糖酸钙溶液20～30毫升，静脉注射，皮肤涂擦硫黄水杨酸软膏。对采食马铃薯茎叶中毒的病羊，还可用大剂量维生素C或小剂量美蓝，以解除高铁血红蛋白血症。对病情严重者，应采取补液、强心等措施改善机体状况，可静脉注射10%～50%葡萄糖、右旋葡萄糖酐、维生素C

和 10% ～ 20% 安钠咖等溶液。

【诊疗注意事项】本病的胃肠型和皮疹型与口蹄疫相似之处，应进行鉴别诊断。口蹄疫体温升高，传染性极强，口腔黏膜和唇部有水疱病变，口蹄疫病毒抗原检测阳性。

五、草木樨中毒

【病因】草木樨为一种多汁、营养丰富的豆科饲草，本身不含有毒物质，但含有香豆素，当草木樨发霉腐败时，在细菌的作用下，可使香豆素变为有毒的双香豆素。大量饲喂发霉变质草木樨，尤其是连续饲喂时即可造成中毒。国内自然中毒病例报道较少。

【主要症状和病理变化】

1. 主要症状　中毒潜伏期较长，症状轻微。往往在去势、手术或意外的创伤后才发现出血不止，继而出现全身出血性贫血。

2. 病理变化　皮下、结缔组织、浆膜及血管周围广泛出血，主要在关节周围、胸廓、腹部以及胃肠道等部位发生弥漫性出血或血肿。肝、肾和心脏发生实质细胞变性。

【诊断要点】根据长期饲喂霉败草木樨的病史，结合广泛性的出血和特征性的病理变化，即可初步诊断。临床病理学变化为血液凝固时间明显延长，可由正常的 40 秒延长至 15 分以上。饲料中双香豆素含量的分析，可为本病的确诊提供依据。饲草中双香豆素含量在 10 毫克 / 千克以上时即可发生中毒。

【防治措施】

1. 预防　草木樨的合理加工和防止霉变是预防中毒的关键。草木樨先去毒再饲喂，或采取间断饲喂法预防中毒。

2. 治疗　立即停止饲喂发霉草木樨，饲喂苜蓿等优质牧草，用维生素 K_1 按 1 ～ 2 毫克 / 千克体重肌内或静脉注射，也可按 5 毫克 / 千克体重口服，连续 5 ～ 7 天。严重贫血者可静脉输入抗凝血、脱纤维素血或全血，剂量为 10 毫升 / 千克体重，同时可按 1 毫升 / 千克体重肌内注射维生素 K，连用 5 ～ 10 天。

【诊疗注意事项】草木樨中毒引起的凝血障碍应与蕨类植物中毒、黄曲霉毒素中毒以及抗凝血灭鼠药中毒相鉴别。

六、菜籽饼中毒

【病因】本病的发生是羊长期饲喂未去毒处理的菜籽饼，或突然大量饲喂未减毒的菜籽饼。羊采食多量鲜油菜或芥菜，尤其开花结籽期的油菜或芥菜亦可引起中毒。

【主要症状和病理变化】

1. 主要症状 羊中毒后食欲废绝，反刍减少或停止，瘤胃蠕动无力、减弱，瘤胃臌气。不安，流涎，腹痛，便秘或腹泻，粪便中混有血液。咳嗽，呼吸困难，鼻中流出粉红色泡沫状液体。尿频，尿液呈红褐色或酱油色，尿液落地时可溅起多量泡沫。可视黏膜发绀，耳尖及肢体末端冰凉，体温降低，脉搏细弱，全身衰竭，最后虚脱而死。羔羊生长缓慢，甲状腺肿大。怀孕母羊妊娠期延长，新生羔羊死亡率升高。由于感光过敏而表现背部、面部和体侧皮肤红斑、渗出及类湿疹样损伤。

（1）消化型 精神委顿，食欲减退或废绝，反刍停止，瘤胃蠕动减弱或停止，便秘。

（2）泌尿型 表现溶血性贫血，出现血红蛋白尿、泡沫尿。

（3）呼吸型 由于肺水肿和肺气肿等出现呼吸困难。

（4）神经型 表现失明、狂躁不安等神经症状。

2. 病理变化 胃肠黏膜斑状充血、出血，肝脏肿大，肺水肿和气肿，肾脏点状出血。组织学检查，肺泡广泛破裂，小叶间质和肺泡隔有水肿和气肿，肝小叶中心性细胞广泛性坏死。

【诊断要点】根据饲喂菜籽饼或采食鲜油菜病史，结合急性胃肠炎、呼吸困难、失明等临床症状即可初步诊断。菜籽饼中异硫氰酸丙烯酯含量的测定为确诊提供依据。

【防治措施】

1. 预防 控制日粮中菜籽饼所占的比例，一般不应超过饲料总量的20%。菜籽饼去毒后再行饲喂，常用的去毒方法有碱处理法、坑埋法、蒸煮法。

2. 治疗

（1）西药治疗 目前尚无特效解毒药物。病羊立即停喂可疑饲料，尽早应用催吐、洗胃和下泻等排毒措施。用高锰酸钾液洗胃，石蜡油下泻，或用2%鞣酸洗胃，内服牛奶、蛋清或面粉糊以保护胃肠黏膜。对肺水肿和肺气肿病例可试用抗组织胺药物和肾上腺皮质类固醇激素，如盐酸苯海拉明和地塞米松等，肌内注射。严重的中毒病例还应采取包括强心、利尿、补液、平衡电解质等对症治疗措施。

（2）中药治疗　甘草煎汁加食醋内服有一定解毒效果。甘草20～30克煎成汁，醋50～100毫升，混合一次性灌服。

【诊疗注意事项】溶血性贫血型病例应与其他病因所致溶血性贫血症相区别。急性肺水肿和肺气肿病例要与肺丝虫病、霉烂甘薯中毒等相鉴别。感光过敏性皮炎伴随肝损害病例应与其他光敏物质中毒、肝毒性植物中毒等相区别。神经型病例要与食盐中毒、有机磷中毒及其他具有神经症状的疾病相区别。

七、感光过敏性中毒

【病因】采食光敏植物是引起中毒的主要原因。许多植物富含有光能效应物质，如金丝桃属植物、荞麦、多年生黑麦草、三叶草、苜蓿以及灰菜等野生植物。还有一些植物本身所含光力子原物质尚少，但当寄生某些真菌后使其光敏作用增强，如黍、粟、羽扇豆、野藜藜等。某些蚜虫侵害过的植物也可产生有光能效应物质。此外，饲料中添加的某些药物也可引起光过敏反应，如预防蠕虫或锥虫病的吩噻嗪、菲啶等。

【主要症状和病理变化】在口唇、鼻面、眼睑、耳郭、背部以至全身出现红斑性疹块，甚至发展为水疱性或脓疱性炎症病变。病情较轻者，仅见皮肤发红、肿胀、疼痛并瘙痒，2～3天消退。较严重者，疹块迅速发展成水疱性或脓疱性皮肤炎，患部肿胀和温热明显，痛觉和痒觉剧烈，出现大小不等的水疱，水疱破溃后流黄色或黄红色液体，以后形成溃疡并结痂，或坏死脱落。常伴有口炎、结膜炎、化脓性全眼球炎、鼻炎、咽喉炎、阴道炎、膀胱炎等，病羊体温升高，全身症状比较明显。

严重病例，还表现黄疸、腹痛、腹泻等消化道症状和肝病症状，或者出现极度呼吸困难、流泡沫样鼻液等肺水肿症状。有的还可出现神经症状。

【诊断要点】根据采食含光敏物质饲料的病史，结合浅色皮肤斑疹性皮炎、奇痒等临床表现，可做出初步诊断。本病的确诊需依赖于不同光敏物质的实验室分析鉴定。

【防治措施】

1. 预防 呈地方性发病或盛产荞麦等地区，应饲养被毛和皮肤为黑色或暗色的羊品种，白毛羊不要在晴天于密生荞麦、灰菜、蔾藜、三叶草等草地放牧，也不要到蚜虫大量寄生区放牧。

2. 治疗 目前尚无特效解毒药。病羊应立即停喂可疑饲料，将病羊移至避光处进行护理与治疗。早期可用下泻与利胆药，以清除肠道中尚未吸收的光敏物质及进入肝脏中的毒物。

皮肤红斑、水疱和脓疱，可用 2% ~ 3% 明矾水早期冷敷，再用碘酊或龙胆紫涂擦。已破溃时用 0.1% 高锰酸钾溶液冲洗，溃疡面涂以消炎软膏或氧化锌软膏，也可用抗生素治疗，以防继发感染。

对严重过敏的重症病羊，应以抗组织胺药物治疗，可用异丙嗪、苯海拉明或扑尔敏等肌内注射。异丙嗪 50 ~ 100 毫克或苯海拉明 40 ~ 60 毫克或扑尔敏 10 ~ 20 毫克，肌内注射。也可用肾上腺皮质激素，静脉注射 10% 葡萄糖酸钙或氯化钙溶液。

中药治疗可选用驱风散。

【诊疗注意事项】 临床上需与本病进行鉴别诊断的疾病主要是卟啉病、吩噻嗪中毒、肝病。其中，卟啉病表现骨骼、牙齿内有红紫色的卟啉沉着。吩噻嗪驱虫时出现的中毒，除光敏反应外，还有红细胞溶解导致贫血、黄疸等。肝脏疾病可引起继发性的感光过敏反应，同时有明显的肝功能损害症状。

八、棉籽饼中毒

【病因】 棉籽饼含有毒的棉酚。单纯以棉籽饼长期饲喂，或在短时间内大量以棉籽饼作为蛋白质补饲时易发生棉籽饼中毒。尤其冷榨生产的棉籽饼，不经过炒、蒸的机器榨油的棉籽饼，其游离棉酚含量较高，更易引起中毒。棉花植株的叶、茎、根和籽实中含较多的棉酚，用未经去毒处理的新鲜棉叶或棉籽做饲料，放牧羊过量采食亦可发生中毒。日粮不平衡，特别是饲料中维生素 A 不足或缺乏，蛋白质水平过低，都可使羊的易感性增高。

【主要症状和病理变化】

1. 主要症状　成年羊食欲不振，反刍减少或废绝，前胃弛缓，肠蠕动减弱，便秘，排出带黏液的粪便，后腹泻，排恶臭、稀薄的粪便，并混有黏液和血液甚至脱落的肠黏膜。心率加快，呼吸急促，全身性水肿，黏膜发绀。有的神经兴奋不安，运动失去平衡，全身肌肉颤抖。妊娠母羊流产，尿呈红色。慢性病例，消瘦，羞明、视觉障碍甚至失明，公羊易出现尿石症。

羔羊中毒后，食欲下降，腹泻，呈佝偻病症状，多患胃肠炎，也有黄疸、夜盲症和尿石症的发生。

2. 病理变化　主要表现实质器官广泛性充血和水肿，全身皮下组织呈浆液性浸润，尤其以水肿部位明显。胃肠道黏膜充血、出血和水肿。肝小叶间质增生，肝细胞坏死，心肌纤维变性，肾小管上皮样细胞肿胀，颗粒样变性。

【诊断要点】根据长时间大量用棉籽饼或棉籽作为羊饲料的病史，结合呼吸困难、出血性胃肠炎和血红蛋白尿等症状和全身水肿、肝小叶中心性坏死、心肌变性坏死等病变可做出初步诊断。饲料中游离棉酚含量的测定为本病的确诊提供依据，一般认为，小于 4 月龄的羊日粮中游离棉酚的含量高于 100 毫克 / 千克，即可发生中毒，成年羊对棉酚的耐受量较大，但日粮中游离棉酚的含量应小于 1 000 毫克 / 千克。

【防治措施】

1. 预防　预防本病的关键是限制棉籽饼和棉籽的饲喂量，棉籽饼进行脱毒处理后饲喂。长期饲喂棉籽饼和棉籽时，应与其他优质饲草和饲料进行搭配供给，如豆科干草、青绿饲料、优良青干草等。还应适当地补饲含维生素 A 原较高的饲料，如胡萝卜、玉米等，同时补以骨粉、碳酸钙等含钙添加剂。

2. 治疗　尚无特效解毒药物，病羊应立即停止饲喂含有棉籽饼或棉籽的日粮，禁止在棉田放牧。同时进行导胃、洗胃、催吐、下泻等排除胃肠内毒物，以及使棉酚色素灭活的治疗措施。常用 0.03% ~ 0.1% 的高锰酸钾溶液，或 5% 的碳酸氢钠液洗胃，用硫酸钠或硫酸镁进行缓泻。同时给以青绿饲料或优质青干草补饲，必要时补充维生素 A 和钙磷制剂。

解毒可服用铁盐如硫酸亚铁、枸橼酸铁铵等，钙盐如乳酸钙、碳酸钙、葡萄糖酸钙等。静脉注射 10% 葡萄糖酸钙溶液与复方氯化钠溶液，配以 10% ~ 20% 安钠咖、维生素 C、维生素 D 及维生素 A 等。

对胃肠炎、肺水肿严重的病例进行抗菌消炎、收敛和阻止渗出等对症治疗。

【诊疗注意事项】本病应注意与以下疾病相鉴别：具有心脏毒性的离子载体类抗生素，如莫能菌素、拉沙里菌素中毒，氨中毒，镰刀菌产生的霉菌毒素中毒，某些具有心脏毒性的植物中毒，硒缺乏、铜缺乏、肺气肿等。

第二节
有毒植物中毒

一、疯草中毒

【病因】疯草是危害羊最为严重的一类有毒植物，主要分布于美国、中国、俄罗斯、加拿大、墨西哥和冰岛等国家和地区。我国疯草主要分布于西北、华北和西南的广大牧区，是这些地区分布最广、对畜牧业生产危害最严重的有毒植物。我国已报道的疯草类有毒植物有 44 种，构成严重危害有 16 种。

疯草中毒多因在生长棘豆属和紫云英属有毒植物的草场上放牧引起。棘豆属植物主要生长于海拔 1 100 ~ 3 200 米的草地，适口性都较差，在牧草丰盛或适度放牧的情况下，当地羊能够辨认并不采食。但由于过度放牧、草原退化以及遭遇干旱年份，牧草的数量和质量急剧下降，羊因饥饿被迫采食疯草，一旦采食疯草即嗜好成瘾，导致中毒发生。

【主要症状和病理变化】

1. 主要症状　羊采食疯草初期，体重增加较快，持续采食体重反而减轻。表现精神沉郁，嗜食疯草成瘾，不合群，常拱背站立。放牧时盲目游走，辨向能力紊乱。心音亢进，节律不齐。不自主摇头或头颈部水平颤动，步态蹒跚，驱赶前进时步态强拘，后肢尤为明显，手压头部时则头向后仰，

251

视力障碍。严重者食欲下降，采食困难，跛行，起立困难，容易摔倒，甚至卧地不起，终至衰竭而死。公羊性欲低下，或丧失性行为，怀孕母羊易发生流产或胎儿畸形。

2. 病理变化　中毒羊消瘦，多数皮下呈胶样浸润，口腔和咽部溃疡，腹腔积液。甲状腺、肝脏、肾脏肿大，质地脆软。脑膜充血。流产胎儿全身皮下水肿、骨骼脆弱，母体胎盘明显减小。

组织学变化为各组织细胞，尤其是神经细胞发生空泡变性。

【诊断要点】根据羊采食疯草的病史，结合典型的临床症状，如嗜食疯草成瘾、明显的迟钝、步态蹒跚、运动失调、视力障碍、绵羊头颈部水平摆动、头后仰等，可做出初步诊断。发现各器官组织细胞，尤其是神经细胞的空泡变性等病理变化，可以做出诊断。血清 a – 甘露糖苷酶活性显著下降及尿中低聚糖含量增加，可作为辅助诊断指标。

【防治措施】

1. 预防　疯草在我国的草原上分布广、面积大，只有通过加强草原管理，实施防除和利用相结合的原则，才能有效控制疯草危害。

（1）合理轮牧　合理利用草场，控制载畜量，防止过度放牧而引起草原进行性退化。采用轮牧制，使草地轮流休闲，牧草得以正常生长发育，保持一定的优良牧草植被，防止羊因牧草不足而采食疯草。在棘豆结荚期和枯草期实行轮牧，在有棘豆草场上放牧 10～15 天，再在无棘豆草场上放牧 10～15 天或更长的时间。

（2）防除疯草　可采取人工挖除、生物防除和化学防除等措施。用 2,4-D 丁酯、他隆、百草敌，草原喷洒可达到大面积防除疯草的目的。但反复大面积使用除草剂可对生态环境造成污染。中国科学院寒区旱区环境与工程研究所研制的棘豆清，对甘肃棘豆、小叶棘豆等杀灭率在 98% 以上，对羊和环境无毒副作用。

（3）疯草的脱毒利用　疯草的粗蛋白质含量都很高，尤其在盛花期可达 18%，如能收割并去除其毒素，则可作为优质饲草给羊补饲。可用稀盐酸水或常水浸泡处理 2～3 天，然后阴干或风干后存放备用。脱毒后的疯草种子失去繁殖能力。脱毒后的疯草可作为羊的优质高蛋白质饲草，饲喂以后不引起中毒。

2. 治疗

（1）西药治疗　目前尚无特效疗法。轻度中毒病例，立即停止饲喂疯草或脱离疯草蔓延的草地放牧，供给优质牧草并加强补饲，可逐渐恢复健康。中毒严重者，应及时淘汰。也可用 10% 硫代硫酸钠溶液静脉注射，同时肌内注射维生素 B 100 毫克。

（2）中药治疗（复方芪草汤）　处方：黄芪、甘草、党参、何首乌、丹参各 30 克，大枣 10 枚，煎服，可获得一定的疗效。

二、蕨中毒

【病因】羊短期内大量采食或长时间连续少量采食蕨叶后，则可发生急性或慢性中毒。

【主要症状和病理变化】病羊初期精神沉郁，食欲减退，消瘦虚弱，皮肤干燥和松弛，步态不稳。随后体温升高，腹泻或排黑粪，鼻、眼前房和阴道出血。在黏膜和皮下以及眼前房可见点状或瘀斑状出血。血液有粒细胞减少和血小板数下降。后期呼吸和心率增数，常死于心力衰竭。

绵羊摄食蕨可发生亮盲症或睁眼瞎，表现永久失明，瞳孔散大，眼睛无分泌物，对光反射微弱或消失。病羊经常抬头保持怀疑和警惕姿势。绵羊采食蕨因硫胺酶破坏体内硫胺素而导致脑灰质软化，表现无目的行走，有时转圈或站立不动，失明，卧地不起，伴有角弓反张，四肢伸直，眼球震颤和周期性强直。

长期采食蕨的老龄绵羊中可出现血尿和膀胱肿瘤。

【诊断要点】根据采食蕨类植物的病史，结合典型症状、血液学与病理学变化，即可诊断。实验室检查有助于蕨中毒的诊断。

【防治措施】

1. 预防　加强放牧羊的饲养管理，特别在春季，尽可能避免到蕨生长茂盛的草地上放牧。对于放牧草场，应配合草地改良，控制蕨草的生长和繁殖蔓延。

2. 治疗　目前尚无特效疗法。首先停止采食蕨类植物，给予刺激骨髓的药物 DL 鲨肝醇，对早期病例有一定疗效。如骨髓尚可恢复再生能力，可联合应用鲨肝醇、抗生素进行治疗。有条件的可进行输血治疗，每周 1 次，每次 500 毫升。还可采用维生素制剂、止血剂、营养剂、强心利尿剂等配合治疗。

【诊疗注意事项】蕨中毒的临床症状与一些败血性传染病、寄生虫病、草木樨中毒、放射线损伤、产后血红蛋白尿症等有相似之处，应注意进行鉴别诊断。

三、萱草根中毒

【病因】萱草根中毒的发生有明显的季节性和地区性。萱草根在每年 1～3 月萌芽，较早于其他牧草。此时正值枯草季节，牧草缺乏，放牧羊因饥饿而用蹄刨食刚刚发芽的萱草根，是中毒的常见病因。另外，春季移栽或翻耕有萱草的草地时，未能及时处理翻出于地面的萱草根，被羊采食，或被收集后饲喂羊也可发生中毒。

【主要症状和病理变化】

1. 主要症状　绵羊和山羊一般在采食萱草根后 2～3 天发病，特征症状为瞳孔散大、双目失明、运动障碍及瘫痪。

轻度中毒的病羊，最初精神沉郁，食欲减退或废绝，反应迟钝，离群呆立，磨牙。继而在 1～2 天内双侧瞳孔散大，两眼先后或同时失明，盲目乱走，胡乱碰撞，易发生惊恐。或表现行走谨慎，四蹄高抬探行，有些病羊则不停转圈。

大量摄入萱草根，可发生重度中毒，病情发展很快。常突然失明，低头呆立或以头抵墙，全身微颤，呻吟，磨牙，空口咀嚼，运动失调，眼球呈水平颤动。继而两后肢麻痹，卧地不起，哀鸣，前肢不断划动如涉水状。最终因昏迷死亡。

眼睛检查表明，病羊结膜和角膜正常，瞳孔完全散大成圆形，对光反射消失。严重时眼睑反射也消失，但眼压正常。眼底检查，可见中央动脉、静脉充血，视网膜逐渐变为黄红色，并出现毛细血管扩张和末端出血，视神经乳头水肿。

2. 病理变化　主要眼观变化为胸腔、心包腔和腹腔积液。心内外膜有出血斑点，心肌出血。肝脏瘀血，膀胱黏膜充血、出血。软脑膜血管扩张充血，脑、延脑和脊髓血管扩张，有出血点。脑室扩张，积液，大脑脚和视交又有出血。视网膜血管扩张，视神经乳头水肿、突出。

组织学变化为大脑、小脑、延髓和脊髓充血、出血，白质结构异常疏松，并出现大量空洞，呈软化现象。灰质可见噬神经细胞及卫星现象。球后视神经纤维肿胀、变性，或断裂、崩解、脱髓鞘。肝脏细胞颗粒样变性，细胞浆内出现空泡。肾上皮样细胞肿胀、变性。

【诊断要点】发病季节，根据羊在萱草根开始萌芽的草场、山坡放牧的病史，结合突然瞳孔散大、双目失明、瘫痪等特征症状，即可做出诊断。视神经变性、坏死，视乳头与视网膜充血、出血、水肿，脑和脊髓的白质呈海绵状变性等病理学变化有助于本病的诊断。

【防治措施】

1. 预防　在每年冬末初春的枯草季节，应划出萱草密集生长地为禁牧区，严禁在萱草密生的地区放牧。对有毒萱草零星生长的地区，可实行人工挖除的方法除去毒草，或变毒草为药材收集和出售。另外，应贮备足够的冬草补饲，以便在草枯季节限制放牧时间。或出牧前先补饲一定的贮备干草，可减少羊对萱草根的刨食。

2. 治疗　目前尚无特效解毒疗法。只能进行一般性对症治疗，加强护理。本病的失明呈不可逆性，因此应及早淘汰。

四、毒芹中毒

【病因】早春时节，毒芹较其他植物发芽早，羊因饥饿采食而中毒。毒芹果实在 8 ～ 9 月成熟，其毒性大，同时秋季因毒芹根茎生长肥嫩，且大部分露在地面之上，其根甘甜，容易被采食而发生中毒。

【主要症状和病理变化】

1. 主要症状　一般在 1.5 ～ 3 小时出现症状（绵羊有时只有 0.5 小时），初期表现兴奋不安，突然跳跃，流涎，口、鼻流出白色泡沫状液体。反刍停止，瘤胃臌气，腹泻，腹痛，频频排尿，心跳和呼吸加快。站立不稳，步样蹒跚，共济失调，全身肌肉震颤，出现强直性或阵发性痉挛。发作时，突然倒地，头颈后仰，四肢强直，牙关紧闭，瞳孔散大，心搏增强，呼吸迫促。疾病后期，体温下降，步态不稳或卧地不起，四肢不停划动如涉水状，末梢冰凉，在 1 ～ 2 小时内死亡。轻度中毒病例，除一般症状外，呈现犬坐姿势，头颈高抬，鼻唇抽搐，眼球震颤，呈阵发性发作。

2. 病理变化　主要表现皮下结缔组织出血，血液色暗而稀薄。胃肠内充满大量气体，胃肠黏膜充血。肾脏实质和膀胱黏膜出血，心包膜和心内膜出血，肺脏充血、水肿。脑及脑膜充血、瘀血和水肿。

【诊断要点】根据接触和采食毒芹的病史，结合急性型发作的癫痫样神经症状和瘤胃膨气等特征性症状，以及很快死亡的病程，即可做出初步诊断。病理剖检表现为内脏器官广泛充血、出血、水肿等变化，特别是胃肠中发现未消化的毒芹根茎与叶等，可有助于诊断。将瘤胃内容物进行毒芹生物碱的定性试验，可为诊断提供依据。

【防治措施】

1. 预防　禁止在毒芹生长地带，如沼泽、池边、沟旁等处放牧。禁用刈割的毒芹、青干草饲喂羊，并及时剔除混在饲草饲料中的毒芹。有条件的可应用除莠剂杀除毒芹。

2. 治疗　本病尚无特效解毒药，且病程短往往来不及救治。若早期发现中毒时，可用沉淀、中和法解毒，同时进行清理消化道、解痉、安神等对症治疗，配合以强心输液的支持疗法。

（1）洗胃　以 0.5% 鞣酸溶液或 0.1% 高锰酸钾溶液洗胃，同时口服活性炭、鲜牛奶或豆浆等。随后，再内服油类泻剂下泻。

（2）解痉镇静　首选苯巴比妥钠，剂量为 25 毫克 / 千克体重，静脉或肌内注射；或用水合氯醛 2 ~ 4 克，口服。

（3）辅助治疗　以强心、补液为主，可配合应用维生素 B_1、维生素 C、乌洛托品等有利病畜康复。

五、夹竹桃中毒

【病因】在一般情况下，羊能识别而不采食夹竹桃。当在栽培夹竹桃地方放牧时，由于凋落或风吹落的夹竹桃叶片混于牧草中会被误食。或在刈割饲草时，干叶片混杂其中，从而引起中毒。偶尔见于误食庭院盆栽的夹竹桃而引起中毒。

【主要症状和病理变化】

1. 主要症状　一般在误食夹竹桃叶、皮后 2 ~ 3 天出现症状。主要症状为心脏节律不齐、胃肠道出血性炎症和呼吸困难。表现食欲减退或废绝，流涎，腹痛不安，随后出现腹泻，反刍停止，瘤胃蠕动减弱。初期粪便带有血液及黏液，具有腥臭味。后期排出血液和黏液，呈胶冻状，腥臭，严重时为暗红色水样液体。病羊精神不振，体温正常或偏低，末梢冰凉。呼吸困难，鼻翼扇动，听诊肺泡呼吸音粗糙，并有啰音。心脏活动明显异常，初期心搏徐缓，1～2天后出现节律不齐，有些病例则发生阵发性心动过速，心悸。后期，心跳加快，每分90～130次，脉搏细弱或不感于手，节律严重不齐。

2. 病理变化　以心脏和各组织器官广泛的点状出血为特征。

【诊断要点】根据采食夹竹桃病史，结合急性出血性肠炎和心律不齐的特征症状，可做出初步诊断。在羊胃中发现夹竹桃叶，或实验室夹竹桃苷的定性检验结果阳性，则可确定诊断。

【防治措施】

1. 预防　禁止在生长夹竹桃的地方放牧，也不宜在夹竹桃灌木区刈割补饲青草，以防夹竹桃叶混入。

2. 治疗　尚无特效解毒药。救治原则应是排毒消炎，保护胃肠黏膜。补钾禁钙，改善心肌机能。早期发现夹竹桃中毒时，应灌服0.1%高锰酸钾溶液300～1 000毫升，随后内服石蜡油或植物油类泻剂，以及时清理胃肠，促进毒物排除。同时，口服木炭末或活性炭、鞣酸蛋白或麦面糊以保护胃肠黏膜。投服磺胺类药物，以防治胃肠道炎症。应用安络血、维生素 K_3 等防治肠道和其他部位出血。心律不齐，可选用利多卡因、硫酸阿托品、普鲁卡因酰胺等。其他对症治疗包括镇痛、补液、输氧等。

【诊疗注意事项】夹竹桃中毒时，严禁静脉注射钙制剂，以防加重强心苷的毒性作用。由于病羊呈高血钾症，因此要避免静脉注射钾溶液。

六、山黧豆中毒

【病因】山黧豆籽实、开花期及开花前期的茎叶中含有山黧豆毒素，对羊和人会产生很大的毒害影响。误食正在生长中的山黧豆植株茎叶，或连续偷食到大量成熟或未成熟的山黧豆籽实，可造成中毒。以山黧豆作为主要或单一精饲料长时间饲喂时，也可发生山黧豆中毒。

【主要症状和病理变化】山黧豆中毒多为慢性经过。长期大量采食山黧豆，主要表现神经性山黧豆中毒，特别是喉返神经和脊髓的损伤，引起呼吸困难，后肢麻痹不能站立，以前肢支撑体重，若勉强站立，行动迟缓，甚至不能运动。

【诊断要点】根据长期或短期内采食山黧豆的病史，结合喉麻痹、脊髓炎症及神经性瘫痪等临床特征，可做出诊断。

【防治措施】

1. 预防　以山黧豆为饲料时，需与谷类饲料搭配应用，且饲喂量应控制在日粮的20%以下。也可将山黧豆去毒后饲喂羊，常用方法为水浸泡脱毒。用10倍量的水浸泡24小时，能去毒90%。培育低毒山黧豆品种。

2. 治疗　本病尚无特效治疗方法。应立即停止饲喂山黧豆，主要采取促进毒物排除和对症治疗。若大量采食，应采取洗胃、下泻等措施促进毒物排除，也可采取瘤胃切开术取出内容物。用士的宁等兴奋神经药物，在腰荐间隙进行脊髓硬膜外腔注射。同时配合用维生素 B_1、维生素 B_2、维生素 B_{12}、维生素 C 肌内注射。

七、翠雀中毒

【病因】翠雀全草皆有毒，尤以种子含量最高，叶子次之。羊在饥饿时，往往大量采食或连续长时间采食，造成急性或慢性蓄积性中毒。

【主要症状和病理变化】

1. 主要症状　急性中毒是在短时间内大量采食翠雀，当超过体重的3%时发生的中毒，主要症状为呼吸困难，血液循环障碍，心脏、神经和肌肉麻痹。

慢性中毒是长时间少量连续采食所致。临床表现为流涎，呕吐，口渴，腹痛和胃肠臌气。步态跟跄，全身震颤，运动失调，强直性痉挛，而后全身麻痹，反射消失，知觉丧失。脉搏微弱，心跳缓慢，最后因心衰竭和呼吸麻痹而死亡。

2. 病理变化　主要剖检变化为胃肠卡他，全身静脉瘀血。

【诊断要点】根据采食翠雀属植物的病史，结合临床症状和剖检变化，可做出初步诊断。确诊需要进行生物碱的分离与鉴定，或进行人工复制动物模型。

【防治措施】

1. 预防　灭除草原翠雀革为根本措施，方法有人工挖除，或连年坚持定期在幼苗期刈割使其不能开花、结果而绝生。

2. 治疗　本病治疗原则是促进毒物排除，解毒及对症治疗。立即停喂可疑饲草，保持安静，并加强护理，如呼吸困难时，应抬高头部以防止窒息。可用 0.1% 高锰酸钾溶液或温水洗胃，再灌服鞣酸 2 ～ 5 克，活性炭粉 100 ～ 300 克，然后内服盐类泻剂，皮下注射 2% 的盐酸毛果芸香碱 2 ～ 5 毫升。解毒用抗胆碱酯酶药，如静脉注射毒扁豆碱，剂量为 0.08 毫克 / 千克体重，可重复用药。对症治疗包括缓解瘤胃臌气、强心、补液、解痉等。

八、盐生草中毒

【病因】由于长期干旱，别的牧草大多枯死，只有盐生草生长茂盛，特别在庄稼旱死后的耕地和撂荒地上只有盐生草生长，羊由于饥饿，往往因采食量过多而发生中毒。

【主要症状和病理变化】

1. 主要症状　临床症状分为神经型和水肿型 2 种类型。

（1）神经型　一般无先驱症状，突然抽搐倒地、颤抖、四肢乱动、磨牙、空口咀嚼，大量流涎，不停眨眼。有的羊四肢踏地如踏步走，有的向前冲或做转圈运动，有的羊不能站立，头弯向一侧，卧地而死。

（2）水肿型　发生比较缓慢，起初发现颌下出现一个水疱，迅速增大，触摸时感到皮肤松弛、无热、无痛、有波动感，刺破后流出无色、清亮而稍黏的液体。如不穿刺放水，很快肿及整个嘴部、头部。随后出现腹水，腹部胀大。触诊腹部时有水样波动，如不及时治疗，多于 3 ～ 4 天内死亡。

2. 病理变化　胃内积有大量盐生草梗。神经型死亡的羊，肺脏呈青紫色，心内膜有出血点，脑蛛网膜血管充血严重，切面可见灰白色中有多数针尖大的出血点。以颌下水肿症状为主死亡的羊，可见心肌松弛，肝脏肿大呈土黄色，肺呈青紫色，大量腹水。

【诊断要点】根据采食盐生草的病史，结合临床典型神经症状和颌下水肿等症状，可做出诊断。

【防治措施】

1. 预防　严禁在盐生草生长茂盛的草场放牧，或在圈舍补饲后放牧，或转移草场放牧。

2. 治疗

（1）神经型　应用抗生素或磺胺类药物，配合应用强心剂及兴奋呼吸剂，如肾上腺素、安钠咖、茶碱及樟脑水等，疗效较好。

（2）水肿型　应用强心和利尿剂，如汞撒利、茶碱、安钠咖或双氢克尿噻等，连续用药 2 ~ 3 天，效果较好。

九、喜树叶中毒

【病因】喜树枝叶茂盛、枯叶期短，容易被羊采食。按 10 克 / 千克体重给奶山羊灌服喜树叶干粉 2 ~ 3 次可引起急性中毒，并导致死亡。

【主要症状和病理变化】

1. 主要症状　病初表现精神沉郁，目光呆滞，食欲减退，反应迟钝，腹泻。随后病情加重，食欲废绝，反刍停止，瘤胃蠕动消失，排血样稀粪，脱水，呻吟。后期体温降低，心跳快而弱，节律不齐，呼吸困难，全身震颤，颈项强直，卧地不起。大多于 5 ~ 9 天死亡。

2. 病理变化　剖检可见，瘤胃黏膜脱落，皱胃和肠黏膜呈出血性炎症。肝脏充血肿大。心内外膜下、肾表面、膀胱黏膜有出血点。病理组织变化主要为心肌纤维肿胀，肝细胞颗粒变性、空泡变性，肾小管上皮样细胞颗粒变性，大脑及脊髓充血，神经细胞变性。

【诊断要点】根据采食喜树叶的病史，结合腹泻、脱水、肌肉震颤等临床症状，可做出诊断。

【防治措施】

1. 预防　严禁采集喜树叶饲喂羊，避免在喜树生长的地区放牧或割草，特别是秋冬喜树叶枯黄掉落时，饲草中如混有喜树叶要剔除干净。

2. 治疗　本病无特效解毒疗法。可用 10 克 / 千克体重活性炭加入 2 升口服盐溶液，葡萄糖 20 克、氯化钾 1.5 克、碳酸氢钠 2.5 克、氯化钠 3.5 克，溶于 1 升水中。一次性灌服，隔天重复 1 次，可获得满意疗效。

十、狼毒中毒

【病因】狼毒全草有毒且味劣，羊一般不采食，但春季幼苗期，羊因贪青或处于饥饿状态误食而发生中毒。5～8月瑞香狼毒开花，呼吸道吸入花粉，或冬季牧草严重缺乏时，特别是草场载畜量增加情况下，被迫采食干枯狼毒茎叶也可发生中毒。由外地引进的羊对狼毒的鉴别能力差，也会误食中毒。

【主要症状和病理变化】

1. 主要症状　病羊主要表现食欲废绝，鼻镜干燥，结膜充血或发绀，卧地不起，腹围增大，粪便带黏液或血液，肌肉震颤，回头顾腹，全身痉挛。

皮肤接触毒汁后，可引起皮炎而瘙痒。毒汁与眼接触可引起畏光，流泪，红肿，甚至失明。根粉对鼻、咽喉有强烈而持久的辛辣性刺激。

2. 病理变化　剖检变化以各脏器瘀血、胃肠道出血为特征。组织学变化为实质器官组织细胞发生颗粒样变性。

【诊断要点】根据羊接触或采食狼毒的病史，结合临床症状、病理剖检变化可确诊。

【防治措施】

1. 预防　预防本病的根本措施是防止羊接触狼毒。采用机械铲除、人工挖除及化学防除草场上的狼毒。中国科学院寒区旱区研究所研制发明的除草剂灭狼毒对狼毒的杀灭率在98%以上，对禾本科、莎草科和蓼科的珠芽蓼等牧草无害，并且具有低剂量、低浓度、原液喷施、操作简便等特点。人工挖除是斩草除根的好方法，在挖除的同时，还可人工补播优良牧草。在早春瑞香狼毒返青或盛花期，避免在密度较大的区域放牧，减少羊群接触狼毒机会。

2. 治疗　目前尚无特效治疗方法，主要采用对症疗法和支持疗法。中毒后可用0.1%～0.5%的高锰酸钾溶液洗胃，内服活性炭或口服蛋清，也可用5%葡萄糖生理盐水，或复方生理盐水及大剂量维生素C等静脉注射。消化道症状明显者，可用新斯的明或阿托品，惊厥者给予镇静剂。

十一、杜鹃花中毒

【病因】早春季节青草不足，放牧羊误食所致。一般认为，羊摄入鲜叶达体重的 0.2% 即可引起中毒。

【主要症状和病理变化】

1. 主要症状　羊采食后 4 ～ 5 小时发病，表现泡沫状流涎，呕吐，四肢叉开，步态不稳。严重者腹痛，腹泻，四肢麻痹，不能站立，倒地不起，昏迷，体温下降，脉搏弱而不整，心率缓慢，节律不齐，血压下降，瞳孔缩小，呼吸迫促，最后由于呼吸麻痹而死亡。

2. 病理变化　剖检变化为胃肠道黏膜广泛性充血、出血，黏膜极易脱落。心脏扩张，质地柔软。肾脏肿大，肺脏充血。组织学变化为肝脏、心脏细胞颗粒样变性。

【诊断要点】根据羊采食闹羊花或杜鹃花属植物的病史，结合呕吐、心率减慢、步态不稳、四肢麻痹等临床症状，可以确诊。

【防治措施】

1. 预防　禁止在生长杜鹃花属植物的草地放牧，无法避免采食杜鹃花属植物时，可在每天放牧前灌服活性炭 5 ～ 10 克，可以大大降低发病率。

2. 治疗　本病尚无特效解毒药。可采取促进毒物排除、强心补液等措施，进行对症治疗。采取催吐、洗胃、下泻等措施促进毒物尽快排除，或采取瘤胃切开术取出胃内容物。早期可口服活性炭，间隔 3 小时 1 次，连续 4 次。也可用硫酸阿托品注射液皮下注射。

十二、无叶假木贼中毒

【病因】羊采食当年嫩枝极易发病，发病季节一般集中在 6 ～ 9 月，冬季采食大量枯枝也可发病。一般当地羊对无叶假木贼有一定识别能力，很少采食，而新引进羊、过路羊在饥饿状态下易采食引起中毒。

【主要症状和病理变化】

1. 主要症状　采食无叶假木贼 10 ～ 20 分出现临床症状，表现不安，腹痛，游走，拱背，起卧等。1 ～ 2 小时后表现呼吸困难，流涎，瘤胃臌气，瞳孔缩小，卧地不起，抽搐，昏迷，多于 2 ～ 4 小时内死亡。能耐过 2 ～ 4 天可逐渐恢复，但多留有痴呆、发育不良等后遗症。

2. 病理变化　剖检可见气管内有淡红色泡沫，肺充血。胃内常有无叶假木贼的残体，有烟草样臭味，胃肠黏膜大片脱落，空肠、回肠充满黄色或褐色水样液体。肺、肝、肾等实质器官均呈现严重的充血、瘀血。

【诊断要点】根据采食无叶假木贼的病史，结合严重的神经症状及突然死亡，可初步诊断。实验室诊断可取少量瘤胃内容物，晒干磨成粉，放入水中浸泡24小时，过滤，给滤液中加入适量的硫酸钡及碘化钾溶液，如有红色沉淀析出，即为阳性反应。

【防治措施】

1. 预防　一般本地羊对该植物有一定的识别能力，很少发病。对于过路羊或外地引进的羊应严加管理，防止误食而中毒，也可先少量饲喂无叶假木贼，使其刺激羊的口腔、胃肠，而使羊厌食。

2. 治疗　本病尚无特效解毒药。发病后迅速大剂量注射硫酸阿托品有效，绵羊每只每次可用5～10毫克，皮下注射，每隔1小时重复注射1次，直到神经症状缓解为止。还可采取强心、补液、镇静等对症治疗措施。

十三、银合欢中毒

【病因】银合欢生长快、产量高，且含有丰富的蛋白质，被认为是羊的高蛋白饲料植物。但银合欢茎叶中含3%～5%的含羞草素，羊大量或长期采食可引起急性或慢性中毒。一般认为，银合欢在羊日粮中低于30%不易引起中毒。

【主要症状和病理变化】

1. 主要症状　急性中毒以绵羊多见，于采食后1～2周内即可表现中毒症状。表现颈部、尾部或全身大面积脱毛，食欲降低，流涎，口腔和颊上皮糜烂。精神沉郁，反应迟钝，呼吸不畅。中毒严重者，因衰竭或继发感染而死亡。

慢性中毒，一般须1个月以后才能明显表现出来。主要表现消瘦，体重下降，甲状腺肿大，生长发育停滞，跛行。母羊受胎率下降，流产，产羔数减少，羔羊初生体重降低，成活率低，生长发育不良。

2. 病理变化　剖检可见全身瘀血，口腔糜烂，食管充血、水肿。肾脏和肝脏充血、出血，肺间质水肿、气肿。甲状腺肿大、出血。组织学变化为食管黏膜上皮增生，局灶性脱落。肾小球血管充血，肾小管上皮样细胞颗粒样变性，局灶性坏死，管腔内有蛋白管型和上皮样细胞管型。肝细胞变性、坏死，肝胆管明显增生。甲状腺腺泡局灶性萎缩、变性，上皮脱落。

【诊断要点】根据过量或长期采食银合欢的病史，结合脱毛、流涎、口腔溃烂、甲状腺肿大等特征症状，即可确诊。

【防治措施】

1. 预防

（1）控制饲喂量　羊日粮配方中银合欢的含量不高于30%，一般不会引起中毒。在牧地上将银合欢与其他牧草混种，也可防止过量采食而中毒。

（2）去毒处理

1）加热法　将银合欢干粉煮沸或蒸煮2小时。

2）清水浸泡法　浸泡24小时，换水2～3次。

3）金属螯合法　含羞草素容易与金属离子螯合，如 Fe^{2+}、Al^{2+}、Cu^{2+} 等，可降低羊胃肠道对含羞草素的吸收，或使含羞草素失活，因此可在银合欢干粉中添加0.02%～0.03%的硫酸亚铁。

4）微生物降解　研究证明，某些地区羊瘤胃中的细菌能降解含羞草素和邻苯二甲酸二乙酯（DHP）类物质，并已分离鉴定出DHP降解菌种。现我国已研制成功保存时间长、使用方便和脱毒活性高的润洲瘤胃液制剂，接种该制剂后，山羊、绵羊采食各种比例的银合欢日粮均不发生中毒。

2. 治疗　目前尚无特效解毒药。一旦发现中毒，立即停喂银合欢，更换优质青饲料。可灌服牛奶、蛋清等，以保护口腔和胃肠道黏膜。灌服0.01%高锰酸钾溶液以氧化破坏毒物。可静脉注射10%硫代硫酸钠溶液、维生素C解毒，同时配合强心、补液等，增强肝脏解毒能力。此外，还应补充维生素和微量元素。

十四、羽扇豆中毒

【病因】有些品种的羽扇豆含有喹嗪烷和哌啶生物碱，如羽扇豆碱、白羽扇豆碱、沙树碱、N-甲基沙树碱和臭豆碱等，可引起中毒。夏秋多雨季节，羽扇豆被一种腐生真菌污染，在羽扇豆组织上产生真菌毒素，羊采食时毒素被机体吸收，从而引起以视力减退、盲目游走为特征的羽扇豆中毒症。

【主要症状和病理变化】

1. 主要症状　急性致死性神经疾病主要发生于绵羊，最急性在采食后1小时发病，一般在24小时之内出现症状。表现精神沉郁，流涎，呼吸困难，有明显的鼾音，呼吸次数可达每分100次，心跳可达每分130次。运动失调，阵发性痉挛，头部震颤，癫痫样发作，昏迷，最终因呼吸麻痹而死亡。

羽扇豆感染真菌所引起的毒素中毒，表现食欲降低或废绝，便秘，体温升高至40～41.5℃，呈间歇热型，步态蹒跚，黄疸，感光过敏性皮炎。后期出现视力下降，盲目游走，可在几天或几个月后死亡。慢性中毒表现精神沉郁，食欲减退，反应迟钝，体重下降，黏膜轻度黄染，感光过敏性皮炎。

2. 病理变化　肝脏肿大，质地脆弱，色泽变黄，肝细胞脂肪变性。慢性中毒时，肝脏萎缩、硬化。皮下和黏膜广泛性出血。心脏及肌肉颗粒样变性、脂肪变性。其他各内脏器官都有出血点，腹膜、膈肌、皮下结缔组织呈黄色。

【诊断要点】根据采食羽扇豆的病史，结合临床症状及剖检变化，可初步诊断。必要时进行羽扇豆生物碱或真菌毒素的含量测定及动物试验，有助于本病诊断。

【防治措施】

1. 预防　严禁大量饲喂羽扇豆，或在种植羽扇豆的草地放牧。作为蛋白质补充饲料，添加量应控制在日粮的10%～15%。在饲喂前采取脱毒处理，如水浸、蒸煮、碱化等均可降低毒性。

2. 治疗　本病尚无特效疗法，一旦发现中毒，应立即停止饲喂羽扇豆，并采取解毒、清理胃肠、强心利尿、保护神经系统、防止出血等措施进行治疗。可用醋酸、稀盐酸、柠檬酸等稀释液作为饮水或洗胃，或灌服活性炭吸附消化道内毒物。再用油类泻剂清理胃肠。同时，应用苯甲酸钠咖啡因或樟脑磺酸钠甘露醇等药物强心利尿。

十五、美丽马醉木中毒

【病因】早春季节，由于青绿饲料缺乏，羊常常采食美丽马醉木的茎、叶而发生中毒。

【主要症状和病理变化】

1. 主要症状　一般在采食后 2 ~ 4 小时发病。初期表现唾液分泌增多，吞咽频繁，惊恐不安。随后精神沉郁，目光呆滞，出现频繁而剧烈的喷射状呕吐。腹壁起伏明显，呼吸频率下降，呼吸时头颈平伸呈典型的间断性呼气性呼吸困难，肺部听诊呼吸音粗糙。心跳加快，力量增强。身体摇晃，站立不稳，四肢叉开或靠墙站立，后肢肌肉颤抖。尿频，粪便带有大量黏膜。随着病情进一步发展，病羊极度虚弱，磨牙、呻吟或尖叫，后肢麻痹，肌肉松弛。嗜睡，昏迷，卧地不起，针刺后肢反应迟钝，瞳孔对光反射消失，视力降低，体温轻度升高。心跳减弱，最后因严重呼吸困难和心力衰竭而死亡。

中毒羊红细胞数、白细胞数、血红蛋白含量及血清转氨酶、LDH、胆碱酯酶活性均有不同程度升高。心电图显示心率减慢，节律不齐。

2. 病理变化　病程较短者，一般无明显的眼观变化。病程较长者，主要表现血液凝固不良，体表淋巴结肿大，呈灰白色，切面外翻，多汁，内脏各组织器官除前胃外，均有程度不同的出血点或出血斑，其中以真胃、回肠、盲肠、胰腺、胆囊和膀胱出血最为严重。心脏明显扩张，心肌柔软。肺局部水肿，部分肺叶出血。肝脏肿大，表面有土黄色条纹。肾脏肿大表面呈暗红色，有出血点。脑膜血管充血。

组织学变化为心肌纤维明显肿胀，间质毛细血管扩张充血，出血。肾小球毛细血管扩张充血，近曲小管上皮样细胞肿胀，胞浆出现多量红色颗粒和少量小空泡，远曲小管上皮样细胞胞浆内有多量大小不等的空泡，间质毛细血管明显扩张，并有点状出血。肝细胞索紊乱，肝细胞肿胀，胞浆中出现多量红色颗粒，有的呈网状甚至大小不等的空泡，很多肝细胞核溶解消失，窦壁细胞肿胀。肺脏呈严重瘀血性水肿变化，细支气管黏膜上皮脱落。脾脏、胰脏实质细胞颗粒变性。小脑白质毛细血管扩张充血，浦金野氏细胞胞核不清，胞浆均质，颗粒层细胞体积缩小，虎斑不清。大脑间质毛细血管充血，神经细胞着色较深，体积缩小，虎斑不清。

【诊断要点】根据羊有采食美丽马醉木的病史和出现剧烈、频繁的呕吐，呼吸困难，心脏衰竭，后肢麻痹，便血等临床症状即可做出诊断。病理学检查表现全身各组织器官出血，实质器官变性或坏死，肺严重瘀血性水肿等变化对本病确诊有一定的意义。

【防治措施】

1. 预防　应尽量避免在有美丽马醉木生长的林地放牧，尤其是新从外地引进的羊更应注意。一旦出现中毒症状，应及时进行治疗。

2. 治疗

（1）西药治疗　本病尚无特效解毒药物。如果大量采食，应采取催吐、洗胃、下泻等措施促进毒物排除。阿托品与安定和呼吸中枢兴奋药配合有较好的治疗效果。硫酸阿托品注射液 2～4 毫克，皮下或肌内注射。安定注射液 5～10 毫克，皮下或肌内注射。樟脑磺酸钠注射液 150～300 毫克，皮下或肌内注射。回苏灵注射液 8～18 毫克，皮下或肌内注射。同时，口服活性炭吸附毒素，适时补充水、电解质可以纠正脱水和酸中毒。

（2）中药治疗　处方：曼陀罗 20 克，黄芪 20 克，钩藤 15 克，赤石 12 克，僵蚕 10 克，车前草 30 克，甘草 10 克，加水适量，煎后一次灌服。

十六、水蓬中毒

【病因】由于长期干旱，别的牧草大多枯死，只有水蓬生长茂盛，特别在庄稼旱死后的耕地和撂荒地上唯有水蓬生长，羊由于饥饿，往往因采食量过多而发生中毒。

水蓬的蛋白质含量几乎等于零，脂肪含量很低，灰分含量高，达到22.7%。当羊经常采食水蓬之后，由于大量盐分进入体内不能排出，引起组织水肿。由于机体组织内排出盐分和水分，便增加了心脏负担，以致最后导致心力衰竭而死亡。

【主要症状和病理变化】

1. 脑神经型　发生最急，一般无先驱症状，突然抽搐倒地、颤抖、四肢乱动、磨牙、空口咀嚼、不停眨眼。有的羊四肢踏地如踏步走，有的向前冲或做转圈运动，口中大量流涎，轻症的嘴擒不住草；有的羊不能站立，头弯向一侧，沉郁而死。这种脑神经症状的羊死亡率较高，最急性的 4～5 小时死亡。有些可以恢复，但恢复后许多天不能摄食，有的羊步态蹒跚。

2. 颌下水肿型　这种病羊最为多见，发病比较缓慢，起初发现颌下出现一个水疱，以后水泡很快肿大，触摸时感到皮肤松弛、无热、无痛、有波动感，刺破后流出白色、清亮而稍黏的液体。如不穿刺放水，很快肿及整个嘴部、头部；随后出现腹水，腹部胀大。触诊腹部时有水样波动，如不及时治疗，一般于 3～4 天死亡。颌下水肿型的死亡率较之脑神经型为低。病死的羊，一般膘情较好，第 1、第 2 胃内积有大量水蓬梗。

患脑神经症状型死亡的羊，剖检可见：肺脏变为青紫色，心内膜有出血点，脑蛛网膜血管充血严重，切面可见灰白质中有多数针尖大的出血点。以颌下水肿状为主死亡的羊，剖检可见：心肌松弛；肝脏肿大呈土黄色；肺呈青紫色；肠管松弛，无弹性，易破，切面呈胶冻状；腹水多，有的达到5 000 毫升以上；个别羊皮下组织黄染。

【诊断要点】在长有水蓬的地里放牧的羊，吃了大量水蓬之后，当天即可发病。急性症状为脑神经症状，慢性者表现为颌下水肿。病羊体温不高，故可排除有神经症状的李氏杆菌病。

【防治措施】

1. 预防　在圈舍补饲后放牧，或转移草场放牧，均有预防效果。

2. 治疗

（1）脑神经型　单独应用抗生素或磺胺类药物治疗，疗效为 0～30%。如配合应用强心剂及兴奋呼吸剂，如肾上腺素、安钠咖、茶碱及樟脑水等，可以提高疗效。

（2）颌下水肿型　应用茶碱、安钠咖或双氢克尿塞等强心利尿剂治疗，连续用药 2～3 天，效果较好；极大部分可以治愈，只有个别羊有复发现象。

十七、蓖麻叶中毒

【病因】由于羊吃了大量的蓖麻叶、蓖麻饼、蓖麻籽而发生。因为蓖麻籽含有蓖麻碱，是一种血液毒，能使纤维蛋白原转变为纤维蛋白，使红细胞发生凝集。因此，一经吸收，首先在肠黏膜血管中形成血栓，导致肠壁出血、溃疡以及出血性胃肠炎。进入循环后，则造成各组织器官血栓性血管病变，并发生出血、变性和坏死，从而表现出相应的器官机能障碍和重剧的全身症状。

【主要症状和病理变化】中毒绵羊反刍停止，耳尖、鼻端和四肢下端发凉，精神萎靡。严重的倒卧地上，知觉消失，体温降低 0.5～1℃，呼吸和脉搏次数减少，1～3 小时死亡。

吃蓖麻籽中毒的山羊，一般在 2 小时左右发病，开始时精神不振，呆立不动，不吃，不反刍，瘤胃胀气。严重时腹痛、腹泻，甚至便血。粪便很快由稀糊状变为稀水样。由于腹泻量多而频繁，很快发现肛门失禁，全身脱水。病羊不停地发出痛苦的叫声，叫声由大而小，最后昏睡虚脱，一般于 8 小时左右死亡。

胃肠黏膜发炎严重，有明显的出血。大网膜、肠系膜、肝脏、肾脏、淋巴结及中枢神经系统都有出血现象。

【诊断要点】根据病史及症状特点进行诊断。检验蓖麻毒素，方法：①取病羊胃内容物 10～20 毫升 (死羊取 10～20 克)，加蒸馏水 1 倍，浸泡后过滤。②用滤液 5 毫升，加磷钼酸液 5 毫升，在水浴锅中煮沸。③判定，如煮沸后溶液呈绿色，冷后加氯化铵液，由绿变蓝，再在水浴锅上加热，变为无色，即为蓖麻毒碱阳性反应，反之则无毒。

【防治措施】

1. 预防　①不要在种有蓖麻的地区放羊。②用蓖麻叶子或蓖麻饼做饲料时，必须先经过蒸煮，并且不可喂得太多，必须由少到多逐渐增量。③不要用蓖麻叶或者蓖麻籽喂羊。

2. 治疗

（1）前期　主要治疗原则是破坏及排除毒物。

破坏蓖麻碱：用 0.5%～1% 鞣酸或 0.2% 高锰酸钾溶液洗胃。

排除毒物：可灌服盐类泻剂（如硫酸钠或硫酸镁）及黏浆剂。也可以放血 50～100 毫升，接着静脉注射复方氯化钠溶液 200～300 毫升。

（2）中后期　主要原则是强心、止痛和保护收敛胃肠黏膜。

为此，可反复注射安钠咖或樟脑水及安乃近。还可灌服白酒，用量为小羊 30～40 毫升；大羊 40～70 毫升，严重时间隔 5～10 分再灌 1 次。保护收敛剂可采用鞣酸蛋白、鞣酸、次硝酸铋和矽炭银等。

十八、羊苦楝子中毒

【病因】苦楝子为楝科植物楝树的干燥成熟果实。苦楝子的有毒成分主要是苦楝子素和苦楝萜酮内脂。是一种绵羊、山羊食入苦楝子后以不食、腹痛、全身发绀、呼吸困难、四肢无力、起卧不安、口吐白沫等为中毒特征的疾病。

【主要症状和病理变化】以不食、腹痛、全身发绀、呼吸困难、四肢无力、起卧不安、口吐白沫等为特征。

【诊断要点】根据接近苦楝子的病史及症状特点进行诊断

【防治措施】治宜催吐解毒，强心保肝。

处方1：

1% 硫酸铜溶液50～100毫升。用法：一次灌服。

1% 硫酸阿托品注射液2～10毫升。用法：一次皮下注射。

50% 葡萄糖注射液250毫升，10% 安钠咖注射液5～10毫升。用法：一次静脉注射。

处方2：

藜芦9～15克。用法：加水煎汤，一次灌服。

麻仁15克、莱菔子15克、玄明粉15克。用法：前两味煎汤，冲入玄明粉，一次灌服。

针灸山根、太阳、耳尖、尾尖、涌泉、蹄头。

十九、乳草中毒

【病因】乳草含有抑制性生物碱，类固醇配糖体和痉挛性类树脂。乳草，特别生长期乳草味道不好，一般羊不吃。在饿急和乳草特别丰富的情况下，羊容易吃下中毒剂量的乳草。最小中毒量为体重的0.05%～2%。

【主要症状和病理变化】羊食入中毒量乳草后，12～16小时发病。早期阶段，精神沉郁，食欲下降，数小时后变得虚弱，震颤，共济失调，摔倒或卧下，接着发生麻痹，特别是后肢麻痹，继而不能活动。有些病羊出现痉挛与反复惊厥，瞳孔散大，脉搏加快，体温升高，呼吸困难，张口喘气。有些病例出现腹泻，严重病例陷入昏迷及死亡。

【诊断要点】依据接近乳草的病史及临床症状，可做出初步诊断。在瘤胃内容物中发现病原性乳草碎片即可确诊。

【防治措施】尚无有效治疗方法，不让饥饿羊接近乳草，以防中毒。

二十、蜡梅叶中毒

【病因】山羊非常喜吃蜡梅枝叶，当进行蜡梅树整枝时，山羊容易因食大量蜡梅叶而中毒。6～7月蜡梅结子，如误食少量种子也可引起中毒，说明种子的毒性比叶子毒性更大。

【主要症状和病理变化】山羊误食大量蜡梅叶之后，一般经1～3小时出现明显的中毒症状。根据表现情况可将临床症状分为轻型和重型两种。

1. 轻型　惊恐，两耳直立，眨眼，眼结膜潮红。全身发抖，以臀部肌肉更为明显。肛门收缩，后躯站立不稳，两后肢僵硬外展，夹尾，排尿，尿液清亮。腹肋煽动，呼吸迫促。角热，皮温增高及敏感。口干、色红、温热，体温在40℃以上，呼吸和心跳每分在100次以上，胸部听诊，肺泡音粗糙，心跳快而弱。响音或刺激皮肤均可引起阵发性痉挛，但安静时尚能采食青草和饮水。

2. 重型　突然倒地，四肢和全身虽强直性痉挛，角弓反张，大声嘶叫，眨眼，眼球震颤，结膜发绀。腹肋煽动，呼吸困难，口干、色红、温热，角热，皮温增高、敏感。胸部听诊，肺泡音粗糙；心跳快而弱、心音被强的肺泡呼吸音掩盖。体温在41℃以上，呼吸和心跳每分在100次以上。强直性痉挛，每次持续时间5～10分，间隔时间为10～30分，间歇期时羊可扶起，并能采食少量青草。强直性痉挛的程度和间隔时间根据中毒程度和外界刺激的有无而定。强直性痉挛过程越强，持续时间越长，间隔期越短。与此同时，由于呼吸肌也发生痉挛性收缩，病羊常因窒息而死亡。

病程一般为3～6天，能因天热、声音或接触、移动等刺激作用而使病情恶化。

病理变化一般为尸体强直，头颈后仰。瘤胃臌气，肛门洞开，黏膜黑红而湿润。肺脏表面呈不均匀的灰白色，边缘水肿。气管和肺充血，有轻度肺气肿，支气管内有微量的白色泡沫。心内充满凝血块，心肌有出血点。胸腺有小出血点。瘤胃内充满蜡梅叶片，并无特殊气味；第4胃黏膜呈弥散性出血。肝轻度肿大，质脆，被膜剥离，胆囊空虚。延脑及脊髓充血。

【诊断】病羊有大量采食腊梅叶的病史。临床呈现间歇性强直性痉挛、呼吸困难，心跳快、心音弱。体温在41℃以上，不难做出诊断。但应注意与炭疽和破伤风等区别，因为本病发生突然，死亡迅速，并伴有高温，容易误诊为炭疽；又因有显著的强直性痉挛，常易误诊为破伤风。炭疽尸僵不全，天然孔出血，血液不易凝固，而本病尸僵完全，血凝良好；破伤风牙关紧闭，两耳竖立，全身持续强直痉挛，而本病常呈间歇性强直性痉挛，间歇期尚能采食少量青草和饮水。

【防治措施】

1. 预防　必须贯彻预防为主的方针，认真做好预防工作。每年3～9月，特别是4～5月，要大力宣传，不要让羊吃大量的腊梅叶。不要在蜡梅生长茂盛的牧地放牧，更不能用蜡梅叶垫圈。

2. 治疗

（1）避免刺激　将病羊放在阴凉光暗的安静处，避免外界刺激的影响。

（2）洗胃　初期进行洗胃并给以泻剂。

（3）镇静、解痉　出现神经症状时，要给以镇静、解痉药，如肌内注射硫酸镁或内服水合氯酸（也可以灌肠）。

（4）解毒、解热　可用葡萄糖注射液、安基比林及樟脑水等。但樟脑对延脑有兴奋作用，在呼吸高度障碍时应慎用。

二十一、昆明山海棠中毒

【病因】昆明山海棠痉、叶春季萌发较早，在其他牧草尚未返青之前，已经生长丰盛。加之其根系发达，繁殖力强，面积不断扩大，牛、羊在这些地区放牧，容易采食而发生中毒。

【主要症状和病理变化】

（1）急性中毒　牛羊采食大量昆明山海棠茎叶后24～48小时出现症状，主要表现为精神沉郁，呼吸急促，流鼻液，反刍减少，食欲减退，瘤胃蠕动减弱。至48～60小时，症状加剧，肌肉震颤，个别羊开始腹泻，尿少。至60～72小时，病羊不吃不喝，反刍停止，卧地不起，哀鸣，呼吸极度困难，口腔流出大量液体，体温降低，心跳疾速而微弱，迅速衰竭死亡。病羊红细胞数增加，白细胞数减少。血浆尿素氮和肌酐含量升高。血清 GOT 和 AKP 活性升高。尿液 pH 下降。主要病理变化是，心、肝、肾等实质器官充血、出血、变性和坏死。

（2）慢性中毒　牛羊长期少量采食昆明山海棠，经过 2 ~ 3 个月之后才开始发病。病畜食欲减少，腹胀，瘤胃内有大量积液，粪干，间或腹泻、尿少。母畜不孕，孕畜流产。

【诊断要点】根据发病地区及临床症状、病理变化等可以做出初诊。

【防治措施】无特效疗法。预防在于禁止在有昆明山海棠生长的地区放牧；不采摘其嫩枝和叶饲喂动物；铲除昆明山海棠。根据群众经验，铲除昆明山海棠茎之后涂上桐油，可阻止其再生。

二十二、乌头中毒

【病因】由于乌头的萌芽比一般青草为早，因此在开始放牧时期，羊容易误食乌头而发生中毒。或由于用药不当，如用药量过大以及连续服用引起中毒。

【主要症状和病理变化】中毒绵羊食欲消失、流涎、磨牙、呕吐、瞳孔散大、凝视；仰颈抬头，呻吟不安；肌肉震颤，尤其是后躯。严重时有痉挛和角弓反张现象，不能站立；心悸亢进，呼吸困难。体温一般较正常为低。有的羊发生食管逆蠕动现象。瘤胃中食物较多时，可出现膨胀。无疝痛表现。山羊有疝痛表现，常常叫唤，有时眩晕，不能起立，多因麻痹而死。

【诊断要点】根据是否采食过乌头草病史，及临床症状和病理变化，可做出诊断。

【防治措施】

1. 预防　为了预防乌头中毒，在乌头刚萌芽时期，避免到长有乌头的地方去放牧。或者先在无乌头的地区放牧，等羊吃到半饱后，再赶到有乌头的地方去。有时长有乌头的地区青草很茂盛，乌头的比例较少，仍然可以充分利用那里的青草。

2. 治疗　初期立即用 0.1% 高锰酸钾或 0.5% 鞣酸溶液洗胃，并灌服活性炭250克，静脉注射葡萄糖盐水。灌服甘草末，疗效很好，剂量为大羊8 ~ 10克、小羊 3 ~ 5 克。缓和迷走神经兴奋，增强心脏机能，可皮下注射阿托品 2 ~ 10 毫克，必要时加入葡萄糖液中缓慢静脉注射 1 ~ 2 次。中毒时间较长，迷走神经末梢麻痹，呼吸衰竭时，可皮下注射硝酸士的宁 0.002 ~ 0.004克，同时给予强心剂。

二十三、羊断肠草中毒

【病因】绵羊由于采食一定量的雀儿舌头幼苗而发生中毒。有毒成分可能是生物碱,但已知国外的戴氏雀儿舌头含有毒成分氰苷。

【主要症状和病理变化】中毒羊精神委顿,食欲废绝,不愿走动。呆立、低头、后肢开张。体温升高。心跳加快。呼吸增加达 60 次 / 分,呈腹式呼吸。口流涎,吐出白色泡沫;头摇晃、磨牙,不断空嚼,有时呻吟。结膜潮红或发绀,瞳孔放大,并有胀气现象。皮肤正常。口角有白色泡沫。结膜及口腔黏膜呈灰紫色。体表淋巴结一般无变化。右心室显著扩张,肺尖叶及心叶急性气肿。胃内的饲料中夹杂有绿色食物,胃黏膜充血,附有黏液。肝大,边缘钝,呈棕红色。肾充血。其他器官无眼观变化。

【诊断要点】根据放牧地区有雀儿舌头生长,并结合临床症状进行诊断。

【防治措施】

1. 预防 尽量避免到有雀儿舌头的地区放牧,尤其在有毒雀儿舌头开始长出时更应注意。

2. 治疗 要及早发现,并及时用甘草、食用醋及葡萄糖进行治疗,可以防止死亡。具体方法步骤如下:①将中毒羊放于阴凉羊舍保持安静。②灌服甘草 15 ~ 25 克、食用醋 100 ~ 150 毫升。③静脉注射 25% 的葡萄糖 40 ~ 150 毫升。④可参照氰化物治疗方法。

经过各法处理后,一般可在 12 小时内恢复正常。

二十四、羊闹羊花中毒

【病因】春天是羊放牧的好季节,闹羊花中毒事件屡有发生,以农历清明至小满季节发生为多,中毒较轻的及时治疗能愈,中毒严重的可引起死亡,养殖户应引以为戒,避免不必要的经济损失。

【主要症状和病理变化】闹羊花中毒主要临床表现,误食后 1 小时左右出现症状,羊呈酒醉样,走路摇晃,四肢发软,甚至不能站立,倒地,四肢乱扒,全身肌肉震颤或痉挛,口流白沫,呕吐黄绿色胃内容物、鸣叫、磨牙严重,心跳加快,呼吸不畅,瘤胃略鼓气,瞳孔散大,体温一般正常,严重的体温下降。

【诊断要点】根据放牧地区有闹羊花生长,并结合临床症状进行诊断。

【防治措施】不要到有闹羊花的山地放牧，割草时不要混入闹羊花，发生中毒，要立即请兽医抢救，不得耽误。

治疗用药：一是肌内注射樟脑或樟脑磺酸钠 3 ~ 5 毫升，皮下注射硫酸阿托品 3 ~ 5 毫克。二是用鲜韭菜 1 千克左右，加适量水捣碎取汁，生鸡蛋 3 ~ 5 个，去壳和韭菜汁一起灌服，用鲜松针叶 200 ~ 300 克捣碎灌服或者鲜豆浆加鸡蛋 3 ~ 5 个灌服，中毒不是很严重的，经上述治疗后都能好转，严重的同时要用 10% 葡萄糖 200 ~ 500 毫升、维生素 C 10 ~ 15 毫升输液、解毒、护肝治疗，注射利尿排毒。

第三节
霉菌毒素中毒

一、黄曲霉毒素中毒

【病因】黄曲霉毒素是黄曲霉、寄生曲霉等产生的有毒代谢产物。目前已分离出的黄曲霉毒素及其衍生物有 20 多种，以黄曲霉毒素 B_1、B_2、G_1 和 G_2 的毒力最强。黄曲霉和寄生曲霉广泛存在于自然界，主要污染花生、玉米、黄豆、棉籽、麦类、大米等植物种子及其副产品。此类菌株最适宜繁殖的相对湿度为 80% 以上，温度为 24 ~ 30℃，在 5℃ 以下和 50℃ 以上即不能繁殖。黄曲霉毒素相对稳定，通常加热不易被破坏，黄曲霉毒素 B_1 可耐 200℃ 的高温，只有加热到 268 ~ 269℃ 才能分解。黄曲霉毒素对酸稳定，强酸也不能破坏，遇碱能迅速分解，在酸性条件下又可恢复。次氯酸钠、过氧化氢等可破坏其毒性。

黄曲霉毒素中毒是由于食用被黄曲霉和寄生曲霉污染的种子及其副产品的饲料所致。

【主要症状和病理变化】

1. **主要症状** 羊对黄曲霉毒素的抵抗力较强，一般为慢性中毒。羔羊表现为食欲不振，生长发育缓慢，惊恐，转圈或无目的徘徊，腹泻，消瘦。成年羊表现为前胃弛缓，精神沉郁，食欲减退，产奶量下降，黄疸。妊娠羊流产，排足月的死胎或早产。如奶中含有黄曲霉毒素，可引起哺乳羔羊中毒，抵抗力降低，易引起继发症。

2. 病理变化　除肝脏黄染、硬变外，无其他明显异常的变化。组织学变化可见肝细胞颗粒样变性和脂肪变性，结缔组织和胆管增生，血管周围水肿，纤维母细胞浸润，淋巴管扩张。

【诊断要点】根据病史和饲料样品的检查，结合临床症状，可初步诊断。必要时进行霉菌分离培养和霉菌毒素测定。

【防治措施】

1. 预防　预防本病的关键是防霉和去毒，禁止饲喂发霉饲料，或将黄曲霉毒素含量控制在规定的允许量以内。

（1）防止发霉　防止饲草霉变，饲草、玉米、花生等收获时必须充分晒干，饲料应置于干燥处，勿使受潮、淋雨。为防止发霉，可使用化学熏蒸法或防霉剂。常用防霉剂有丙酸钠、丙酸钙，在饲料中每吨添加 1 ~ 2 千克，可安全存放 8 周以上。

（2）霉变饲料的去毒处理　如发现饲料发霉，可用水洗法、化学法、物理法和微生物法去毒。

（3）定期监测饲料　已有许多国家制定了饲料黄曲霉毒素标准允许量。欧共体规定羊配合饲料中黄曲霉毒素 B_1 允许量为 0.05 毫克 / 千克。

2. 治疗　尚无特效解毒药。中毒羊应立即停喂霉败饲料，供给富含碳水化合物的青饲料和高蛋白饲料，减少脂肪丰富的饲料。轻度中毒者可自行恢复。重度中毒时，用硫酸钠、人工盐等泻剂加速胃肠道毒物的排出。保肝和止血用20% ~ 50% 葡萄糖液、维生素 C、葡萄糖酸钙或 10% 氯化钙溶液静脉注射，同时用强心剂防止心衰。为了防止继发感染，可用抗生素。

【诊疗注意事项】黄曲霉毒素中毒时，为防止继发感染，可用抗生素，但忌使用磺胺类药。

二、赭曲霉毒素中毒

【病因】常见产毒菌种为曲霉属和青霉属的部分真菌，包括疣孢青霉、赭曲霉、黑曲霉、硫色曲霉等，主要污染玉米、大麦、黑麦、燕麦、高粱和豆类等谷物，以及米糠、麸皮等副产品，如果大量或长期采食这些饲料，可引起羊中毒。

【主要症状和病理变化】

1. 主要症状　主要表现精神抑郁，食欲减退或废绝，消瘦，尿频且比重下降，严重时出现蛋白尿和管型，尿中颗粒增多。妊娠母羊发生流产。

临床病理学变化为谷草转氨酶活性升高，血液中可检测到赭曲霉毒素 A。

2. 病理变化　剖检可见肝脏苍白，肝小叶有坏死灶。组织学观察肝脏病灶区周围空泡样变和脂肪浸润。肺充血、水肿。

【诊断要点】根据饲喂霉变饲料的病史，结合临床症状多尿和尿液中有蛋白质和管型等，可初步诊断，确诊需要进行毒素检验。

【防治措施】

1. 预防　防止饲料被霉菌污染。玉米、大麦等饲料收割后要晒干，使水分含量低于 12%，同时要使用防霉剂，但只能防止发霉，不能消除毒素。

2. 治疗　本病没有特效解毒药。病羊应立即停止饲喂可疑饲料。用人工盐和植物油泻下，清除胃肠中毒物，内服鞣酸保护肠黏膜，同时补充大量水分。病情危重应强心、利尿、补液，并采取保护肝功能和肾功能的措施。

三、杂色曲霉毒素中毒

【病因】本病发生的主要原因是羊采食了被杂色曲霉污染的饲草，如饲草收割后未经充分晒干，或受雨淋，或存放过程中受潮而发霉变质，尤以草垛中下部发霉较多。从发病地区霉败的饲草分离出的霉菌中，以杂色曲霉和构巢曲霉的检出率最高。

【主要症状和病理变化】

1. 主要症状　羊以 2 月龄以下的羔羊发病多，死亡率高，1.5 岁以上的羊也发病，但死亡率较低。羊采食霉败饲草 7 天后开始发病，经 20 天左右死亡。初期食欲不振，精神沉郁，消瘦。随着病情发展出现结膜潮红，巩膜黄染，病羊虚弱，腹泻，尿呈黄色或红色。

血常规检查白细胞总数减少，其中淋巴细胞数明显下降。血清 SDH、AKP、GOT、GPT、LDH 活性升高，BUN 含量上升，血清总蛋白、白蛋白、球蛋白含量均下降。

2. 病理变化　尸体剖检变化可见皮下、脂肪、腹膜、网膜、关节液和肝脏黄染，心脏冠状沟、肺、脾、膀胱、肾和胃肠黏膜广泛性出血。

组织学变化为肝细胞严重空泡变性或脂肪变性。肝细胞有色素沉着。肾小管上皮样细胞空泡变性或坏死脱落。大脑的部分神经细胞空泡化，渗出的细胞密集地围绕血管呈套管状。小脑皮质颗粒层多处见红细胞，部分浦金野氏细胞空泡化。

【诊断要点】根据采食霉败饲草的病史，临床症状以及特征性的病理剖检变化可以做出初步诊断，结合样品中杂色曲霉毒素含量的测定以及产毒霉菌的分离培养即可确诊。

【防治措施】

1. 预防　防止饲草发霉，牧草收割后要充分晒干，然后堆放于通风、干燥的地方，严防雨淋，禁止用发霉饲料饲喂羊。

2. 治疗　本病尚无特效治疗方法。发现羊中毒后，立即停止饲喂霉菌污染饲草，给予易消化的青绿饲料和优质干草。可用高渗葡萄糖溶液和维生素 B₁ 静脉注射，也可以口服肝泰乐、肌苷片等，以增强肝脏解毒能力。兴奋不安时，应用10% 安溴注射液 5 ～ 10 毫升，静脉注射，或内服水合氯醛。防止继发感染，可选用抗生素类药物。

四、霉麦芽根中毒

【病因】麦芽根是大麦酿造啤酒的副产品，含有大量的糖和维生素，可做羊的饲料。麦芽根如贮藏不当、堆积时间过长，易被霉菌污染发生霉败，大量采食，就会造成以神经症状为主的中毒性疾病。引起本病中毒的主要毒素是棒曲霉毒素。

【主要症状和病理变化】

1. 主要症状　食欲减退或消失，反刍减少，精神沉郁，呆立，心跳加快。后期呼吸困难，呼吸频率每分达 80 次以上，腹式呼吸明显，鼻孔内流出泡沫状液体,肺部听诊有啰音。心音初快而高亢,后微弱,每分可达90～140次,心音混浊,节律不齐。

中枢神经机能紊乱的病羊眼球凸出,目光凝视。站立不稳,运步无力,关节强拘,极易跌倒,卧地不起。躺卧时头颈伸直或向背部弯曲,角弓反张,四肢直伸。间歇性划动,最后口吐白沫而死。肌肉震颤,尤以肘肌最为明显。随后全身肌肉痉挛,兴奋不安,对外界刺激极为敏感。

2. 病理变化　脑血管扩张,皮质有小软化灶,灶内组织疏松,崩解呈颗粒状,神经细胞消失,小神经胶质细胞增生。脑部有出血灶,灶内炎性细胞浸润。坐骨神经干鞘膜出血,丘脑、中脑、延髓神经节细胞变性坏死。肝肿大,肝小叶坏死,并有炎性细胞浸润。肺高度瘀血、水肿,支气管内充满白色泡沫状液体,严重者有肺气肿。

【诊断要点】根据采食霉麦芽根的中毒史,结合临床症状,可做出初步诊断。剖检时脑、肝、肺有程度不同的病理变化,神经鞘膜有出血等,可作为辅助诊断依据。确诊仍需真菌鉴定和毒素检测,以及复制试验动物模型。

【防治措施】

1. 预防　加强麦芽根贮存保管,防止发霉变质。严禁饲喂发生霉败的麦芽根,疑似霉变的麦芽根,应进行扩展青霉含量测定,以确定是否作为饲料。

2. 治疗　本病尚无特效解毒药。中毒羊立即停止饲喂霉麦芽根,供给优质饲草。采取阻止毒物吸收、保护胃肠黏膜、促进毒物排除、降低颅内压、增强肝脏解毒机能及对症治疗等措施。先用温水或高锰酸钾溶液洗胃,随后灌服石蜡油或盐类泻剂以排除毒物,灌服鞣酸溶液保护胃肠黏膜。降低颅内压可静脉注射25%山梨醇或20%甘露醇。

五、黑斑病甘薯中毒

【病因】本病常发生于甘薯收获后经过一段时间的贮藏而发生霉烂的季节,在大量种植甘薯的地区,常呈地区性和群发性的特点。甘薯含干物质约30%,主要为淀粉和糖,营养价值较高,养羊场常用甘薯及其副产品来饲喂羊,以此提高羊的膘情。本病是因羊食入了大量患有黑斑病的甘薯而发生的中毒。不论是喂生的或喂加热变熟的霉烂甘薯,还是喂由霉烂甘薯加工的副产品如粉渣、酒糟等，都会发生中毒。

【主要症状和病理变化】

1. 主要症状　病羊精神沉郁，结膜充血或发绀，食欲减退或废绝、反刍减少或停止，瘤胃蠕动减弱或停止。脉搏每分达 90 ～ 170 次，心音增强或减弱，节律不齐。呼吸困难，咳嗽。粪便稀软，混有黏液、血液。最终因衰竭、窒息而死亡。

2. 病理变化　肺脏显著膨胀，肺膜紧张，肺膜下充满大小不等的气泡。肺脏充血、水肿、膨隆。切面流出大量混有泡沫的黄色或暗红色水样液体。胃肠道黏膜弥漫性充血、出血或坏死。肝肿大，切面似槟榔状。脾、肾、膀胱等有不同程度的充血与出血。

【诊断要点】根据采食或饲喂黑斑病甘薯的病史，结合呼吸困难、肺部啰音、皮下气肿等临床症状和严重肺气肿及肺水肿等特征病变，不难诊断。必要时用黑斑病甘薯及其乙醇浸出液或乙醚提取物进行动物试验。

【防治措施】

1. 预防　防止甘薯遭受污染，在甘薯育秧时用甲基托布津溶液充分浸泡种薯。加强甘薯的收获和贮藏工作，防止霉烂。加强饲养管理，严禁饲喂霉烂甘薯。

2. 治疗　本病无特效疗法。可采取促进毒物排除、缓解呼吸困难和对症治疗等措施。早期可用温水或 0.1% ～ 0.5% 高锰酸钾溶液洗胃，内服硫酸钠、硫酸镁等泻剂。缓解呼吸困难，可静脉注射 5% ～ 20% 硫代硫酸钠溶液，也可静脉注射维生素 C 0.2 ～ 0.5 克。对于肺水肿病例，可用 20% 葡萄糖酸钙或 5% 氯化钙，缓慢静脉注射，同时给予利尿和脱水剂，增强肾脏的排毒作用。缓解酸中毒用 5% 碳酸氢钠溶液，静脉注射。对症治疗包括强心、输氧等措施。

【诊疗注意事项】本病应与羊巴氏杆菌病、羊肺疫相鉴别。

第四节
农药中毒

一、有机磷农药中毒

【病因】有机磷农药是农业上常用的杀虫剂，也是畜牧业上常用的杀虫剂和驱虫药。羊有机磷中毒常是误食喷洒有机磷农药的牧草或农作物、青菜等，误饮被有机磷污染的饮水，误食拌过有机磷的种子，应用有机磷杀虫防治羊体外寄生虫时用量过大或使用方法不当等均易发生中毒

【主要症状和病理变化】临床上将这些可能出现的复杂症状归纳为 3 类。

1.毒蕈碱样症状　按其程度不同，可具体表现为食欲不振、流涎、呕吐、腹泻、腹痛、多汗、尿失禁、瞳孔缩小，可视黏膜苍白，呼吸困难、支气管分泌物多、肺脏水肿等症状。

2.烟碱样症状　当机体受到烟碱的作用时，可引起支配横纹肌的运动神经末梢和交感神经节前纤维（包括支配肾上腺髓质的交感神经）等胆碱使神经发生兴奋；但在乙酰胆碱积累过多时，则将转为麻痹，具体表现为肌纤维性震颤、血压升高、肌紧张度减退（特别是呼吸肌）、脉搏频数等。

3.中枢神经系统症状　表现为兴奋不安，体温升高，抽搐，昏睡等，中毒羊兴奋不安，冲撞蹦跳，全身震颤，渐而步态不稳，以致倒地不起，在麻痹下窒息死亡。

当然，并非所有具体病例都将明显表现上述症状。经消化道吸收中毒在 10 小时以内的最急性病例，除胃肠黏膜充血和胃内容物可能散发蒜臭味外，常无明显变化。经 10 小时以上者则可见其消化道浆膜散在有出血斑，黏膜呈暗红色，肿胀，且易脱落。肝脏、脾脏肿大。肾混浊肿胀，被膜不易剥离，切面呈淡红褐色且境界模糊。肺脏充血，支气管内含有白色泡沫。心内膜可见有不整形的白斑。

不久后，尸体内普发浆膜下小点出血，各实质器官都发生混浊肿胀。皱胃和小肠发生坏死性出血性炎，肠系膜淋巴结肿胀、出血。胆囊膨大，出血。心内外膜有小出血点。肺淋巴结肿胀、出血。切片镜检，尚可见肝脏组织中存在有小坏死灶。小肠的淋巴滤泡也有坏死灶。

【诊断要点】对可疑饲料、饮水、胃内容物、呕吐物、尿液、被污染皮肤洗涤液等进行有机磷的定性和定量检验，可为确诊本病提供依据。通过阿托品和解磷定进行治疗试验，可验证诊断。

【防治措施】

1. 预防　①认真执行《剧毒农药安全使用规程》，妥善保管和使用有机磷农药。②喷洒过有机磷农药的田地，7 天内不让羊进入；喷洒过有机磷的青草，1 个月内禁止羊采食。③严格按《中华人民共和国兽药典》规定应用有机磷杀虫剂治疗有关疾病，不得滥用或过量使用。羊口服有机磷杀虫剂之前，要先供给充足的清洁饮水。④加强农药厂废水的处理和综合利用，对环境进行定期检测，以便有效控制有机磷化合物对环境的污染。

2. 治疗　病羊应立即停止饲喂可疑饲料和饮水，让其迅速脱离污染环境，采用清除毒物、特效解毒及对症治疗的综合治疗方法。

（1）清除毒物　如果是经皮肤用药或受农药污染体表时，可用微温水或凉水、淡中性肥皂水清洗局部或全身皮肤。如果经口接触，时间小于 2 小时，可用催吐疗法，或用 2% 的碳酸氢钠、0.2% ~ 0.5% 高锰酸钾溶液或生理盐水、1% 过氧化氢溶液洗胃。可灌服硫酸镁、硫酸钠或人工盐等盐类泻剂轻泻胃肠内容物。灌服活性炭 3 ~ 6 毫克 / 千克体重可吸附有机磷，并促进其从粪便中排出。

（2）特效解毒剂　有机磷中毒的特效解毒剂包括生理拮抗剂和胆碱酯酶复活剂两类，二者合用则疗效更好。

1）生理拮抗剂　可用阿托品，硫酸阿托品的常用解毒剂量为，1 次 5 ~ 10 毫克，首次静脉注射，经半小时后如未出现瞳孔散大、口干舌燥、皮肤失水干燥、心率加快、肺湿啰音消失等阿托品化症状时，应重复用药。给药途径可改为皮下或肌内注射，直至出现明显的阿托品化症状，则减少用药次数和剂量，以巩固疗效。

2）胆碱酯酶复活剂　临床上常用的有解磷定、氯磷定、双复磷和双解磷等。解磷定、氯磷定按剂量为 20 ～ 40 毫克 / 千克体重，加入 10% 的葡萄糖溶液中，或用生理盐水配成 5% 的溶液，缓慢注射。双解磷、双复磷剂量按 10 ～ 20 毫克 / 千克体重，静脉注射或肌内注射。

（3）对症治疗　在应用特效解毒剂同时，配合以对症和辅助治疗，有利于机体恢复。

1）输液疗法　常用高渗葡萄糖加维生素 C 静脉注射。中毒初期，或严重腹泻脱水时，用大量等渗葡萄糖生理盐水缓慢静脉注射。

2）镇静解痉　当病羊狂躁不安、痉挛抽搐时，应用苯巴比妥类镇静解痉药物，但禁用吗啡等安定药。

3）强心和兴奋呼吸　为了维护心脏功能和防治呼吸困难，应用 10% 安钠咖注射液、25% 尼可刹米、樟脑磺酸钠或山梗菜碱。但禁用洋地黄和肾上腺素。

4）防治肺水肿　若出现肺水肿症状，可应用地塞米松等肾上腺皮质激素治疗，亦可用高渗葡萄糖、山梨醇或甘露醇等。

5）其他治疗　为防止继发肺炎，可配合抗生素治疗。有条件的可换注血液和应用输氧疗法。

【诊疗注意事项】

1. 敌百虫中毒　不能用碱水洗胃或洗刷皮肤，因为敌百虫在碱性环境中可转变为毒性更强的敌敌畏。在应用泻剂时，禁用油类泻剂，其可加速有机磷溶解而被肠道吸收。

2. 阿托品中毒　如出现瞳孔散大、神志不清、狂躁不安、抽搐、昏迷和尿潴留等，提示阿托品中毒，应立即停药。

3. 氰化物　氯磷定和解磷定在碱性溶液中易水解为剧毒的氰化物，故二者忌与碱性药物配伍应用。氯磷定、解磷定和双解磷均不能透过血脑屏障，欲缓解神经症状，则需与阿托品合用。

4. 禁用药　镇静解痉时，禁用吗啡等安定药，因其可造成呼吸麻痹。强心和兴奋呼吸，禁用洋地黄、肾上腺素。

二、氨基甲酸酯类农药中毒

【病因】羊误食 近期喷洒过氨基甲酸酯类杀虫剂的农作物，或喷洒过氨基甲酸酯类除草剂，如灭草灵、燕麦灵的牧草。农药管理不当，造成饲料和饮水污染，或人为蓄意破坏性投毒。

【主要症状和病理变化】

1. 主要症状 急性中毒的症状与有机磷农药中毒相似，主要表现为流涎、呕吐、腹泻、胃肠蠕动增强、腹痛、多汗、呼吸困难、黏膜发绀、瞳孔缩小、肌肉震颤，严重者发生强直痉挛、共济失调，后期肌肉无力、麻痹。气管平滑肌痉挛导致缺氧窒息而死亡。

2. 病理变化 急性中毒的剖检变化仅限于肺脏、肾脏的局部充血和水肿，胃黏膜点状出血。慢性中毒时见到神经、肌肉损害。组织学检查可见局部贫血性肌变性，透明或空泡性肌变性。小脑、脑干和上部脊髓中的有鞘神经发生水肿，并伴有空泡变性。

【诊断要点】根据接触氨基甲酸酯类农药的病史，临床上副交感神经过度兴奋的典型症状，结合全血胆碱酯酶活性降低的测定结果即可初步诊断。可疑饲草、饲料、饮水和胃肠内容物氨基甲酸酯类农药的定性和定量分析，为本病的确诊提供依据。

【防治措施】

1. 预防 生产和使用农药应严格执行各种操作规程，严禁羊接触当天喷洒农药的田地、牧草和涂抹农药的墙壁，以免误食中毒。用氨基甲酸酯类农药治疗羊体外寄生虫时，谨防过量和被羊舔食中毒。

2. 治疗

（1）除去毒物 皮肤、黏膜被污染者，用温水清洗。消化道中毒者，用温水或 0.05% 高锰酸钾溶液洗胃，然后灌服盐类泻剂硫酸钠或硫酸镁。

（2）应用抗乙酰胆碱药 应尽快注射硫酸阿托品，剂量按 0.6 ~ 1.0 毫克/千克体重，一般 1/4 剂量静脉注射，其余皮下注射，必要时可重复给药。也可使用氢溴酸东莨菪碱。

（3）对症治疗 根据病情，进行强心、补液等对症治疗。肟类化合物，如解磷定等胆碱酯酶复活剂对治疗氨基甲酸酯中毒无效。

【诊疗注意事项】

1. 泻剂 排除毒物时，应该用盐类泻剂，禁用油类泻剂，尤其是植物油。

2. 肟类化合物 如解磷定等胆碱酯酶复活剂对治疗氨基甲酸酯中毒无效。

三、有机硫杀菌剂中毒

【病因】常见的中毒原因是农药管理和使用不当，造成羊误食、误饮有机硫农药，或有机会接触或采食喷洒过有机硫杀菌剂的农作物、蔬菜等，一旦大量摄入即可发生中毒。偶尔见于人为的蓄意投毒，造成中毒事件。

许多有机硫杀菌剂的溶剂或载体，如二硫化碳、二氧化硫、石油醚等也有毒，羊有可能接触这类化合物而遭受其挥发性载体的毒害。

【主要症状和病理变化】

1. 主要症状 经消化道中毒者，食欲减少，呕吐，腹泻和腹痛。经皮肤中毒者，可见皮肤红肿，水疱。初期，表现短时间的兴奋状态，骚动不安，敏感和惊厥。后表现嗜睡、昏迷等抑制症状。严重中毒时，呼吸和循环抑制，甚至呼吸衰弱，心力衰竭，血压下降。末期，肝、肾功能亦发生障碍，因全身衰竭和窒息而死亡。中毒母羊发生流产。

2. 病理变化 胃肠道黏膜充血、出血。肝脏肿大，质脆，有出血点。肾脏变性和肾炎，肺充血。

【诊断要点】根据羊接触有机硫制剂的病史，结合临床症状和病理变化，可初步诊断。确诊则需要实验室进行可疑样品的毒物分析。

【防治措施】

1. 预防 预防本病的关键是切实执行农药的保管和使用制度，严禁滥用农药。加强羊饲养管理，防止羊误食和偷食喷洒农药不久的农作物或蔬菜等。

2. 治疗 本病目前尚无特效解毒剂，治疗原则是促进毒物排出、阻止毒物吸收，同时采取对症疗法和支持疗法。可用温水或0.05%的高锰酸钾溶液反复冲洗和导出胃内容物。促进毒物排出应选用盐类泻剂，如硫酸钠、硫酸镁等。皮肤染毒的病羊，应及时用大量温水清洗皮肤。

【诊疗注意事项】用泻剂促进毒物排出时，切忌应用油类泻剂，特别禁用植物油，以防提高溶解度而加快吸收。

四、拟除虫菊酯类农药中毒

【病因】拟除虫菊酯类农药中毒主要是在封闭性较好的环境里喷雾使用该类农药，使在其中生活的羊吸入或摄入过量农药，或饲料、饮水被农药污染。用拟除虫菊酯类农药驱除体外寄生虫时，使用量过大，药浴时间过长，用药后不及时清洗羊体，药液误入口腔等均可引起中毒。

【主要症状和病理变化】

1. 主要症状　表现呼吸急促，心跳加快，步态不稳，肌肉震颤，口吐白沫。短时间迟钝后，出现全身过度兴奋、惊厥，四肢强直而死亡。严重病例整个过程 30 ～ 60 分，病程长者，食欲废绝，瘤胃臌气，步态蹒跚。

2. 病理变化　除脑水肿外，一般无特征性病理变化。

【诊断要点】根据接触拟除虫菊酯类农药的病史，结合神经系统、消化系统和心血管系统的症状，可初步诊断。确诊需要对可疑样品进行毒物分析。

【防治措施】

1. 预防　加强拟除虫菊酯类农药生产、运输、保管和使用的管理，防止污染饲料、饮水。禁止羊进入或放牧于使用农药不久的区域。使用该类药物对羊舍灭虫后，应及时通风，并彻底清洗。药浴杀灭体外寄生虫时，应按规定操作，剂量不能过大，时间不能过长。

2. 治疗　本病无特效解毒药。对皮肤接触中毒的，应迅速用清水或 2% ～ 4% 碳酸氢钠溶液清洗。经口染毒者，可采用催吐、洗胃、灌服活性炭和导泻的措施，促进毒物的排除。对症治疗可用安定或苯巴比妥解痉。腹泻、流涎可用阿托品。缓解神经症状，可用舒筋灵 55 ～ 220 毫克 / 千克体重，静脉注射，效果较好。辅助治疗可采取补充高渗葡萄糖溶液，应用维生素 B_1、维生素 B_{12}、腺苷三磷酸和细胞色素 C 等。

【诊疗注意事项】本病应与有机磷中毒相鉴别。可通过接触史、胆碱酯酶测定、临床症状和毒物分析等加以判断。

五、有机氟化合物中毒

【病因】有机氟化合物是高效、剧毒、内吸性杀虫与杀鼠剂，主要产品有氟乙酰胺、氟乙酸钠和甘氟等。羊常因误食毒饵或误食、误饮被有机氟制剂处理或污染的植物、饲料或饮水而引起中毒。

【主要症状和病理变化】

1. 主要症状　羊主要表现为心血管疾病，有急性与慢性两种。

（1）急性型　无前驱症状，摄入农药后 9 ～ 18 小时内，突然倒地，剧烈抽搐，惊厥或角弓反张，迅速死亡。

（2）慢性型　一般在摄入毒物 5 ～ 7 天后发病，初期食欲不振，反刍停止，离群或单独倚墙而立或卧地，肘肌震颤，有的可逐渐康复。有些病例在外界刺激下突然发作，惊恐不安，呼吸迫促，抽搐，因呼吸抑制、循环衰竭而死亡。

2. 病理变化　常无特征性剖检变化，尸体迅速僵化，心脏扩张，心肌变性，心内外膜有出血。肝、肾瘀血，肿胀。有些病例可见卡他性或出血性胃肠炎，黏膜脱落。组织学检查显示脑水肿和血管周围淋巴细胞浸润。

【诊断要点】根据接触有机氟农药的病史，结合病羊神经兴奋、心律失常等主要临床症状，可做出初步诊断。确诊需测定血液柠檬酸含量、血清肌酸激酶活性和可疑样品的毒物分析。

【防治措施】

1. 预防　加强剧毒有机氟农药的生产和经销、保管和使用。喷洒过有机氟化合物的农作物，从施药到收割期必须经 60 天以上的残毒排除时间，方可做饲料用，禁止饲喂刚喷洒过农药的植物叶、瓜果以及被污染的饲草饲料。

2. 治疗　治疗应及时，采取清除毒物、使用特效解毒药和对症治疗。

（1）清除毒物　经皮肤染毒者，应尽快用温水彻底清洗。经消化道中毒者，应采取催吐、洗胃、缓泻等措施以减少毒物的吸收，洗胃可用 0.05% ～ 0.1% 高锰酸钾溶液，泻下可用硫酸钠、石蜡油。

（2）使用特效解毒药

1）解氟灵（50% 乙酰胺）　剂量为每天 0.1 克 / 千克体重，肌内注射，首次用药量为每天量的一半，每天 3 ～ 4 次，连续 3 ～ 4 天，至抽搐症状完全消失为止。

2）乙二醇乙酸酯　100 毫升溶于 500 毫升水中口服，或 0.125 毫升 / 千克体重，肌内注射。

3）乙醇 用 95% 乙醇，100 ~ 200 毫升，加适量常水，每天 1 次，口服；或用 5% 乙醇和 5% 醋酸，按 2 毫升 / 千克体重，口服。

（3）对症治疗

1）解除肌肉痉挛 用葡萄糖酸钙或柠檬酸钙，静脉注射。

2）镇静 用巴比妥、水合氯醛，口服。

3）兴奋呼吸 可用山梗菜碱、尼可刹米、苯海拉明解除呼吸抑制。

4）利尿消肿 用 20% 甘露醇或 5% 山梨醇溶液，亦可用 50% 高渗葡萄糖溶液，静脉注射，以控制脑水肿。

5）纠正酸中毒 静脉注射 5% 碳酸氢钠或 11.2% 乳酸钠溶液，还可同时改善心肌收缩能力，减轻血压过高反应。

6）使用辅助解毒剂 应用三磷酸腺苷、辅酶 A、细胞色素 A 及维生素 B₂，效果更好。

【诊疗注意事项】本病与有机磷、有机氯和士的宁中毒及急性胃肠炎等症状相似，应进行鉴别诊断。

六、有机氯农药中毒

【病因】有机氯农药在自然环境和生物体内残效期长、残留量大。有机氯农药中毒主要是不按规定贮存、运输和使用有机氯农药，如污染饲草、饲料和饮水；误食拌过农药的种子；采食喷洒过农药、尚未超过安全期的农作物和牧草；在治疗体表寄生虫时，体表涂药面积过大，经皮肤吸收或被羊舐食而中毒。

【主要症状和病理变化】

1. 主要症状 急性中毒发生在摄入有机氯后数分到 24 小时以内，主要表现神经症状，流涎、腹痛、腹泻，兴奋不安，感觉敏感，易惊厥，肌肉痉挛，角弓反张，昏睡、麻痹而死。慢性中毒发病缓慢，食欲不振，消瘦。局部肌肉震颤，运动失调。后期后肢麻痹，不能站立，终因呼吸衰竭而死亡。

2. 病理变化 急性中毒病例病变不明显，仅有内脏器官的瘀血、出血和水肿，全身小点出血。慢性中毒，表现皮下组织和全身各组织器官黄染，体表淋巴结水肿、色泽黑紫。肝脏、脾脏、肾脏肿大，肝小叶中心坏死，肺脏瘀血、水肿和气肿。组织学变化为肝细胞颗粒样变性和脂肪变性，肝小叶中心的细胞坏死。脑组织血管周围水肿，神经细胞、肾小管上皮样细胞变性、坏死。

【诊断要点】根据毒物接触史及流行病学调查，结合以中枢神经系统机能紊乱为主的症状，可做出初步诊断。可疑样品的毒物分析和病理学检查结果可为确诊提供依据。

【防治措施】

1. 预防　禁止饲喂有机氯农药喷洒过的蔬菜、农作物及牧草。

2. 治疗　经消化道中毒时可用 1% ~ 5% 碳酸氢钠溶液洗胃，并用盐类泻剂缓泻，严禁使用油类泻剂，用活性炭减缓其吸收。体表接触毒物的羊，应用清洁剂和大量冷水冲洗，但不能刷拭皮肤。降低兴奋性，解除痉挛，常用苯妥英钠、苯巴比妥钠，以 4 毫克 / 千克体重，肌内注射。保肝可用高渗葡萄糖溶液加维生素 C，静脉注射。通过强心、补液、增加能量和改善血液循环，有利于恢复。

【诊疗注意事项】经消化道中毒时，用泻剂下泻时，禁用油类泻剂，以免促进毒物吸收。清洗体表时，不能刷拭皮肤。

七、有机锡杀菌剂中毒

【病因】有机锡化合物在农业上作为蔬菜、花生、烟草的杀菌剂，工业生产中作为电缆、油漆、木材的防腐剂。保管使用不当是造成羊误食的常见因素之一。另外，羊偷食喷洒过该农药的农作物、蔬菜等，亦可引起中毒。偶尔见于人为蓄意投毒。

【主要症状和病理变化】

1. 主要症状　急性中毒发生于接触有机锡农药后 1 ~ 5 天。轻度中毒，病羊精神沉郁，食欲减退，躯体消瘦，体质衰弱等。重度中毒，多发生脑水肿，主要表现为反复呕吐，癫痫样抽搐，肢体可发生瘫痪，脉搏细弱、呼吸次数减少，严重者出现昏迷。有机锡的刺激与腐蚀作用还可使体表接触部位发生急性炎症。

2. 病理变化　脑血管扩张、充血、出血及间质水肿，神经细胞退行性病变和脑软化。脊髓灰质部分软化，外周神经和脊髓神经根、植物神经末梢均有变性和髓鞘脱失。心肌水肿、断裂、坏死。肺充血，肺小动脉中层肌纤维断裂。

【诊断要点】根据有机锡接触病史，结合麻痹、震颤和惊厥等临床症状可做出初步诊断。对可疑样品进行毒物分析可提供确诊依据。

【防治措施】本病尚无特效解毒剂。应立即停止饲喂可疑饲料和饮水，并撤离中毒环境。经消化道中毒者，应立即采取催吐、洗胃和导泻，同时采取对症治疗。

1. 缓解脑水肿　常采取脱水、利尿和皮质激素疗法。山梨醇或甘露醇，以1～2克/千克体重给中毒羊静脉注射，每天2～3次。用50%葡萄糖溶液100～120毫升配合治疗，也可用利尿酸或速尿使脑组织脱水、降低颅压，利尿酸内服剂量为1～2毫克/千克体重。速尿肌内注射或静脉注射，剂量同利尿酸。皮质激素可选用地塞米松，4～12毫克肌内或静脉注射。也可用氢化可的松注射液静脉滴注，用量20～80毫克。

2. 解痉镇静　用水合氯醛2～4克口服；或用苯巴比妥钠0.5～1克，肌内注射。

3. 强心和兴奋呼吸　可用安钠咖、樟脑磺酸钠、山梗菜碱、尼可刹米等进行对症治疗。

第五节
灭鼠药中毒

一、磷化锌中毒

【病因】主要因误食毒饵或污染磷化锌的饲料而中毒。偶尔见于人为破坏性投毒。

【主要症状和病理变化】

1. 主要症状　一般在摄入毒饵后15分到数小时出现症状，表现食欲废绝，兴奋，痉挛，呼吸困难，卧地不起，有时流泪，有的口流白色泡沫，有的瘤胃臌气，最后窒息而死。

2. 病理变化 胃内容物带有大蒜臭味，在暗处呈现磷光。消化道黏膜充血、出血，甚至脱落。肝、肾肿大，脂肪变性，质地变脆。肺水肿，气管内充满泡沫状液体。

【诊断要点】根据病史，结合流涎、呕吐、腹痛、腹泻等症状，呕吐物带大蒜臭味，在暗处呈现磷光，肺充血、水肿等剖检变化可做出初步诊断。呕吐物、胃内容物或残剩饲料中检出磷化锌，可确诊。

【防治措施】

1. 预防 加强磷化锌的保管和使用，包装磷化锌毒饵的麻袋禁止装饲料或饲草。人畜较多处，最好夜间投放毒饵，白天除去。投放毒饵后应及时清理未被采食的残剩毒饵。大面积灭鼠时，可将催吐剂配入毒饵中使用或改用残效期短，对人畜毒性小的灭鼠药。

2. 治疗 目前尚无特效解毒药。病羊应立即灌服 1% 硫酸铜溶液，也可投服 0.1%～0.5% 高锰酸钾溶液，使磷化锌被氧化为磷酸酐而失去毒性。同时静脉注射高渗葡萄糖溶液和氯化钙溶液，口服硫酸钠导泻。用安定或苯巴比妥镇静，静脉注射 5% 碳酸氢钠溶液缓解酸中毒，并采用强心、利尿、补液等支持疗法。

【诊疗注意事项】

1. 灌服硫酸铜溶液 一方面起催吐作用；另一方面硫酸铜与磷化锌生成不溶性磷化铜沉淀，从而阻止吸收、降低毒性。

2. 导泻禁用硫酸镁 磷化锌在胃内遇胃酸生成氯化锌，与硫酸镁作用生成毒性更大的氯化镁。

二、安妥中毒

【病因】误食毒饵或被安妥污染的饲料，可引起中毒。

【主要症状和病理变化】

1. 主要症状 误食毒饵后 15 分到数小时出现症状，表现为呼吸迫促，体温偏低，流涎，肠蠕动增强，发生水泻。很快由于肺水肿和渗出性胸膜炎，呼吸困难，黏膜发绀，流出带血色的泡沫状鼻液，咳嗽，听诊肺部有明显湿啰音，心音混浊，脉搏增数，兴奋不安，肌肉痉挛，常因窒息和循环衰竭而死亡。

2. 病理变化　肺脏显著增大，水肿，切开后流出大量暗红色带泡沫液体，气管和支气管内充满泡沫样液体，气管黏膜充血。胸腔内有多量水样透明液体。肝脏、脾脏、肾脏充血，表面有出血斑。胃肠道和膀胱有卡他性和出血性炎症。

【诊断要点】根据误食安妥毒饵的病史，结合呼吸困难、流血样泡沫状鼻液及肺水肿等临床症状，可做出初步诊断。胃肠内容物、残剩饲料检出安妥，可确诊。

【防治措施】

1. 预防　对安妥及毒饵要严格管理，防止羊误食。

2. 治疗　目前尚无特效疗法。早期灌服 0.1% 高锰酸钾溶液洗胃，也可用 0.2% ~ 0.5% 活性炭混悬液，然后用硫酸镁导泻。为了缓解肺水肿和胸膜渗出，可应用渗透性利尿剂，如静脉注射 50% 葡萄糖和甘露醇溶液。可应用含巯基药物，如二巯基丙醇、胱氨酸、一硫山梨醇等，以控制肺水肿的发展。可用 10% 硫代硫酸钠溶液静脉注射。安妥中毒严重时，先适当静脉放血，然后再缓慢静脉注射上述药物。同时采用吸入氧气、强心、护肝等措施。动物试验表明，半胱氨酸能降低安妥的毒性，可按 100 毫克 / 千克体重使用。

【诊疗注意事项】安妥中毒时，禁用油类泻剂、牛奶及碱性药物，以免促进毒物溶解。

三、抗凝血类灭鼠剂中毒

【病因】抗凝血类灭鼠剂中毒主要见于误食灭鼠毒饵。也见于作为抗凝血药物治疗凝血性疾病时，用量过大、疗程过长，或配伍保泰松等能增强其毒性的药物，而引起中毒。

【主要症状和病理变化】

1. 主要症状　急性中毒可因发生脑、心包腔、纵隔或胸腔内出血，无前驱症状而很快死亡。亚急性中毒者主要表现吐血、便血和鼻衄，广泛性皮下血肿，特别在易受创伤的部位。有时可见巩膜、结膜和眼内出血。偶尔可见四肢关节内出血而外观肿胀和僵硬。可视黏膜苍白，心律失常，呼吸困难，步态蹒跚，卧地不起。脑脊髓以及硬膜下腔或蛛网膜下腔出血时，出现痉挛、轻瘫、共济失调而很快死亡。羊对灭鼠灵耐受性较大，但可引起流产。

2. 病理变化　以大面积出血为特征，常见出血部位为胸腔、纵隔间隙、血管外周组织、皮下组织、脑膜下和脊髓、胃肠及腹腔，心脏松软，心内外膜出血，肝小叶中心坏死。

【诊断要点】根据灭鼠灵接触史，组织器官大面积出血的临床表现，以及内、外途径凝血障碍的检验结果，可做出初步诊断。确诊需要对胃内容物、肝脏、肾脏和可疑饲料进行毒物检测。

【防治措施】治疗要点是消除凝血障碍，恢复血容量及调整血管外血液蓄积所造成的器官功能紊乱。病羊保持安静，尽量避免创伤，在凝血酶原时间未恢复之前不要施行任何手术。

消除凝血障碍，可应用维生素 K_1。一般选用维生素 K_1，$10 \sim 15$ 毫克混于葡萄糖溶液中静脉注射，每 12 小时 1 次，连续 $2 \sim 3$ 次，效果显著。可同时口服维生素 K_3，以巩固疗效。

急性严重出血的病例，为恢复血容量，可按 $10 \sim 20$ 毫升/千克体重输入新鲜全血，半量迅速输入，半量缓慢输入。

此外，还应进行必要的对症治疗。

【诊疗注意事项】本病与蕨中毒、草木樨中毒、血小板减少性紫癜病等出血性疾病症状相似，应加以鉴别。

1. 蕨中毒　有长期采食蕨类植物的生活史，病羊消瘦，贫血，各器官出血，便血，血尿或血红蛋白尿。尿中除红细胞外，还有白细胞、膀胱上皮样细胞或肾上皮样细胞。血液凝固时间延长，红、白细胞数减少，血小板减少，凝血酶原时间延长，血块回缩率下降。

2. 草木樨中毒　有采食霉败草木樨的生活史，皮下组织、肌间、浆膜下出血，不易止血。

3. 血小板减少性紫癜　病羊的肢体各部皮肤、口、鼻、阴道黏膜有出血点或出血斑，黏膜下或皮下大片出血，形成血肿。胸腔、腹腔积液中混有血液。

四、毒鼠强中毒

毒鼠强中毒是羊摄入毒鼠强所引起的以中枢神经兴奋为特征的中毒性疾病。

【病因】羊中毒主要是误食毒饵或因毒鼠强滥用引起环境、饮水及饲草、饲料污染等所致。

【主要症状和病理变化】

1.主要症状 摄入后数分至30分内发病,病情发展迅速。表现兴奋跳跃,呕吐,强直性抽搐呈反复发作,意识丧失。严重的突然倒地,癫痫样发作,表现全身抽搐,口吐白沫,尿失禁,意识丧失,可在30分内死亡。

2.病理变化 剖检可见,最急性死亡的病例变化不明显。病程稍长者,胃肠黏膜及实质性器官均有充血、水肿和广泛性出血点,严重的可见到肺水肿及肺间质瘀血。

【诊断要点】根据羊接触毒鼠强杀鼠剂的病史,结合突然发病,以反复发作的强直性抽搐为主要症状,即可初步诊断。确诊则需对呕吐物、胃内容物、血液、肝脏等进行毒物分析。

【防治措施】

1.预防 加强对使用剧毒杀鼠剂危害的宣传,加大打击非法生产和清查收缴毒鼠强的力度,从源头上预防人和动物毒鼠强中毒的发生。

2.治疗 尚无特效解毒药。早期采用催吐、洗胃或灌肠导泻等措施促进毒物排除。控制抽搐可用苯巴比妥钠等。同时配合对症疗法和支持疗法。

【诊疗注意事项】本病应与氟乙酰胺中毒、磷化锌中毒等进行鉴别。

五、五氯酚钠中毒

【病因】因食入或饮入五氯酚钠污染的饲料、饮水而引起中毒。另外,吸入五氯酚钠飘尘和蒸气也是中毒的原因之一。

【主要症状和病理变化】经吸入中毒的羊,眼结膜潮红,流泪,咳嗽,流浆性鼻液,呼吸困难,听诊有湿啰音。若皮肤长期、多量接触五氯酚钠,可引起接触性皮炎。

经口服中毒的羊,精神沉郁,步态不稳,有时兴奋不安、转圈或前冲,视力迅速减退。流涎,磨牙,肌肉震颤,呼吸困难。咬肌痉挛,吞咽困难,胃肠蠕动减弱,粪便稀软并有多量黏液。口渴,少尿,后躯麻痹,卧地不起。

【诊断要点】主要根据病史及临床症状,结合血液、尿液和组织中五氯酚钠含量的测定,即可确诊。一般认为,血液中五氯酚钠含量为40~80毫克/升出现临床症状,血液中每含100毫克或组织中含200毫克/千克即可引起死亡。

【防治措施】

1. 预防 加强五氯酚钠农药的管理和使用,用过五氯酚钠的地区应禁牧10天以上,并不得使用该地区的植物作为饲料。避免在羊饮用水源和饮水处使用五氯酚钠。

2. 治疗 本病无特效解毒药。加强病羊护理,给予高糖、低蛋白日粮。接触皮肤中毒者,可用肥皂水洗涤。经消化道中毒,可用5%碳酸氢钠溶液洗胃,并口服盐类泻剂。降温常用物理法,如冷水浴、头部放置冰袋等。可用硫代硫酸钠做解毒剂。同时给予三磷酸腺苷、辅酶A或能量合剂,并静脉注射生理盐水、5%葡萄糖溶液和复方氯化钠溶液,以补充血容量和纠正电解质紊乱。如果出现严重肺水肿或肾功能衰竭,不宜大量、快速输液。

【诊疗注意事项】治疗中禁用阿托品和巴比妥类药物,阿托品抑制出汗散热,可使体温升高,而巴比妥类药物对五氯酚钠有增毒作用。

第六节
化肥和药物中毒

一、氨中毒

【病因】

1. 保管不严 如硝铵、硫铵、碳铵及氯化铵酷似食盐,有时会被人误用或被羊误食而引起中毒。

2. 误食 在使用氨水过程中,如将氨水桶散置于田间地头,羊可能误饮而中毒，或因误饮刚经施用铵肥的田水，造成中毒。

3. 密封不严　装有液态氨或氨水的容器密闭不严或有损坏时，或氮肥厂、乡村氨水池密封不严时，都会散逸氨气污染空气。如空气中的浓度达 70 毫克 / 米^3 以上时，就可因吸入和接触而导致在该环境中滞留的羊中毒。

4. 环境污染　在工业生产过程中，含氨的废气、废水、废渣污染水渠、河流和周围环境，当地羊饮用污染水、接触污染物时，可引起中毒。

【主要症状和病理变化】食入铵肥或饮入氨水时，口腔黏膜红肿，发生水疱，流大量泡沫状唾液。吞咽困难，声音嘶哑，剧烈咳嗽。瘤胃臌气，腹痛，胃肠蠕动减缓或废绝，呼吸困难，肺部有明显的湿啰音。心跳加快，节律不齐。逐渐衰弱无力，昏睡。氨气灼伤者多呈角膜、结膜炎或角膜浑浊，有呼吸道刺激症状。

【诊断要点】根据食入、吸入或皮肤接触铵肥的病史，结合临床症状和病理变化，即可初步诊断。实验室血氨氮值的测定可为确诊提供依据。

【防治措施】

1. 预防　加强化肥的保管和使用。氨水池的构筑必须符合密闭要求，以确保人畜安全。装运氨水的容器必须确保密闭，氨水贮存应远离住宅和圈舍，避免在田间地头、路边放置敞露的氨水桶，以防羊饮用而造成中毒。禁止羊饮用刚施过铵肥的田水或氨水、氨气污染的河渠水。

2. 治疗　尽快转移到空气新鲜的场所，脱离被氨气污染的环境。初期可灌服稀盐酸、稀醋酸等酸性药液以中和解毒，同时可灌服黏浆剂，如淀粉糊等以保护胃肠黏膜，并灌服大量水和植物油促进肠道内容物的排泄。瘤胃臌气时，口服鱼石脂、甲醛溶液等，静脉注射 10% 硫代硫酸钠溶液，有一定的解毒作用。吸入中毒者，可口服氯化铵、吐根等药物，肌内注射尼可刹米、山梗菜碱等兴奋呼吸，或者气管注射 0.25% 普鲁卡因与青霉素。皮肤与眼部损伤，可用 3% 硼酸水冲洗，涂以可的松眼药膏等。

二、尿素中毒

【病因】羊瘤胃内的微生物可将尿素或铵盐中的非蛋白氮转化为蛋白质，因此，将适量尿素或铵盐加入日粮中以代替蛋白质来饲喂牛羊等反刍动物，然而补饲不当或过量即可发生中毒。

1. 不按规定补饲尿素　补饲尿素时，没有一个逐渐增量的过程，或不按规定控制用量，或添加的尿素同饲料混合不匀，或将尿素溶于水而大量饲喂，均可引起中毒。

2. 同时饲喂含脲酶饲料　补饲尿素的同时饲喂富含脲酶的大豆饼或蚕豆饼等饲料，可增加中毒的危险性。

3. 其他原因　羊饮水不足、体温升高、肝机能障碍、瘤胃 pH 升高以及羊处于应激状态等都可能增加羊对尿素中毒的易感性。

4. 饮服人尿　羊饮服大量新鲜人尿可发生急性中毒。

5. 误食尿素　尿素保管不善，被羊误食或偷食。

【主要症状和病理变化】羊食入中毒量尿素后 30 ~ 60 分出现症状。表现不安，呻吟，反刍停止，瘤胃臌气，肌肉抽搐，步态不稳。继而反复发生强直性痉挛，同时呼吸困难，心搏动加快，口、鼻流出泡沫状的液体。后期则出汗，瞳孔散大，肛门松弛，四肢无力，卧地不起。急性中毒病例多在 4 小时以内因窒息死亡。

【诊断要点】根据采食尿素的病史，结合强直性痉挛和呼吸困难等临床症状，即可初步诊断。测定血氨浓度对诊断和预后均具有重要意义。

【防治措施】

1. 预防　妥善保管尿素，防止羊误食。补饲尿素时，搅拌均匀，逐渐增量，同时喂给富含碳水化合物的饲料，以保证瘤胃微生物生命活动的需要。尿素不宜溶于水饮服，否则易迅速流入真胃和小肠而被直接吸收或被胃中的脲酶分解成氨而发生中毒。

2. 治疗　本病尚无特效疗法。应立即停喂尿素，灌服大量食醋或稀醋酸等弱酸类溶液，以抑制瘤胃中脲酶的活力，并中和尿素的分解产物氨，减少氨的吸收。可用 5% 的醋酸 150 毫升，或 5% 醋酸溶液一次性灌服。也可口服 1% 甲醛 100 毫升。可静脉注射硫代硫酸钠溶液解毒。

对症治疗包括穿刺放气、用苯巴比妥抑制痉挛及补液等。

【诊疗注意事项】本病与有机磷中毒的症状相似，但有机磷中毒以副交感神经症状为主，注射阿托品后症状减轻。

三、四环素类药物中毒

【病因】四环素类抗生素的毒性较低，但是，饲料中大剂量或长时间连续添加使用四环素类抗生素，常常会引起蓄积性的中毒反应。

【主要症状和病理变化】

1. 主要症状　表现为精神沉郁，食欲减退或废绝，瘤胃蠕动停止、臌气，鼻端干燥，腹泻或便秘。

2. 病理变化　胃底和大肠急性出血、坏死，小肠黏膜出血，肝脏、心内外膜有出血点，心肌变性，血液凝固不全。

【诊断要点】根据临床症状和病理变化，结合临床或饲料用药史即可做出诊断，必要时进行药物的鉴定分析。

【防治措施】

1. 严格执行临床用药规则　避免长期超量用药。如果长期使用，必须进行肝功能检验，防止二次感染。

2. 避免口服　尽量避免口服该类药物，即使使用应尽量缩短疗程或减少剂量。

3. 调节体液酸碱平衡　恢复胃肠道微生物菌群平衡。及时灌服 1% ~ 2% 的碳酸氢钠溶液或 5% 碳酸氢钠注射液静脉注射，效果良好。

四、磺胺类药物中毒

【病因】羊磺胺类药物中毒是用药剂量过大、用药时间过长，或有些磺胺类药静脉注射速度过快引起的以皮肤、肌肉和内脏器官出血为特征的急性或慢性中毒性疾病。一次性大剂量或长期用药是导致羊发生程度不同的磺胺类药物中毒的主要原因。

【主要症状和病理变化】

1. 主要症状　急性中毒主要表现为共济失调，痉挛性麻痹，肌肉无力，惊厥，瞳孔散大，暂时性的视力降低，心动过速，呼吸加快。

慢性中毒主要损害泌尿和消化系统，导致功能紊乱，表现为结晶尿，血尿，蛋白尿，甚至尿闭，食欲不振，便秘，呕吐，腹泻等。

2. 病理变化　慢性中毒羊的肾小管、肾盏、肾盂、输尿管等处出现磺胺药物的结晶。

【诊断要点】根据临床症状、病理变化，结合生产中磺胺类药物的添加情况，重点对用药和饲料添加剂的剂量进行调查分析，即可初步诊断。必要时做药物检测。

【防治措施】

1. 立即停止用药 出现结晶尿或血尿时，口服碳酸氢钠或静脉注射 5% 的葡萄糖溶液。

2. 严格控制磺胺类药物的用药或添加剂量 连续用药必须限制在一定的时间内，采用给药与间歇结合的方法定期添加。

五、硝基呋喃类药物中毒

【病因】本病主要因临床用药量过大或连续长时间的服用而引起毒性反应，其中以呋喃西林的毒性最大。

【主要症状和病理变化】

1. 主要症状 主要表现突发性的神经症状，如兴奋、惊厥和瘫痪等。全身以出血变化为特征。羔羊表现先兴奋，后抑制，心跳加快，呼吸困难，步态不稳，全身颤抖，体温下降，很快倒地，抽搐，痉挛，四肢伸直，回顾腹部，甚至角弓反张，口吐白沫，粪便失禁，并流黄色稀便，最后衰竭而死亡。成年羊多出现消化障碍，公羊偶尔出现睾丸萎缩和精子生成障碍。

2. 病理变化 急性中毒死亡的羊一般无明显的眼观病理变化。中度或病程较长的肠道有不同程度的充血或出血。胃黏膜出现片状脱落和弥散性出血。肾呈黄褐色，皮质有大量散在的出血点。

【诊断要点】根据使用硝基呋喃类药物的病史，结合以神经功能紊乱为主的临床症状，可初步诊断。必要时检测饲料、胃内容物及组织中药物的含量。

【防治措施】

1. 停止用药，辅助治疗 中毒时立即停止用药，并用葡萄糖、维生素 B_1 及抗坏血酸进行辅助治疗。出现神经症状的可适量注射钙制剂或溴制剂。出血性变化一般预后不良，早期应进行输血疗法并注射皮质激素。

2. 严格掌握临床用药和饲料添加剂量 连续用药不得超过 2 周。对肺部疾病和肾功能不全者禁止使用。

六、阿维菌素类药物中毒

【病因】阿维菌素类药物中毒主要因为使用剂量过大、间隔时间过短，偶尔鉴于给药途径错误，如肌内注射、静脉注射。

【主要症状和病理变化】

1. 主要症状　表现精神沉郁，食欲废绝，步态不稳，流涎，严重时卧地不起，全身肌肉震颤，倒地后四肢呈游泳状划动，同时心律加快、心音亢进，也有的病羊头向后仰，颈和四肢痉挛，舌麻痹并伸出口外。

2. 病理变化　胃肠浆膜、黏膜有出血点，水肿。肝脏肿胀呈酱红色，切面流出大量紫黑色血液。脾脏、肺脏有出血点。脑血管充盈，脑沟回平滑湿润。

【诊断要点】根据使用阿维菌素类药物的病史，结合肌肉无力、共济失调、呼吸急促等临床症状，可初步诊断。必要时检测胃内容物和相关组织阿维菌素类药物的含量。

【防治措施】

1. 口服用药　本病尚无特效解毒药。口服中毒的可用活性炭和盐类泻剂促进未吸收的药物排出。主要采取对症和支持治疗，如行动迟缓可用阿托品，昏迷可用毒扁豆碱，急性过敏可用肾上腺素，同时强心、补液、补充能量。

2. 皮下注射　阿维菌素类，除内服外，仅限于皮下注射。肌肉、静脉注射易引起中毒反应。临床上应严格控制用药剂量和用药间隔期。阿维菌素类药物在体内排泄缓慢，屠宰前应严格遵守休药期，羊休药期为21天。

七、丙硫苯咪唑类药物中毒

【病因】丙硫苯咪唑对绵羊的中毒剂量为100毫克／千克体，临床上应用广泛，常因使用剂量过大或持续用药时间过长而发生中毒。噻苯达唑对羊毒性很小。

【主要症状和病理变化】羊表现四肢无力，黏膜发绀，口流白沫，瞳孔散大，腹泻，食欲减退甚至废绝，呼吸急促，心音亢进，严重者倒地死亡。

【诊断要点】根据大剂量使用该类药物的病史，结合临床症状，可初步诊断。必要时检测饲料、胃内容物和组织中药物含量可确诊。

【防治措施】本病无特效解毒药。中毒后应采取促进毒物排泄和对症治疗等措施。严格控制用药剂量，严禁对泌乳和妊娠母羊使用本类药物。羊应在屠宰前1个月停止使用，以免在动物性食品中残留，危害人类的健康。

八、左旋咪唑中毒

【病因】左旋咪唑是咪唑并噻唑类驱线虫药，具有广谱、高效和低毒的特性，对多种动物的胃肠道线虫和肺线虫的成虫及幼虫均有高效的驱虫作用，临床上可内服、皮下注射和肌内注射。羊的使用剂量为7.5毫克/千克体重。当注射给药用量过大时，容易发生中毒。羊口服5倍的使用剂量可引起中毒，致死量为90毫克/千克体重。

【主要症状和病理变化】

1. 主要症状　羊一般在15分出现症状，30分达高峰，1～6小时逐渐恢复。主要表现流涎，摇头，呕吐，肌肉震颤，运动失调，不安，感觉敏感，排粪、排尿次数增多，应激性增高。后期阵发性惊厥，中枢神经系统抑制，呼吸急促或困难，虚脱，因呼吸衰竭而死亡。

2. 病理变化　剖检可见肝脏肿大，表面有大小不等的出血点。胆囊充盈肿大，胃肠黏膜出血、脱落。

【诊断要点】根据使用左旋咪唑的病史，结合烟碱样和毒蕈碱样症状，即可初步诊断。必要时检测饲料、胃内容物和组织中左旋咪唑的含量。口服后24小时，脂肪、肌肉和血液中的含量已不能检出，72小时后肝脏已无残留。

【防治措施】

1. 预防　临床上应严格按照剂量使用，严禁随意增加剂量。除肺线虫病外，应尽可能选择内服给药。本药可通过乳房屏障，泌乳期禁用。

2. 治疗　本病尚无特效解毒药，口服1小时内可催吐，然后灌服活性炭和盐类泻剂。主要采取对症和支持治疗，阿托品作为拮抗剂可缓解症状，但不能降低死亡率，镇静可用安定或巴比妥类，同时应强心、补液和兴奋呼吸。

九、硝氯酚中毒

【病因】硝氯酚为国内外广泛应用的抗牛羊肝片吸虫药，具有高效、低毒的特点，内服剂量为 3 ~ 4 毫克/千克体重，皮下或肌内注射剂量为 0.6 ~ 1 毫克/千克体重。中毒剂量为治疗量的 3 ~ 4 倍，绵羊内服中毒剂量为 14 ~ 50 毫克/千克体重，山羊为 25 ~ 70 毫克/千克体重。

【主要症状和病理变化】病羊表现为精神沉郁，食欲降低或废绝，呼吸急促，心跳加快，体温升高。严重者步态蹒跚，呼吸困难，四肢无力，叉开站立，黏膜发绀，肌肉震颤或强直性痉挛，倒地死亡。

【诊断要点】根据使用硝氯酚的病史，结合体温升高、呼吸困难和肌肉无力等临床症状，即可初步诊断。必要时检测胃内容物、组织和血液中硝氯酚的含量。

【防治措施】

1. 预防　严格控制临床用药剂量，大规模驱虫时，应先进行小范围预试，以免发生中毒。妊娠和泌乳母羊禁用。

2. 治疗　本病尚无特效解毒药，大剂量内服后可服用食醋或酸性水，以降低硝氯酚的溶解度，并用硫酸钠促进排出体外。主要采取对症及辅助治疗措施，可选用安钠咖、毒毛旋花子苷 K、维生素 C 等。禁用钙制剂。

第七节
环污染与矿物元素中毒

一、氟中毒

【病因】急性氟中毒主要是羊一次食入大量氟化物或氟硅酸钠而引起的中毒，常见于用氟化钠驱虫时用量过大。

慢性氟中毒是长期连续摄入少量氟在体内蓄积所引起的全身组织和器官的毒性损害。主要原因包括：

1. 地方性高氟　我国的自然高氟区主要集中在火山喷发地区、磷矿地区、温泉附近、荒漠草原、盐碱盆地和内陆盐池周围，土壤、牧草、饮水含氟量高，可引起中毒。

2. 工业环境污染　氟化盐厂、磷肥厂、炼钢厂、氟利昂厂、水泥厂等工矿企业排放的工业"三废"中含有大量的氟，污染邻近地区的土壤、水源和植物。工业排放的两种最常见的氟化物是氢氟酸和四氟化硅，二者均具有很强的毒性，进入土壤和水中的氟化物被植物吸收，且在植物体内富集，空气中的氟化物可被植物叶面的气孔吸收或降落在植物的表面，造成放牧羊氟中毒。

3. 饲料未脱氟　长期饲喂未脱氟的矿物质添加剂，如过磷酸钙、天然磷灰石等。

【主要症状和病理变化】

1. 主要症状

（1）急性氟中毒　一般在食入半小时左右出现症状，常表现流涎，呕吐，腹痛，腹泻，呼吸困难，肌肉震颤，瞳孔散大，感觉敏感，不断咀嚼。严重时搐搦和虚脱，在数小时后死亡。

（2）慢性氟中毒　本病常呈地方流行性，特别是当地出生的放牧羊发病率高。羔羊断奶后放牧 3～6 个月，即出现生长发育缓慢或停止，被毛粗乱，出现牙齿和骨骼的损伤，并日趋严重。牙齿的损伤是本病的早期特征之一。切齿的釉质失去正常的光泽，出现黄褐色的条纹，并形成凹痕，臼齿普遍有牙垢，并且过度磨损、破裂，可能导致髓腔的暴露。有些羊齿冠破坏，有些羊因饲草塞入齿缝中而继发齿槽炎或齿槽脓肿。

2. 病理变化　表现消瘦，骨骼的病变是本病的主要特征。受损骨呈白垩状、粗糙、多孔，肋骨易骨折，常有数量不等的膨大，形成骨赘。母羊骨盆及腰椎变形。骨磨片可见骨质增生，成骨细胞集聚，骨单位形状不规则，甚至模糊不成形，哈氏管扩张，骨细胞分布紊乱，骨膜增厚。心脏、肝脏、肾脏、肾上腺等有变性变化。

【诊断要点】急性氟中毒主要根据病史及胃肠炎等表现而诊断。慢性氟中毒则根据牙齿的损伤、骨骼变形及跛行等特征症状，结合牧草、骨骼、尿液等氟含量的分析即可确诊。

本病应与能引起骨骼损伤的铜缺乏、铅中毒及钙磷代谢紊乱性疾病相鉴别。

【防治措施】

1. 预防 饲草中供给充足的钙磷。对补饲的磷酸盐应尽可能脱氟，不脱氟磷酸盐的氟含量每千克不应超过 1 毫克，且在日粮中的比例应低于 2%。高氟区应避免放牧，或低氟牧场与高氟牧场轮换放牧，加强治理工业污染。

2. 治疗 对于急性氟中毒的羊，应立即抢救，可灌服催吐剂，内服蛋清、牛奶、浓茶等。用 0.5% 氯化钙溶液或石灰水洗胃，同时可静脉注射氯化钙溶液或葡萄糖酸钙溶液补充体内钙的不足。配合维生素 D、维生素 B_1 和维生素 C 治疗，有利于疾病的恢复。

对于慢性氟中毒的羊，目前尚无完全康复的疗法。供给病羊低氟饲草和饮水，每天供给硫酸铝、氯化铝、硫酸钙等，也可静脉注射葡萄糖酸钙溶液或每天口服乳酸钙以减轻症状，但牙齿和骨骼的损伤无法恢复。

二、铅中毒

【病因】 铅普遍存在于自然界中，由于人类的各种活动，使环境受到广泛的铅污染。如汽车排放的废气造成公路周围及城市中大气铅污染，铅锌矿或冶炼厂排放的工业"三废"往往污染周围的农田、土壤、饮水和牧草，羊长期在这些环境中放牧可引起慢性铅中毒。另外，汽油中添加四乙基铅作为防爆剂，羊舔食后发生中毒。

铅在肠道内能形成极不易溶解的化合物，摄入体内的铅仅 1%～2% 从肠道吸收。酸性环境有利于铅及其无机化合物的溶解。

工业生产中往往造成铅和镉对环境的共同污染，镉的毒性与铅相似，二者对羊的毒性呈现协同作用。

【主要症状和病理变化】

1. 主要症状 羊亚急性铅中毒，神经症状较轻，共济失调，前胃弛缓，腹痛，便秘或腹泻，进行性消瘦。慢性中毒主要表现为精神沉郁，逐渐消瘦，视力下降，贫血。运动障碍，后肢轻瘫或麻痹，可能与铅引起的骨质疏松、脊椎变形压迫脊髓有关。

血液学检查为低色素小红细胞性贫血或正色素正红细胞性贫血。血液中出现大量有核红细胞，网织红细胞明显增多，红细胞中可见嗜碱性彩点。

2. 病理变化　脑脊液增多，脑软膜充血、出血，脑回变平、水肿，脑实质细血管充血，血管周围扩张，血管内皮细胞肿胀、增生。脑皮质神经细胞层状死，胶质细胞增生。外周神经节段性脱髓鞘、肿胀、断裂或溶解。肾脏肿大，脆软，黄褐色。肾上皮样细胞有核内包涵体，肾小管上皮细胞表现明显的颗粒性变性和坏死变化，坏死脱落的上皮样细胞进入管腔将肾管堵塞。肝脏脂肪变性。骨骼 X 线检查发现骨膜增生，骨皮质变薄，骨密度低，骨质稀疏。有的羊在骨骺端发现致密的铅线。

【诊断要点】根据羊有长期或短期接触铅或含铅日粮的病史，结合消化和神经机能障碍和专血等症状即可初步诊断。饲草、血液、被毛、肝脏、肾脏和骨骼铅含量的分析及血液 δ-氨基-γ 酮戊酸脱水酶 (ALAD) 活性和尿液 δ-氨基-γ-酮戊酸 (ALA) 含量的测定可对本病的诊断提供依据。

本病有明显的失明、腹痛及神经症状，应与维生素 A 缺乏症、脑灰质软化、低镁血症搐搦、神经性酮病、脑炎及其他重金属中毒相鉴别。

【防治措施】

1. 预防　严禁羊在铅污染的厂矿周围和公路附近放牧，防止羊接触含铅的油漆、涂料。加大治理污染的力度，减少工业生产向环境中铅的排放量。对污染区的羔羊经常补喂少量硫酸钠，有一定的预防效果。

2. 治疗　急性中毒立即用 1% 硫酸镁溶液、1% 硫酸钠溶液催吐、洗胃，或口服 6% ~ 7% 硫酸镁溶液下泻，使尚未吸收的铅形成不溶性的硫酸铅而排出体外。同时静脉注射 10% 葡萄糖酸钙溶液。慢性中毒静脉注射特效解毒药依地酸二钠钙 (CaNa$_2$EDTA)，剂量为 75 ~ 110 毫克 / 千克体重，然后将此药溶于 5% 葡萄糖溶液中，配制成 1% ~ 2% 浓度，每天 2 次，连用 3 ~ 4 天。出现神经症状应用水合氯醛等镇静剂。缓解脑水肿可用地塞米松，或静脉注射 20% 甘露醇溶液。

三、镉中毒

【病因】由于工业生产，造成周围环境遭受不同程度的镉污染，致使当地土壤、牧草和农作物镉含量明显增加。

机体对镉的吸收受许多因素的影响，进入羊体内的镉在蛋白质、氨基酸的参与下与各种金属元素相互作用、相互影响。低钙增加镉在肝脏和肾脏的蓄积。

【主要症状和病理变化】

1. 主要症状　一次摄入大量镉主要刺激胃肠道，出现呕吐、腹痛、腹泻等症状，严重时血压下降，虚脱而死。慢性中毒，主要表现精神沉郁，被毛粗乱无光泽，食欲下降，黏膜苍白，极度消瘦，体重减轻，走路摇摆，严重者下颌间隙及颈部水肿，血液稀薄。

X线检查发现骨质普遍稀疏，骨皮质变薄，骨密度降低，骨髓腔增宽，骨内膜与骨外膜有增生性反应。

2. 病理变化　主要组织学变化为全身许多器官小血管壁变厚，细胞变性甚至玻璃样变，肺脏表现严重的支气管和血管周围炎，弥漫性肺泡肺炎和片状纤维结缔组织增生。肝脏细胞变性、坏死。肾脏为典型的中毒性肾病，并有亚急性肾小球肾炎和间质性肾炎。小脑浦金野氏细胞和大脑神经细胞变性。心肌细胞轻度变性，有时出现局灶性坏死。

【诊断要点】本病主要发生在工业生产造成的镉污染地区，根据贫血、消瘦等临床症状可初步诊断。土壤、牧草和羊体内镉含量的分析可作为诊断依据。贫血指标的测定和组织学变化具有辅助诊断价值。

【防治措施】

1. 预防　在工业镉污染区应严格控制工业"三废"中镉的排放。镉污染的土壤，可施用石灰阻止和减少植物对镉的吸收。同时，日粮中增加蛋白质、钙、锌含量可减轻镉对羊的损害。补硒和铜能有效预防镉中毒临床症状的出现。

2. 治疗　尚无特效解毒疗法。主要用依地酸二钠钙或巯基络合剂，如二巯基丙磺酸钠等，但疗效低。

四、汞中毒

【病因】有机汞化合物对人畜毒性较大，且残效期长。医疗用的汞制剂，如氯化汞、二碘化汞等，以及工业含汞废水和废渣污染环境与水源，是造成汞中毒的主要来源。

工业生产造成的环境汞污染，通过生物富集和食物链大大增加了汞的危害性。汞制剂在常温下可升华成汞蒸气，污染下风向的水源、牧草及禾苗，也可被羊直接吸入而中毒。农用或医用汞制剂保管和使用不当，易造成散毒和直接污染饲料、饮水和器具等，被羊误食、舐吮或接触皮肤、黏膜而引起中毒。用有机汞农药拌过的种子，由于保管看护不当或种植过程中管理粗心，而使羊有机会误食、偷食而发生中毒。

【主要症状和病理变化】

1. 主要症状

（1）急性中毒　流涎，反刍停止，腹痛，腹泻，粪便内混有血液、黏液及伪膜。体温升高，尿量减少，尿液中有大量蛋白质、肾上皮样细胞和管型，严重者出现血尿，肌肉震颤，共济失调，心跳加快，节律不齐，严重脱水，黏膜出血，最终因休克而死亡。

（2）慢性中毒　流涎，齿龈红肿甚至出血，口腔黏膜溃疡，牙齿松动易脱落，食欲减退，逐渐消瘦，站立不稳，兴奋，痉挛，肌肉震颤随后发生抑制，对周围事物反应迟钝，共济失调，后肢轻瘫，呈麻痹状态，卧地不起，全身抽搐，在昏迷中死亡。

两种类型的病例在发病数天后，皮肤往往表现瘙痒，因擦痒或啃咬使局部皮肤出血、渗出液体，形成疱疹或痂皮，也可感染形成脓疱。同时皮肤增厚、脱毛，出现鳞屑。

2. 病理变化　经消化道中毒者，胃肠黏膜潮红、肿胀、出血，黏膜上皮发生凝固性坏死和溃疡。汞蒸气中毒则发生腐蚀性气管炎、支气管炎、间质性肺炎和肺水肿、肺出血，同时发生胸膜炎。体表接触汞制剂，局部皮肤潮红、肿胀、出血、溃烂、坏死，皮下出血或胶样浸润。急性汞中毒，基本病变在各实质器官，有时肾脏肿大，出血和浆液浸润。慢性中毒，主要病变在神经系统，脑及脑膜不同程度出血、水肿。

【诊断要点】根据羊与汞制剂的接触史，结合典型的临床症状和病理变化，即可初步诊断。可疑饲草、胃内容物、尿液、肾脏、肝脏等样品汞含量的测定，可为本病的诊断提供依据。一般认为，饲料和羊组织中汞含量应低于 1 毫克 / 千克。

本病应与铅中毒和砷中毒进行鉴别。

【防治措施】

1. 预防　医用汞制剂在应用时应严格控制剂量和避免滥用，以防羊过多接触而舔食中毒。应从严治理工业"三废"带来的环境汞污染。

2. 治疗　立即停喂可疑饲料和饮水，让羊离开中毒环境，以免继续接触汞制剂或汞蒸气。经口服中毒者，病初可用炭末混悬液、冷水或2%碳酸氢钠溶液洗胃。若摄入时间较长，因胃黏膜已受腐蚀，洗胃易发生胃破裂，应灌服浓茶、豆浆、牛乳等，使胃肠内的汞发生沉淀，或结合成不溶性化合物，并减少对黏膜的腐蚀作用。可选用如下解毒剂进行治疗：

（1）巯基络合剂　巯基丙磺酸溶液，5～8毫克/千克体重，肌内注射或静脉注射，第1天3～4次，第2天2～3次，第3～7天各1～2次。或用5%～10%二巯基丁二酸钠，以20毫克/千克体重稀释后缓慢静脉注射，也可用5%葡萄糖溶液稀释后静脉注射。

（2）依地酸钠钙　用量为1～2克，临用前与5%葡萄糖溶液或蒸馏水混合，稀释成0.5%的浓度，缓慢静脉注射。可根据病情每天1～2次。

（3）硫代硫酸钠　用量1～3克，配成5%～30%溶液静脉注射或肌内注射。另外，可选用维生素B族、维生素C、细胞色素和辅酶A等药物，配合强心、镇静、补液等对症和辅助性治疗，可有助于提高疗效。

五、砷中毒

【病因】 砷化物分为无机砷和有机砷两大类。

本病主要是羊采食被无机砷或有机砷农药处理过的种子、喷洒过的农作物、污染的饲料，误食毒鼠的含砷毒饵，或饮用被砷化物污染的水引起急性中毒。砷化物作为肥育羊的饲料添加剂，如用对氨苯胂酸及其钠盐来促进生长、提高饲料的利用率和预防肠道感染等，由于添加不均、用药过量和长时间连续应用而发生中毒。

某些金属矿中含有大量的砷，另外生产含砷农药、医药与化学制剂的工厂等排放的"三废"污染当地水源、农作物和牧草，往往引起羊慢性中毒。

【主要症状和病理变化】

1. 主要症状

（1）最急性中毒　一般看不到任何症状而突然死亡，或者病羊出现腹痛，站立不稳，虚脱，瘫痪以至死亡。

（2）急性中毒　多在采食后 20 ~ 50 小时发病，剧烈腹痛，不安，呕吐，腹泻，粪便中混有黏液和血液，流涎，口渴喜饮，站立不稳，呼吸迫促，肌肉震颤，甚至后肢瘫痪，卧地不起，脉搏快而弱，体温正常或低于正常，可在 1 ~ 2 天内因全身抽搐和心力衰竭而死亡。

（3）亚急性中毒　存活 2 ~ 7 天，表现腹痛，厌食，口渴喜饮，腹泻，粪便带血或有黏膜碎片。初期尿多，后期无尿，脱水，出现血尿或血红蛋白尿。心率加快，脉搏细弱，体温偏低，四肢末梢冰凉，后肢偏瘫。后期出现肌肉震颤、抽搐等神经症状，最后因昏迷而死。

（4）慢性中毒　表现食欲、反刍减退，生长发育停止，渐进性消瘦，被毛粗乱、干燥无光泽、容易脱落。可视黏膜潮红，结膜与眼睑浮肿，鼻唇及口腔黏膜红肿并有溃疡（砷中毒性口炎）。腹泻和便秘交替发生，甚至排血样粪便。大多数伴有神经麻痹症状，以感觉神经麻痹为主。

2. 病理变化　尸体不易腐败，急性与亚急性中毒病例，真胃、小肠、盲肠黏膜发生炎症、出血、水肿，甚至糜烂、坏死和穿孔，心脏、肝脏、肾脏等实质器官脂肪变性，淋巴结水肿，呈紫红色，胸膜与心外膜有出血点。

慢性中毒病例，胃和大肠有陈旧性的溃疡或瘢痕；肝肾变性明显，全身消瘦、水肿；喉、气管炎症。

【诊断要点】根据砷接触史，结合消化功能紊乱、胃肠炎、神经功能障碍等症状，可做出初步诊断。采集可疑饲料、饮水、乳汁、尿液、被毛及肝脏、肾脏、胃肠及其内容物，进行毒物分析，可提供诊断依据。健康羊肝脏和肾脏砷含量（湿重）小于 1 毫克 / 千克，超过 3 毫克 / 千克即可确定为砷中毒，严重者达 10 ~ 15 毫克 / 千克。

【防治措施】

1. 预防　严格管理有机肿和无机砷农药与化合物，认真执行有关农药管理和使用规则，严禁在刚喷洒过农药的田间、菜地和草地、果园放牧羊。严防羊偷食和误食用砷制剂处理过的种子。应慎重掌握医用砷制剂的适应证和剂量、用法。

2. 治疗　治疗应及早采取急救措施和驱砷疗法。

（1）急救　通过洗胃和导胃，以排出毒物，减少吸收。可用 0.1% 高锰酸钾溶液、2% 氧化镁溶液、1% 碳酸钠溶液或温水反复洗胃。4% 硫酸亚铁溶液和 6% 氧化镁溶液等量混合，震荡成粥状后口服，剂量为 30 ~ 60 毫升，每隔 4 小时重复给药 1 次。其他吸附剂与收敛剂可选用牛奶、鸡蛋清、豆浆或木炭末。同时用硫酸镁、硫酸钠等盐类泻剂，以促进消化道毒物的排出，清理胃肠。

（2）特效解毒　主要为驱砷疗法。

1）二巯基丙醇注射液　以 5 毫升 / 千克体重肌内注射，最初两天，每隔 4 小时 1 次；第 3 天，每隔 6 小时 1 次，然后每天 2 次，连用 7 ~ 14 天。

2）二巯基丙磺酸钠注射液　以 5 毫升 / 千克体重肌内注射，第 1 天 3 ~ 4 次；第 2 天 2 ~ 3 次；第 3 ~ 7 天，每天 1 次，直至痊愈。

3）硫代硫酸钠　可与砷结合形成无毒的硫化合物随尿排出体外。将硫代硫酸钠配成 5% ~ 10% 的溶液，每隔 4 ~ 8 小时肌内注射 1 次，连用 5 ~ 7 天。

（3）对症治疗　为强心、补液、缓解呼吸困难、镇静、利尿、调整胃肠机能。

纠正脱水和电解质紊乱，可静脉注射生理盐水及 10% ~ 25% 葡萄糖溶液，配合用维生素 C 制剂。禁止用含钾制剂，因其可形成亚砷酸钾而被迅速吸收后，反而加重病情。

当病羊腹痛不安时，注射 30% 安乃近注射液或口服水合氯醛。对肌肉强直性痉挛、震颤的病羊可使用 10% 葡萄糖酸钙溶液静脉注射。出现麻痹时，可注射维生素 B_1 5 ~ 10 毫克。

（4）中药治疗　处方：茶叶 50 克、甘草 50 克、白扁豆 50 克、绿豆 50 克，共研末，开水冲服。

六、硒中毒

【病因】

1. 土壤硒含量过高　如富含硒的岩石经风化后，形成富硒土壤，使当地植物硒含量较高。羊摄入这些植物，可引起中毒。防治羊硒缺乏症时，用量过大或在饲料中添加混合不均，即可出现明显的中毒症状。

【主要症状和病理变化】

1. 主要症状　硒中毒在临床上主要表现急性、亚急性和慢性 3 种形式，取决于摄入硒的剂量、类型及接触时间。

急性硒中毒是羊采食大量富含硒的植物或补充硒制剂剂量过大引起，表现腹痛，胃肠臌气，步态不稳，体温升高，呼吸困难，鼻孔有泡沫，瞳孔散大，黏膜发绀，呼出气体有明显的大蒜味，最终因呼吸衰竭而死亡。严重病例在几小时内即可死亡。

亚急性硒中毒又称蹒跚病或瞎撞病。主要是采食硒含量大于30毫克/千克的高硒植物或谷物后几周或几个月而发生的中毒。初期视力下降，盲目游荡，不避障碍物。随着疾病的发生和发展，视力进一步下降，四肢麻痹，无力，步态蹒跚，到处瞎撞，体温下降，喉和舌麻痹，吞咽障碍，最后由于呼吸衰竭而死亡。

慢性硒中毒又称碱病，表现跛行，蹄裂，关节僵硬，迟钝，精神沉郁，卧地，回头顾腹。

2. 病理变化 急性硒中毒剖检发现肺充血、水肿。肝脏充血、坏死，心外膜有出血点。亚急性肝脏变性、坏死，硬化。脾脏肿大，灶状出血，常有腹水，脑充血、出血、水肿。慢性主要表现营养不良和贫血，腹腔有多量淡红色液体。心肌萎缩，心脏扩张，肝硬变和萎缩，肾小球肾炎。

【诊断要点】根据高硒地区放牧或采食高硒饲料的病史，结合视力下降，运动障碍，脱毛及蹄变形等症状即可初步诊断。饲草及血液、被毛和组织硒含量分析是诊断本病的主要依据。

【防治措施】

1. 预防 在富硒地区，增加日粮中蛋白质的含量，适当添加硫酸盐、砷酸盐等硒拮抗物。日粮添加硒时，一定要根据机体的需要，控制在安全范围内，并且混合均匀。在治疗羊的硒缺乏症时，要严格掌握用量和浓度。

2. 治疗 硒中毒没有特效解毒药，急性和亚急性中毒可采取对症治疗和支持疗法。静脉注射新胂凡纳明，剂量为10毫克/千克体重，也可用0.1%砷酸钠溶液皮下注射，或按10毫克/千克在饲料中添加氨基苯胂酸均有一定效果。

七、钼中毒

【病因】钼是人和动物必需的微量营养物质，但过量摄入可引起中毒。土壤高钼可使生长的牧草钼含量过高，羊采食后引起钼中毒，见于腐殖土和泥炭土。另外，植物中的钼含量还与土壤的酸碱度有关，碱性土壤生长的植物钼含量较高。应用过量钼肥及石灰可增加植物对钼的吸收，高钼可继发羊的铜缺乏。

由于工业生产，特别是在钼、铅、铁、铀矿及其冶炼厂排放的废水中含大量钼，使流经的地区及灌溉的农田形成高钼土壤，造成当地牧草和农作物钼含量超过羊的需要量而发生中毒。钼的毒性作用与日粮中铜、硫和蛋白质等的含量密切相关。在羊饲草中，铜与钼的比例低于2∶1则发生高钼性铜缺乏症。不管摄入多少铜，若饲料中钼含量大于10毫克/千克即可导致中毒。

【主要症状和病理变化】羊采食高钼饲草1～2周即可出现中毒症状。表现腹泻，粪便呈糊状，消瘦，贫血。被毛粗乱，弯曲度减少，变成直线状，抗拉力减弱，容易折断。有的羊被毛褪色，大片脱毛。背部和腿僵硬，不愿运动，后躯摇摆。

【诊断要点】根据流行区域、持续性腹泻、消瘦、贫血等特征症状，结合饲草、血液、组织铜和钼含量的分析即可诊断，特别是饲草中铜与钼含量的比例有直接意义。血清含铜酶活性的测定和补铜效果有助于本病的诊断。

【防治措施】

1.预防　改良高钼土壤，治理工业高钼"三废"，避免土壤、饮水和牧草的污染。饲草中铜含量低于5毫克/千克的地区，在矿物质盐中加入1%硫酸铜可有效地控制钼中毒。若钼含量高于5毫克/千克，可用2%硫酸铜。也可制成舔砖让羊自由舔食。

2.治疗　口服硫酸铜，剂量为每天5～10克，每天1次，连用数天。也可用甘氨酸铜注射液每只羊20毫克皮下注射。

八、铜中毒

【病因】急性铜中毒常见于偶然超量摄入可溶性铜盐，如矿物质混合剂或饲料中铜含量过高，采食喷洒过铜药的牧草等。

工业环境铜污染、土壤中铜含量过高或土壤施铜肥，所生长的牧草和饲料中含铜量高，羊采食铜含量较高的牧草，或铜作为添加剂，搅拌不均匀，或用量过大。采食白车轴草、天芥菜或千里光植物，饲草中钼和硫含量低等均可导致铜中毒。

【主要症状和病理变化】

1. 主要症状 急性铜中毒主要表现严重的胃肠炎，食欲下降或废绝，精神高度沉郁，腹痛，腹泻，粪便含有大量蓝绿色黏液。有的病例出现血红蛋白尿，可视黏膜苍白或黄染。

慢性铜中毒表现精神沉郁，食欲减退，口渴，血红蛋白尿和黄疸。中毒羊常在 1 ~ 2 天因贫血和肝脏功能不全而死亡。存活的羊在随后死于尿毒症。

2. 病理变化 急性铜中毒主要变化为急性胃肠炎，皱胃糜烂和溃疡，组织黄染。肾脏肿大呈青铜色，尿呈红葡萄酒样。脾脏肿大，实质呈棕黑色。肝脏肿大易碎。组织学变化为肝小叶中央区和肾小管坏死。

【诊断要点】急性中毒有大量摄入铜盐的病史。慢性铜中毒根据突然发生血红蛋白尿、黄疸、休克等症状，应怀疑为铜中毒。饲草、粪便、血液和组织铜含量分析可提供诊断依据。

【防治措施】

1. 预防　在高铜草场上放牧的羊，精饲料中添加钼 7.5 毫克 / 千克，锌 50 毫克 / 千克和 0.2% 的硫酸钠，可预防铜中毒，且有利于被毛生长。植物源性和肝源性铜中毒，应避免采食有毒植物是根本的措施。

2. 治疗　对于铜中毒的羊，首先应停止饲喂富含铜的饲料，让其采食容易消化的优质牧草。静脉注射三硫钼酸钠，剂量为 0.5 毫克 / 千克体重，可促进铜通过胆汁排入肠道。对急性铜中毒的羊同时配合应用止痛和抗休克药物有一定疗效。对亚临床中毒及经抢救脱险的羊，每天在日粮中补充 100 毫克钼酸铵和 1 克硫酸钠，可减少死亡。

第八节
动物毒素中毒

一、蛇毒中毒

【病因】 在南方地区蛇的活动期一般是 4 ~ 11 月，在 9 ~ 11 月最活跃，羊易被咬伤。一天之内毒蛇的活动规律各有不同，眼镜蛇、眼镜王蛇以白天活动为主，蝮蛇、五步蛇、竹叶青昼夜都有活动。但在闷热的天气出来活动更盛。有的毒蛇喜欢在雷雨前后出来活动。羊在毒蛇活动频繁的季节、时间和地方放牧易被毒蛇咬伤而中毒。

【主要症状和病理变化】 毒蛇咬伤羊时，因伤口不大，不易被发现，一旦发病症状出现较快。被毒蛇咬伤的部位多在唇、鼻端、颜面部和四肢的下部。被毒蛇咬伤的局部迅速出现肿胀、变黑、发硬、剧痛和灼热，血性液体从伤口处渗出，有的组织坏死、溃烂，伤口长期不愈。

神经中毒症状：四肢麻痹而无力，呼吸困难、血压下降、休克以至昏迷，常因呼吸麻痹导致呼吸、血液循环系统衰竭而死亡。

血液循环中毒症状：全身战栗，继而发热，心动快速，脉搏加快；重症者血压下降，呼吸困难，皮肤和黏膜出血，有血尿、血便，最后倒地，由于心脏麻痹而死亡。

【诊断要点】根据毒蛇咬伤的病史，结合伤口的毒牙痕及局部水肿、渗血性坏死和全身症状，即可诊断。

【防治措施】

1. 预防　大力宣传普及防治毒蛇咬伤知识，掌握毒蛇活动规律和特性，及时清理饲养场中周围杂草、乱石，排除毒蛇隐藏隐患，避免在毒蛇活动时间放牧。

2. 治疗

（1）基础处理　防止蛇毒在羊体内的扩散，应立即就地取材进行结扎。结扎在伤口的上方 2 ～ 10 厘米处，结扎后可用清水、冷开水或肥皂水、3% 过氧化氢溶液、0.2% 高锰酸钾溶液冲洗伤口。局部可用 0.2% 高锰酸钾溶液湿敷伤口，以达到排毒、消炎和退肿之目的。

（2）特效解毒　抗蛇毒血清是中和蛇毒的特效解毒药，有条件的应尽早使用，也可选用中药治疗。中成药有上海蛇药、南通蛇药、蛇伤解毒片等。也可选七叶一枝花、万年青、青木香、石蟾蜍、半边莲等，捣烂敷于伤口周围。同时配合支持疗法和对症治疗，效果更好。

二、蜂毒中毒

【病因】蜂不主动袭击羊，当放牧时触动了蜂巢，群蜂即飞出袭击羊群。

【主要症状和病理变化】当羊触动蜂巢时，群蜂倾巢而出刺螫。刺螫多发生在头部，刺伤后立即有热痛、瘀血及肿胀。轻症者很快恢复，严重者可引起组织坏死，甚至有全身症状，如体温升高，神经兴奋。严重者转为麻痹、血压下降、呼吸困难，因呼吸麻痹而死。

【防治措施】本病尚无特效解毒药。主要采取排毒、解毒、脱敏、抗休克及对症治疗等措施。有毒刺残留时，立即拔出，局部用 2% ～ 3% 高锰酸钾溶液洗涤，涂擦氨水，樟脑软膏或氧化锌软膏。全身疗法首先用抗应激性药物，如异丙嗪。脱敏抗休克，可用苯海拉明、氢化可的松、地塞米松等。保肝解毒，可用高渗葡萄糖溶液、5% 碳酸氢钠溶液、40% 乌洛托品及维生素 B_1、维生素 C 等。

第七章

羊的外科疾病

羊外科疾病在饲养管理过程中比较常见，常见的外科疾病有羊腐蹄病、羊结膜炎、羊角膜炎、羊脓肿、羊风湿病、瘘、疝等疾病。预防羊的外科疾病应该保证羊舍内环境干净卫生，及时灭蚊蝇，注意饮水和饲料清洁。对瘘和疝等要及时手术，并注意术后卫生和羊的康复。

第一节
羊的外科手术

一、公羊去势术

【适应证】当公羊发生睾丸炎、睾丸肿瘤、睾丸创伤、鞘膜积水等疾病，用其他方法治疗无效时，常采用去势术治疗。另外，在饲养过程中，凡不做种用的公羊，为淘汰不良畜种，一律去势。

【保定与麻醉】

1. 倒提保定　这种方法适用于育成羊，保定者将羊两后肢提起，手握住跗关节上方，用两腿夹住羊的头颈部，使羊倒立，羊的腹部向着术者。

2. 侧卧保定　这种方法适用于成年公羊的保定。保定人员站在羊体的左侧，弯腰后两只手由背部通向腹下，分别握住并提举左侧的前后腿，这样就可使羊成左侧横卧姿势。用两手握住四肢，并尽量向腹部收拢。为保定牢靠，也可用麻绳将四条腿捆缚在一起。

3. 抱起保定法　这种方法最适用于羔羊。保定时，助手抱起羔羊，使羊的背部朝向怀内，腹部朝向术者，头向上，臀部向下，用两手分别握住同侧的前后腿，使羔羊呈半仰半蹲姿势，可置于凳上或腿上。

一般不用麻醉，需要时采用普鲁卡因精索内麻醉。

【术式】

1. 开放式露睾去势法　有纵切法、横切法和横断法3种。

用左手将睾丸挤到阴囊底部，使其固定不滑动，剪掉阴囊及阴囊周围的毛，用碘酊消毒阴囊皮肤。

（1）纵切法　在阴囊的后面或前面阴囊缝际的两旁做平行缝际的纵向切口，右手持消毒后的手术刀，由上向下至阴囊底部一次切开，深达睾丸实质，则睾丸脱出。轻轻挤出睾丸，采用捻转拉断或刮断精索，摘除睾丸。

另一种方法是在阴囊侧下方切一开口，挤出一侧睾丸，再切开阴囊中隔，挤出另一侧睾丸，摘除睾丸。然后对齐阴囊切口，用碘酊消毒伤口，或撒上抗菌药物即可。术后将羔羊置于干燥、清洁处，以防感染。

（2）横切法　在阴囊底部做垂直缝际的横切口，同时切开阴囊和总鞘膜。

（3）横断法　横断割去阴囊底部，长 2 ～ 3 厘米，形成圆形皮肤缺损。

若是成年公羊，切除睾丸时，应在睾丸上方用粗缝合线结扎精索。为了防止结扎线脱落，可用缝线穿过精索的部分进行贯穿结扎。在结扎线下方 1 ～ 2 厘米处切断精索，涂碘酊。也可以在睾丸上方 5 ～ 7 厘米处采用刮捋法去除睾丸，操作时，用拇指的指甲和食指的尖端反复刮捋，以推进时重，退回时轻，先慢后快的手法，直到整个精索刮断为止。

2. 无血去势钳去势法　用去势钳夹断阴囊颈部的精索，破坏血液供应，断绝睾丸的营养，使睾丸逐渐萎缩、吸收而失去性机能，从而达到去势的目的。该法操作简单，节省材料，手术安全，可避免并发症。

术者用手抓住阴囊颈部，将睾丸挤到阴囊底部，将精索推挤到阴囊颈外侧，并用长柄精索固定钳夹在精索内侧皮肤上，以防精索左右偏移和滑动。助手将无血去势钳钳嘴张开，夹在长柄精索固定钳固定点上方3 ～ 5厘米处，助手缓缓合拢钳柄，术者确定精索确实在两钳嘴之间时，助手方可用力合拢钳柄，即可听到清脆的咯吧声，表明精索已被锉断。若在合拢去势钳钳柄过程中，没有听到咯吧声，表明精索可能从钳嘴中滑出，对此需重新固定和钳夹精索。钳柄合拢后应停留 1 ～ 2 分，再松开钳嘴，松钳后再于其下方 1.5 ～ 2.0 厘米处的精索上钳夹第 2 道。另侧的精索做同样处理。钳夹部皮肤用碘酊消毒。

3. 结扎法　此法适用于 1 周龄的小公羔。将羔羊的睾丸挤到阴囊下部，为预防皮肤破损感染，先将要结扎的部位涂擦碘酊，橡皮筋在消毒液内浸泡后再使用。术者左手捏紧阴囊基部，右手撑开橡皮筋将阴囊套入，在阴囊和腹部的连接处反复扎紧以阻止血液流通。经 10 ～ 15 天，阴囊连同睾丸便自然脱落。此法简便易行，无出血，无感染。结扎后要注意检查阴囊，防止结扎部位感染。

4. 捶阄法　将睾丸和附睾实质捶碎并用手掌搓成粥状。术后睾丸逐渐吸收，雄性特征也随之消失。

术者用手抓住阴囊颈部，将睾丸挤到阴囊底部，以木质夹棍夹住阴囊颈部，使阴囊皮肤紧张，将夹棍连同睾丸向上方转位，使睾丸竖立在夹棍上方。术者左手握紧夹棍一端，另一端抵止于羊的股部，右手持木棒（长30厘米，厚5～6厘米，宽6～7厘米，表面光滑），对准竖立的睾丸猛力捶打2～3次，即可将睾丸实质击碎，也可用手掌猛力推挤睾丸实质3～4次，即可将睾丸实质击碎。继续用两手掌挤压、揉搓，使睾丸、附睾被揉成粥状感。或用夹棍上、下赶压阴囊内睾丸实质，使之呈粥状感。对另侧睾丸同法处理。解除夹棍，阴囊皮肤涂碘酊。

也有用细绳将阴囊基部扎紧，然后双手紧握两侧睾丸稍向外牵拉，使其精索紧张并呈前后错位，放于木墩上，用一手固定，另一手持木槌或木棒捶击睾丸。最后解除阴囊基部的细绳，用碘酊涂擦阴囊皮肤。

术后1～2天阴囊肿胀，4～5天肿胀迅速增大到高潮，大约10天消退，20天至1个月，睾丸明显萎缩。

【术后护理】对开放式露睾去势法，应在手术的当日肌内注射破伤风抗血清。检查有无出血，并除去阴囊内的血凝块。

二、骨折

【病因】由于外力的作用，使骨的完整性或连续性遭受机械破坏时称为骨折。骨折的同时常伴有周围软组织不同程度的损伤，一般以血肿为主。四肢长骨骨折较常见，病因多数是偶发的损伤，主要与饲养管理和保定不当等有关。

1. 外伤性骨折

（1）直接暴力　骨折都发生在打击、挤压、火器伤等各种机械外力直接作用的部位。如车辆冲撞、重物压轧、角顶等，常发生开放性骨折甚至粉碎性骨折，大都伴有周围软组织的严重损伤。

（2）间接暴力　指外力通过杠杆、传导或旋转作用而使远处发生骨折。如奔跑中扭闪或急停、跨沟滑倒等可发生于四肢长骨、髋骨或腰椎的骨折。肢蹄嵌夹于洞穴、木栅缝隙等时，肢体常因急旋转而发生骨折。

（3）肌肉过度牵引　肌肉突然强烈收缩，可导致肌肉附着部位骨的撕裂。

2. 病理性骨折　病理性骨折是有骨质疾病的骨发生骨折。如患有骨髓炎、骨疽、佝偻病、骨软病、骨肿瘤、衰老、妊娠后期、营养神经性骨萎缩、慢性氟中毒以及某些遗传性疾病等，这些处于病理状态下的骨，疏松脆弱，应力抵抗降低，有时遭受不大的外力，也可引起骨折。

【分类】

1.按骨折病因分类　可分为外伤性骨折和病理性骨折。

2.按皮肤是否破损分类

（1）闭合性骨折　骨折部皮肤或黏膜无创伤，骨断端与外界不相通。

（2）开放性骨折　骨折伴有皮肤或黏膜破裂，骨断端与外界相通。此种骨折病情复杂，容易发生感染化脓。

3.按有无合并损伤分类

（1）单纯性骨折　骨折部不伴有主要神经、血管、关节或器官的损伤。

（2）复杂性骨折　骨折时并发邻近重要神经、血管、关节或器官的损伤。如股骨骨折并发股动脉损伤，骨盆骨折并发膀胱或尿道损伤等。

4.按骨折发生的解剖部位分类

（1）骨干骨折　发生于骨干部的骨折，临床上多见。

（2）骨骺骨折　多指幼龄动物骨骺的骨折，成年动物多为干骺端骨折。如果骨折线全部或部分位于骨骺线内，使骨骺全部或部分与骨干分离，称骨骺分离。

5.按骨损伤的程度和骨折形态分类

（1）不全骨折　骨的完整性或连续性仅有部分中断。如发生骨裂或羔羊的骨折。

（2）全骨折　骨的完整性或连续性完全被破坏，骨折处形成骨折线。根据骨折线的方向不同，可分为横骨折、纵骨折、斜骨折、螺旋骨折、嵌入骨折、穿孔骨折等。如果骨断成两段（块）以上，称粉碎性骨折，骨折线可呈"T""Y""V"形等。这类骨折复位后大都不稳定，容易移位，因此只能做内固定。

【症状】

1.骨折的特有症状

（1）肢体变形　骨折两断端因受伤时的外力、肌肉牵拉力和肢体重力的影响等，造成骨折段的移位。常见的有成角移位、侧方移位、旋转移位、纵轴移位，还包括重叠、延长或嵌入等。骨折后的病肢呈弯曲、缩短、延长等异常姿势。诊断时可把健肢放在相同位置，仔细观察和测量肢体有关段的长度并两侧对比。

（2）异常活动　正常情况下，肢体完整而不活动的部位，在骨折后负重或做被动运动时，出现屈曲、旋转等异常活动。但肋骨、椎骨、蹄骨、干骺端等部位的骨折，异常活动不明显或缺乏。

（3）骨摩擦音　骨折两断端互相触碰，可听到骨摩擦音，或有骨摩擦感。但在不全骨折、骨折部肌肉丰厚、局部肿胀严重或断端间嵌入软组织时，通常听不到。骨骺分离时的骨摩擦音是一种柔软的捻发音。

诊断四肢长骨骨干骨折时，常由一人固定近端后，另一人将远端轻轻晃动。若为全骨折时可出现异常活动和骨摩擦音，但是这样的诊断不能持续做或者反复做，以免加重骨折的程度，拍 X 线片可以确诊。

2. 骨折的其他症状

（1）出血与肿胀　骨折时骨膜、骨髓及周围软组织的血管破裂出血，经创口流出或在骨折部发生血肿，加之软组织水肿，造成局部显著肿胀。闭合性骨折时肿胀的程度取决于受伤血管的大小、骨折的部位以及软组织损伤的轻重。肋骨、髋骨等浅表部位的骨折、肿胀一般不严重。臂骨、桡骨、尺骨、胫骨、腓骨等的全骨折，大都因溢血和炎症，肿胀十分严重，皮肤紧张发硬，致使骨折部不易摸清。随着炎症的发展，肿胀在伤后数天内很快加重，如不发生感染，经十来天后逐渐消散。

（2）疼痛　骨折后骨膜、神经受损时，病羊立刻感到疼痛，疼痛的程度常随骨折的部位和性质，反应各异。在安静时或骨折部固定后较轻，触碰或骨断端移动时加剧，表现不安、避让等。骨裂时，用手指压迫骨折部，呈现线状压痛。

（3）功能障碍　骨折后因肌肉失去固定的支架，以及剧烈疼痛而引起不同程度的功能障碍，大多在伤后立即发生。如四肢骨骨折时突发重度跛行、脊椎骨骨折伤及脊髓时可致相应区后部的躯体瘫痪等。但是发生不全骨折、棘突骨折、肋骨骨折时，功能障碍可能不显著。

3. 全身症状　轻度骨折一般全身症状不明显，严重的骨折伴有内出血、肢体肿胀或者内脏损伤时，可并发急性大失血和休克等一系列综合症状。

闭合性骨折于损伤 3 天后，因组织破坏后分解产物和血肿的吸收，可引起轻度体温上升。骨折部若继发细菌感染时，体温升高，局部疼痛加剧，食欲减退。

【诊断要点】根据病史和局部症状，基本可以确诊，必要时可进行 X 线检查。

【急救】目的在于用简单有效的方法做现场就地救护。骨折发生后应不让病羊走动。严重的骨折常伴有危重急症，因此，首先检查有无威胁生命的全身反应，检查头、脊柱、胸、腹、内脏等有无严重损伤，以及大出血和休克趋向。开放性骨折有大出血时，首先要制止出血和防治休克，如疼痛不安或有骚动时，宜使用全身镇静剂。在使用全身镇静剂后，首先在伤口上方用绷带、毛巾条、绳子等结扎止血，患部清创涂擦碘酊，创内撒布抗菌药物，随后包扎固定。

骨折的暂时固定在现场救护中十分重要，它可以减少骨折部的继发性损伤，减轻疼痛，防止骨折断端移位和避免闭合伤变为开放性骨折。固定时可就地取材，用竹片、木板、树枝、树皮、钢筋等，将骨折部上、下两个关节同时固定，但要保证不影响病肢的血液循环。处理结束后，用铺有厚的草垫或者棉垫的车辆，尽快将骨折动物送动物医院治疗。

【治疗】因病羊的品种、年龄、营养状况不同，发生骨折的部位、性质、损伤程度不一，以及治疗条件、技术水平的因素，骨折后愈合时间的长短以及愈合后病肢功能恢复的程度等有很大差异。因此，除了有价值的种羊或贵重的品种，可尽力进行治疗外，一般应做淘汰处理。

1. 闭合性骨折的治疗包括复位与固定和功能锻炼两个环节

（1）复位与固定 四肢是以骨为支架、关节为枢纽、肌肉为动力进行运动的。骨折后支架丧失，不能保持正常活动。骨折复位是使移位的骨折端重新对上而已。临床常用的外固定方法如下：

1）夹板绷带固定法 采用竹板、木板、铝合金板、铁板等材料，制成长、宽、厚与患部相适应，强度能固定住骨折部的夹板数条。包扎时，将患部清洁后包上衬垫，于患部的前、后、左、右放置夹板，用绷带缠绕固定。包扎的松紧度，以不使夹板滑脱和不过度压迫组织为宜。为了防止夹板两端损伤患肢皮肤，里面的衬垫应超出夹板的长度或将夹板两端用棉纱包裹。

2）石膏绷带固定法　石膏具有良好的塑形性能，制成的石膏管型与肢体接触面积大，不易发生压创，对四肢骨折有较好的固定作用。改良的Thomas支架绷带，是用小的石膏管型，或夹板绷带，或内固定固定骨折部，外部用金属支架像拐杖一样将肢体支撑起来，以减轻患部承重。该支架用铝或铝合金管制成，其他金属材料亦可，管的粗细应与动物大小相适应。支架上部为环形，可套在前肢或后肢的上部，舒适地托于肢与躯体之间，连于环前后侧的支杆向下伸延，超过肢端至地面，前后支杆的下部要连接固定。使用时可用绷带将支架固定在肢体上。这种支架也适用于不能做石膏绷带外固定的桡骨及胫骨的高位骨折。一般经3～4周后可适当运动，40～60天后可拆除绷带或夹板。

切开复位与内固定是用手术的方法暴露骨折段进行复位。复位后用金属内固定物、自体或同种异体骨组织，将骨折段固定，以达到治疗的目的。

切开复位与内固定是在直视下进行手术，可使骨折部尽量达到解剖学复位和相对固定的要求。但切开复位内固定也存在不少缺点，例如手术必须分离一定的组织和骨膜，可破坏骨折血肿和损伤骨膜，导致骨折愈合延迟。局部损伤后易于继发感染，引起骨髓炎。骨折愈合后，某些内固定物需要再次手术拆除、治疗费用较高等，这些缺点限制了它的使用范围。但在临床中，当遇到骨折断端间嵌入软组织，闭合复位困难，整复后的骨折段有迅速移位的倾向时，特别是四肢上部的骨折、陈旧性骨折或骨不愈合时，以及用闭合复位外固定不能达到功能复位要求的，必须采用切开复位与内固定的方法。内固定的方法很多，应根据骨折部位的具体情况灵活选用。

3）髓内针固定法　这是将特制的金属针插入骨髓腔内固定骨折段的方法。本法术式简单，组织损伤较小，髓内针可回收再用，比较经济。这种方法普遍适用于羔羊的长骨干骨折、髋骨骨折。临床上常用髓内针固定臂骨、股骨、桡骨、胫骨的骨干骨折，适用于骨折端呈锯齿状的横骨折或斜面较小又呈锯齿形的斜骨折等，特别是对骨折断端活动性不大的安定型骨折尤为适用。对不安定型骨折，因易于发生骨折断端转位，一般不用此法。而对粉碎性骨折，由于不能固定粉碎的游离骨片，也不适用此法。

常用的髓内针有各种类型。针的断面呈圆形、三叶草形、"V"形或菱形等。这些针又按粗细、长短不同分成各种型号。用于羔羊的各种髓内针，其尖端有棱锥形的、扁形的和带螺纹的。带螺纹的髓内针可拧入骨端的骨质内，能使骨折断面间密切接触，并产生一定的压力。选择髓内针时，尽可能选用与骨髓腔的内径粗细大致相同的针。对安定型骨折，选用断面呈圆形的髓内针比较方便。对不安定型骨折，如需使用髓内针，可选择带棱角的，能防止断骨的旋回转位，通常是从骨的一端插入 2 条，将刺入部、骨折部与骨的另一端呈 3 点固定。如果单用髓内针得不到充分固定时，可考虑并用金属针做全周或半周缝合，以加强固定效果。

对于开放性骨折和非开放性骨折均可应用髓内针固定。用于非开放性骨折时，一般从骨的一端造孔，将髓内针插入。用于开放性骨折时，既可从骨的一端插入，也可从骨断端插入，即先做逆行性插入后，再做顺行性插入。

4）接骨板固定法 是用不锈钢接骨板和螺丝钉固定骨折段的内固定法。应用这种固定法损伤软组织较多，需剥离骨膜再放置接骨板，对骨折端的血液供应损害较大，但与髓内针相比，可以保护骨痂内发育的血管，有利于形成内骨痂。适用于长骨骨体中部的斜骨折、螺旋骨折、尺骨肘突骨折，以及严重的粉碎性骨折、老龄羊骨折等，是内固定中应用最广泛的一种方法。接骨板的种类和长度，应根据骨折类型选购，特殊情况下需自行设计加工。固定接骨板的螺丝钉，其长度以刚能穿过对侧骨密质为宜，过长会损伤对侧软组织，过短则达不到固定目的。螺丝钉的钻孔位置和方向要正确。为了防止接骨板弯曲、松动甚至毁坏，可加用外固定。

接骨板一般需装较长时间（成年羊为 4 ~ 12 个月），而接骨板的直下方，由于长期压迫而脱钙，使骨的强度显著降低。取出接骨板后，其钉孔被骨组织包埋需 6 个月以上。在此期间，应加强护理，防止二次骨折发生。

5）贯穿术固定法 用不锈钢骨栓，通过肢体两侧皮肤小切口，横贯骨折段的远、近两端，结合外涂塑料粉糊剂，在硬化后，将骨栓连接起来，也可应用石膏硬化剂或金属板将骨栓牢固连接。这是一种内外固定相结合的一种方法，适用于横骨折或斜骨折。

根据需要可在骨折段远、近两端各插入 2 ~ 3 根骨栓，骨栓有不同的直径和长度，可按病羊大小选用。骨栓插入时，皮肤先切一小口，用手动骨钻钻透两层骨密质，于对侧皮肤做同样切开，然后插入带有螺丝帽的骨栓，再分别装上螺丝帽固定。在同一轴线上的螺丝帽间用粗丝线或塑料管串联起来，并用临时配制的塑料粉糊剂涂抹，硬固后即可加固各个骨栓间的连接。经 6 周到 3 个月，待骨痂形成后拔除骨栓。这种方法的缺点是通常伴发软组织的感染、骨坏死和骨髓炎，但因骨栓贯穿在骨折段以外的骨组织，将不影响骨折部的愈合。在治疗中要定时处理创口，更换绷带。一般待骨栓拔除后，感染化脓即很快停止。

目前，将骨栓用特制的金属连杆连接固定，使用方便，固定效果确实，已应用于临床。其特点是，每组骨栓有一定夹角，从外部固定后，可牢固固定骨折段，不易发生变位。同时，它可从骨的一侧加以固定，应用更加广泛。

6）骨螺丝固定法　适于骨折线长于骨直径 2 倍以上的斜骨折、螺旋骨折和纵骨折及干骺端的部分骨折。根据骨折的部位和性质，必要时用其他内固定或外固定法，以加大固定的牢固性。骨螺丝有骨密质用和骨松质用两种，前者在螺钉的全长上均有螺纹，主要用于骨干骨折。后者的螺纹只占螺钉全长的 1/2 ~ 2/3，螺纹较深，螺距较大，多用于干骺端的部分骨折。使用骨螺丝时，先用钻头钻孔，钻头的直径应较螺丝钉直径略小，以增强螺丝钉的固定力。

7）钢丝固定法　一般使用不锈钢钢丝，可根据骨折的具体情况，采用缠绕法或钻孔后缝合法固定骨折部。

（2）功能锻炼　功能锻炼可以改善局部血液循环，增强骨质代谢，加速骨折修复和病肢的功能恢复，防止产生广泛的病理性骨痂、肌肉萎缩、关节僵硬、关节囊挛缩等后遗症。它是治疗骨折的重要组成部分。

骨折的功能锻炼包括早期按摩、对未固定关节做被动的伸屈活动、牵行运动及定量使役等。

在伤后 1 ~ 2 周内，病肢局部肿胀、疼痛，软组织处于修复阶段，容易再发生移位。功能锻炼的主要目的是促进伤肢的血液循环和消肿。可在绷带下方进行搓擦、按摩，以及对肢体关节做轻度的伸屈活动，也可同时涂擦刺激药。

一般正常经过的骨折，2 周以后局部肿胀消退，疼痛消失，软组织修复，骨折端已被纤维连接，且正在逐渐形成骨痂。此期的功能锻炼，为了改善血液循环，减少并发症，最好能关在一间小的土地的圈舍内，让自由活动，地面要保持清洁干燥。一般在最初几天运动后，大多数病羊可出现全身性反应，而且跛行常常加重，但以后可逐渐好转。

当病羊开始正常使用患肢着地负重时，可逐步增加运动，以加强患肢的主动活动，促使各关节迅速恢复正常功能。

2. 开放性骨折的治疗　新鲜而单纯的开放性骨折，要在良好的麻醉条件下，及时彻底地做好清创术，对骨折端正确复位，创内撒布抗菌药物。创伤经过彻底处理后，根据不同情况，可对皮肤进行缝合或做部分缝合，尽可能使开放性骨折转化为闭合性骨折，装着夹板绷带或有窗石膏绷带暂时固定。每天对病羊的全身和局部做详细观察，按病情需要更换外固定物或做其他处理。

软组织损伤严重的开放性骨折或粉碎性骨折，可施行扩创术和创伤部分切除术，要尽量少损伤骨膜和血管。分离筋膜，清除异物和无活力的肌、腱等软组织以及完全游离并失去血液供给的小碎骨片。用骨钳或骨凿除去已污染的表层骨质和骨髓，尽量保留与骨膜和软组织相连，且保有部分血液供给的碎骨片。大块的游离骨片应在彻底清除污染后重新植入，以免造成大块骨缺损而影响愈合，然后将骨折端复位。如果创内已发生感染，必要时可做反对孔引流。局部彻底清洗后，撒布大量抗菌药物，如青霉素等。按照骨折具体情况，做暂时外固定，或加用内固定，要露出窗孔，便于换药处理。

在开放性骨折的治疗中，控制感染化脓十分重要，必须全身运用足量敏感的抗菌药物2周以上。

3. 骨折的药物疗法和物理疗法　骨折初期局部肿胀明显时，可选用有关的中草药外敷，同时内服有关中药方剂。为了加速骨痂形成，可在饲料中加喂骨粉、碳酸钙和增加青绿饲草等。羔羊骨折时可补充维生素A、维生素D或鱼肝油，必要时可以静脉补充钙制剂。骨折愈合的后期常出现肌肉萎缩、关节僵硬、骨质疏松、骨痂过大等后遗症，可进行局部按摩、搓擦，增强功能锻炼，同时配合物理疗法，如石蜡疗法、温热疗法、直流电钙离子透入疗法、中波透热疗法及紫外线治疗等，有助于加速骨折的愈合，促使早日恢复功能。

三、绵羊断尾术

【适应证】羔羊尾巴过长，影响交配，为了保持会阴部的清洁。绵羊断尾的年龄通常是在 2～3 周龄。

【术式】

1. 烙断法　利用烧红的刀状烙铁或剪形的烧烙断尾器将尾烙断。一般都是将羔羊仰卧保定在板凳上，将尾巴在凳端拉紧固定，在距尾根 4 厘米处（在第 3、第 4 尾椎之间）选定两尾椎间的交界处，用烧红的刀状烙铁用力压切将尾烙断。若有流血，立即用烧热的烙铁再烙一次创面，制止流血。

2. 结扎法　在出生后几天进行，把自行车内胎剪成小皮筋，套在第 3、第 4 尾椎之间，紧紧扎住，不能过松，过松不能阻断血液流通，延误断尾时间和效果。结扎的前两天羔羊痛苦呻吟，随着时间的延续逐渐安静下来，经 10 天左右，下端尾部自行脱落。此法简单易行，经济可靠，不易感染。

3. 锉切法　利用小动物去势锉切钳将尾切断，对尾较长的羔羊很适用。应当将锉切钳的锉部靠尾根，刃部放在两尾椎之间，先剪毛消毒再行挫断。尾被锉断后仍应保持钳 1～2 分以利于止血，断端涂布 2% 碘酊。

【术后护理】无论采用哪种方法，留下的断端以能盖住阴门为原则。在破伤风流行地区，应注射破伤风抗毒素。

第二节
损伤和外科感染

一、创伤

【概念】创伤是因锐性外力或强烈的钝性外力作用于机体组织或器官，使受伤部皮肤或黏膜出现伤口及深层组织与外界相通的软组织开放性损伤（机械性损伤）。

创伤一般由创围、创缘、创口、创壁、创底、创腔等部分组成。创围指围绕创口周围的皮肤或黏膜。创缘为皮肤或黏膜及其下的疏松结缔组织。创口为创缘之间的间隙。创壁由受伤的肌肉、筋膜及位于其间的疏松结缔组织构成。创底是创伤的最深部分。创腔是创壁之间的间隙，管状创腔称为创道。

【症状】

1. 出血 可分为原发性和继发性出血，内出血和外出血，动脉性出血、静脉性出血及毛细血管性出血等（临床上多为混合性）。出血量的多少决定于受伤的部位、组织损伤的程度、血管损伤的状况和血液的凝固性等。

2. 创口裂开 因受伤组织断离和收缩而引起。创口裂开的程度取决于受伤的部位、创口的方向、长度和深度，以及组织的弹性。活动性较大的部位，创口裂开比较明显。

3. 疼痛和机能障碍疼痛 感觉神经受损伤或炎性刺激而引起。由于疼痛和受伤部位组织结构的破坏，常出现肢体的机能障碍。疼痛的程度取决于受伤的部位、组织损伤的性状和个体特性。富有感觉神经分布的部位如蹄冠、外生殖器、肛门和骨膜等处发生创伤，则疼痛显著。

【分类及临床特征】

1. 按伤后经过的时间分为瓤鲜创和陈旧创

（1）新鲜创 时间较短，创内尚有血液流出或存有血凝块，且创内各部组织的轮廓仍能识别，有的虽被严重污染，但未出现创伤感染症状。

（2）陈旧创 经过时间较长，创内各组织的轮廓不易识别，出现明显的创伤感染症状，有的排出脓汁，有的出现肉芽组织。

2. 按创伤有无感染分为 4 类

（1）无菌创 通常将在无菌条件下所做的手术创称为无菌创。

（2）污染创 创伤被细菌和异物所污染，但进入创内的细菌仅与损伤组织发生机械性接触，并未侵入组织深部发育繁殖，也未呈现致病作用。污染较轻的创伤，经适当的外科处理后，可能取第 1 期愈合。污染严重的创伤，又未及时而彻底地进行外科处理时，常转为感染创。

（3）感染创 进入创内的致病菌大量发育繁殖，对机体呈现致病作用，使受伤部位组织出现明显的创伤感染症状，甚至引起机体的全身性反应。

（4）肉芽创（保菌创） 创伤感染后，经过一定时间，由于健康肉芽组织增生，创内细菌仅停留于创伤表面和坏死组织的脓性渗出物中，它虽可引起化脓，但无向健康肉芽组织深处蔓延的趋势。

3. 按致伤物的性状　分为刺创、切创、砍创、挫创、裂创、压创、搔创、缚创、咬创、毒创、复合创和火器创等。

【愈合】

1. 创伤愈合的种类　创伤愈合的种类分第1期愈合、第2期愈合和痂皮下愈合。

（1）第1期愈合　是一种较为理想的愈合形式，常见于无菌手术创和及时清创处理的新鲜污染创。其特点是炎症反应轻微，仅留下线状瘢痕，有时甚至不留瘢痕，无机能障碍。此期愈合要求的条件是创缘、创壁整齐，创口吻合良好，创内无异物、坏死组织及血肿，没有感染，组织具有再生能力。这个过程需时6～7天，所以无菌手术创切口可在术后7天左右拆线，经2～3周后完全愈合。

（2）第2期愈合　主要见于感染创，临床上多数创伤病例取此期愈合。特征是伤口增生大量的肉芽组织，充填创腔，然后形成瘢痕组织被覆上皮组织而治愈。一般当伤口大，伴有组织缺损，创缘及创壁不整，伤口内有血凝块、异物、坏死组织、细菌感染以及由于炎性产物、代谢障碍，使组织丧失第1期愈合能力时，可通过第2期愈合而治愈。

（3）痂皮下愈合　仅见于皮肤浅在性损伤。特征是表皮损伤，伤面浅在并有少量渗（出）血，以后血液或渗出的浆液逐渐干燥而结成痂皮，痂皮下表皮再生而治愈。若感染细菌时，于痂皮下化脓取第2期愈合。

2. 影响创伤愈合的因素

（1）创伤感染　创伤感染化脓是延迟创伤愈合的主要因素，一方面使伤部组织遭受更大的破坏，延长愈合时间；另一方面机体吸收了细菌毒素和有害的炎性产物，降低机体的抵抗力，影响创伤的修复过程。

（2）创内存有异物或坏死组织　当创内特别是创伤深部存留异物或坏死组织时，炎性净化过程不能结束，化脓不会停止，创伤就不能愈合，甚至形成化脓性窦道。

（3）受伤部血液循环不良　既影响炎性净化过程的顺利进行，又影响肉芽组织的生长，从而延长创伤愈合时间。

（4）对受伤部位有害活动　受伤部经常受到压迫、摩擦等有害的活动，容易引起继发损伤，并破坏新生肉芽组织的健康生长，从而影响创伤的愈合。

（5）处理创伤不合理　如止血不彻底，施行清创术过晚和不彻底，引流不畅，不合理的缝合与包扎，频繁地检查创伤和不必要的换绷带，以及不遵守无菌操作规则，不合理地使用药剂等，都可延长创伤的愈合时间。

（6）全身因素　当病羊患有慢性消耗性疾病、营养不良以及神经内分泌系统功能失调等均妨碍创伤的愈合，如贫血、尿毒症、蛋白质或维生素缺乏等。

【创伤治疗的基本方法】

1. 创伤治疗的一般原则　抗休克，防感染，纠正水与电解质失衡，消除影响创伤愈合的因素，改善饲养管理。

2. 创伤治疗的基本方法

（1）创围清洁法　目的是防止创伤感染，促进创伤愈合。先用灭菌纱布块覆盖创面，防止异物落入创内。然后用剪刀将距创缘周围10厘米左右的创围被毛剪去，如被毛被血液或分泌物黏着时，可用3%过氧化氢和氨水（200∶4）混合液将其除去，再用75%乙醇棉球消毒。离创缘较远的皮肤，可用肥皂水和消毒液洗刷干净。

（2）创面清洗法　揭去创面的纱布块，用生理盐水冲洗创面后，持消毒镊子除去创面上的异物、血凝块或脓痂。再用生理盐水或消毒液反复清洗创伤，创腔较浅且无明显污物时，可用药棉轻轻地清洗创面，创腔较深或有污物时，可用洗创器或吸耳球吸取消毒液冲洗创腔，但应防止压力过大，以免损伤创内组织和扩大感染。最后，用灭菌纱布块轻轻地擦拭创面，以除去创内的液体和污物。

（3）清创手术　用手术的方法切除创内的失活组织，除去异物、血凝块，消灭创囊、凹壁，扩大创口（或做辅助切口），保证排液畅通，力求使新鲜污染创变为近似手术创，争取第1期愈合。

对伤口进行消毒和麻醉，然后修整创缘，剪去破碎的创缘皮肤和皮下组织，使其平整便于缝合和愈合。最后扩创时，沿创口的上角或下角扩大创口，消灭创囊、龛壁，充分暴露创底，除去异物和血凝块，以便排液通畅或便于引流。对于创腔深、创底大和创道弯曲不便于从创口排液的创伤，可在创底最低处做适当长度的辅助切口，以利排液。此外，还应切除创内失活的破碎组织，直至有鲜血流出的组织为止。失活组织一般呈暗紫色，刺激不收缩，切割时不出血，无明显疼痛反应。同时，注意保护神经和血管。清创手术完毕，用消毒液清洗创腔，按需用药、引流、缝合和包扎。

（4）创伤用药　目的是防止感染，加速炎性净化，促进肉芽组织和上皮新生。其原则是抗菌、抗毒与消炎。药物的选择取决于创伤的性状、感染的性质、创伤愈合过程的阶段等。对新鲜创应选用刺激性小的药物，如创伤污染严重、外科处理不彻底、不及时和不能施行外科处理的创伤，应早期应用广谱抗菌性药物。对创伤感染严重的化脓创，应用抗菌药和加速炎性净化的药物。对肉芽创应使用保护肉芽组织和促进肉芽组织生长，以及加速上皮新生的药物。对钉伤、刺伤等应预防厌氧性感染。

（5）创伤缝合法　可分为初期缝合、延期缝合和肉芽创缝合。

1）初期缝合　对新鲜创或经彻底外科处理的新鲜污染创施行的缝合，目的是保护创伤不受继发感染，有助止血、消除创口裂开，使两侧创缘和创壁相互连接，为组织再生创造良好条件。根据创伤的不同分别采取不同的缝合方法，对手术创施行创伤初期密闭缝合，对新鲜污染创做创伤部分缝合，即于创口下角留一排液口，便于创液的排出，有的施行创口上下角的数个疏散结节缝合，以减少创口裂开和弥补皮肤的缺损。如缝合后出现剧烈疼痛、肿胀，甚至体温升高时，说明已出现创伤感染，应及时部分或全部拆线，进行开放疗法。适合于初期缝合的创伤条件是创伤无严重污染，创缘及创壁完整，且具有生活力，创内无较大的出血和较大的血凝块，缝合时创缘不至因牵引而过分紧张，且不妨碍局部的血液循环等。

2）延期缝合　对有的创伤先用药物引流或治疗 3～5 天，无创伤感染后，再施行缝合，称为延期缝合。

3）肉芽创缝合　又叫二次缝合，适合于创内无坏死组织，肉芽组织呈红色平整颗粒状，肉芽组织上被覆有少量脓汁但无厌氧菌存在的肉芽创，对肉芽创经适当的外科处理后，施行接近缝合或密闭缝合，以减少瘢痕，促进愈合。

（6）创伤引流法　当创腔深、创道长、创内有坏死组织或创底潴留有渗出物，使得创内排液不畅时，常用纱布条进行引流和导入药物，主要是利用了毛细管引流的特性，将创内的渗出物引流至创外。除用纱布条做引流物外，也可用胶管、塑料管做引流物。引流时将适当长、宽的纱布条浸以青霉素、中性盐类高渗溶液、磺胺乳剂或魏氏流膏（处方：松馏油5毫升、碘仿3毫升、蓖麻油100毫升）等药液，用长镊子将纱布条的两端分别夹住，先将一端疏松地导入创底，另一端游离于创口下角。引流物的更换，取决于炎性渗出的数量、病羊的全身反应及引流物是否起作用。因引流物也是一种异物，长时间使用将妨碍创伤的愈合，甚至形成瘘管，因此，当渗出物很少，肉芽组织生长时，应停止使用。当炎性肿胀和炎性渗出物增加，体温升高、脉搏增数时是引流受阻的标志，应及时取出引流物做创内检查，并换引流物。对于炎性渗出物排出通畅的创伤，创内存有大血管和神经干的创伤，以及关节和腱鞘创伤等，均不应使用引流疗法。

（7）创伤包扎法　可保护创伤免于继发损伤和感染，保持创伤安静、保温、防蝇，有利于愈合。一般经外科处理后的新鲜创都要包扎。而化脓创、厌氧性和腐败性感染，以及炎性净化后出现良好肉芽组织的创伤，一般可不包扎，采取开放疗法。创伤绷带由3层组成，从内向外为吸收层（灭菌纱布块）、接受层（灭菌脱脂棉块）和固定层（卷轴带、三角巾、复绷带或胶绷带等）。四肢部用卷轴带或三角巾包扎，躯干部用三角巾、复绷带或胶绷带固定。创伤绷带的更换时间应按具体情况而定。

（8）全身疗法　按具体情况而定。例如，对污染较轻的新鲜创，经彻底的外科处理以后，一般不需要全身性治疗。对伴有大出血的病羊，应输入血浆代用品或全血。对污染严重而很难避免创伤感染的新鲜创，应使用抗生素或磺胺类药物，并根据病情进行必要的输液、强心措施，注射破伤风抗毒素或类毒素。当出现全身症状时，必须进行全身性治疗，如强心、输液、解毒等。对局部化脓性炎症剧烈的病羊，为了减少炎性渗出和防止酸中毒，可静脉注射10%氯化钙溶液100～150毫升和5%碳酸氢钠溶液500～1 000毫升。

【新鲜污染创的治疗】原则是及时止血、防止感染和继发损伤，尽早做清创手术，争取第1期愈合或缩短第2期愈合的时间。

1. 及时止血　对于创伤大出血，除用手术止血法外，必要时可应用全身性止血药。

2. 清洁创围　清除创伤及创口周边污血、异物等,对创口周边进行整复,然后清洗创伤。

3. 清洗创伤　可用生理盐水、3% 过氧化氢溶液、0.1% 高锰酸钾溶液,1 :（2 000 ~ 10 000）新洁尔灭溶液等。

4. 清创手术　对污染较轻的创伤,可不做清创手术,对污染较重的创伤,清创手术越早越彻底越好。

5. 应用药物　对不需清创手术的创伤,可对创面涂布碘酊或用 0.1% 碘酊溶液洗涤创腔,或用 0.25% 盐酸普鲁卡因青霉素液向创内灌注或进行病灶周围封闭。对小的刺创可向创道内灌注 5% 碘酊,对污染严重又不能缝合的创伤,可向创内撒布青霉素粉和 1 : 9 碘仿硼酸粉等,然后进行包扎。对于组织损伤和污染严重,且清创手术无法彻底进行的创伤,创面用硫呋液（处方:硫酸镁 20 克, 0.01% 呋喃西林溶液加至 100 毫升）湿敷,有良好效果。

6. 缝合创口　当创面比较整齐,清创手术比较彻底时,可施行密闭缝合。有感染危险时,可行部分缝合,并于创口下角留排液口。有厌氧性感染或组织缺损严重时,不缝合,进行开放疗法。

7. 创伤包扎　一般对新鲜污染创,特别是四肢下部的创伤,应包扎绷带,冬季防寒, 夏季防蝇。

【化脓创的治疗】治疗原则是制止扩大感染,清除创内坏死组织和异物,保证排脓畅通,防止转为全身性感染。

1. 清洁创围　清除创伤及创口周边污血、异物等,对创口周边进行整复,然后清洗创伤。

2. 冲洗创腔　用抗菌力较强的消毒液反复冲洗创腔,除去脓汁至干净为止。常用的药液有 0.2% 高锰酸钾溶液、3% 过氧化氢溶液、0.01% ~ 0.05% 新洁尔灭溶液、0.05% 洗必泰溶液等。若感染绿脓杆菌,使用 2% ~ 4% 硼酸溶液或 2% 乳酸溶液效果更佳。

3. 清创手术　扩大创口,除去深部异物,切除坏死组织,消灭创囊,排除脓汁。若创囊过大过深,排脓障碍时,可做辅助切口排脓。

4. 创伤用药　急性化脓性炎症引起的组织严重肿胀,坏死组织分解液化形成脓汁,容易引起酸中毒或败血病。治疗化脓创的药物应具有抗菌、增强淋巴渗出、降低渗透压、使组织消肿和促进酶类作用正常化的特性。高渗制剂由于高渗的作用，能使创液从组织深部排出于创面，因而促进淋巴液渗出，加速炎性净化，有良好疗效。可用20%硫酸镁溶液、10%食盐溶液、10%硫酸钠溶液、10%水杨酸钠溶液等灌注、湿敷或引流。一般应用3～4次后，脓汁逐渐减少和出现肉芽组织。

当急性炎症减轻，化脓缓减时，可用魏氏流膏、碘仿蓖麻油（处方：碘仿1.0毫升、蓖麻油100毫升，加碘酊成浓茶色）、磺胺乳剂（处方：氨苯磺胺5克、鱼肝油30毫升、蒸馏水65毫升）等灌注或引流。

5.创伤引流　用纱布条浸上述药液引流，一般不包扎绷带，施行开放疗法。

6.全身疗法　根据需要应用抗生素疗法、磺胺疗法、碳酸氢钠疗法等。

【肉芽创的治疗】治疗原则是促进肉芽组织生长，保护肉芽组织不受损伤和继发感染，加速上皮新生，防止肉芽赘生。

1.清洁创围　清除创伤及创口周边污血、异物等，对创口周边进行整复，然后进行清洗创伤。

2.清洁创面　可用生理盐水或微弱的防腐剂清洗，切忌强力摩擦或刮削肉芽创面，以免损伤肉芽组织，继发感染和延缓创伤愈合。

3.应用药物　应选择刺激性小，促进肉芽组织生长的药物调制成流膏、油剂、乳剂或软膏使用。当化脓创逐步转为肉芽创时，可应用魏氏流膏、10%磺胺鱼肝油、2%～3%红汞鱼肝油等涂布。以后可应用磺胺软膏、青霉素软膏等。为了促进上皮新生，可应用氧化锌水杨酸软膏、加水杨酸的磺胺软膏。

4.缝合与植皮　对于创口裂开大、肉芽组织生长良好的创伤，为了加速其愈合和缩小瘢痕的形成，在修整创面并撒布青霉素粉后，施行肉芽创缝合，或部分缝合。对于面积较大，又不便缝合的肉芽创，可进行小块植皮，以加速上皮形成。

5.对赘生肉芽组织的处理　对于轻度肉芽组织赘生，可用硝酸银棒或硫酸铜腐蚀，肉芽组织赘生较多时，可撒布高锰酸钾粉后，用厚团棉纱进行研磨，或施行手术切除或刮除。

二、挫伤

【病因】挫伤是机体在钝性外力直接作用下，引起软组织的非开放性损伤。如被棍棒打击、车辆冲撞、跌倒或坠落于硬地上都容易发生挫伤。

【症状】因挫伤的轻重和发生部位不同，其症状也不同，一般为患部皮肤出现不同程度的致伤痕迹，溢血、疼痛、肿胀、增温和机能障碍。伤周常伴有弥散性水肿，肿胀的下部较为明显。严重的挫伤，常常伴有骨及关节的挫伤。若发生感染时，全身及局部症状加重，可形成脓肿或蜂窝织炎。有的部位反复发生挫伤，可形成淋巴外渗、黏液囊炎及患部皮肤肥厚、皮下结缔组织硬化。

【治疗措施】治疗原则是制止溢血，镇痛消炎，促进肿胀的吸收，防止感染，加速组织的修复能力。病初可用收敛、镇痛及冷却疗法，如普鲁卡因患部封闭疗法。中后期改用温热疗法和刺激剂疗法及氦氖激光照射和红外线照射等，如氨擦剂（氨和蓖麻油 1 ：4 混合），樟脑乙醇或 5% 鱼石脂软膏等。或用中药山栀子粉加淀粉或面粉，以黄酒调成糊状外敷，同时注意治疗并发症和继发病。

三、血肿

【病因】血肿是由于外力作用，使得血管破裂，溢出的血液分离周围组织，形成充满血液的腔洞。常见于软组织非开放性损伤，根据损伤的血管不同，分为动脉性血肿、静脉性血肿和混合性血肿。

【症状】血肿的临床特点是肿胀迅速增大，呈明显的波动感或饱满有弹性。4 ~ 5 天后肿胀周围呈坚实感，并有捻发音，中央部有波动，局部增温。穿刺时，可排出血液。有时可见淋巴结肿大和体温升高等全身症状。

血肿感染可形成脓肿，注意鉴别。

【治疗措施】治疗原则是制止溢血、防止感染和排除积血。可于患部涂碘酊，装压迫绷带。经 4 ~ 5 天后，可穿刺或切开血肿，排除积血或凝血块和挫伤组织，如发现继续出血，可行结扎止血，清理创腔后，再行缝合创口或开放疗法。

四、淋巴外渗

【病因】淋巴外渗是在钝性外力作用下，由于淋巴管断裂，致使淋巴液聚积于组织内的一种非开放性损伤。其原因是钝性外力在动物体上强行滑擦，致使皮肤或筋膜与其下部组织发生分离，淋巴管发生断裂。常发生于淋巴管较丰富的皮下结缔组织，而筋膜下或肌间则较少。

【症状】淋巴外渗在临床上发生缓慢，一般于伤后 3～4 天出现肿胀，并逐渐增大，有明显的界限，呈明显的波动感，皮肤不紧张，炎症反应轻微，无明显的全身症状。穿刺液为橙黄色稍透明的液体，或混有少量的血液。时间久者，析出纤维素块，如囊壁结缔组织增生，有明显的坚实感。

【治疗措施】首先使羊安静，有利于淋巴管断端的闭塞，以制止淋巴液继续流出。较小的淋巴外渗可不必切开，于波动明显部位，用注射器抽出淋巴液，然后注入 95% 乙醇或乙醇福尔马林液（95% 乙醇 100 毫升，福尔马林溶液 1 毫升，碘酊数滴，混合备用），停留片刻后，抽出注入的全部药液，使淋巴液凝固堵塞淋巴管断端，从而达到制止淋巴液流出的目的。1 次无效时，可进行第 2 次注射。

较大的淋巴外渗，可进行切开，排出淋巴液及纤维素，用乙醇福尔马林液冲洗，并将浸有上述药液的纱布填塞于腔内，做假缝合。当淋巴管完全闭塞后，可按创伤治疗。

长时间的冷敷，可使皮肤发生坏死。温热、刺激剂和按摩疗法，均可促进淋巴液流出和破坏已形成的淋巴栓塞，都不宜应用。

五、窦道和瘘

（一）窦道

窦道一般为后天性的，见于臂部、颈部、股部、胫部及肩胛部等。

【病因】创伤深部有被污染的异物，化脓坏死性炎症，创伤深部的脓窦或长期不正确的引流等均可形成窦道。

【症状】从体表的窦道口不断地排出脓汁，窦道口下方的被毛和皮肤上常附有干涸的脓痂。当深部存在脓窦且有较多的坏死组织，并处于急性炎症过程时，脓汁量大而较为稀薄并常混有组织碎块和血液。如病程长，窦道壁已形成瘢痕且深部坏死组织很少时，则脓汁少而黏稠。新发生的窦道，管壁肉芽组织未形成瘢痕，管口常有肉芽组织赘生。陈旧的窦道因肉芽组织瘢痕化而变得狭窄而平滑。在急性炎症期，局部炎症症状明显。

【治疗措施】治疗原则是除去异物，清除坏死组织和病理性管壁，畅通引流。

（1）对无异物及排脓畅通者　如脓肿、蜂窝织炎自溃或切开后形成的窦道，用消毒防腐液清洗干净后，向窦道内灌注碘仿醚、3% 双氧水和磺胺乳剂等以减少脓汁的分泌和促进组织再生。

（2）当窦道内有异物、结扎线和坏死组织块时　须用手术方法将其除去。在手术前向窦道内灌注除红色、黄色以外的消毒防腐液，使窦道管壁着色或用探针引导以利于手术的进行。

（3）对窦道口过小、管道弯曲而排脓不畅者　可扩大窦道口，或做辅助切口，导入引流物以利于排脓。

（4）窦道管壁有不良肉芽或形成瘢痕组织者　可用腐蚀剂腐蚀，或用锐匙刮净或用手术方法切除窦道。

（5）当窦道内无异物和坏死组织块　脓汁很少且窦道壁的肉芽组织比较良好时，可填塞铋碘蜡泥膏（次硝酸铋 10 克、碘仿 20 毫升、石蜡 20 克）。

（二）瘘

【病因及分类】瘘可分先天性瘘和后天性瘘。先天性瘘是由于胚胎期间畸形发育的结果，如脐瘘、膀胱瘘、直肠瘘及阴道瘘等，瘘管壁上常被覆上皮组织。后天性瘘较为多见，可分为因空腔器官损伤所发生的排泄性瘘和腺体器官损伤所发生的分泌性瘘。

【症状】

1. 排泄性瘘　常见的有胃瘘、肠瘘、食道瘘，由瘘管口向外排泄空腔器官的内容物（如饲料、食糜及粪便等）。除创伤外，也见于食管切开、尿道切开、瘤胃切开、肠管切开等手术化脓感染之后。

2. 分泌性瘘　常见的有腮腺瘘及乳腺瘘等。由瘘的管道分泌腺体器官的分泌物（如唾液、乳汁等）。当动物采食或挤乳时，有大量唾液和乳汁呈滴状或线状从瘘管口射出。

【治疗措施】

1. 对肠瘘、胃瘘、食道瘘、尿道瘘等排泄性瘘管 必须采用手术疗法。其步骤是用纱布堵塞瘘管口，扩大创口，剥离粘连的周围组织，找到通向空腔器官的内口，除去堵塞物，对内口进行修整切除或全部切除，密闭缝合，修整周围组织，最后缝合。注意防止污染，争取第1期愈合。

2. 对腮腺瘘等分泌性瘘 可向瘘管内灌注20%碘酊、10%硝酸银溶液等，或先向瘘内滴入数滴甘油，然后撒布少许高锰酸钾粉，用棉球轻轻按摩，以烧灼作用破坏瘘管壁，并造成急性炎症来闭塞瘘管壁，一次不愈合者可重复应用。上述方法无效时，对腮腺瘘可用注射器向管内高压灌注溶解的石蜡，后用胶绷带封口。亦可先注入5%～10%的甲醛溶液或20%的硝酸银溶液15～20毫升，数天后当腮腺坏死时进行腮腺摘除术。

六、疖

【病因】细菌经毛囊和汗腺侵入引起的单个毛囊及其所属的皮脂腺的急性化脓性感染。若仅限于毛囊的感染称毛囊炎。同时或连续发生在病羊全身各部位而经久不愈者称为疖病。

致病菌常为金黄色葡萄球菌或白色葡萄球菌，常继发于毛囊炎。当皮肤受到摩擦、刺激、汗液及粪便的浸渍和污染，毛囊及其所属的皮脂腺排泄障碍，维生素缺乏、气候炎热和病羊对感染的抵抗力下降等均促使疖的发生，常继发为疖病。

【主要症状】由于羊品种不同和皮肤厚薄不一，所表现的症状各异。在皮肤薄的部位，最初可见温热而又剧烈疼痛的圆形小结节，界限明显而坚实，继而病灶顶端出现明显的小脓疱，中心部有被毛竖立。以后逐步形成波动明显的小脓肿，突出于皮肤表面。在皮肤厚的部位，病初肿胀不显著，首先在毛囊周围的组织中形成炎性浸润，触诊有剧痛，以后逐渐增大，但不突出于皮肤表面，而是向周围及深部蔓延，很快也形成小脓肿。数天后脓肿可自行破溃，流出少量乳汁样微黄白色脓汁，局部形成小溃疡，其后表面被覆肉芽组织和脓性痂皮，最后形成轻微的瘢痕而愈合。疖常无全身症状，但发生疖病时，可出现体温升高、食欲减退、精神不振等全身症状。

【治疗措施】首先清除病因，用消毒防腐液清洗患部，对浅表性的疖可涂布 2.5% 碘酊、鱼石脂软膏等。对浸润期的疖，可用青霉素盐酸普鲁卡因溶液注射于病灶的周围，亦可涂擦鱼石脂软膏、5% 碘软膏等或理疗，但严禁挤压。对已形成脓肿的，则行手术切开。对于疖病必须全身应用抗生素，同时加强饲养管理。

七、痈

【病因】由于致病菌同时侵入多个相邻的毛囊、皮脂腺或汗腺所引起的急性化脓性感染。有时为多个疖或疖病发展而来，实际上是疖和疖病的扩大。其发病范围已侵入皮下的蜂窝组织，甚至深筋膜。

致病菌主要是葡萄球菌，其次是链球菌，有时则是葡萄球菌和链球菌的混合感染。它们或同时侵入若干并列的皮脂腺，或最初只侵及一个皮脂腺而发生疖，此时感染可向下蔓延至深筋膜，然后再向上而形成多头疖。若感染继续发展可形成很大的痈。

【主要症状】痈的初期在患部形成一个迅速增大有剧烈疼痛的化脓性炎性浸润，此时局部皮肤紧张、坚硬、界限不清，在无色素的部位可见暗红色。继而在病灶中央区形成多个脓点，破溃后呈蜂窝状。以后病灶中央部皮肤、皮下组织坏死脱落，在自行破溃后形成大的脓腔。痈深层的炎症范围超过外表脓灶区。除局部疼痛外，病羊常出现体温升高、精神沉郁、食欲减退等全身症状。痈常伴有淋巴管炎、淋巴结炎和静脉炎。病情严重者可引起全身化脓性感染，血常规检查白细胞明显升高。

【治疗措施】初期全身应用抗生素疗法，配合使用普鲁卡因病灶周围封闭疗法可获得较好的疗效。如局部肿痛剧烈且范围大，并出现全身症状时，可进行十字切开。切开时一定要切到健康组织。必要时亦可进行双十字切开。术后应用开放疗法，局部处理及全身疗法基本上与疖相同。

八、脓肿

【病因】在任何组织或器官内形成外有脓肿膜包裹，内有脓汁潴留的局限性脓腔时称为脓肿，如果在解剖腔内有脓汁潴留时则称之为蓄脓，如关节蓄脓、上颌窦蓄脓、胸膜腔蓄脓等。大多数脓肿是由致病菌感染引起，常继发于急性化脓性感染的后期。致病菌主要是葡萄球菌，其次是化脓性链球菌、大肠杆菌、绿脓杆菌及腐败性细菌。致病菌侵入机体的主要途径是皮肤或黏膜的小伤口，还有注射时未遵守无菌操作规程而引起，也有的是由于血液或淋巴道将致病菌由原发病灶转移至某一新的组织或器官内形成的转移性脓肿。除感染因素外，当皮下或肌内注射各种强刺激性化学药品，如水合氯醛、氯化钙等也能发生脓肿。

【分类及症状】

1. 浅在性急性脓肿　常发生于皮下结缔组织、筋膜下及表层肌肉组织内。肿胀初期为弥漫性界限不清，触诊温度增高、坚实，有剧烈的疼痛反应。以后逐渐清晰局限，形成坚实样硬度的分界线，中央软化并出现波动。由于脓汁溶解表层的脓肿膜和皮肤，脓肿可自行破溃排脓。但常因皮肤溃口过小，脓汁不易排尽。

2. 浅在性慢性脓肿　一般发生缓慢，虽有明显的肿胀和波动感，但缺乏温热和疼痛等急性炎症反应或非常轻微。

3. 深在性脓肿　常发生于深层肌肉、肌间、骨膜下、腹膜下及内脏器官。由于被覆较厚的组织，初期症状不明显。仅出现轻微的炎性水肿，触诊时有疼痛反应并有指压痕，穿刺可以确诊，但要与血肿、淋巴外渗、挫伤和某些疝相区别。以后有的脓肿可逐渐浓缩，甚至钙化。有些较大的脓肿因未能及时切开，脓肿膜坏死，脓汁自皮肤破溃处流出，或向深部周围组织蔓延，导致感染扩散，呈现比较明显的全身症状。严重时还可能引起败血症。内脏器官的脓肿常常是转移性脓肿或败血症的一个结果。

【治疗措施】

1. 消炎、止痛及促进炎症产物的消散吸收　急性炎性初期可局部涂擦樟脑软膏，或用冷却疗法（如鱼石脂乙醇、栀子乙醇冷敷），当渗出停止后，改用温热疗法和物理疗法。同时配合应用抗生素、磺胺类药物，并进行对症治疗。

2. 促进脓肿的成熟　当局部炎症产物已无消散吸收的可能时，局部可用10%鱼石脂软膏、鱼石脂樟脑软膏、物理疗法及温热疗法等促进脓肿的成熟。待局部出现明显的波动时，应立即进行手术治疗。

3. 手术疗法　脓肿形成后其脓汁常不能自行消散吸收，因此，只有当脓肿自溃排脓或手术排脓后经过适当处理才能治愈，常用的手术疗法如下：

（1）脓汁抽出法　适用于关节部等脓肿膜良好的小脓肿。用注射器将脓肿腔内的脓汁抽出，然后用生理盐水反复冲洗脓腔，抽净腔中的液体，最后灌注混有青霉素的溶液。

（2）脓肿切开法　脓肿成熟出现波动后立即切开。在波动最明显且容易排脓的部位。按常规手术方法对局部进行剪毛消毒和局部或全身麻醉后切开，切开前先用粗针头将脓汁排出一部分，以避免切开时脓汁向外喷射。切开时不要损伤对侧的脓肿膜，以防止感染扩散。切开后要尽力排尽脓汁，但切忌用力压挤脓肿壁，或用棉纱等用力擦拭脓肿膜里面的肉芽组织，因这样有可能损伤脓肿腔内的肉芽性防卫面而使感染扩散，必要时可做辅助切口。对浅在性脓肿可用消毒防腐液或生理盐水反复清洗脓腔，最后用脱脂纱布轻轻吸出残留在腔内的液体，创口可按化脓创进行外科处理。

（3）脓肿摘除法　适用于脓肿膜完整的浅在性小脓肿。此时需注意勿刺破脓肿膜，预防新鲜手术创被脓汁污染。

九、蜂窝织炎

【病因】在皮下、筋膜下及肌间等处的疏松结缔组织内发生的急性弥漫性化脓性炎症称为蜂窝织炎。病变扩散迅速，界限不清，并有明显的全身症状。

蜂窝织炎的致病菌主要是溶血性链球菌和金黄色葡萄球菌，其次为大肠杆菌厌氧菌等。一般是经皮肤或黏膜的微小创口而引起的原发性感染，也可继发于邻近组织或器官的化脓性感染的扩散，或通过血液循环和淋巴道的转移。疏松结缔组织内误注或漏入强刺激性化学制剂后也能引起蜂窝织炎的发生。

【临床上常见的分类】

1.按发生部位的深浅　可分为浅在性蜂窝织炎（皮下、黏膜下蜂窝织炎）和深在性蜂窝织炎（筋膜下、肌间、软骨周围、腹膜下蜂窝织炎）。

2.按渗出液的性状和组织的病理变化　可分浆液性、化脓性、厌氧性和腐败性蜂窝织炎。若化脓性蜂窝织炎伴发皮肤、筋膜和腱的坏死时，则称为化脓坏死性蜂窝织炎。在临床上也常见到化脓菌和腐败菌混合感染而引起的化脓腐败性蜂窝织炎。

3.按发生的部位　可分关节周围蜂窝织炎、食管周围蜂窝织炎、淋巴结周围蜂窝织炎、股部蜂窝织炎、直肠周围蜂窝织炎等。

【主要症状】局部症状主要为大面积肿胀，局部温度增高，疼痛剧烈和机能障碍。全身症状为精神沉郁，体温升高，食欲不振并出现各系统的机能紊乱。由于发病部位不同其症状亦不同。

1. 皮下蜂窝织炎 常发生于四肢。病初局部出现弥漫性渐进性肿胀，触诊热痛明显。初期呈捏粉状有指压痕，后变为坚实感，局部皮肤紧张。随着炎症的发展，局部症状加重，体温显著升高。局部坏死组织化脓溶解，触诊柔软而有波动感。经过良好者化脓过程局限，病程恶化时则向周围和深部蔓延使病程加重。

2. 筋膜下蜂窝织炎 常发生于前肢的前臂筋膜下以及后肢的小腿筋膜下和阔筋膜下的疏松结缔组织等。临床特征是患部热痛剧烈，机能障碍明显，呈坚实性炎性浸润。当向周围蔓延时，全身症状严重恶化。

3. 肌间蜂窝织炎 常继发于开放性骨折、化脓性骨髓炎、化脓性关节炎及腱鞘炎之后。有些是由于皮下或筋膜下蜂窝织炎蔓延的结果，感染沿着血管及神经干行走的肌间和肌群间疏松结缔组织蔓延，进而形成化脓性浸润并逐渐发展成为化脓性溶解。此时患部肌肉肿大、肥厚、坚实、界限不清，疼痛剧烈，机能障碍明显，表层筋膜和皮肤紧张，全身症状明显，体温升高，精神沉郁，食欲不振。局部已形成脓肿时，切开后可流出灰色、常带血样的脓汁。有时可引起关节周围炎、血栓性血管炎和神经炎。当颈静脉注射时误注和漏入强刺激性药物到颈部皮下或颈深筋膜下时，可引起筋膜下的蜂窝织炎。

【治疗措施】治疗原则是减少炎性渗出，减轻组织内压，抑制感染扩散，改善全身状况，增强机体抗病能力。要局部和全身疗法相结合。

1. 外敷 病初24 ~ 48 小时，组织尚未出现化脓性溶解时，为了减少炎性渗出可用冷敷（10% 鱼石脂乙醇、90% 乙醇、醋酸铅明矾液、栀子浸液等）。0.5% 盐酸普鲁卡因青霉素溶液做病灶周围封闭，当炎性渗出停止后（病后3 ~ 4 天），为了促进炎症产物的消散吸收可用上述溶液热敷，亦可外敷雄黄散，内服连翘散。

2. 手术切开 如经上述治疗后症状不见减轻，局部和全身症状加重，为了减轻组织内压，排出炎性渗出液，减少化脓和坏死，应立即进行手术切开。

术部常规清洗消毒和麻醉后切开，为了保证渗出液的顺利排出，应做多处切口，切口必须有足够的长度和深度，切除坏死组织和消除脓窦，然后用中性高渗盐类溶液做引流，也可用2%过氧化氢溶液冲洗和湿敷。待局部肿胀明显消退，体温恢复正常，可按化脓创处理。

3.全身疗法 早期应用抗生素疗法、磺胺疗法及盐酸普鲁卡因封闭疗法。注意纠正水和电解质及酸碱平衡的紊乱，加强饲养管理。

第三节
其他外科疾病

一、风湿病

【病因】风湿病是一种常有反复发作的急性或慢性非化脓性炎症。其特征是胶原纤维发生纤维素样变性，以及骨骼肌、心肌和关节囊中的结缔组织出现非化脓性局限性炎症。病变累及全身结缔组织，多发部位是骨骼肌群和四肢活动的关节，常呈对称性发病且有游走性，疼痛和机能障碍随运动而减轻。临床上以圈养羊较多见。

本病的发病原因迄今尚未完全阐明，一般认为是一种变态反应性疾病，并与溶血性链球菌感染有关。此外，根据动物试验结果证明，不仅溶血性链球菌，而且其他抗原（细菌蛋白质、异种血清、经肠道吸收的蛋白质）及某些半抗原性物质也有可能引起风湿性疾病。目前，也有许多人认为风湿病是一种自身免疫性疾病。风湿病多发生在冬春寒冷季节，临床实践证明，风、寒、潮湿、过劳等因素在风湿病的发生上起着重要的作用，因此在寒冷的北方较气候温和的南部地区多见。

羊的风湿性疾病含义较广，在临床上除风湿病外，还包括以四肢跛行症状为主的类风湿性关节炎。类风湿性关节炎是一种动物自身免疫性疾病，是由于动物自身免疫造成的组织损伤而引起的疾病。主要病变在关节，但机体的其他系统也会受到一定的损害。其症状是关节肿胀、僵硬，最后发生畸形，甚至出现关节粘连。类风湿的特点是在体内能查出类风湿因子，该因子是一种免疫复合物，由于部分类风湿性因子进入关节腔而发生风湿性关节炎。

【分类及症状】风湿病的主要症状是突然发病，肌肉、关节及蹄的疼痛和机能障碍，疼痛表现时轻时重，部位多固定但也有转移游走性，症状随运动而减轻。风湿病有活动型、静止型、复发型、肌肉型、关节型、心脏型、急性及慢性型等。根据其病程及侵害器官的不同可出现不同的症状。临床上常见的分类方法和症状如下：

1. 肌肉风湿病　主要发生于活动性较大的肌群。急性时突然发病，触诊患部肌肉表现疼痛不安，肌肉肿胀，表面凹凸不平，紧张有坚实感。步态强拘。病羊精神沉郁，食欲减退，体温升高 1 ~ 1.5℃，脉搏和呼吸增数，结膜和口腔黏膜潮红，血沉稍快，白细胞数稍增加。当转为慢性经过时，持续时间较长（数周至数月不等），全身症状不明显。肌肉及腰的弹性降低，重者肌肉僵硬、萎缩，肌肉中常有结节性肿胀。热痛不明显，病羊运步强拘，容易疲劳。肌肉风湿病根据发病部位不同，表现症状也不同：

（1）颈风湿病　颈部一侧肌肉发病时，健侧头颈部向患侧方向弯曲，呈现斜颈。两侧肌肉同时发病时，头颈僵硬，低头困难。

（2）背腰风湿病　驻立时背腰稍拱起强拘，转弯时背腰僵硬不灵活。运步时后躯也强拘不灵活，步幅短缩，常以蹄尖擦地前进，卧地后起立困难。

（3）四肢风湿病　患肢提举困难，步幅短缩，运步缓慢僵硬，呈现黏着步样。两肢以上发病时，病羊喜卧地，起立困难，患肢跛行有时转移到另一肢体，跛行症状随运动而减轻。

2. 关节风湿病　多发生于肩、肘、膝等活动性较大的关节，常呈对称性，有游走性。前肢多发生于肩关节和肘关节，后肢多发生于膝关节和跗关节。急性时表现为急性滑膜炎的症状，关节外形粗大，增温、疼痛、肿胀。触诊有波动，穿刺液为纤维素性絮状混浊物。驻立时患肢常屈曲，运步时出现跛行，跛行可随运动量的增加而减轻或消失。常有全身症状，病羊表现精神沉郁，食欲不振，体温升高，脉搏及呼吸增数。转为慢性时呈现慢性关节炎的症状，滑膜及周围组织增生、肥厚，关节变粗，活动受到限制，运动时关节强拘，被动运动时有关节内摩擦音。

【治疗措施】治疗原则是消除病因，加强护理，祛风除湿，解热镇痛，消除炎症。除改善饲养管理外，还可采用下述治疗方法：

1. 应用解热镇痛及抗风湿药　可用水杨酸钠、阿司匹林、保泰松、氨基比林、消炎痛、安痛定、安乃近等药。临床经验证明，应用大剂量的水杨酸制剂治疗急性肌肉风湿病疗效较好，而对慢性风湿病则疗效较差，口服和注射均可，每次 2 ~ 5 克，每天 1 次，连用 5 ~ 7 次。阿司匹林粉剂（乙酰水杨酸）口服，每次 3 ~ 10 克。保泰松片剂（每片 0.1 克），按 33 毫克 / 千克体重口服，每天 2 次，3 天后用量减半。

2. 应用皮质激素类药物　可用醋酸可的松、氢化可的松、地塞米松、醋酸泼尼松、氢化泼尼松注射液等，能明显改善风湿性关节炎的症状，但容易复发。

3. 应用抗生素　控制急性风湿病的链球菌感染首选青霉素，肌内注射，每天 2 ~ 3 次，一般应用 10 ~ 14 天。

4. 应用碳酸氢钠、水杨酸钠和自家血液疗法　此法对急性肌肉风湿病疗效显著，对慢性风湿病可获得一定的好转。

5. 中草药、针灸疗法、物理疗法、局部涂擦刺激剂疗法等　均有较好效果。

二、结膜炎

【病因】结膜炎是眼（眼睑和眼球）结膜的急、慢性炎症。是最常见的一种眼病，有卡他性、化脓性、滤泡性、水疱性眼结膜炎等型。

引起结膜炎的原因很多，有机械性、化学性、温热性、光学性、传染性、免疫介导性和继发性等原因，比如结膜外伤、各种异物和化学药品误入眼内、热伤、过敏、病原微生物的感染、各种光线的过度照射和继发于其他疾病等。

【主要症状和病理变化】结膜炎的共同症状是羞明、流泪、结膜充血、肿胀和疼痛、眼睑痉挛、眼内角有分泌物。

1. 卡他性结膜炎　临床上最常见的病型。病初急性时，结膜稍肿胀、充血鲜红，有少量的浆液性分泌物，随病程的发展，症状逐渐加重，眼睑肿胀，结膜肿胀，充血热痛明显，甚至有出血斑，分泌物为黏液性，且量显著增加。炎症可波及球结膜，有时角膜面也见轻微的混浊。经久不愈者转为慢性，症状减轻，结膜轻度充血呈暗红色或黄红色，结膜变厚呈丝绒状，有少量分泌物。

2. 化脓性结膜炎 症状较重，肿胀明显，疼痛剧烈，有大量黄色脓性分泌物，上下眼睑粘连在一起，常波及角膜而形成溃疡，且带有传染性。

【治疗措施】

1. 清洗 除去病因,清除异物,治疗原发病,消除对结膜的刺激,可用3%的硼酸溶液或生理盐水清洗患眼。

2. 遮断光线 应将病羊避光饲喂或装眼绷带。当分泌物量多时，以不装眼绷带为宜。

3. 对症治疗

（1）急性卡他性结膜炎 初期冷敷、后改温敷，再用0.5% ~ 1%硝酸银溶液点眼（每天1 ~ 2次）。用药后10分，用生理盐水冲洗，若分泌物已见减少或趋于吸收过程时,可用收敛药,其中以0.6% ~ 2%硫酸锌溶液（每天2 ~ 3次）较好。此外，还可用2% ~ 5%蛋白银溶液、0.5% ~ 1%明矾溶液等。也可用醋酸氢化可的松、青霉素液等点眼，每次3 ~ 4次。疼痛显著时可用盐酸普鲁卡因液点眼，或用0.5%盐酸普鲁卡因液2 ~ 3毫升溶解5万 ~ 10万国际单位青霉素，再加入氢化可的松2毫升（并发角膜溃疡时，不可用皮质固醇类药物），做球结膜下注射，1天或隔天1次。或以0.5%盐酸普鲁卡因液2 ~ 4毫升溶解氨苄青霉素10万国际单位再加入地塞米松磷酸钠注射液1毫升做眼睑皮下注射，上下眼睑皮下各注射0.5 ~ 1毫升。用上述药物加入自家血2毫升做眼睑皮下注射，效果更好。

（2）慢性结膜炎 转为慢性结膜炎时以刺激温敷为主。局部可用较浓的硫酸锌或硝酸银溶液，或用硫酸铜棒轻擦上、下眼睑腐蚀结膜，擦后立即用硼酸水冲洗，然后再进行温敷。对化脓性结膜炎，可先用3%硼酸液洗眼，再用青霉素普鲁卡因做眼球后封闭（青霉素20万 ~ 40万国际单位，0.5%普鲁卡因20毫升），对重症病羊，全身应用抗生素和磺胺类药物。

三、角膜炎

【病因】角膜层的损伤性或感染性炎症。可分为外伤性、表层性、深层性（实质性）及化脓性角膜炎数种。如不及时治疗，急性常转为慢性，使角膜失去透明甚至失明。角膜炎多由于外伤或异物误入眼内而引起。还可继发于邻近组织的病变和某些传染病。

【主要症状和病理变化】角膜炎的共同症状是怕光（羞明）、流泪、疼痛、眼睑闭合或半闭合、角膜混浊浊、角膜缺损或溃疡，角膜周围血管充血。

1. 表层性角膜炎　可见到角膜表面粗糙不平，角膜面上形成不透明的白色瘢痕时叫作角膜混浊或角膜翳，混浊可能为局限性或弥漫性，也有呈点状或线状。角膜混浊一般呈淡蓝色云雾状或乳白色。新的角膜混浊有炎症症状，界限不明显。陈旧的角膜混浊没有炎症症状，界限明显。来自结膜的新生血管呈树枝状分布于角膜面上，可看到其来源。

2. 深层性角膜炎　角膜混浊呈白色不透明，新生血管来自角膜缘的毛细血管网，呈刷状，自角膜缘伸入角膜内，看不到其来源。

3. 化脓性角膜炎　触诊眼球疼痛剧烈，混浊呈黄色或灰黄色，眼内排出脓性分泌物，脓肿破溃后即形成溃疡，可导致角膜穿孔，眼房液流出，角膜塌陷，严重时虹膜脱出，常常与角膜或后移与晶状体粘连。常继发化脓性全眼球炎。

【治疗措施】急性期的冲洗和用药与结膜炎的治疗大致相同。

为了促进角膜混浊的吸收，可向患眼吹入等份的甘汞和乳糖，40% 葡萄糖溶液或自家血点眼，也可用自家血眼睑皮下注射，或每天静脉注射 5% 碘化钾溶液 5 ~ 15 毫升，或每天口服碘化钾 1 ~ 3 克，连用 1 周。疼痛剧烈时，可用 10% 颠茄软膏或 5% 迪奥宁软膏涂于患眼内。

角膜穿孔时，应防止感染。对新发的虹膜脱出，可将虹膜还纳展平。脱出久的病例，可用虹膜剪剪去脱出部，用 1% 硫酸阿托品溶液点眼，每天 2 次，可防止虹膜粘连，若化脓感染时，点抗生素软膏或点眼液，并配合全身治疗。若不能控制感染，则应行眼球摘除术。

四、疝

疝是腹部内脏从自然孔道或病理性破裂孔脱至皮下或其他解剖腔的一种常见病。也称腹疝，有以下几种分类：

1. 根据发生时间　分为先天性和后天性两类。先天性多发生于初生羔羊，后天性则见于各种年龄羊。

2. 根据是否突出体表　凡突出体表叫外（腹）疝，不突出体表者叫内（腹）疝。

3. 根据发生的解剖部位　分为脐疝、腹股沟阴囊疝、腹壁疝、会阴疝等。

4. 根据疝内容物的活动性不同　分为可复性疝与不可复性疝。前者是指羊体位改变或压迫疝囊时，疝内容物可通过疝孔而还纳到腹腔。后者是指用压迫或改变体位的方法，疝内容物依然不能整复到腹腔，故称为不可复性疝。如果疝内容物嵌闭在疝孔内，脏器受到压迫，血液循环受阻而发生瘀血、炎症，甚至坏死等统称为嵌闭性疝。

【主要症状和病理变化】其中脐疝最为常见，脐部出现局限性、柔软无热痛性肿胀，其大小可有鸡蛋大乃至拳头大。病初多数能将内容物还纳到腹腔，且可摸到疝轮，病羊饱食或腹压增大时肿胀增大，听诊有肠蠕动音，一般无全身症状。长时间脱出的网膜常与疝轮粘连，或肠壁与疝囊粘连，也有疝囊与皮肤发生粘连的，常摸不清疝轮。如发生嵌闭性脐疝，则全身症状显著，病羊极度不安，出现腹痛，食欲废绝，可很快发生腹膜炎，体温升高，脉搏加快，如不及时进行手术则常引起死亡。

【治疗措施】小羔羊有相当数量不需治疗，即可自愈。

（1）非手术疗法　即保守疗法适用于疝轮较小、年龄小的羊。可用一大于脐环的、外包纱布的小木片抵住脐环，然后用疝带（皮带或复绷带）捆绕腰部加以固定，压迫脐部，使肠道复位，但效果取决于固定的可靠程度。也可局部涂擦强刺激剂或疝孔周围注射乙醇等，促使局部炎性增生，闭合疝口。但强刺激剂常能使炎症扩展至疝囊壁以及其中的肠管，引起粘连性腹膜炎。还可用95%乙醇（碘液或10%～15%氯化钠溶液代替乙醇），在疝轮四周分点注射，每点3～5毫升，有一定的效果。

（2）手术疗法　效果确实可靠。术前禁食，术部按常规清洗消毒和麻醉后，仰卧或半仰卧保定，切口在疝囊底部，呈梭形，切口长度应大于疝轮，以利于闭锁。皱襞切开疝囊并分离疝囊壁，检查有无粘连和变性、坏死。如有粘连则剥离粘连的肠管，如有肠坏死，则行肠部分切除术。如无粘连和坏死，可将疝内容物直接还纳到腹腔，然后根据疝轮的大小进行纽扣状缝合或荷包缝合，封闭疝轮。如果病程较长，疝轮的边缘变厚变硬，则应将疝轮切削成新鲜创面，先进行纽扣状缝合闭合疝轮，再分离疝囊壁形成左右两个纤维组织瓣，将一侧纤维组织瓣缝在对侧疝轮外缘上，然后将另一侧的组织瓣缝合在对侧组织瓣的表面上。修整皮肤创缘，结节缝合皮肤。术后腹腔注射普鲁卡因青霉素溶液。

【术后护理】术后前 3 天不宜饱食和剧烈运动，防止腹压增高，术部装压迫绷带，保持 7 ~ 10 天，可减少复发。连续应用抗生素 5 ~ 7 天，防止创口感染化脓。

五、锁肛

【病因】锁肛是肛门被皮肤所封闭而无肛门孔的先天性畸形。主要见于初生羔羊的先天性肛门闭锁。

【主要症状和病理变化】新生羔羊不吃奶，腹胀，腹痛，弓腰，不停努责，频频做排粪姿势，无肛门，努责时肛门处皮肤明显突出，隔着皮肤用手指可摸到胎粪，严重时卧地不起，体温正常，呼吸稍快。如在发生锁肛的同时并发直肠、肛门之间的膜状闭锁，因直肠盲端距肛门皮肤有一定距离，肛门处无明显的突起，但可感觉到薄膜前面有胎粪积存所致的波动。如并发直肠、阴道瘘或直肠尿道瘘，则稀粪可从阴道或尿道排出。如排泄孔道被粪块堵塞，则出现肠闭结症状，最后以死亡告终。

【治疗措施】施行人造肛门术：羔羊侧卧保定，在肛门突出部或相当于正常肛门的部位，进行清洗消毒、外科常规处理和局部浸润麻醉后，用手轻压羔羊腹部，使肛门处外凸。在肛门最突出处，做一圆形或十字形皮肤切口，并剪去皮瓣，切透肌层，按正常羔羊肛门孔大小做一圆形肛门孔，注意勿损伤肛门括约肌。此时随着病羔的努责，胎粪从里面不断排出，排粪停止后，冲洗消毒，将肌层和皮肤结节缝合。

对于直肠闭锁的羔羊，剪除皮肤后，分离组织找到直肠末端，暴露并切开直肠盲端，切口大小与皮肤切口相等，手压腹部排净胎粪，然后冲洗消毒。结节缝合直肠末端黏膜和人造肛门孔皮肤创缘。为了便于排粪和防止粪便污染术部，在切口周围涂以抗生素软膏。若直肠盲端下降至会阴皮肤处，可在切开剥离皮瓣后，继续分离皮下组织直达直肠盲端，在直肠盲端上缝以牵引线，充分剥离直肠壁并拖至肛门口外，使之与皮肤对接，然后以细丝线将直肠壁与四周皮下组织缝合固定，再环切盲端，掏出胎粪，冲洗消毒，最后将直肠断端黏膜结节缝合到皮肤切口边缘上。

【术后护理】术后一定要在切口周围涂以抗生素软膏，保持术部清洁，防止感染。伤口愈合前应在排粪后用消毒防腐液清洗，注意加强饲养管理，防止便秘影响愈合。

六、腐蹄病

【病因】腐蹄病是一种以蹄角质腐败、趾间皮肤和组织腐败、化脓为特征的局部化脓性坏死性炎症。病原菌为结节状梭菌和坏死厌氧丝杆菌等。本病常发生于低湿地带，多见于湿热的多雨季节，主要由于圈舍潮湿不洁，蹄受粪尿浸渍，护蹄不当，以致蹄角质弹性降低，引起龟裂、发炎，或先天性蹄角质软弱等使蹄部受到损伤是本病的主要诱因。各年龄的羊均可发生，因患病后生长不良、掉膘、羊毛质量受损，偶尔也引起死亡，造成经济损失。

【主要症状和病理变化】病初轻度跛行，多为一蹄患病。随着病程的发展，跛行加重。若两前肢患病，病羊往往爬行。后肢患病时，常见病肢伸到腹下。做蹄部检查时，初期见蹄间隙、蹄踵和蹄冠潮湿、红肿、发热，有疼痛反应。病变从蹄间裂的角质皮肤结合处开始，从蹄底真皮与角质之间穿过，从外侧蹄真皮与角质之间，上行至外侧蹄冠，很快有广泛的蹄角质与蹄真皮分离。严重时引起蹄部深层组织坏死，蹄匣脱落，病羊常跪地采食。蹄间裂和蹄冠的软组织肿胀、化脓、自溃、排脓，有恶臭脓汁，有的形成窦道，向远处蔓延。甚至病变可侵害到腱、腱鞘、韧带和骨组织。陈旧性病蹄出现变形，蹄仍有裂隙和空洞。轻者全身症状不明显，重者体温升高，食欲减退或废绝，精神沉郁，生产力下降。病程比较缓慢，多数病羊跛行达数十天甚至几个月。由于影响采食，病羊逐渐消瘦。如治疗不及时，可继发感染而引起死亡。

【防治措施】

1. 预防

（1）加强蹄的护理 经常修蹄，及时处理蹄的外伤。

（2）注意圈舍卫生 保持清洁干燥，羊群不可过度拥挤。

（3）注意放牧地区 尽量避免或减少在低洼、潮湿的地区放牧，雨季放牧要往高处走。

（4）及时隔离进行预防 当羊群中发现本病时应及时进行全群检查，将病羊全部隔离进行治疗。对健康羊全部用 10% 硫酸铜溶液或 10% 福尔马林溶液进行预防性蹄浴。对圈舍要彻底清扫消毒，铲除表层土壤，换成新土。对粪便、坏死组织及污染垫草彻底进行焚烧处理。若病羊较多，应更换牧场、饮水处及放牧道路。选择高燥牧场，改到沙底河道饮水。停止在污染的牧场放牧，至少经过 2 个月以后再利用。

（5）改善饲养管理 在饲料中添加丰富的矿物质，特别是要平衡补充钙磷。消除各种致病因素。

2. 治疗 首先进行隔离，对环境进行消毒和保持环境干燥，根据病情采取适当治疗措施。

对轻症者，可用 3% 过氧化氢或 0.2% 高锰酸钾溶液清洗患蹄，然后每天用 10% 硫酸铜溶液、10% 硫酸锌或 10% 福尔马林溶液进行浴蹄，或包扎硫酸铜液绷带即可痊愈。重症者，浴蹄后削蹄，扩创，彻底除去坏死组织和脓汁，然后涂布浓福尔马林溶液或 20% 硫酸铜溶液浴蹄，外敷松馏油碘酊棉纱，也可撒硫酸铜粉或高锰酸钾粉，包扎绷带。必要时可反复削蹄和蹄浴。

若脓肿部未破溃，应切开排脓，然后用 1% 高锰酸钾溶液洗涤，再涂擦浓福尔马林溶液或撒布高锰酸钾粉。除去坏死组织后，青霉素水剂或油乳剂局部涂抹，或用磺胺类、抗生素类软膏填塞、包扎，再涂上松节油。

如有继发性感染时，在局部用药的同时，配合全身应用磺胺类药物或抗生素，进行对症治疗。尤其以注射磺胺嘧啶效果最好。

中药治疗可选用桃花散或龙骨散撒布患处。

七、羊蹄间腺炎

【病因】由于蹄间腺被草茬、种子、植物毛刺所损伤，蹄间腺排泄孔被泥封闭而引起。多发生于秋冬季节，个别羊群患病的羊可达 10% ~ 15%，主要侵害一肢。

【主要症状和病理变化】患肢蹄间裂增大，出现支跛。可以看到有小束的植物毛刺侵入，突出于蹄间腺的孔口，常沾有脓液。在蹄间腺区形成局限性的、带有痛感的小脓肿。如病程延长时，可形成窦道或蹄冠蜂窝织炎、化脓性蹄真皮炎、蹄壁的部分剥离。

【防治措施】

1. 预防　羊群要避免在多刺的刈割植物干茬的地带放牧。建立健全羊群的检查制度，早发现早治疗。当蹄间腺排泄管被堵塞时，要及时清除污物，然后在患部涂碘酊或涂擦防腐软膏。

2. 治疗　用常规手术方法切开，通过小切口用外科钳子钳住腺体，将蹄间腺摘除，涂擦松馏油与凡士林的等份混合油膏，包扎绷带。全身应用青霉素、磺胺类药物，以防感染发生。病羊另放在干燥、清洁的单栏内饲养。

第八章

羊的产科疾病

母羊在围产期和哺乳期，由于身体抵抗力脆弱，极易发生产科疾病，一些疾病的发生可导致母羊流产、产死胎和繁殖障碍病。因此做好母羊产科疾病的预防和控制工作，对提高养殖效益至关重要。羊的产科疾病一般有不孕症、子宫内膜炎、阴道脱、子宫脱、胎衣不下等，大多可通过冲洗、消毒、抑菌疗法得以控制。

第一节
母羊妊娠期及分娩期疾病

一、流产

【病因】羊流产可分为非传染性流产和侵袭性流产。

1. 非传染性流产　包括生殖器官疾病，如子宫畸形、胎盘坏死、胎膜炎和羊水增多症等。内科病，如肺炎、肾炎、有毒植物中毒、食盐中毒、农药中毒。营养代谢障碍病，如无机盐缺乏、微量元素不足或过剩，维生素 A、维生素 E 不足等，饲料冰冻和发霉等。外科病，如外伤、败血症以及运输拥挤等。上述因素均可造成流产。

2. 侵袭性流产　多见于布氏杆菌病、支原体病、衣原体病、毛滴虫病、弓形体病等。

【症状及诊断】由于流产的原因和流产发生的时期不同，所引起流产胎儿的病理变化和临床症状各异。

通常妊娠母羊流产，发生于子宫内胎儿死亡后 1～3 天，其症状因妊娠期的长短而异。妊娠初期流产，胎儿及胎盘尚小，与子宫黏膜结合较松弛，妊娠母羊流产迅速。妊娠的后期，妊娠母羊流产症状与正常分娩相似，可偶见乳房膨大，乳头充血。若在泌乳期，则泌乳量骤减，乳汁呈初乳状态。妊娠母羊食欲、反刍、体温及脉搏等正常，但表现出骚动不安，则为流产征兆。随后妊娠母羊阴户流血，有丝状黏液下悬，胎儿与胎衣先后排出。胎儿成熟期发生流产者，因胎儿过大，或因死胎的胎位及胎势不易发生充分变化，或因子宫收缩力不足，子宫口开张不全，致使胎儿不能产出，即发生难产。可见妊娠母羊食欲减退、行为异常、常努责，阴户流出血色黏液，经时较久，可使体温增高、精神委顿。此时，必须实行助产手术。若未将死胎及时排出，胎儿则在子宫内被浸软分解、腐败分解或干尸化。

临床常见的流产有 4 种，即隐性流产、早产、小产和延期流产。

1. 隐性流产 发生于妊娠初期，囊胚附植前后。这时胚胎尚未充分形成胎儿，组织分化尚弱，骨头尚未钙化，死亡之后易被吸收，在子宫内不留任何痕迹。临床上主要表现是配种后发情，发情周期延长，习惯性久配不孕。

2. 早产 排出不足月的活胎儿，可能成活。

3. 小产 排出由各种原因引起死亡的胎儿。

4. 延期流产 胎儿死亡后，由于子宫阵缩微弱，子宫颈口不开张或开张不大，死后长期停留于子宫内，称为延期流产。根据子宫颈口是否开放，其结果有两种，即胎儿干尸化和胎儿浸溶。

胎儿干尸化是指胎儿死亡未被排出，其组织中的水分及胎水被吸收，变为棕色，好像干尸一样，所以称为胎儿干尸化。原因是胎儿死亡后黄体不萎缩，子宫颈口不开放所致。

胎儿浸溶分解是指妊娠中断后，死亡胎儿的软组织被分解，变为液体流出，骨骼部分仍留在子宫内，称为胎儿浸溶。胎儿死亡后，黄体萎缩，子宫颈口部分开放，腐败菌等微生物从阴道侵入子宫及胎儿，胎儿的软组织分解液化而排出，骨骼则因子宫颈口开放不全而滞留于子宫。

母羊经常努责，努责时流出由胎儿软组织分解，变为红褐色或棕褐色恶臭的黏稠液体，并可带有小的骨片，最后排出脓液污染尾部或后腿。严重时，并发子宫炎，可使母羊表现腹膜炎及败血症等症状。

【防治措施】

1. 预防

（1）加强饲养管理 控制由管理不当如拥挤、缺水、突然改变饲料、采食毒草、霜草、冰凌水、受冷等因素诱发的流产。

（2）免疫接种 按免疫计划对妊娠母羊进行免疫接种，控制传染病的发生，减少妊娠母羊的流产和胎儿的死亡。

（3）用驱虫药 如虫克星、阿福丁、伊力佳、阿力佳等，在春秋定期驱虫，控制和降低羊体内外寄生虫的侵害。驱虫后羊的粪便进行生物发酵处理。

（4）消毒 对疑似病羊的分泌物、排泄物及被污染的土壤、场地、圈舍、用具和饲养人员的衣物等进行彻底消毒处理。

2. 治疗 首先应确定属于何种流产以及妊娠能否继续进行，在此基础上再确定治疗原则。

如果妊娠母羊出现腹痛、起卧不安、呼吸和脉搏加快等临床症状，即可能发生流产。处理的原则为安胎。可以使用抑制子宫收缩药，如肌内注射黄体酮 10 ~ 30 毫克，每天或隔天 1 次，连用数次。配合使用镇静剂，如溴剂。

对于发生早产或小产的妊娠母羊，不需要进行特殊处理，但应注意对早产羔羊的保温和人工哺乳，并加强对母羊的护理。

对于延期流产，首先可使用前列腺素制剂，继之或同时应用雌激素如乙烯雌酚 2 ~ 3 毫克，溶解黄体并促使子宫颈口扩张。同时在产道内灌入润滑剂，以便子宫内容物易于排出。母羊出现全身症状时，应对症治疗。

二、子宫内膜炎

【病因】

1. 传染病 常发生于流产前后，这种子宫内膜炎容易相互传染，如不及时采取防治措施，正常分娩的羊也会受到感染。

2. 不清洁 分娩时期圈舍不清洁，或接产过程消毒不严，容易引起发病。

3. 继发症 为阴道脱出、子宫脱出、胎衣不下及阴道炎等疾病的继发症。

【症状及诊断】

1. 急性病 羊体温升高，食欲减退，反刍停止，精神萎靡。常从阴门流出污秽红色腥臭的排出物，阴门周围及尾部有干痂附着。由于炎性渗出物的刺激，同时可使阴道及前庭发炎。有时由于病羊努责而发生阴道不全脱出。如为传染性子宫炎，则体温显著增高，病羊极度虚弱，泌乳停止，有时表现昏迷及血中毒现象，甚至造成死亡。

2. 慢性病 多由急性转变而来，食欲稍差，阴门排出少量卡他性或脓性渗出物，发情不规律或停止发情，不易受胎。卡他性子宫内膜炎有时可以变为子宫积水，造成长期不孕，但外表没有排出液，不易确诊，只能根据有子宫卡他性炎症的病史进行推测。

【防治措施】

1. 预防 加强饲养管理，严格隔离病羊，不允许流产羊与其他分娩的羊同群饲养。防止发生流产、难产、胎衣不下及子宫脱出等疾病。预防和扑灭引起流产的传染性疾病。加强产羔季节接产、助产过程的卫生消毒，防止子宫受到感染。及时治疗子宫脱出、胎衣不下及阴道炎等疾病。

2.治疗

（1）加强护理　保持羊舍的温暖清洁，饲喂富于营养而带有轻泻性的饲料，经常供给清水。

（2）及时治疗　急性子宫内膜炎，静脉注射青霉素或链霉素，防止转为慢性。

（3）进行子宫冲洗及灌注　可选用 100～200 毫升 0.1% 高锰酸钾溶液或 1%～2% 碳酸氢钠溶液或 1% 的盐水冲洗，每天 1 次或隔天 1 次。在子宫内有较多分泌物时，盐水浓度可提高到 3%。促进炎性产物的排出，防止吸收中毒。并可刺激子宫内膜产生前列腺素，有利于子宫机能的恢复。如果子宫颈口关闭很紧，不能冲洗，可给子宫颈涂以 2% 碘酊或肌内注射乙蔗酚 5～8 毫克，使其松弛。冲洗后灌注青霉素 40 万国际单位。

（4）抗菌治疗时　由于子宫内膜炎的病原菌非常复杂，且多为混合感染，宜选用广谱抗菌的药物，如四环素、庆大霉素、卡那霉素、金霉素、诺氟沙星等。可将抗菌药物 0.5～1 克用少量生理盐水溶解，制成溶液或混悬液，用导管注入子宫，每天 2 次。

（5）激素疗法　可用前列腺素 $F_{2\alpha}$ 类似物，促进炎症产物的排出和子宫功能的恢复。在子宫内有积液时，可注射雌二醇 2～4 毫克，4～6 小时后注射催产素 10～20 国际单位,促进炎症产物排出。配合应用抗生素治疗,可收到较好的疗效。

三、阴道脱

【病因】饲养管理不善,羊年老体弱,加之妊娠后期胎盘分泌较多雌激素,使盆腔内组织及外阴部肌肉松弛。腹腔内既有瘤胃占位,又有妊娠子宫占位,导致腹压增高,挤压松软的阴道壁,使阴道由部分到全部突出于阴门之外。助产时强行拉出胎儿,常常是发生阴道脱的直接原因。

【症状及诊断】阴道脱出分为完全脱出和部分脱出。病初仅在卧地时,有粉红色瘤样物突出夹在阴门之中,当站起时又自行缩回。随分娩的临近,脱出部分逐渐增大，其黏膜受损发炎，颜色变深变暗，水肿，这时病羊站立，脱出物体也不能再缩回复位，有时可见到宫颈外口和黏液塞，排尿不畅，病羊努责时胎动明显，采食饮水减少，精神不振。严重者，全身症状明显，体温可升高达 40℃ 以上。

【防治措施】

1. 预防　对妊娠母羊要注意饲养管理。舍饲羊应适当增加运动，提高全身组织的紧张性。病羊尽量少饲秸秆等粗饲料，给予多汁易消化的青绿饲料。及时防治便秘、腹泻、瘤胃膨胀等疾病，可减少本病的发生。

2. 治疗　病羊采取前低后高姿势保定，经局部清洗消毒后，用消毒纱布捧住脱出的阴道，由脱出基部向骨盆腔内缓慢地推入，至快送完时，用拳头顶进阴道，然后用阴门固定器压迫阴道，固定牢靠。阴门做圆枕双内翻缝合，在阴门两侧软组织深部注射 70% 医用乙醇 20 毫升，刺激局部发炎肿胀压迫阴门，防止再脱出。若以上措施收效不佳，病羊继续努责，缝合的圆枕撕裂，阴道再次脱出，可进行剖腹产手术。

手术步骤：术部常规消毒，0.25% 奴夫卡因青霉素局部麻醉。自皮肤至腹膜分层切开，托引子宫孕角大弯于术创部，大纱布隔离。沿大弯切开子宫取出胎儿及胎衣，子宫内投放青霉素，缝合子宫，并用 0.9% 的温盐水清洗后送入腹腔，腹腔投放青霉素，缝合伤口并结系绷带。术后腹腔及全身连用青霉素 3 天，补钙、磷及维生素 D。体温、脉搏、呼吸 (TPR) 三项指标正常时混群。

四、难产

【病因】临床上常见的难产可分为以下 3 种情况：

1. 产力性难产　引起此种情况发生的原因：阵缩及努责微弱，分娩时子宫及腹壁肌收缩次数少，持续时间短，或强度不足，使胎儿不能娩出。子宫疝气。

2. 产道性难产　分娩时胎儿的通路障碍，其原因主要为：

（1）子宫捻转　怀孕子宫的另一侧子宫或部分子宫角围绕自己的纵轴发生扭转。

（2）产道狭窄　子宫颈狭窄、阴门及阴道狭窄、软产道水肿。

（3）骨盆变形　骨盆的形状与大小异常。

3.胎儿性难产　其原因主要为：

（1）胎儿与产道大小不相适应　胎儿过大、双胎同时揳入产道。

（2）胎儿畸形　全身气肿、腹腔积水、裂腹畸形、先天性假佝偻、先天性歪颈、胎头积水、重复畸形。

（3）胎势不正　正生时胎头侧弯、胎头后仰、胎头下弯、头颈捻转、腕关节屈曲、肘关节屈曲、肩关节屈曲、前肢置于颈上。倒生时髋关节屈曲、跗关节屈曲。

（4）胎位不正　正生侧位，倒生侧位，正生下位，倒生下位。

（5）胎向不正　竖向时包括腹部前置、背部前置两种情况，每种情况又分头朝上或向下。横向时也包括腹部前置、背部前置两种情况。

以上有单独发生，也有综合性发生，其中以胎势不正较为常见。

【助产准备】

1.术前准备　向畜主询问羊分娩的时间，是初产还是经产，看胎膜是否破裂，有无羊水流出，检查全身状况。

2.保定母羊　一般使母羊侧卧，后躯高于前躯，以便减小腹腔内压，利于努责。

3.消毒　术者手臂、助产器械及母羊外阴均需消毒。接产员必须戴上消过毒的乳胶手套，如果当时没有乳胶手套，可将手指甲剪去磨光，手放在消毒液中浸泡3~5分，涂上凡士林或石蜡油等。接产前，先将母羊的阴唇、肛门、尾根等处用肥皂水或消毒液清洗干净，然后用乙醇棉球消毒。

4.产道检查　注意产道有无水肿、损伤、感染，对由于胎水流失过早、产道干燥的，可以用石蜡油或菜油润滑。

5.胎儿检查　检查胎儿的胎向、胎位和胎势是否正常，确定胎儿是否存活。

【助产方法】

1.药物催产　当子宫阵缩及努责微弱时，可采用垂体后叶素、麦角碱等药物进行催产。药物催产时要确保子宫颈口已充分开张，胎向、胎位、胎势正常，产道无异常。否则会导致因子宫剧烈收缩而发生子宫破裂。

2.扩张产道　对于子宫颈狭窄（扩张不全），阴门及阴道狭窄的，可适当扩张产道。

3. 矫正胎儿 对于胎位、胎势发生异常的，可施行矫正术。把母羊后躯垫高，将胎儿露出部分送回，手伸入产道纠正胎位，拉出来后送回去，反复 3～4 次。

4. 矫正子宫 对于因子宫捻转发生难产的，可行矫正子宫术。

5. 牵引术 对于胎儿过大，子宫阵缩及努责微弱，轻度的产道狭窄，胎位、胎势轻度异常的，实施牵引术。用手握住胎儿两前肢（后肢），随着母羊努责，轻轻向下方拉出。胎儿产出后用碘酊涂擦脐带头，以防其发生脐炎。

6. 剖腹产术 上述方法均无效者，可进行剖腹产急救胎儿，保护母羊安全。

【防治措施】

1. 防止母羊过早交配 母羊的初情期一般为 5～6 月龄，但此时母羊身体尚未发育成熟。如此时配种则会影响其生长发育，并容易导致分娩时难产的发生。所以适时配种非常重要，首次配种时间一般以母羊已达体成熟为宜。

2. 坚持正确的体型选配原则 在难产病例中，约有 50% 是与胎儿过大有关，其中绝大部分是由于用过大体型种公羊配种有关。因此，应坚持正确的体型选配原则。即大配大、大配中、中配小，绝不可以大配小。以大配小的结果往往导致胎儿过大而增加难产率的发生，对于过早配种的后果更为严重。

3. 做好妊娠期饲养管理 妊娠期母羊过度肥胖或营养不良都可导致产力不足而诱发难产。同时，运动对妊娠母羊十分必要，一些难产母羊与妊娠期缺乏运动有关。妊娠期母羊运动不足可能诱发胎儿胎位不正，还可导致产力不足，这两点都是难产的直接诱因。对于母羊来说，合理运动一要适当，二要适度。一般以每天 2 小时为宜。

五、羊产前瘫痪

【病因】母羊分娩前 2 个月是胎儿生长的最快时期，胎儿对各种养分特别是骨骼生长发育所需的钙量急剧增加。其来源主要依靠母体血液供应，因此，导致了母体血钙浓度的下降。母体血钙的根本来源是食物中的钙，由小肠吸收进入血液，血钙在膦酸酯酶的作用下，以磷酸钙的形式储存于骨骼中。当血钙水平下降时由骨骼中储存的游离出来补到血液中维持钙的代谢平衡。对于多怀孕多胎及怀孕期间营养不良，特别是钙磷不平衡或缺乏的母羊将动用它们骨中的钙来供给胎儿，因此导致肢体缺钙及随着子宫负重的增加，导致羊在分娩前不能站立，出现瘫痪症状。对农户的调查发现，大多数以放牧为主，饲料以禾本科草为主，草质较差，尤其对怀孕的母羊缺乏后期的护理，没有及时补饲及不给各种微量元素、维生素、蛋白质和能量的缺乏也导致了产前瘫痪的发生。

【主要症状】最初，羊步态不稳、后肢出现交替负重、走路困难、卧地，卧地时有时出现四肢划水样痉挛运动。

起卧时后肢无力，在外力协助下勉强起立，行走距离短、坚持时间短，随着病情的加重，以至不能站立。病羊后肢潮湿、较脏，食欲减退以至记废绝，有时只饮少量水，体温正常或偏高。

【治疗与护理】

1. 预防　妊娠母羊要根据妊娠不同阶段补充不同标准的能量、蛋白质及维生素等微量元素。尤其母羊妊娠后期 1 ~ 2 月胎儿生长发育特别快，对养分及矿物质等需求增加，对此期的妊娠母羊更要加强饲养管理，饲喂一些质量较高的牧草，产前一段时间饲喂高磷低钙饲料，加强户外运动，多晒太阳，对怀孕多羔的母羊要特殊照顾，时时监护。

2. 治疗　10% 葡萄糖 500 毫升，10% 的氯化钙 50 毫升，10% 安纳咖 10 毫升，10% 维生素 C 20 毫升，维生素 B 110 毫升；静脉注射，每天 1 次。

注射时不能漏到血管外，注射速度不能过快，寒冷季节钙注射液要适当加温后再做静脉注射。

肌内注射维丁胶钙，1 次注射 5 毫升 / 只，也可同时肌内注射维生素 B_1 和维生素 B_{12}，每天 1 次。

对营养缺乏造成的，要根据缺乏的情况有目的的及时补充。

3. 护理　清洗后肢，将病羊移入放垫草的圈舍，每天翻羊身数次并按摩腰腱部及后肢促进后肢血液循环。饲喂一些易消化的饲料，并均衡补充钙磷。对病重的超过妊娠期后还未好转的羊，可通过注射氯前列烯醇

0.2 ～ 0.3 毫克或剖腹产方法将胎儿取出，来保住母羊，在注射催产素时应检查子宫口是否开张，耻骨联合是否松弛，以防撕破子宫颈。

第二节
母羊产后疾病

一、胎衣不下

【病因】

1. 产后子宫收缩无力　与营养不良、运动不足、胎儿过大、胎儿过多及分娩时间过长等因素有关，同时与催产素的释放有关。

2. 胎盘炎症　怀孕期间子宫受到感染，如李氏杆菌、胎儿弧菌、沙门菌、支原体、霉菌、毛滴虫、弓形体等，发生子宫内膜炎及胎盘炎使胎盘结缔组织化，导致胎儿胎盘与母体胎盘粘连。另外，经手术剥离过胎衣的，以后发生率高。

【症状及诊断】病羊常表现弓腰努责，食欲减少或废绝，精神委顿，喜卧，体温升高，呼吸、脉搏增快。胎衣下垂于阴门外，时间长会发生腐败，并从阴门中流出污红色恶臭的液体，严重时出现全身症状。

【防治措施】

1. 预防　妊娠期间应饲喂含钙及维生素丰富的饲料，并加强运动。产后饮服益母草煎剂，或灌服羊水，可促进胎衣的排出。在妊娠期肌内注射亚硒酸钠维生素注射液，对预防胎衣不下有一定作用。

2. 治疗

（1）药物疗法　分娩后 24 小时内胎衣不下，可肌内注射马来酸麦角新碱、催产素、雌激素等来进行处理。另外，可在子宫内灌入 5% ～ 10% 氯化钠盐水 500 ～ 1 000 毫升，使子叶脱水，母子胎盘分离。

（2）手术剥离法　应用药物 48 小时后仍不奏效的，应进行手术剥离。

先保定好病羊，准备和消毒阴部，然后进行手术剥离。术者用一手握住阴门外的胎衣，稍向外牵拉，另一手沿胎衣表面伸入子宫，用食指和中指夹住胎盘周围绒毛一束，以拇指剥离开母子胎盘的周边，剥离半周后，手向手背侧翻转以扭转绒毛膜，使其从小窝中拔出，与母体胎盘分离。剥离完后，应用消毒液（如0.1%高锰酸钾溶液，0.25%～0.5%利凡诺，0.05%洗必泰等）反复冲洗子宫，再向子宫内投放子宫收缩剂和抗生素，促进子宫复旧和防止感染，并注意全身变化。

（3）自然剥离法　可在子宫内投放抗生素或防腐消毒药，让胎衣自然脱离排出。

二、子宫脱出

【病因】母羊怀孕期间由于饲料及运动不足，饲养管理不良，体质虚弱，以及经产老龄羊阴道及子宫周围组织过度松弛，因而易发生子宫脱出。胎儿过大及双胎妊娠，可引起子宫韧带过度伸张和弛缓，产后也易发生子宫脱出。产道干燥，努责剧烈，助产时抽出胎儿过猛，易引起子宫脱出。便秘、腹泻、子宫内灌注刺激性药液、努责频繁、腹内压升高，也可发生本病。

【症状及诊断】病羊营养较差，心跳、呼吸加快，结膜发绀，烦躁不安。子宫完全脱出的病羊，由于频频努责，疼痛不安且有出血现象的，若不及时采取措施，常会发生出血性或疼痛性休克死亡。病羊子宫脱出较久，精神沉郁，常因全身衰竭而死亡。子宫脱出的3大临床特点是极痛、感染及大出血。

【防治措施】

1. 预防　平时加强饲养管理，保证饲料质量，使羊状态良好。妊娠期间，保证羊有足够的运动，以增强子宫肌肉的张力。多胎的母羊，在产后14小时内必须细心观察，以便及时发现病羊，及时进行治疗。胎衣不下时，不要强行拉出。产道干燥时，拉出胎儿之前，应给产道内涂灌大量油类润滑剂，以防子宫脱出。

2. 治疗　实施子宫手术，早期整复可以使子宫复原。步骤如下，首先剥离胎衣，用3%冷明矾水清洗子宫，然后将羊后肢提起，将子宫逐渐推入骨盆腔，并使用脱宫带防止子宫再次脱出。在无法整复或发现子宫壁上有大裂口、大的创伤或坏死时，应实行子宫切除术。

三、生产瘫痪

【病因】本病的致病机制至今尚未彻底弄清。通过对生理生化方面分析，发现生产瘫痪发生时，病羊血钙、血磷、血糖浓度下降。主要原因是高产奶羊分娩之后，将大量的血液物质作为原料合成初乳，其中钙、磷、糖是合成初乳的主要物质，从而导致机体血钙、血磷、血糖的下降。另外，出现肾上腺皮质激素的含量下降和大脑皮层抑制，造成产后母羊代谢紊乱引起发病。山羊和绵羊均可患病，但以山羊比较多见。尤其某些2～4胎的高产奶山羊，几乎每次分娩以后都重复发病。

【症状及诊断】发病初期，病羊精神萎靡、食欲减退、反刍停止，后肢发软，行走不稳，随倒地不起，不排粪便和尿液。用针刺皮肤时，疼痛反应很弱，体温一般正常。严重时，头和四肢伸直，呼吸深而慢，心跳微弱，耳和角根厥冷，皮肤无痛觉反应，常处于昏迷状态。

【防治措施】

1. 预防　平时给妊娠母羊补喂矿物质饲料，如在饲料中添加3%骨粉和5%黑豆粉。对于高产奶羊，应在产前及产后加喂多维钙片或其他钙片，每天10～20片，混入精饲料中喂给，也有预防效果。

2. 治疗

（1）西药治疗　肌内分点注射20%葡萄糖酸钙溶液25～50毫升，同时肌内注射黄芪多糖注射液10～20毫升，每天1～2次，连用3天。亦可肌内注射50毫克维生素B_1加维丁胶性钙8毫升，每天1次，连用5～7天。

（2）中药治疗　处方一为松针黄芪汤：鲜松针200克，黄芪100克，生姜25克，共煎汤，加乳糖100克，候温灌服或喂服，每天1剂，分早晚2次给药，连用3剂。

处方二为龙骨汤：龙骨150克，当归、熟地黄各35克，红花10克，麦芽100克，煎汤，每天分两次内服或拌料，连用3剂，疗效显著。

（3）乳穴位疗法　在母羊给羊羔哺乳时，用消毒好的注射器，吸取从乳头挤出的乳汁10毫升，用12号短针头注入乳基穴内，每穴5毫升，每天1次，连用2～3次。

乳基穴位置：在靠近脐部乳头前外侧左右各一穴。

机理：自体乳注射于穴位内，使神经和体液协同调节机体免疫力，提高自身免疫功能，有促进其机体恢复正常生理机能作用。

第三节
新生羔羊疾病

一、新生羔羊窒息

【病因】母羊产道干燥、狭窄，胎儿过大，胎位及胎势不正等，使胎儿不能及时排出而停滞于产道。骨盆前置、脐带自身缠绕，使胎盘血液循环受阻。生产母羊高热、贫血及大出血等，使胎儿胎盘过早脱离母体，尿膜、羊膜未及时破裂，造成胎儿严重缺氧，刺激胎儿过早发生呼吸反射，致使羊水被胎儿吸入呼吸道等，都能引起新生羔羊窒息。

【症状及诊断】因窒息的程度不同，分为青色窒息和白色窒息。

青色窒息是轻度窒息，表现呼吸微弱而短促，吸气时张口并强烈扩张胸壁，两次呼吸间隔延长，结膜发绀，舌脱垂于口外，口鼻内充满黏液，听诊肺部有湿啰音，心跳及脉搏快而无力，四肢活动能力很弱，但角膜反射存在。

白色窒息是重度窒息，表现呼吸停止，结膜苍白，全身松软，反射消失，心跳微弱，脉不感手。

根据症状可做出诊断。

【防治措施】

1. 预防　主要是正确助产。

2. 治疗　治疗时有两个原则，一是兴奋羔羊呼吸中枢，使其出现自主呼吸。二是使羔羊呼吸道畅通。可采取以下方法进行治疗：

（1）清理呼吸道　速将羔羊倒提，或高抬后躯，用纱布或毛巾揩净口鼻内的黏液，再以细胶管将口鼻喉中黏液吸出，使呼吸道畅通。

（2）人工呼吸　呼吸道畅通后立即做人工呼吸，方法有3种：①有节律地按压羔羊腹部。②从两侧捏住季肋部，交替地扩张和压迫胸壁，同时助手在扩张胸壁时将舌拉出口外，在压迫胸壁时将舌送回口内。③握住两前肢，前后拉动，以交替扩展和压迫胸壁。人工呼吸使羔羊呼吸恢复后，常在短时间内又停止。故应坚持到羔羊出现正常呼吸为止。

（3）刺激　可倒提羔羊抖动、甩动，或拍击颈部及臀部。冷水突然喷击羔羊头部。以浸有氨溶液的棉球放于羔羊鼻孔旁边。将头以下部分浸泡于45℃左右温水中。徐徐从鼻吹入空气。针刺山根（人中）、蹄头、耳尖及尾根等穴，都有刺激呼吸反射而诱发呼吸的作用。

（4）药物治疗　选用尼可刹米、山梗菜碱、肾上腺素、咖啡因等药物，经脐血管注射效果较好。

二、新生羔羊便秘

【病因】羔羊产出后未及时哺喂初乳，初乳质量不高，母羊缺乳及无乳，羔羊体弱，都可使羔羊哺获初乳不足而引起新生羔羊肠道弛缓，胎粪不能及时排出而秘结于肠道。

【症状及诊断】羔羊产出后1～2天不见排出胎粪（注意肛门及直肠闭锁），逐渐表现不安，常拱背努责、回头顾腹、举尾做排粪状，甚者打滚鸣叫。食欲不振，精神委顿，脉搏快而弱，有时出汗，肠音微弱或消失。以手指进行直肠检查，可发现肛门端有浓稠蜡状黄褐色胎粪或粪块。

根据症状可做出诊断。

【防治措施】

1. 预防　羔羊出生后，及时哺喂初乳。母羊缺乳或无乳时，尽早治疗并寄养羔羊。加强母羊的饲养，以提高初乳的品质和数量。注意羔羊的护理，辅助体弱瘦小羔羊哺乳，必要时补输葡萄糖溶液，以增强羔羊体质。

2. 治疗　一般选用下列方法多可治愈，顽固性胎粪秘结应考虑手术治疗。

（1）直肠灌注　可分别选用温肥皂水500毫升，植物油或石蜡油50～100毫升，3%双氧水50毫升进行直肠灌注，均有良好效果。

（2）内服轻泻药 可分别选用食用植物油或石蜡油50～100毫升，蓖麻油25～50毫升，对病羔羊进行灌服，均有良好疗效。

（3）中药治疗 ①取猪胆或牛胆1～2个，加水适量，一半内服，一半灌肠，或胆汁20～60毫升灌肠。②取巴豆两粒，去皮炒黄捣碎后，夹于双层麻纸中，压置于炉台上去油后，水调灌服。③用皂角蜜箭涂油塞入直肠。皂角蜜箭的制法：蜂蜜47克、皂角末5克，熬成黄褐色后，取出制成15厘米长的指棒状。④取细辛6克、皂角12克，研末加蜂蜜适量，制成枣核大小，每次塞入病羔羊肛门内3～5粒。

（4）辅助疗法 腹部按摩、热敷、包扎保暖，都可减轻腹痛、促进胃肠蠕动。

三、新生羔羊脐带炎

【病因】助产时，脐带及所用器材消毒不严，产房卫生状况不良，羔羊脐带被羔羊相互舔吮或被尿液浸渍（公羊）等，都可使脐带感染而引起炎症。

【症状及诊断】

1. 脐带血管炎 是脐动脉和脐静脉发炎。病羔常拱背，不愿行步，精神沉郁，食欲减退，有时体温升高。局部热肿、疼痛，在脐带中央或根部皮下可摸到铅笔杆到小拇指粗的硬索状物，有时可挤出浓稠脓汁，有的在脐孔周围有脓性分泌物或脓肿。

2. 脐带坏疽 脐带断端湿润肿胀、增温疼痛、恶臭化脓，呈污红色，肿胀常波及周围腹部，严重时引起脓性蜂窝织炎。有时脐带断端脱落后，脐孔增生硬肿（注意与脐疝区别）或溃烂化脓。个别可发展为败血症。

根据症状可做出诊断。

【防治措施】

1. 预防 保持产房清洁卫生，助产所用器材及术者手指应严格消毒，注意脐带护理，防止羔羊互相舔吮脐带或被尿液浸渍。

2. 治疗

（1）脐带血管炎的治疗 以5%碘酊涂抹后，于脐孔周围皮下注射抗生素。

（2）脐带坏疽的治疗 彻底清除坏死组织后，涂以碘仿、醚（1：10），使其干燥。或用石炭酸溶液、硝酸银等药物腐蚀后，撒布高锰酸钾、硼酸粉 (1：3)，并以油纱布绷带包扎。

当化脓或脓肿时，应行切开，按化脓创处理。体温升高、蜂窝织炎及败血症时，除局部处理外，要及时实施全身疗法。

四、新生羔羊脐出血

【病因】在自然分娩时受到外界因素的干扰，或人工助产时过早或过分用力拉出胎儿，引起脐带机械性断裂，影响脐动脉和脐静脉自行封闭，从而造成脐出血。

【症状及诊断】脐出血可发生于脐静脉或脐动脉。若血液呈点滴流出，则为脐静脉出血，若血液从脐带或脐部成股地涌出，则为脐动脉出血，有时脐静脉与脐动脉同时出血。

根据症状可做出诊断。

【防治措施】

1. 预防　加强妊娠母羊的饲养管理，防止发生难产，争取自然分娩。自然分娩时，保持安静，避免外界干扰。人工助产时，要正确助产。

2. 治疗　当脐带断端出血时，可用消毒的多股粗缝线或细绳结扎脐带断端，若脐带断端过短或缩回脐孔内而无法结扎时，可用消毒的纱布或脱脂棉止血，然后用抗生素药物消炎，再以纱布绷带包扎进行压迫止血。如出血不止，除注射止血药外，可用止血钳将脐孔暂时嵌闭，或将脐孔缝合止血。对出血过多或呈贫血现象的新生羔羊，都应输以葡萄糖溶液及生理盐水，必要时输入同型血液。

五、新生羔羊先天性肛门及直肠闭锁

【病因】先天性肛门及直肠闭锁是胚胎发育畸形的一种遗传性缺陷，多为近亲繁殖的结果。

【症状及诊断】

1. 肛门闭锁　又叫锁肛，是指肛门被皮肤封闭，皮下即为直肠末端。羔羊排粪时，肛门处皮肤向外突出，隔皮肤能摸到胎粪。

2. 直肠闭锁　不仅肛门皮肤封闭，且直肠末端也闭锁成一盲囊。当羔羊排粪时，整个会阴向外突出。

3. 膀胱 只发生于母羔，直肠末端开口于尿道前庭或阴道上壁，故粪便从阴道排出。

根据症状可做出诊断。

【防治措施】

1. 预防 防止近亲繁殖，淘汰隐性基因，病羊不做种用。

2. 治疗 施行外科手术，人工造肛。

肛门闭锁时，在肛门突出部消毒和局部麻醉后，做一圆形切口或十字切口，并剪去皮瓣（但勿损伤肛门括约肌）。术后 2 ~ 3 天内，于切口周围涂布抗生素软膏，以防感染。

直肠闭锁时，按上法造口后，向前分离组织找到直肠末端，用镊子拉出剪开，掏出胎粪并消毒冲洗，然后将直肠末端缝合在人造肛门孔的周缘，并涂以抗生素软膏。若直肠末端位于深部而难以找到时，使羔羊仰卧，在脐部后方腹下白线侧面切开腹壁，手入骨盆腔内找到直肠末端进行手术治疗。

膀胱因多不影响排粪，对它一般不进行处理。

六、新生山羊羔泌乳

【主要症状和病理变化】并未配种亦未妊娠的新生仔山羊，乳房却表现出明显发育。有些仔山羊虽见乳房过度发育，而泌乳却不太显著。在尚未产羔的母羊，乳房的增大则是由脂肪与结缔组织形成。

【防治措施】通常不需要治疗。可采用醋浴法处理，希望能起到使乳房收敛缩小的作用。如果进行挤奶，容易造成感染。

七、初生羔羊呼吸窘迫综合征

【临床症状】病羔主要表现为呼吸困难和发绀，呈进行性加剧，伴呼吸性呻吟，鼻孔扩张，两肺呼吸音减弱，再吸气时可听到细小呼吸杂音。心音开始正常，以后逐渐减弱，听诊有收缩期杂音。随着病情的发展，很快出现呼吸衰竭，严重病羔羊常于 2 ~ 3 天死亡。

【诊断要点】凡是早产弱羔、剖腹产羔羊出生后 6 ~ 12 小时出现呼吸困难、黏膜发绀，并进行性加重，即应考虑本病，必要时结合化验室化验，若血液 pH 及二氧化碳结合力降低，动脉血二氧化碳张力升高，血钠降低，血钾升高，即可确诊。

【急救处理】

1. 加强护理　立即将病羊放入安静环境，注意保暖，及时清理口腔、鼻孔内黏液。有条件的可以采用吸氧，氧气浓度不要超过 40%，一旦发绀消失即可采用间歇性给氧，每次吸入 5 ~ 10 分。

2. 纠正酸中毒　5% 碳酸氢钠注射液每次用 5 毫升 / 千克体重，加入 10% 葡萄糖溶液中静脉滴注，必要时可先取总量的一半缓慢静脉注射，余量可以静脉滴注。此法既可纠正酸中毒，又能扩张肺部血管，改善肺部的血液灌注，使血红蛋白的携氧量增加。

3. 控制心力衰竭　按每次葡萄糖酸钙 1 ~ 2 毫升 / 千克体重再用 10% 的葡萄糖溶液 30 毫升，稀释后缓慢静脉注射。

4. 控制脑水肿　用 20% 甘露醇按每次 5 毫升 / 千克体重，快速静脉注射，每天 1 ~ 2 次。

5. 控制高血钾　血钾过高时可用 15% 葡萄糖溶液加入胰岛素静脉滴注，每 3 ~ 4 克葡萄糖用 1 国际单位的胰岛素。

6. 改善细胞内呼吸　可用红细胞色素 C 15 毫克、三磷腺苷 20 毫升、辅酶 A 50 国际单位及维生素 B_6 50 毫克，加入 25% 葡萄糖溶液 20 毫升，静脉滴注，每天 1 次。口服鱼肝油每天 2 次，每次 1 粒。

7. 预防感染　为防止继发肺炎，可用氨苄西林钠 0.25 配合鱼腥草 1 ~ 2 毫升，肌内注射，每天 2 次，或用卡那霉素按 15 毫克 / 千克体重，分 2 ~ 3 次肌内注射。

【防治措施】 注意怀孕后期对母羊补充脂溶性维生素，特别是维生素 A、维生素 E，对减少本病的发生有很大的临床意义。

八、新生羔羊软瘫综合征

【病因】 本病主要发生于山羊羔羊，绵羊羔羊发病极低，该病一年四季都有发生，多发生在上一年 9 月以后怀孕，第 2 年 2 ~ 6 月生的羔羊，特别是圈养母羊所生羔羊发病率较高。冬季羊群活动量小，阳光照射少，补饲跟不上，是冬春羔羊发病率高主要原因。本地山羊属地方品种的羔羊，由于初生重较轻，需乳量小，经长期风土驯化对当地条件比较适应，发病率较低，而近年来由于进行波尔山羊或者其他国外引进品种羊的杂交，杂交羔羊、初生羔羊体重增大，代谢快，随着杂交代次的增多、羔羊体重的增加，营养缺乏越来越明显，适应能力差，发病率高。

1. 母羊的原因　母羊怀孕期间主要在冬季或者舍内饲养，怀孕母羊管理粗放、饲粮单一、营养缺乏、光照不足、运动量小，所生羔羊体质差，都是造成该病的主要原因。经调查，山羊在规模养殖时，由于大部分养殖户按传统饲养管理方法，羊舍简陋，驱虫不到位，饲料单一，缺乏维生素、微量元素，特别是山羊必需的维生素 A、维生素 D、维生素 E，微量元素碘、铜、铁、锌、钴、硒等；能量、蛋白质及钙、磷比例失调，造成母羊营养缺乏，乳汁内营养缺乏，影响羔羊的发育。

母羊的乳房和乳汁问题。在调查中我们发现，发病羔羊的母羊经过检查有大部分母羊的乳房存在不同程度的乳腺炎症，特别是隐性乳腺炎和乳腺炎的存在造成母乳中不同程度的细菌污染，羔羊吃了含有细菌及其毒素的乳汁发病。乳汁内一些营养物质的缺乏也是造成羔羊发病的另一个原因。

2. 羔羊的原因

（1）羔羊胃肠道功能方面　①羔羊出生后 1~15 天，胃功能不全，胃肠蠕动慢，胃蛋白酶产生的少，凝乳酶使乳汁产生凝乳块，乳块在胃内消化慢停留时间长，造成消化不良，胎粪排出慢，胃肠道内稽留未消化的食物发酵造成自体中毒。②羔羊由于胃内分泌的盐酸和消化酶少，对进入胃肠道的细菌杀灭能力差，细菌容易在消化道生长繁殖产生毒素造成羔羊毒血症。

（2）羔羊的管理问题　羔羊出生后由于体温调节中枢不健全，外界温度对羊的影响很大，如果外界环境低，羔羊需要大量的营养来维持体温的需要，营养需要量就大，容易造成能量缺乏，这是羔羊出现血糖低的一个原因。所以，保温是管理羔羊的关键，外界温度高了羔羊喜欢活动，运动量大了有益于消化，补充营养。

3. 环境卫生和产房卫生问题　环境或者产房的卫生条件差，乳头被细菌污染，羔羊在吃初乳时把细菌同时吃进胃肠道感染；接生人员在给新生羔羊清理口腔的羊水时，手或者擦拭物没有消毒，细菌被吃进胃肠道造成感染。

【主要症状和病理变化】

1. 临床症状　新生羔羊 3 ~ 15 天发病最多，绝大部分突然发病，发病早期体温正常或者稍高，主要表现为精神沉郁，不能吮乳，前期呼吸加快、心率加快，后期心跳迟缓、反应迟钝、黏膜苍白或者发绀，发病时常发出尖叫声。而后，耳、鼻冰凉，四肢无力，有时两前肢跪地或者呈"八"字形，两后肢拖地行走，吮乳困难，强力驱赶步态不稳，似醉酒样四处乱撞，继而表现为卧地不起，全身瘫软，如面叶状，腹部发胀（90%），部分羔羊胃内积聚有液体，晃动有水响。严重时病羊有空口咀嚼现象，眼球、肌肉震颤，角弓反张，四肢挛缩，有的呈阵发性痉挛或前肢无目的的划动或平躺卧地，前期不见大小便或者大便干结，排便困难，后期大便失禁，60% ~ 80% 发病羔羊排出黄色带黏液粪球或黏液性稀便。48 小时后，体温下降至以下或者不能测出体温，最后在昏迷中死亡。病程 2 ~ 5 天不等，早发现、早治疗一般绝大部分能迅速康复；救治不及时，到后期因羔羊不能吮乳或者管理失当多数转归死亡。

2. 解剖病变　对病死羔羊进行解剖可见肺脏水肿、肺脏有出血点，肺部尖叶和心叶实变，心肌松弛，左右心室扩张，严重的心肌坏死呈灰白色，肝脏轻度肿大、色深有坏死点，脾脏出血坏死，肾脏水肿，死亡羔羊脱水明显，急性死亡羔羊可见胃内有大量未消化的乳凝块，胃内容物酸臭，中期胃内容物有乳凝块和混浊液体，胃内膜脱落，胃壁有条形出血，严重的出现胃坏死，慢性的胃壁变薄，后期胃内容物水样或者空虚，胃壁菲薄呈空气球样，部分病死羔羊小肠黏膜出血，大肠及直肠内有黄色或灰白色球型或乳状黏液性物。

【防治措施】

1. 预防

（1）口服软瘫灵　羔羊生后第 1 天、第 3 天、第 5 天，每天按说明口服，预防效果基本是 100% 不发病。

（2）加强怀孕母羊的饲养管理　母羊在怀孕中后期营养需要量大，必须满足胎儿自身的营养需要，但这个时候由于胎儿的增大，母羊腹腔内压高，由于胎儿的压迫，胃肠道的容积减少，蠕动减弱，容易出现营养缺乏，所以母羊在怀孕中后期要饲喂优质草料，特别是维生素、微量元素、蛋白质、能量以及一些常量元素的补充，研究发现通过对各地发病羊场的采样化验测定结果配制了一种牛羊健康多维（牛羊母子康），通过大量的临床预防试验，可以大幅度的减少母羊产前产后瘫痪、流产、弱胎和羔羊软瘫的发病率，并且可以替代预混料。

（3）增强抵抗力　母羊在怀孕中后期要让怀孕羊多活动，每天让他活动不少于 3 ~ 4 小时，冬季让怀孕母羊多晒太阳以增强母羊的抵抗力。

（4）注意羔羊的保温　产房温度要不低于 25℃，让羔羊有充足的活动场地。

（5）做好消毒工作　做好产房的消毒，对产房每天消毒 1 次，用 2 ~ 3 种消毒药交替使用，接生人员注意手和接生物品的消毒，严防接生过程中细菌感染小羊口腔，母羊在产前和吃初乳前要对乳头清洗消毒 2 ~ 3 次，尽量减少羔羊吃初乳时候的感染。

（6）做好预防工作　羔羊生后第 1 ~ 3 天用亚硒酸钠维生素 E 2 ~ 3 毫升、右旋糖酐铁 1 ~ 2 毫升注射，同时，口服土霉素或者磺胺类药物进行预防。

2. 治疗　对本病的治疗原来没有比较好的办法，研究发现治疗这个病关键是时间问题，如果在出现症状的当天治疗，治愈率是很高的，时间长了由于机体的神经和器官的组织功能严重丧失，治疗效果不好。

发病羔羊每次按说明书加温溶解口服，1 天 1 ~ 2 次，严重的先注射果糖酸钙注射液 1 毫升，一般喂软瘫灵 3 ~ 5 次羔羊就能康复。对发病急的用果糖酸钙注射 1 毫升、参麦注射液 5 毫升，1 次即可。粪便干结的用开塞露灌肠，配合口服软瘫灵，治愈率很高。

对发病羔羊轻型病例用果糖酸钙、参麦注射液治疗也有一定的效果。

九、新生羔羊消化不良

【病因】

1. 怀孕母羊的饲养不良　怀孕母羊的营养不良，必然会影响胎羊的生长发育，尤其是怀孕后期胎羊的生长发育增强时更为显著。除了直接影响胎羊以外，营养不良母羊的初乳蛋白质及脂肪的含量均减少，维生素、溶菌酶及其他营养物质缺乏，因而乳汁稀薄，乳量减少，乳色发灰，气味不良。吸吮这种初乳就会引起消化不良。

2. 羔羊的饲养和护理不当　①新生羔羊的维生素 A 缺乏时，使黏膜上皮角化，以致发生肠胃炎，而出现腹泻。②受寒后饱食或饱食后受寒。③人工哺乳中奶的温度不够使胃肠蠕动机能降低，从而使胃肠内容物腐败、发酵，引起消化不良。④在自然哺乳中，母羊乳房发炎因受到奶中微生物的危害，常会引起单纯性消化不良。⑤管理不合乎卫生要求，病的发生就会增加。例如饮水不洁，饲槽不常洗刷，病羊的排泄物不及时清除，以致污染羊栏、墙壁及蓐草等，均能引起本病的发生。

【主要症状】病初食欲减退或废绝，被毛蓬乱，喜卧。可视黏膜稍见发紫，病羊精神委顿。继而频频排出粥状或水样稀便，每天达十余次。粪带酸臭，呈暗黄色。有时由于胆红素在酸性粪便中变为胆绿质，可以见到粪便呈绿色。在腐败过程占优势时，粪的碱性增强，颜色变暗，内混黏液及泡沫，带有臭气。由于排粪频繁，大量失水，同时营养物未经吸收即排出，故使病羔显著瘦弱，甚至有脱水现象。本病常可转为胃肠炎，而使症状恶化，体温可升高至 40 ~ 41℃。

【防治措施】隔离病羔，给予合理的饲养与护理。如为发酵性腹泻，应除去富含糖类的饲料；若为腐败性腹泻，应除去蛋白质饲料，而改给富于糖类的饲料。为了减少对胃肠黏膜的刺激和排出异常粪便，应绝食 8 ~ 12 小时，只给以生理盐水、茶水或葡萄糖盐水，每天 3 ~ 4 次，每次 100 毫升左右。温度应和体温相当。对于较轻的病例根据情况可内服盐类或油类泻剂，同时，用温水灌肠。对于食欲差而粪便稍稀的，可以用：①龙胆酊 25 毫升，稀盐酸 10 毫升，番木别钉 10 毫升，胃蛋白酶 20 克，复方维生素 B 片 50 片，常温水加至 500 毫升。用量为：10 日龄以内的羔羊，每次 5 ~ 6 毫升；11 ~ 20 日龄的，每次 8 ~ 10 毫升；21 ~ 30 日龄的，每次 12 ~ 15 毫升，每天 2 ~ 3 次。②蛋白酶合剂（胃蛋白酶、胰酶、淀粉酶各等份）0.4 克，调成糊状，涂到舌根，每天 2 次；或用乳酶生 0.2 克，每天 2 次。也可给予胖得生或健儿康，每次 1 包，每天 2 次。③用整肠生或者妈咪爱配合蒙脱石、酵母片口服。④嗜酸菌奶有治疗和预防效果，5 ~ 8 毫升 / 千克体重，每天 2 ~ 3 次，混入正常奶中。没有酸奶时，可内服乳酶生、整肠生、金双歧、妈咪爱。有胀气时，可内服活性炭或木炭末 2 ~ 4 克，吸收气体及毒物。

十、新生羔羊积奶症

【病因】羔羊积奶是春羔的一种常见多发病，且病羊发病后死亡率高。从发病原因看：母羊膘情差，羔羊先天发育不良时最易发生此病。寒流侵袭或遇下雪天气时，新生羔羊乳积、腹泻现象相对集中。

【临床症状】病初羔羊急躁不安，继而精神倦怠，弓腰缩颈，耳鼻发凉，口流黏涎，食欲减少或废绝。后期卧地不起，头弯于一侧，触诊腹部可摸到真胃内积聚的凝乳块，其如核桃大或鸡蛋大，数量从一个到数个不等。病程达1~3天，病程较长者常肚胀、腹泻及出现神经症状。若不及时治疗和加强护理，病羊很快死亡。

【防治措施】

1. 预防

（1）做好饲养管理工作　为减少本病发生，平时要加强怀孕母羊和产羔母羊的饲养管理，使羔羊体质健壮，增强其抗病力。对初生羔羊应做好保温及配乳（注意温度）工作；产后母仔留圈3~5天，舍饲圈养，做到个别护理、精心饲养；羔羊吃奶应定时定量，一次进食不宜过多，每天增加哺乳次数，宜多进行运动。

（2）做好防寒保暖工作　羊舍要向阳并注意保暖防暑。冬春季节，如遇天气突变，羊舍内应采取适当的保暖措施；接羔时要擦干羔羊身上的黏液，以防其感冒。

（3）及早发现病情　提高羔羊积奶治愈率的关键在于及早发现病情。若发现羔羊少食或不食，弓腰缩颈，并在羔羊腹部触摸到真胃内出现较大凝乳块时，即可确诊。对病羊应及时进行灌药治疗。

2. 治疗　此病属胃肠积滞，本应使用泻下药物，但临床实践证明，使用油、盐类泻剂及大黄制剂效果均不理想。采用消食导滞、调理脾胃，可取得较好疗效。

（1）中药疗法　中药以消食导滞、调理脾胃为主。

处方：醋香附6克、炒神曲3克、土炒陈皮2.5克、三棱1克、莪术1克、炒麦芽3克、炙甘草1.5克、砂仁1.5克、党参1.5克，共研末，包装备用。

用法：每天2~3次，每次2~3克/只，开水冲调成糊状，候温灌服。奶结较大者，应小心于体外将药物压成碎块再口服，一般口服 2～3 天。

（2）西药疗法　①麦芽粉 3 克、胃蛋白酶 0.3 克、酵母片 0.6 克、稀盐酸 1 克，加水少许灌服（如方内加鸡内金 2 克、山药 4 克效果更好）。②乳酶生 5 克、山药粉 5 克、麦芽粉 5 克、鸡内金粉 3 克、维生素 B64 片，混合后加冷水少许灌服。结合肌内注射母血 5 毫升效果更好。③人工盐 10 克、酵母粉 3 克、麦芽粉 5 克，混合后加冷水少许内服；或用陈皮酊 5 毫升、番木鳖酊 2 毫升、龙胆酊 3 毫升、胃复安 2 片加水适量灌服。④预防胃肠炎可用磺胺脒 2 克、苏打 2 克、沙罗 1 克混合后加冷水少许灌服，也可用大蒜酊 3 克加水少许灌服。

十一、羔羊水胀病（胃肠积液）

【病原】本病的病原是大肠杆菌，是中等大小、两端钝圆的杆菌，不产生芽孢，有鞭毛，能运动，革兰阴性。大多数大肠杆菌是不致病的。但当大肠杆菌在肠内迅速增殖，产生大量毒素时，可引起出生 12～72 小时的羔羊死亡。

【流行病学】新生羔羊因皱胃内缺乏胃酸，经口感染的细菌极易进入肠腔增殖。而细菌的迅速增殖又可使被抑制的肠道蠕动性增强，所以，出生后 48 小时的羔羊最容易发病。本病多发于双胞胎或三胞胎的羔羊，身体状况不佳的断奶羔羊和极小或极老母羊所产的羔羊等。

【临床症状】病羔早期表现呆滞，停止吸乳，流涎，流泪，几个小时内皱胃气胀，肠蠕动音减弱或消失。腹压增大，呼吸困难。如不及时治疗，羔羊由于低血糖、低温及毒血症在 12～24 小时发生死亡。

【病理变化】剖检病羔的病变，可见早期的小肠或大肠内有斑状炎症变化；死亡后的病例，可见皱胃扩张，并含有大量液体，肠道发炎，脂储耗竭及毒血症症状等。

【诊断要点】可通过采取胃、肠内容物涂片镜检，再结合流行特点、临床症状及剖检病变等，可以综合判定确诊。

【防治措施】

1. 预防　加强怀孕母羊的饲养管理，及时补饲，以保证充足的初乳。羔羊舍应保持清洁卫生，做好圈舍及用具的消毒工作，减少细菌的污染。

羔羊出生后第 1 小时就应使其摄入足够量的初乳，按 30 ~ 50 毫升 / 千克体重。24 小时以内不能用橡胶圈去势，以免降低初乳的摄入。羔羊出生后给予抗生素（口服或注射）也可有效预防。

2. 治疗　消积抗酸灵，每只羔羊 10 ~ 30 克，每天 2 次，一般 2 ~ 4 次就可以康复，特别严重的每天注射或口服新霉素或链霉素。

软瘫灵可以中和羔羊胃内的酸，促进胃肠道蠕动，调节羔羊代谢，临床治疗按水剂 25 毫升、粉剂 10 克口服，1 天 1 ~ 2 次，一般 2 ~ 3 次就能康复。

使用胃管灌服，适当补充电解质及 10% 葡萄糖溶液，每天 3 次，每次 50 毫升。如羔羊吸吮丧失，灌服量每次应加至 100 ~ 200 毫升。连续治疗直至症状消失，恢复吸乳如果粪便干结，用开塞露 0.5 ~ 1 瓶灌肠。

严重的静脉注射葡萄糖、氯化钙或者葡萄糖酸钙、碳酸氢钠注射液、维生素 C。

第四节
乳房疾病

一、乳腺炎

【病因】

1. 微生物感染　由于多种非特异性微生物从乳头管侵入乳腺组织而引起，主要病原菌有葡萄球菌、链球菌、大肠杆菌、棒状杆菌、病毒、真菌、支原体及霉菌等。

2. 转移　由其他病灶转移而来。随着血液、淋巴液进入乳腺，尤以子宫疾病转移多见，如结核、产后脓毒血症等。

3. 理化因素　各种机械性损伤、乳导管插入技术不良、乳房注射某些药物刺激性过强，停乳不当等，及机器挤奶不适宜的频率和真空压力。

4. 其他因素 如泌乳时期、泌乳量、挤乳方法、卫生条件及机体抵抗力差异等。

【症状及诊断】

1. 最急性型 这是最严重的乳腺炎，感染乳区红、肿、热、痛明显，患侧肢体严重跛行，体温升高达 40℃ 以上，精神极度沉郁，拒绝哺乳，战栗，食欲废绝，体重迅速下降，多数羊泌乳量急剧降低，甚至完全停止泌乳。

2. 急性型 发病突然，乳房极度肿大，皮肤潮红，触诊有热痛，体温升高，脉搏增快，角膜反射迟钝，精神沉郁，食欲减少或废绝，泌乳量急剧下降，重者停止泌乳，乳汁变质，黄白色、黄褐色或红色，有大小不等的黏稠性凝块，病程可持续数天，可转为慢性乳腺炎。

3. 亚急性型 乳房无明显变化，母羊似乎未曾受到疾病危害，但乳中持续存有凝块，特别是开始挤出的几滴乳中。

4. 慢性型 多由急性型转变而来，这是常见并不易治愈的一种乳腺炎，发病率较高。病羊多有反复发作的病史，呈渐进性炎症。表现出乳汁反常，出现凝块或絮状奶块，产奶量下降，羊奶经几小时后，分成上下两层，界限清晰，上层呈水样，下层呈乳脂样。经反复发作后，乳房出现硬块，乳头形成坚硬的索状物。有的患病乳区完全萎缩，有的乳房形成脓肿，导致脓毒血症而发生死亡。本病病程长，一般可持续数月，甚至更长。

根据症状可做出诊断。

【防治措施】

1. 预防

（1）加强管理 建立并健全乳腺炎检验制度，防止病羊进入羊群，及时治疗临床型乳腺炎病羊，及时检出病羊。

（2）改进挤奶技术 挤奶时要采用掌握压挤法，切忌滑挤，不要用手指拉扯乳头。要定时挤奶，每次挤奶务必挤净。根据产奶量多少，决定合理的挤奶次数。一般每天挤奶 2 次，高产羊挤 3～4 次。

（3）搞好羊体卫生 保持羊舍清洁，定期清除羊粪，并经常洗刷羊体，尤其是乳房，以除去污物。

（4）平时要注意防止乳房受伤 如有损伤要及时治疗。乳头干裂者，可擦貂油或凡士林。

（5）做好挤奶卫生　挤奶前必须剪指甲、洗净手，并用漂白粉溶液浸过的毛巾彻底清洗乳房。每次挤奶后，可选用0.5%～1%碘溶液、0.5%～1%洗必泰或4%亚氯酸钠溶液浸浴乳头，干奶后和分娩前1周每天要浸浴乳头2次。

2. 治疗

（1）暂停泌乳　改善乳房血液循环，减少日粮中的精饲料和多汁饲料，限制饮水，使羊乳房暂停泌乳，同时增加挤奶次数，及时去除炎症性渗出物，减轻乳房组织紧张度，还可以用宽布或乳罩将乳房托起，以改善乳房血液循环。

（2）注射抗生素　乳头内注射庆大霉素8万国际单位，或青霉素40万国际单位，蒸馏水20毫升，用乳头管针头通过乳头一次注入，每天2次。注射前应用乙醇棉球消毒乳头，并挤出乳房内乳汁，注射后要按摩乳房。

（3）乳房基部封闭疗法　青霉素80万国际单位，0.5%普鲁卡因40毫升，在乳房基底部与腹壁之间，用封闭针头进针4～5厘米，分3～4处注入，每2天封闭1次。

（4）局部外敷与按摩　乳腺炎初期可用冷敷，中后期用热敷。也可用10%鱼石脂乙醇或10%鱼石脂软膏外敷。除化脓性乳腺炎外，外敷前可配合乳房按摩。

（5）中草药　对初期乳腺炎，可用蒲公英100克，中期用鹿角霜40克、红花10克，水煎后分两次灌服。

（6）全身疗法　对乳房极度肿胀、发高烧的全身性感染者，应及时用庆大霉素、卡那霉素、红霉素、青霉素等抗生素进行全身治疗。

二、乳房创伤

【病因】乳用山羊常喜穿过树丛，当在树丛附近放牧时，乳房常被划破。有时由于穿越带刺铁丝的围栏，而发生刺伤或裂伤。也可能在卧下时受到针、钉及玻璃片等尖锐物的损伤。

绵羊的乳房有时可因剪毛不慎而被剪破。

【主要症状和病理变化】由锐形物造成的乳房裂伤，大多呈三角形。三角形的尖端向着乳房基部，边缘不整齐。有时为刺伤，且范围很小。由钝形物造成的创伤范围较大，边缘不整齐。根据损伤程度的不同，乳房创伤可分为表层和深层两种。表层创伤是指皮肤和皮下组织受到破坏，深层者则是乳房实质受到损伤。表层创伤没有什么特点，但如处理不当，会使病羊疼痛不安，挤奶发生困难。深层创伤的特点根据发生的部位而定。如果创伤穿透了乳房乳池或乳头乳池，则经常有乳汁通过伤口外流。如果创伤损坏了乳头管，则挤奶时妨碍乳汁排出，或者乳汁呈点滴状或细股状流出。有时发生持续性的漏乳。有时乳头全被撕掉，不断地大量漏乳，会使一侧乳房完全萎缩。由于乳房创伤主要是边缘不整齐的裂伤，所以愈合很缓慢，而且常因乳房深部腺体组织受到感染而使病情加重。当受到感染时，病原菌可以从创伤出发，沿着输乳管和淋巴管扩散，因此在创伤发生后不久，即会引起蜂窝织炎、脓性乳腺炎以及乳房坏疽等并发病。这些并发病的病程都很严重，往往会使半个乳房完全丧失产乳能力。乳头乳池上的穿透伤，由于伤口中经常漏乳，细菌不易停留，故不易引起乳腺炎。但因漏乳会妨碍肉芽组织生长和伤口愈合，所以在治疗不当时，容易形成乳池瘘管。乳房创伤的预后根据其深浅、位置和泌乳时期而不同。尤其是泌乳时期与创伤的预后关系更大。一般在泌乳末期或干乳期，预后良好。深部及穿透伤发生在泌乳盛期时，则因处理困难，预后可疑。

【防治措施】

1. 预防　在树丛附近放牧时，不可将羊群赶得太快，并应避免羊群接近带刺铁丝或进入树丛内。给绵羊剪毛时，在乳房部应该特别小心。褥草中不可夹杂有铁丝、钉子及玻璃片等尖锐的东西。给羊进行药物注射时，严禁将打碎的西林瓶和废弃的针头乱扔。

2. 治疗　无论是哪一种创伤，在治疗过程中均须保持乳房的清洁与干燥，以防止污染。

（1）表层创伤　可用一般外科方法进行治疗。必须注意的是，药品的刺激性要小，使用软膏的时间不可过长，以免肉芽组织增生过多。当肉芽组织增生过多时，可用硫酸铜等腐蚀剂加以处理。创面也可涂布龙胆紫或冰硼散（消炎粉20克、冰片90克、大黄末10克、氧化锌10克、碘仿20克）效果良好。对于乳房沟内的创伤，应该使用粉剂药物，以保持干燥，促进其愈合。

如果伤口的范围较大，应在清洗之后，除去坏死组织，修整创缘，然后施行局部浸润麻醉，并用结节缝合法加以缝合。但伤口必须新鲜（一般在6小时之内），而且污染程度不大，否则不可缝合。如果伤口边缘发生水肿而妨碍排液，可空出1～2针缝线，以扩大伤口，等到炎症开始消散时，再将遗留的开口紧密缝合起来。

（2）深部创伤　多为刺伤。乳汁通过创口外流，愈合缓慢。流出乳汁含有血液。可用3%双氧水、0.1%高锰酸钾溶液、0.1%新洁尔灭溶液或雷佛奴尔溶液冲洗伤口。对于特别大而深的创伤，应在伤口内填充碘甘油或魏氏流膏（蓖麻油100毫升、碘仿3克、松馏油20毫升）引流条或纱布。

将未受到感染的伤口，创缘修整为新伤口之后进行缝合。使其下端敞开，以利渗出物的排出。

向下向内深入的伤口，其炎性渗出物会沿着血管、淋巴管和输乳管扩散，容易引起整个乳腺的感染，因此治疗时必须先消炎，以保持整个乳腺的机能。所以在缝合这种创伤之前，必须扩大伤口，向下做一切口，以便创腔排液。在泌乳盛期的深部创伤，为了避免漏乳而影响愈合，可以皮下注射1%的阿托品1～2毫升，以降低泌乳机能。必要时应采用抗生素治疗，以防感染引起乳腺炎。如果破坏了大血管，要迅速止血，否则可能因大出血引起死亡。

（3）乳房血肿　往往由外伤引起。发生血肿的同时常伴有创伤造成的血乳。皮肤不一定有外伤症状。轻度挫伤，血管少量出血，可能很快自然止血，血肿不大，不久血液能被完全吸收而痊愈。

较大的血肿，往往从乳房表面突起。血肿初期有波动感，穿刺可放出血液。血凝后，触诊有弹性，穿刺多不流血。深部血肿可能并发血乳。血肿大部分不能被完全吸收时，形成结缔组织包膜，触诊时如硬实体瘤。

有的病例在乳房基底严重出血，形成血肿，乳房有所下沉，全身出现内出血症状，如贫血，心率亢进，呼吸增加，最终可能导致死亡。

为了避免感染乳腺炎，以不进行手术切开为宜，小的血肿不需治疗，3～5天可被吸收。早期或严重时，可采取对症治疗，如冷敷或冷浴，并使用止血剂。经过一段时间治疗，可改用温敷，促进血肿吸收。用止血剂无效时，可采用输血治疗。

（4）乳头穿透伤　主要见于大而下垂的乳房。往往是在羊站起时被后蹄踩伤所致，也可由粗暴挤奶所致。必须及早缝合，而且缝合必须紧密。因为缝合不严时，乳汁会继续外漏，而使伤口成为瘘管。若缝合过迟，则由于组织增生变脆，而使缝合手术遇到很大困难。

在缝合乳头穿透伤以前，应在乳房基部施行皮下浸润麻醉，使其以下部分完全失去知觉。缝合时必须用3道缝合，由内向外依次缝合。

第1道缝合：用马尾或尼龙线（不用丝线）紧密缝合黏膜及黏膜下层。用连续缝合法。

第2道缝合：用丝线缝合黏膜下层，亦用连续缝合法。

第3道缝合：用丝线缝合皮肤上的伤口，采用结节缝合法。应在伤口两端的皮肤外面打结，以便抽线。抽线必须在10天以后进行。

乳头穿透创的手术疗法，常因从伤口漏乳而遭到失败。为了保证伤口的愈合，除了缝合紧密以外，还要经常保持乳头中的乳汁向外流出。但是，通常应用的乳导管，仅在末端具有数孔，其余大部分没有排出孔，当插入乳头时，只是乳头基部的乳汁能够排出，其余部分的乳汁仍积蓄起来，浸泡着创伤，有碍于创伤的愈合。故应采用多孔的硬橡皮管做成乳导管。硬橡皮管可用小动物导尿管代替，给两侧各造7～8个小孔。应用时借钝头探针将其插进乳头内，并将导管的下端缝在乳头皮肤上，以免滑掉或进入乳头内。为了避免污物从导管末端进入乳头引起污染，可给其末端缚以长1.5～2厘米、宽0.3～0.4厘米的薄橡皮条，做成一个瓣膜，将导管的末端封闭，但当导管内积有乳汁时，仍可将橡皮条压开将乳汁流出。橡皮导管还有一个好处，就是在羊卧下时，不会损伤乳头黏膜。

位于乳头末端的创伤，尤其是损伤括约肌者，愈合更慢，而且由于组织增生常形成乳头管的狭窄或闭锁。所以，在用一般外科方法治疗的同时，应把乳导管经常插在乳头管中。

三、乳头管狭窄及闭锁

【病因】

1.先天性原因　乳头管先天性肥大可引起乳头管狭窄及闭锁。可能与遗传因素有关，但很少见。

2.后天性原因　由于挤奶方法不正确，如拇指弯曲式挤奶，以突出的拇指关节压迫乳头，长期刺激乳头管，引起黏膜发炎，组织增生，导致乳头管狭窄或闭锁。乳头末端受损或发炎，也可引起乳头管黏膜下及括约肌间结缔组织增生，形成瘢痕，导致管腔狭窄。

【症状及诊断】乳头管狭窄时，挤奶困难，乳汁呈点滴状或细线状排出。乳头管口狭窄时，乳汁射向一方，或向周围喷射。乳头管闭锁时，可感到乳池充满乳汁，但挤不出奶，捏捻乳头末端，可感觉在乳头管口、中部或近乳池部有不同硬度，不同大小的增生物如豆形、圆柱形、索状或团块状。如仅为一层膜造成闭锁，则不易触诊。

狭窄和闭锁的程度，可用探针进行诊断，完全闭锁阻塞严重时，探针不能通过。膜状闭锁，稍一用力即可通过。

【防治措施】可用手术扩张或开通乳头管，但易复发。为此，可选用以下方法：

（1）纸卷法（硬纸卷成细卷）和气门芯法（长2～3厘米）　在乳头管闭锁开通或狭窄扩大后插入。纸卷在挤奶时拔出，挤奶后再换新的插入，连续1周。

（2）竹棒法　将长1.5～2厘米细竹棍，打磨成橄榄状，似乳头管内腔。粗细随乳头管扩张程度而变异。在乳头管开通后插入，3天换1次。

（3）套管烧烙法　用套管针，插入乳头管内，抵在粘连处，抽出针芯，把尖部在火焰上加热至微红，插入套管内，利用露出的针尖烧烙粘连处，直至穿通。烧烙1次不理想的，3天后可重复1次。

四、漏乳

【病因】漏乳有遗传背景，为先天性乳头括约肌发育不良，也可由乳头括约肌麻痹或损伤引起。有时可能与应激有关。

【症状】乳房充涨时，乳汁自行滴下或射出，特别是在哺乳或挤奶前比较明显。

【治疗措施】

1.热敷、按摩　对于轻症通过热敷、按摩等方法，大多数可以痊愈。以手指捏住乳头尖端，轻轻捏揉按摩，每次10～15分。可在乳头周围注射适量的灭菌液状石蜡，机械性地压迫乳头管腔。

2. **药物治疗** 可在乳头周围注射青霉素、高渗盐水或乙醇，促使周围结缔组织增生，以压缩乳头管腔或用蘸有 5% 碘酊的细缝线在乳头管口做荷包缝合，然后在乳头管中插进无菌乳导管，拉紧缝线打结，抽出乳导管。

3. **火棉胶帽法** 每次挤奶后，拭干乳头尖端，在火棉胶中蘸一下。火棉胶在乳头尖端形成帽状薄膜，既能封闭乳头管口，又能紧缩乳头尖端。以后挤奶前把此帽撕掉。这样虽达不到根治目的，但有助于防止漏乳。

4. **橡胶圈法** 上述方法效果不明显时，可用橡胶圈箍住乳头，挤奶前摘下，挤奶后再套上。

5. **注射维生素** 应激反应造成的漏乳，一般不发生在分娩前后，可肌内注射维生素 B_1 200 毫克，每天 1 次，连用 3 ~ 5 天。

五、乳房浮肿

【病因】乳房在分娩之前都有程度不同的生理性浮肿，这是由于主动性充血或被动性静脉瘀血。静脉瘀血乃由于骨盆腔大静脉和乳静脉在盆腔入口处受到胎儿的压迫所造成。

由于妊娠期间血液白蛋白和血浆蛋白水平降低，导致血流中的液体损失。血液雌激素和血钾水平升高，以及低镁血症均与发病有关。遗传学研究表明，本病与产奶量呈显著正相关。

【主要症状和病理变化】本病限于乳房。一般是整个乳房的皮下及间质发生水肿，乳房下半部较为明显，有时局限于一半乳房。病区皮肤发红光亮，无热无痛，指压留痕。严重的水肿可波及乳房基底前缘、下腹甚至乳上淋巴结和阴门。

山羊的乳房充血有时很严重，特别是在第 1 胎初产羊和英国阿尔卑斯山羊常见到。有时病区温度比正常区域凉，奶量稍有减少。严重的浮肿可增加乳房悬韧带的负担，而导致韧带无力负重，使整个乳房下垂。

【诊断要点】根据病史和症状容易做出诊断，但需与乳腺炎和腹部疝进行鉴别。

【防治措施】

1. **预防** 对妊娠后期母羊每天进行观察，当乳房增大时，应每天触摸

2次。如果发现乳房发硬或肿胀，应每天挤奶2次，并将奶进行冷冻保存，以便哺喂羔羊。一般是在分娩前1周开始挤奶。

在妊娠后期通过日粮进行预防，一般无效果。减少精饲料和蛋白质含量，不但不能减少乳房瘀血的发生，反而能增加妊娠毒血症的发病率。

2. *治疗*　为了促进水肿消退，应适当增加运动，每天3次按摩和冷热水交换擦洗乳房，减少精饲料和多汁饲料，并减少饮水。大部分病例产后可逐渐消肿，不需治疗。对于严重病例，必要时给予利尿剂，可口服氢氯噻嗪、氯噻嗪或氯地孕酮。由产羔后开始，每天应用速尿2次，每次5毫升，连用3天，作用快，无残留。

六、初产山羊泌乳

【主要症状和病理变化】病羊的主要临床表现为从未妊娠的母羊乳房逐渐增大，能产生大量乳汁。由于乳汁的产生消耗了机体的营养代谢物质，影响了母羊正常生理发育，机体逐渐消瘦，乳房胀满，若不及时进行人工挤奶，易造成乳腺炎。由于人工挤乳对乳房的不断刺激，泌乳量不断增加，必要时应每天进行2次人工挤乳。

【防治措施】为了解除羊乳房胀满之苦，可以进行人工挤奶。有时配种和妊娠能够抑制奶的产生。

七、乳房皮肤疣

【病因】病原为乳头状瘤病毒。有多种因素有利于疣的发生，包括皮肤缺乏色素、日光照射和年龄等。在日晒时间较长的情况下，缺乏色素的皮肤比有色素的皮肤容易发病。

【主要症状和病理变化】本病的主要症状为山羊在乳房和乳头上发生乳房疣，形状呈扁平或圆锥形，尚可突起呈乳头状。个别病例在乳头状瘤基部有蒂，大的乳头状瘤在挤乳过程常发生出血，有时可受到微生物感染而使病程延长。当乳房出现较多的乳头状瘤时，可给人工挤奶带来不便。

【防治措施】给羊接种乳头状瘤病毒灭活疫苗，其免疫效果不佳。对有蒂的乳房疣，进行病理组织学检查，可见到皮肤角质层和生发层过度发育，并不侵入真皮层；用棉线结扎蒂部，切断其血液供给，即可将其除去。亦可采用冷冻外科法或外科手术切除并烧烙止血。应用硫酸铜棒腐蚀或烧烙法除去。涂擦水杨酸软膏，有时疣可消失，但很快复发。

八、乳房鳞状细胞癌

【主要症状和病理变化】乳房鳞状细胞癌发生于乳房的侧面，肿瘤呈盘状，其基部较大，可侵入真皮。可引起腹股沟淋巴结肿大，触之有疼痛感。病羊体温正常，全身症状表现不明显，多不引起死亡。

【防治措施】病的早期可采用冷冻外科疗法将肿瘤除去。

九、乳房毛囊炎

【病因】本病是由于圈舍的潮湿和不洁，使环境中的金黄色葡萄球菌或链球菌等微生物大量繁殖，并侵入羊的毛囊和皮脂腺引起的感染。

【主要症状和病理变化】乳房毛囊炎开始时多见于产奶的山羊，而且多由乳房的后下方开始，这是因为产奶期羊乳房膨大，易与地面等污物接触的缘故，尤其是乳房的后下方。病初在皮肤表面先形成散在的浆液性水疱。2～3天后由浆液性转变为脓性，内含黄色浓稠的脓汁。脓汁仅在皮肤的上皮层内，在毛囊口的地方形成粟粒大到豌豆大的栓塞。4～5天后表皮坏死，脓疱破溃。形成一薄层痂皮。再经4～5天痂皮脱离。初脱痂时遗留红色痕迹，以后则痕迹完全消失，与周围皮肤无任何区别。当脓疱增多时，在乳房体及乳头上均可发生，尤其在乳房间沟内较多，聚集成片，致使局部发生肿胀，稍有疼痛，但无全身症状。

位于乳房体上的脓疱，在挤奶前擦洗和按摩乳房时可能发生破裂，因而会使脓汁向周围散布，使健康部分继续受到感染。乳用山羊的毛囊炎往往在群中造成大量流行，产奶羊的发病率可达到90%以上。

【防治措施】

1. 预防　必须经常保持羊舍的清洁和干燥，禁用潮湿肮脏的褥草。一旦羊群发病，应在每次挤奶时用0.1%的氯化汞或1%～2%来苏儿洗涤乳房。擦乳房用的毛巾要用消毒水彻底洗涤，以防止扩大传染。病羊最后挤奶。

2. 治疗

（1）局部治疗　当发现乳房上有个别或少数毛囊炎时，及时给局部涂搽5%的碘酊，可以阻止其发展，而使病程缩短到5～6天。并且一般情况下只涂碘酊就可使大部分病例获得痊愈。必要时，每天用抗生素软膏涂抹2次。

（2）全身治疗 如果脓疱很多，可以肌内注射青霉素，每次10万~20万国际单位，每天2次，连用2天，一般在第2天即可结痂，很快痊愈。

十、乳房疖病

【病因】疖病大多是由毛囊炎发展而来，其病原菌为金黄色葡萄球菌及链球菌。有时继发于慢性乳腺炎，其病原菌通常为假单胞杆菌和棒状杆菌。本病的发生是因圈舍不洁、饲料单纯、运动太少而降低了羊的抵抗力。

【主要症状和病理变化】最初在乳房皮肤上发生一些单个病灶，其体积由扁豆到豌豆大。在病灶的中央常常有一个毛根。以后皮肤变薄，病灶变为红色或淡黄色。每个疖子可以达到栗子或核桃大小，隆起于皮肤表面，有光泽，触摸有热感，常有疼痛反应。接着发生化脓，在疖子中央可以明显地感到波动。

疖子成熟后，即自行破裂，流出血脓，形成溃疡。由于脓液沾在毛上，污染邻近部分，因此在痊愈的疖子旁边，可以再发生新疖子，致使病程延长。

疖子破裂后，溃疡内部长出不良的肉芽组织，最后遗留一个相当大的瘢痕。个别疖子因为周围的结缔组织增生、机化，甚至钙化，因而使皮肤显著变厚。

在发生单个疖子时，并不影响奶的产量及质量。当遇到广泛感染时，由于病羊疼痛剧烈，则泌乳量减少，奶中含有大量白细胞。挤奶时羊骚动，给挤奶工作带来较大困难。

【防治措施】

1. 预防 除了参考毛囊炎的预防法以外，对于面部、手上及身上患有脓疱病的挤奶员，应该暂时调换其他工作。

2. 治疗 ①应用温肥皂水或弱消毒液洗净渗出物和灰尘，然后剪毛，除去干痂，在病灶周围的皮肤上涂2%的碘酊，以达到消毒和轻微收敛的目的。②在疖的顶端涂布5%碘酊、纯鱼石脂或鱼石脂甘油等，以促进其化脓。涂搽碘酊可便于挤乳。③待疖子成熟而出现波动时，用"十"字形切口将疖子切开、排脓，细心擦净脓汁，涂以抗生素软膏、磺胺软膏，或消炎粉。④应用红外线照射，能够产生良好效果。若用水冲洗或热敷，容易使皮肤角质层受到浸渍，反而给微生物的发育创造了良好条件，结果造成新的感染。⑤为了防止上皮层强烈增生而形成很厚的瘢痕，可以在急性炎症部位涂搽如下药物配制的软膏：升华硫黄 15 克，石炭酸 5 克，樟脑 5 克，凡士林 100 克。

十一、山羊乳房皴裂

【病因】为寒冷的直接刺激所引起。如果羊舍地面潮湿而冰冷，或挤奶以后没有把乳房擦干，都容易发生皴裂。在严冬风大的时候，长途放牧和运输，也容易引起皴裂。

不产奶的山羊，由于乳房很小，不容易大面积暴露于冷空气中，很少受到寒冷气候的直接刺激，因而不易发生皴裂。

【主要症状和病理变化】主要特征是乳房表面出现红纹，看起来很像小静脉管，用手触摸时感到粗糙。乳房的外侧因受冷气的侵袭较烈，故比内侧皴裂更为明显。

皴裂轻微时，病羊略有疼痛。严重时，挤奶时疼痛加重，表现骚动不安，给挤奶工作带来不便。有时还可见到病变部位有条纹状出血。山羊乳房皴裂一般限于乳房皮肤表面，并未见有波及乳头管的情况，故预后良好。

【防治措施】加强饲养管理。当天气突然变冷或严寒时，防止寒风侵袭，可多铺干燥垫草，并经常保持乳房干燥，每次挤奶后将乳房用毛巾擦干。

为了减轻病羊的疼痛，在每次挤奶前后，应给乳房上涂以灭菌的凡士林或抗生素油膏。

第五节
母羊不育症

一、两性畸形

【病因】

1.XXY 综合征　病羊表型为雄性，有正常的雄性生殖器官及性行为，但睾丸发育不全，组织学检查见不到精子生成过程。睾丸及附睾虽然仍位于阴囊中，但很小，射出物中无精子。由于具有 Y 染色体，因而性腺为睾丸，并能产生睾酮。虽然雄性生殖器官发育正常，因 X 染色体有两条，不能正常产生精子。此病的发生是由于雄性配子的性染色体在减数分裂时或在早期合子分裂时未能分离所致。

2.真两性畸形嵌合体　真两性畸形的羊同时具有卵巢及睾丸两种组织，一个或两个性腺成为卵睾体或一个为卵巢另一个为睾丸。此种畸形羊在出生时通常被认为是雌性，其外生殖器官和生殖道与雌性无异，但在达到性成熟时体格一般要比正常的雌性大，头似雄性，乳头细小，阴蒂呈杆状并且较短。至初情期时阴蒂变大，并伴有尿道下裂。

3.性腺两性畸形

（1）XX 真两性畸形　病羊的性染色体核型为 XX，通常具有雌性外生殖器，但阴蒂很大，性腺位于腹腔，且多为卵睾体，有时也可能发现独立的卵巢和睾丸组织。患病奶山羊的性腺大多为睾丸组织。性腺及生殖道的发育情况与真两性畸形嵌合体相似。

（2）XX 雄性综合征　这种两性畸形羊的表型为雄性，但染色体为 XX，H–Y 抗原为阳性，性腺常为隐睾且无精子生成，曲精细管仅衬有一层支持细胞，间质细胞可能变化不大，阴茎常为畸形。此种畸形在奶山羊较为多见，有可靠的家族遗传证据。

4.睾丸雌性化综合征　是由于睾酮的靶器官细胞缺少雄激素（睾酮及双氢睾酮）的特异性受体而导致在发育过程中雌性化的一种雄性假两性畸形。此种综合征为 X 连锁引起的一种遗传性疾病。其共同特点：具有正常的雄性染色体核型 XY，且有睾丸。外生殖器为雌性，但阴唇发育不良，阴门狭小，阴道为一盲囊，具有一定的雌性行为。内生殖器官缺失，但存在发育遗迹，性腺为睾丸，位于腹腔或腹股沟管中。性腺的组织学特点与未下降的睾丸相同，但无生精过程，亦无精原细胞，常有支持细胞肿瘤，间质细胞可能正常，但其大小有差异，且有不同程度的分化。有家族遗传史，为 X 连锁，通过母本传递。对雄激素无反应，促性腺激素含量升高，血液睾酮正常，雌激素水平增高。H-Y 抗原正常。

【主要症状和病理变化】

1.主要症状　两性畸形的表现各异。有的只限于外生殖器官，有的只限于内生殖器官，也有内外生殖器官同时发生的。从外部检查时，发现有以下各种情况：（1）外阴部为母羊，但阴蒂特别发达。阴蒂长度达 2 ~ 3 厘米，比正常阴蒂粗到 1 倍以上。这种现象最为常见。（2）没有阴门腹下也没有阴茎，只见在两个睾丸之间有一裂缝，缝中露出 1 个极小的阴茎，尿液即由此排出。此裂缝又像母羊的阴道,其中的畸形阴茎相当于扩大的阴蒂。（3）外生殖器官为阴茎，但长度仅有 1 厘米左右，垂直位于耻骨联合的下方。（4）包皮孔距离脐部很远，恰好在睾丸的稍前方。（5）阴唇下部隆起膨大，黏膜向外翻开。阴蒂左上方有球状隆起。

从羊的行为来看,在幼小时没有异常,但当长大时即有特殊表现。例如，外形是母羊的,达到半岁左右时外形变为公羊。头大、颈粗,喜欢爬跨母羊,没有发情表现。一般都不能繁殖,但也有个别能生育。

2.病理剖检变化

（1）真两性畸形的可能变化　①在体内，一侧或两侧同时有睾丸和卵巢。②在体内，一侧或两侧同时有包含睾丸和卵巢组织的两性腺体。③可能是两个异性腺体分别位于两侧，即一侧为卵巢，另一侧为睾丸。④一侧为某一性腺，而另一侧是含有睾丸和卵巢组织的两性腺体。

（2）假两性畸形的可能变化　①两侧都没有卵巢，而代之以睾丸。②有睾丸时，往往也有附睾，但输精管不一定完全。③生殖器官的各个部分可能是完全的，但发育幼稚或者局部发育幼稚，如睾丸小、阴茎发育不全等。

【诊断要点】有经验的饲养员，在接生时就能够迅速做出诊断，应立即淘汰两性畸形羊。诊断主要根据外生殖器官的位置异常，或阴蒂特别增大，阴毛长而粗硬。如有必要，可进行染色体核型分析及雄激素受体分析。

病羊的雌性亲属（包括母亲及姐妹）均为致病基因的携带者，不能将其留作繁殖之用，其雄性亲属如表型正常则不会携带致病基因。

【防治措施】两性畸形的羊属于先天性不育，没有治疗方法，主要应从预防着手。为了预防羊群中发生，应做到以下3点：1.在接生时加强诊断及时发现和淘汰两性畸形羊，以免造成饲养管理上的浪费。在实际工作中，往往由于粗心或经验不足而将两性畸形羊当作正常母羊留在羊群中，一直饲养到断奶以后，甚至养到成年，这就造成了不应有的经济损失。2.发现两性畸形羊时应详细检查羊群的育种血谱，将具有这种遗传因子的羊全部进行淘汰。3.在育种工作中应注意让繁殖亲本中至少有一方是有角的。

二、异性孪生母羊不育

【病因】

1. 激素　同胎雄性胎儿产生的激素可能经过融合的胎盘血管到达雌性胎儿，影响雌性胎儿的性腺雄性化。有人采用注射雄激素的方法对本说法进行验证，结果虽然能产生雌雄间性畸形，但并不具有异性孪生不育羔羊的所有特点。

2. 细胞学　两个胎儿存在着互相交换成血细胞和生殖细胞的现象。由于在胎儿期间就完成了这种交换，所以孪生胎儿具有完全相同的红细胞抗原和性染色体嵌合体（XX–XY），XY细胞则导致雌性胎儿的性腺异常发育。

【主要症状和病理变化】

1. 奶山羊　奶山羊双胎产羔率很高，甚至比单羔率还要高，但异性孪生不育羔羊在间性畸形中仅占6%。过去认为，所有间性奶山羊可能均为异性孪生，但异性孪生是由胎膜和血管发生融合而引起的。研究表明，奶山羊怀双胎时两胎儿的胎膜及血管发生融合的较少，而且融合是发生在器官形成之后。孪生不育母羔的外生殖器与其他两性畸形类似，卵巢由于雄性化而发育不良，在妊娠的第18周时可以检测出生殖细胞，但出生时这些细胞退化。

2. 绵羊 病羊外生殖器官异常，并有红细胞嵌合体。虽然绵羊在怀双胎时也有胎膜融合，但发生率很低(0.8%)，而且通常只出现于同一子宫角中有1个以上胎儿时。据报道，由于胎膜融合而发生的绵羊异性孪生，其乳腺组织要比正常绵羊少得多，无卵巢，但镜检发现有1对位于皮下的类似睾丸的结构，每侧腹股沟区各有1个，但无阴囊，组织学检查证实为睾丸样组织。

【诊断要点】为了检查异性孪生母羊是否保持生育能力，可用一粗细适当的玻璃棒或木棒，涂上润滑油后缓慢向阴道插送，对不育的母羊，玻璃棒插入的深度很浅。也可利用阴道镜进行视诊。

检查性染色体也可诊断异性孪生不育。

血型检查在诊断羊的异性孪生不育上有一定的应用价值，因为在妊娠期间每个胎儿除了自己的红细胞外，还获得了来自对方的红细胞。

【防治措施】异性孪生母羊的不孕，没有治疗方法。为了减少对养羊业造成经济损失，应及早发现与淘汰孪生不孕羔羊。

三、卵巢机能减退

【病因】长期饲料不足或质量不高，特别是蛋白质、维生素 A 及维生素 E 的缺乏，长期哺乳或慢性消耗性疾病，使母羊过多消耗营养，引起脑垂体产生卵泡刺激素的机能降低。此外，气候过热、过冷和骤变，以及其他生殖器官疾病，也都引起卵巢机能减退。

【主要症状】本病的特征是不发情，有的母羊到应该发情的年龄而无发情表现，有的母羊在分娩以后长期不见发情，有的母羊在分娩后只出现 1～2 次发情，以后长期不再发情。

【防治措施】

1. 增强卵巢机能 首先应从饲养管理方面着手。改善饲料质量，增加日粮中的蛋白质、维生素和矿物质，增加放牧和日照时间，规定足够的运动，减少泌乳，往往可以收到满意的效果。在草质优良的草场上放牧，也可以得到恢复和增强卵巢机能的满意效果。

对患生殖器官或其他疾病（全身性疾病、传染病或寄生虫病）而伴发卵巢机能减退的羊，必须治疗原发疾病才能收效。

2. 利用公羊催情　公羊对母羊的生殖机能是一种天然刺激因素，它不仅能够通过母羊的视觉、听觉、嗅觉及触觉对母羊发生影响，而且能通过交配，借助副性腺分泌物对母羊的生殖器官发生生物化学刺激，作用于母羊的神经系统。因此，除了患生殖器官疾病或者神经内分泌机能扰乱的母羊以外，尤其是对与公羊不经常接触，分开饲喂的母羊，利用公羊催情通常可以获得效果。在公羊的影响下，可以促进母羊发情或者使发情征象增强，而且可以加速排卵。催情可以利用正常种公羊进行。为了节省优良种公羊的精力，也可以将没有种用价值的公羊，施行阴茎移位术或输精管结扎术后，混放于母羊群中，作为催情之用。

3. 激素催情

（1）促卵泡素（FSH）　肌内注射 50 ~ 100 国际单位，每天或隔天 1 次，共用 2 ~ 3 次，每注射一次后须做检查，无效时方可连续应用，直至出现发情征象为止。

（2）人绒毛膜促性腺激素（HCG）　肌内注射 500 ~ 1 000 国际单位，必要时间隔 1 ~ 2 天重复一次。

（3）孕马血清促性腺激素（PMSG）　主要作用类似于促卵泡素，因而可用于催情。孕马血清粉剂的剂量按单位计算，用 200 ~ 1 000 国际单位。

（4）雌激素　常用的雌激素制剂及其剂量如下。苯甲酸雌二醇或丙酸雌二醇，肌内注射 1 ~ 2 毫克。

（5）孕酮　制成阴道海绵栓进行处理，应用时，先给海绵栓涂上润滑药膏，然后用海绵栓放置器将栓放入母羊阴道深部。为了提高诱导发情效果，在放置阴道栓的同时，可皮下注射苯甲酸雌二醇 2 毫克。在放栓后 9 ~ 12 天，轻轻拉出阴道栓。在撤栓后 3 天内可以发情，有效率可达 90% 以上。

（6）前列腺素　前列腺素 $F_{2\alpha}$ 能溶解黄体，消除黄体所分泌孕酮对卵泡发育的抑制作用，因而可医治持久黄体引起的不发情，对卵巢上无黄体的羊无效。应用时，可以肌内注射国产 15– 甲基 –$PGF_{2\alpha}$ 2 毫克或氯前列烯醇 4 毫克，一般可于注射后 48 ~ 96 天时发情。效果比较可靠，但费用较高，如果误用于妊娠母羊，可引起流产。

4. 维生素 A　治疗维生素 A 对于缺乏青绿饲料引起的卵巢机能减退有

效。一般每次给予 1 ~ 2 毫克，每 10 天注射 1 次，肌内注射 3 次后卵巢上可有卵泡发育，且可成熟排卵和受胎。

5. 冲洗子宫　对产后不发情的母羊，用 37℃ 的温生理盐水或 1∶1 000 碘甘油水溶液 100 ~ 200 毫升隔天冲洗子宫 1 次，共用 2 ~ 3 次可促进发情。

四、卵巢囊肿

【病因】对卵泡囊肿的病因还不完全清楚，一般认为有以下几种可能：

1. 内分泌机能紊乱　当垂体前叶分泌黄体生成激素（LH）不足时，卵泡壁上不产生前列腺素 (PGF)，不能形成 LH 排卵前峰，导致不能排卵而形成囊肿。当促肾上腺皮质激素 (ACTH) 增多时，能够抑制排卵，而发生卵泡囊肿。

2. 饲养管理不当　饲料中维生素 A 缺乏或磷的不足。采食的牧草中雌激素含量过高。缺乏运动等，均有可能引起卵泡囊肿的发生。产生卵巢囊肿的典型日粮用豆科干草做主要粗饲料，并在精饲料中配合有大量甜菜渣，同时还补充有海藻渣粉。如果全群给予这种日粮，不但成年羊容易发生卵巢囊肿，而且在青年羊群中也容易产生繁殖紊乱。

3. 有些生殖系统疾病　流产、胎衣不下、子宫内膜炎都容易引起卵巢发炎，以致卵泡不易排卵而发展为卵泡囊肿。

4. 气温影响　在卵泡发育过程中，气温突然过高或过低，可能影响卵泡的继续发育而转变为囊肿。

【主要症状和病理变化】患卵泡囊肿时，不断分泌雌激素，因为分泌过量的雌激素，所以山羊的表现反常，尤其性欲特别旺盛。一般都是在最初发情时间延长，抑制期和均衡期缩短，以后兴奋期更长，以致不断表现出发情症状。病羊愿意接受交配，但屡配不孕。

【诊断要点】对卵泡囊肿的诊断，羊的个体小，难以采用直肠检查法，主要是根据发情期延长和强烈的发情行为。

有条件时，可采用腹腔镜检查。借助腹腔镜，可以直接观察到卵巢上的囊肿卵泡比正常卵泡大，或为多数不能排卵的小泡，按压时感到泡壁厚而硬。

【防治措施】

1. 预防 ①正确饲养，适当运动。在配种季节更应特别重视。日粮中含有足够的矿物质、微量元素和维生素，可以防止卵泡囊肿的发生。②对于正常发情的羊，及时进行交配或授精。③及时治疗生殖器官疾病。

2. 治疗

（1）应用合理配合的日粮 可使症状逐渐消失而获得痊愈。

（2）注射适宜的激素

1）注射促排卵 3 号（LRH–A3） 4～6 毫克，可刺激垂体前叶同时释放 LH 和促卵泡生成激素 (PSH)，主要是依靠 LH，促使卵泡囊肿黄体化。然后皮下或肌内注射 15– 甲基 – 前列腺素 $F_{2\alpha}$ 1.2 毫克，溶解黄体，即可恢复发情周期。

2）肌内或皮下注射 LH 或绒毛膜促性腺激素 500～1 000 国际单位，具有显著疗效。LH 可使囊肿卵泡发生黄体化，导致孕酮升高，有效地抑制促性腺激素释放激素 (GnRH) 的分泌，使促卵泡激素及 LH 的合成与分泌恢复平衡。

3）肌内注射孕酮 5～10 毫克，每天 1 次，连用 5～7 天，效果良好。孕酮的作用除了能抑制发情外，还可以通过负反馈作用抑制丘脑下部促性腺激素释放激素的分泌，内源性地使性兴奋及慕雄狂症状消失。

（3）人工诱导泌乳 对于乳用山羊是一种最为经济的治疗办法。

第六节
公羊不育症

一、隐睾病

【病因】

1.具有遗传性羊的隐睾基因与无角基因紧密连锁　其发生除与长期近亲交配或用无角公羊交配外，也与母系有密切关系。

2.内分泌障碍　控制睾丸下降的唯一因子是睾酮。若在胎儿期或出生后丘脑下部、垂体、睾丸轴功能紊乱，缺乏 LH，则睾酮水平偏低而雌激素水平升高，便造成睾丸和附性器官发育受阻，以及睾丸索状带萎缩，而发生隐睾病。

3.双氢睾酮 (DHT) 含量可能不足　在雄鼠实验中发现，在小鼠出生后睾丸下降前，睾丸内的 DHT 含量均显著升高。注射 DHT 能诱导睾丸下降，而注射睾酮无效。注射雌二醇能抑制睾丸下降，经注射 DHT 后可获得逆转。

【主要症状和病理变化】公羊的一侧或两侧缺乏睾丸，阴囊小。单侧隐睾羊，在阴囊内可触摸到一个睾丸，其大小和质地均正常。双侧隐睾羊，由于其睾丸均处于腹腔或腹股沟管，长期受到高温影响，导致生精上皮变性，不能产生精子，终至造成无精症，失去生育能力。但病羊一般性欲正常或稍差。即使偶尔能够生育，其后代也往往成为隐睾，不能繁殖。

【诊断要点】一般通过阴囊触诊即可做出诊断。

如要与去势公羊进行鉴别诊断，可以注射 HCG，测定注射前后的睾酮和雌激素水平，由注射后隐睾羊的睾酮和雌激素水平升高而去势羊无反应，可以做出判定，这是因为隐睾公羊一般能正常产生睾酮和雌激素。

【防治措施】为了防止发生隐睾，应避免近亲交配。在发现隐睾公羊时，应坚决施行去势。不要将隐睾公羊及其后代留作种用，应及早淘汰生产隐睾后代较多的公羊和母羊。对用于肥育的隐睾公羊，可以从腹腔内摘除其隐睾。

二、公羊精索静脉曲张

【病因】本病的特有病因尚未确切了解，可能与以下因素有关：①由于蔓状丛最靠近躯体，精索内静脉壁柔弱而管腔内的静脉压增高。②小动脉小静脉的连接发生短路。③精索静脉近躯体部位瓣膜缺损，显著地增加了静脉血压。④静脉管壁先天性柔弱。

【主要症状和病理变化】

1. 主要症状　病羊的精索静脉曲张在初期阶段较小时，无明显症状，但到中等程度和较大时，特别是双侧精索静脉曲张，常引起严重的疼痛和机能障碍。在此情况下，病羊行动缓慢或不愿走动，站立时两后肢向前而外展，拱背吸腹。常落于群后，无交配欲。但精液质量良好，体温正常。触摸阴囊引起疼痛，精索有坚实的结节状肿块。病程可持续 1～3 年或更久。

严重的精索静脉曲张可使公羊食欲减退，营养不良，最终因继发肺炎等疾病而死亡，或因治疗无望而淘汰。

2. 病理变化　精索静脉曲张处在蔓状丛的直上方。可能是单侧性的，也可以是两侧性的。左右侧发病率均等，由小结节到 7 厘米 ×15 厘米的大肿块。索精内静脉呈现卷旋、坚实、暗黑、分叶状、粘连的局限肿块。切面显露出层状血栓，两卷旋间有纤维性粘连和紫色血液。睾丸和附睾可能有充血和轻度水肿。病理组织学上，受侵犯的静脉扩张，静脉壁很薄。含有大量白细胞、血小板和红细胞的纤维素板层形成的血栓，后者占据血管腔的绝大部分。蔓状丛血窦中常有血栓形成。

【诊断要点】可根据临床检查诊断精索静脉曲张。常规的和系统的阴囊触诊，可查出精索内有不同大小、坚实而分叶的肿块，结合剖检时发现的典型病变可做出确诊。

鉴别诊断需考虑脓肿和肿瘤，但精索内这两种病变罕见。脓种是一个柔软、弥散、不分叶的肿块，引起白细胞增多症。肿瘤可能是转移而来，弥散而不分叶。

【防治措施】尚无合理的防治方案。由于患精索静脉曲张的倾向可能有遗传性，所以应借常规检查将病羊从繁殖群中淘汰。

三、睾丸炎

【病因】

1. 互相抵斗或意外损伤 在配种季节，如果多数公羊同圈，容易发生睾丸炎。

2. 经常舍饲 有时因为缺乏运动或营养好而发生自淫，会引起睾丸、阴茎、鞘膜等部分的严重疾患。

3. 放线菌病或其他传染病 公山羊常因为患布氏杆菌病而发生睾丸炎。有时全身感染性疾病（结核病、沙门菌病）可通过血液循环而引起睾丸炎。

4. 交配 有时可因交配过度而引起。

【主要症状和病理变化】临床可见公羊单侧或双侧睾丸肿胀 2～3 倍，阴囊皮肤皱褶伸展、表面光滑，带有光泽。触诊睾丸时，热而疼痛，躁动不安。患病时与母羊交配繁殖的后代，通常发育不良。

【防治措施】

1. 预防 建立合理的饲养管理制度，使公羊营养适当，不要交配过度，尤其要保证足够的运动。对布氏杆菌病定期检疫，并采取检疫规定中的相应措施。

2. 治疗 应使病羊保持安静，加强护理，供给足量饮水。治疗方法根据炎症轻重不同而异。

急性病例可使用悬吊绷带（包以棉花），每隔数小时给绷带上浸以温暖的饱和泻盐溶液或冷水。给以轻泻性饲料或药物。体温升高时，全身应用抗生素或磺胺类药物。并在精索区注射普鲁卡因青霉素溶液（青霉素 40 万国际单位溶于 0.5% 普鲁卡因 10 毫升中），隔天 1 次。

慢性病例涂擦刺激剂，其配方如下：碘片 1 片、碘化钾 5 克、甘油 20 毫升。用法：先将碘化钾加适量水溶解，然后加入碘片和甘油，搅拌均匀，早晚各涂擦 1 次。

对睾丸极端肿胀，有脓肿、坏死，甚至发生出血的，可施行去势手术，摘除睾丸，因为这种羊很难恢复生殖能力。若为传染病引起的，应抓紧治疗原发病。

四、附睾炎

【病原】本病又称绵羊布氏杆菌型附睾炎，主要病原是绵羊布氏杆菌。其次是精液放线杆菌，还有羊棒状杆菌、羊嗜组织菌和巴氏杆菌。

公羊同性间的性活动经直肠传染是主要传染途径，小公羊拥挤也是传染的主要原因。病原菌既可经血源造成感染，也可经上行途径造成感染。因布氏杆菌引起流产的母羊在 6 个月内再出现发情，公羊交配后特别易感。阴囊损伤可能引起附睾继发化脓性葡萄球菌感染。

【主要症状和病理变化】

1. 主要症状　感染公羊常伴有睾丸炎，呈现特殊的化脓性附睾睾丸炎。有时单侧感染，有时双侧患病。阴囊内容紧张、肿大、剧痛，公羊叉腿行走，后肢僵硬，拒绝爬跨，严重时出现全身症状。发情期前后发病者常呈急性，老公羊偶然发病者多呈慢性。布氏杆菌感染一般不波及睾丸鞘膜，炎性损伤常局限于附睾，特别是附睾尾。精液放线杆菌感染常见于睾丸鞘膜炎，睾丸肿大明显，肿胀部位常破溃，排出大量灰黄色脓汁，肿胀消退后附睾仍坚硬、肿大并粘连，坚硬部位多在附睾尾。

2. 病理变化　急性病例：附睾肿大与水肿，鞘膜腔内含有大量浆液。慢性病例：附睾增大但柔软。白膜和鞘膜可能一处或多处粘连，附睾内一处或多处有精液囊肿，内含黄白色乳酪样液体。睾丸通常正常。进行性慢性附睾炎，白膜和鞘膜有广泛而坚实的粘连，鞘膜腔完全闭塞。附睾肿大而坚实，切面可见多处精液囊肿。萎缩的睾丸可含有钙化灶。病理组织学检查，慢性附睾炎表现有间质纤维性增生，常出现精细胞肉芽肿。输出小管上皮样细胞增生，上皮样细胞的皱褶使管腔缩小或闭塞，并形成小的囊肿。管腔阻塞的近侧精子和白细胞聚积成堆。用特殊染色可以看到羊布氏杆菌。

【诊断要点】附睾和睾丸的损伤可以从外部触诊并结合临床症状做出初步诊断。一般说来，触诊附睾炎所造成的损伤问题不大，困难的是病因的诊断。确诊有以下几种方法：

1. 精液中细菌培养检查　必须连续检查几份精液才能做出诊断。

2. 补体结合试验　此法高度准确，要采集新鲜血清，避免高温。但接种布氏杆菌疫苗后的羊，在几年内都可能存在抗体，不宜用此法检查。放线杆菌包括许多不同抗原菌株，对精液放线杆菌的检查还缺乏特异性的补体结合抗体。

3. 感染公羊的尸体剖检和病理组织学检查 在布氏杆菌感染时，渗出物中有白细胞。早期，附睾管上皮形成上皮囊肿并伴有增生，附睾出现空腔并伴有纤维化。附睾管可能破裂，精子外渗形成精子肉芽肿。精液放线杆菌感染时，可将附睾病变组织在羊睾丸细胞上继代培养，检查细胞病理变化，还可将病变组织或组织液在 5% 羊血琼脂上于 38℃ 下做需氧和厌氧培养。

【防治措施】

1. 预防 由于本病治疗效果不确定，控制本病的主要措施是及时发现、淘汰感染公羊和预防接种。小公羊不能过于拥挤，尽可能避免公羊间同性性活动也有一定预防意义。对纯种群和繁群种用公羊于配种前 1 月应进行补体结合试验。引进种公羊应先隔离检查。交配前 6 周对所有公羊和动情后小公羊用布氏杆菌 19 号疫苗同时接种，对预防布氏杆菌引起的附睾炎可靠性达 100%，但接种后再不能进行补体结合试验检查。

2. 治疗 各种类型的附睾曾试用长效磺胺配合三甲氧苄氨嘧啶治疗，但疗效不佳，并可能继发睾丸炎症，导致睾丸变化和萎缩，甚至死亡。因此，在单侧附睾炎已造成睾丸感染的情况下，将感染侧睾丸切除。手术中如果发现睾丸与阴囊粘连，可将阴囊连带切除，术前可用 1.5% 的利多卡因 10 毫升进行腰部硬膜外麻醉。将单侧感染无种用价值者及双侧感染者进行淘汰。

五、包皮炎

【病因】

1. 与生殖器官的解剖生理特点有关 因阉羊的阴茎发育停止，阴茎与包皮的分离不完全，结果在包皮内部排尿。再加上包皮周围的毛妨碍尿液外流，于是尿中的矿物质颗粒及尿的分解产物与皮脂腺的分泌物混合，而发生沉积，以致尿液不能自动流出，引起包皮炎。

2. 饲喂不当 是发病的重要因素，给阉羊饲喂高蛋白质饲料，容易诱发包皮炎，因高蛋白日粮可使尿的碱度和尿素增高，引起包皮炎和包皮外口溃疡。采食黑麦草等大量发生包皮炎的绵羊群，如果改喂燕麦干草，3周后疾病可以减退。但当重新放牧于黑麦草等牧场上时，经过3周疾病又会复发。

3. 尿素分解菌感染　在安哥拉山羊和澳洲美利奴阉羊，通过培养检查，均发现一种能分解尿素的棒状杆菌，被认为是发病的因素。

【主要症状和病理变化】病羊包皮发红、肿胀，触诊发热、疼痛。包皮孔歪斜、变小，严重时小如孔。病羊排尿困难，排尿时用力努责，表现疼痛不安，用后蹄踢腹。包皮周围的毛受到尿液污染，可能有矿物质沉积。同时由于含有尿液和脓液而使包皮扩张。发生在夏季时，常因引诱蝇类，而包皮内生蛆。如治疗不及时，包皮会发生溃疡和结痂，溃疡还可能波及到包皮内。严重时，包皮孔可能完全封闭不通。

【防治措施】

1. 预防　对阉羊限量饲喂高蛋白饲料，多进行放牧，在剪毛时将包皮毛剪净，都有一定的预防效果。

2. 治疗　一旦发病，应及时进行消炎、止痛。除去日粮中的豆科牧草，并大大减少饲喂量，对于包皮炎的疗效很好。如果先完全绝食4～6天，然后限量给予燕麦和麦草7～10天，也具有良好效果。每隔3～4天给包皮内注入2%硫酸铜1次。对于顽固病例，可以施行外科手术，沿着包皮中线切开，进行治疗。

六、阳痿

【病因】阳痿一般是由于老龄、过肥、长期营养不良、疼痛和交配环境不适宜等引起。

【主要症状和病理变化】病羊性欲微弱，在用发情母羊逗引时，可能出现性欲，甚至有爬跨动作，但阴茎不能勃起或勃起不坚，不能完成性交过程。有时对发情母羊不跟不爬，不接触不闻，甚至跑开，不能配种。精液检查时，可发现精液品质不良。

【防治措施】原发性阳痿可能与遗传有关，无治疗价值，应及早淘汰。由营养、环境、疾病等引起者，首先消除病因、改善饲养管理、改换试情母羊、变更交配环境、减少交配频率等，并采用激素类药物或中药方剂治疗。

一般采取与发情母羊同圈、同群、同放牧的措施，效果不明显时。可以应用下列中药治疗。

处方：淫羊藿 15 克、阳起石 15 克、肉苁蓉 15 克、杜仲 12 克、金狗脊 9 克、枸杞子 9 克、当归 9 克、川芎 9 克、熟地黄 9 克。每天 1 剂，早晚 2 次煎服。连用 5 剂，共服 10 次。每次灌服药量为 180 ～ 240 毫升。

在服药期间，不要让公羊与母羊接触。本方温肾补肾，强阳益精，可治疗公羊阳痿症和性机能减退。

七、性欲缺

【病因】原发性性欲缺乏多为先天性或遗传性疾病，见于睾丸发育不良、垂体或丘脑下部功能不全等。继发性性欲缺乏的主要原因如下：

1. 管理不当　如配种时公羊遭到鞭打或滑倒，以及在配种时发生使公羊疼痛的事故。

2. 采精技术不当　如采精过频，假阴道内胎粗糙、过热，采精环境不适当。

3. 各种疾病　全身性慢性疾病、生殖器官炎症损伤、长期营养不良等。

4. 过量用药　过量使用雌激素或镇静类药物。

【症状及诊断】性欲缺乏的公羊，即使反复用发情母羊逗引，仍然缺乏性反射的一系列表现。但隔离饲养的小公羊初次接触母羊时可能表现性冷淡，经多次与发情母羊接触后，可表现正常的性行为。有的公羊反应时间较长，调换发情母羊或改变配种地点后可能出现明显的性欲。

【防治措施】许多继发性性欲缺乏是可以防治的，只要对各种疾病进行对症治疗，经过一段时间休息，加强饲养管理，改善配种环境，进行必要的调教，一般都可以使性欲得到改善。

1. 肌内注射孕马血清促性腺激素 (PMSG)　500 ～ 1 000 国际单位，能明显改善性欲。

2. 注射激素类药物　对原因不明的性欲缺乏可皮下注射或肌内注射苯乙酸睾酮 100 毫克，隔天 1 次，连续 2 ～ 3 次。皮下或肌内注射 PMSG 1 000 国际单位，每天 1 次，一般 2 ～ 3 次可以见效。

八、羊尿道炎

【病因】

1. 尿液　有较大的刺激性和腐蚀作用。

2. 外部诱因　如尿道损伤，导致局部瘀血、缺血、缺氧，使尿道黏膜抵抗力下降，感染发病。

3. 致病微生物入侵尿道　是最根本的原因，主要是淋球菌、类淋球菌、支原体、衣原体、白色念珠菌、毛滴虫及部分常驻于羊尿道和母羊生殖道体内的细菌等。

4. 频繁配种　羊在配种期由于频繁配种容易发生尿道炎症。

5. 环境卫生条件差　也是容易发生尿道炎的一个主要原因。

【主要症状】 发病羊有尿频、尿急、尿痛、血尿、脓血尿、尿道分泌物增多、尿道口有糊口现象。病羊表现痛苦、频频做排尿动作，但尿少、滴尿或者线性尿，有的排尿的时候羊怪叫。严重的出现低热、不愿意活动等症状。公羊常可并发睾丸炎、附睾炎、精囊腺炎、输精管梗阻、精子数量与质量的降低、生理功能障碍、配种困难等；母羊容易继发膀胱炎，有的会继发引起尿结石。

【防治措施】

1. 预防　主要是搞好环境卫生和圈舍、羊场、羊床的消毒工作，特别是在配种期，加强饲养管理和营养搭配，配种前后对母羊和公羊生殖器官搞好消毒，特别是人工授精的时候注意设备的清洗和消毒。如果是外伤性的注意消毒，伤口的防护和消炎。

2. 治疗　外伤性的应搞好伤口的清理、消毒和消炎及全身性抗菌消炎，如果尿道损伤严重，要用导尿管进行排尿，等伤口基本痊愈再让羊自主排尿。

其他原因造成的要用抗生素或者治疗组织滴虫的药物及时治疗，如氨苄丙林钠、头孢菌素类按 5 千克羊 0.2 克，林可霉素注射液按 5 千克羊 1 毫升，如果怀疑是衣原体或者支原体感染用氟苯尼考或者阿奇霉素，剂量按说明书使用；组织滴虫用甲硝唑或者替硝唑治疗。

必要的时候用 2% 高锰酸钾溶液或者洁尔阴进行尿道冲洗；如果造成严重排尿困难或者不能排尿可以用导尿管人工排尿。

附录　羊的正常部分生理指标

附表 1　羊的体温、呼吸、脉搏

种类	体温（℃）	呼吸（次/分）	脉搏（次/分）
绵羊	38.5～39.5	12～13	70～80
山羊	38.0～39.5	10～25	60～80
羔羊	39.5～40.0	25～35	90～100

附表 2　羊的反刍和瘤胃蠕动

年龄	每个食团咀嚼次数		每个食团反刍时间（秒）		反刍间歇时间（秒）		瘤胃蠕动次数（10分）	
	范围	平均	范围	平均	范围	平均	范围	平均
4～12月龄	54～100	81	33～58	44	4～8	6	18～24	22
12月龄以上	69～100	76	34～70	47	5～9	6	16～28	22

附表3 繁殖生理指数

项目	绵羊	山羊
性成熟期（月）	6~8	6~8
体成熟期（年）	1.5~2	1.5~2
衰老期（年）	8~9	10~11
发情周期（天）	16~17	14~24
发情持续期（天）	1~2	1~2
妊娠期（天）	146~157	萨能羊148~159 波尔羊147~149
脐带长度（厘米）	7~12	7~12
胎儿数	通常是单胎，有时为双胎，个别可产多胎 通常是双胎或双胎以上，单胎较少	
产后第1次发情（月）	1.5~2	1~1.5
公羊每天可交配次数	3~4	3~4

附表4 分娩过程

项目	绵羊	山羊
开口期	不超8小时	不超过8小时
产出期	3小时以内，如有两个以上胎儿，产出间隔0.5~1小时	3小时以内，如有两个以上胎儿，产出间隔0.5~1小时
胎衣排出期	最后一个胎儿产出后2~4小时	最后一个胎儿产出后2~4小时
尿水（毫升）	700~800	500~1 500
羊水（毫升）	300~500	400~1 200

主要参考文献

[1] 卫广森 . 羊病，北京：中国农业出版社，2009.

[2] 律祥君，等 . 实用羊病防治新技术手册，北京：中国农业科学技术出版社，2015.

[3] 王林枫，等 . 羊病诊治原色图谱，郑州：河南科学技术出版社，2014.

[4] 刘俊伟，等 . 羊病诊疗与处方手册，北京：化学工业出版社，2015.

[5] 王建辰，等 . 羊病学，北京：中国农业出版社，2002.

[6] 王小龙 . 兽医内科学，北京：中国农业大学出版社，2004.

[7] 丁明星 . 兽医外科学，北京：科学出版社，2009.

[8] 宁长申，等 . 畜禽寄生虫病学，北京：北京农业大学出版社，1995.

[9] 王贵，等 . 畜禽普通病学，北京：中国农业科技出版社，1997.

[10] 甘肃农业大学 . 兽医产科学：第 2 版 . 北京：中国农业出版社，1996.

[11] 薛占永，等 . 羊病诊治关键技术一点通，石家庄：河北科学技术出版社，2004.